제3판

# 동물자원학개론

김 계 웅 · 김 학 연 · 김 동 욱 · 김 석 은 · 김 수 기
박 진 기 · 안 종 호 · 이 원 영 · 조 광 현 · 조 익 환

선 진 문 화 사

# 집 필 진

(가나다순)


김 계 웅 : 공주대학교 산업과학대학 동물자원학과

김 학 연 : 공주대학교 산업과학대학 동물자원학과

김 동 욱 : 한국농수산대학교 가금학과

김 석 은 : 공주대학교 산업과학대학 동물자원학과

김 수 기 : 건국대학교 동물생명과학대학 동물자원과학과

박 진 기 : 한국농수산대학교 양돈학과

안 종 호 : 한경대학교 농업생명과학대학 낙농과학과

이 원 영 : 한국농수산대학교 한우학과

조 광 현 : 한국농수산대학교 낙농학과

조 익 환 : 대구대학교 자연자원대학 생명자원학부

# 제3판 머리말

오랜 세월동안 인간과 함께 살아오면서 순화되어 온 동물은 우리 인간의 의식주 생활에서 중요한 자원이 되고 있다. 오늘날은 이러한 동물에게서 생산성 제고라는 목표 아래 연구되고 있을 뿐만 아니라, 유전자조작 및 복제와 같은 새로운 생명기술을 도입하여 신약개발 시대를 맞이하게 되었다. 최근에는 영국의 복제양 「돌리」를 처음으로 우리나라에서도 「메디」라는 형질전환 흑염소가 탄생하여 백혈병 치료제가 생산되며, 돼지「새롬이」는 젖과 오줌에서 빈혈치료제를 생산하고, 사람의 락토페린 유전자가 도입된 「보람이」송아지도 태어나 중요한 기능을 하고 있다.

우리는 BT(Bio-Technology) 시대에 살면서 동물을 사육하여 새로운 동물생명공학기술과 접목하여 국제경쟁력을 갖춘 생산성 향상과 아울러 우리 가축으로부터의 신약개발은 주요 연구과제가 되고 있다. 우리나라는 이미 고령화시대를 맞이하였고, 고령시대와 초고령시대가 머지않았다. 「보아서 아름답고, 길러서 즐거운」 관상·애완동물이 각광받을 것으로 전망되어 소, 돼지, 닭, 말, 양, 사슴, 꿀벌 등과 같은 주요 동물과 애완견 및 관상물고기까지 포함하여 품종학적 특징을 설명하고, 사육관리상의 기술을 서술하여 동물을 사육하는데 쉽게 이해하고 활용할 수 있도록 이 책을 저술하게 되었다.

이 책에서는 크게 12장의 영역으로, 제1장은 서론편, 제2장은 동물의 품종편, 제3장은 애완·관상동물편, 제4장은 동물의 유전육종편, 제5장은 동물의 번식생리편, 제6장은 동물의 영양편, 제7장은 사료와 초지편, 제8장은 동물의 사육관리편, 제9장은 위생 및 질병편, 제10장은 축산가공과 이용편, 제11장은 축사시설 및 분뇨처리편, 마지막으로 제12장은 동물자원의 경영편으로 구성하였다.

이 책은 동물의 유전원리, 번식방법, 영양원리, 질병관리, 축산물가공, 축사시설관리, 경영관리 등에 관한 모든 이론과 실제를 비교적 상세히 서술하였기 때문에 동물을 배우는 대학생이나 대학원생, 동물연구에 종사하는 분들, 그리고 동물을 사육하고자 하는 초보자에게도 도움이 되었으면 한다.

끝으로 이번 제3판이 출간되기까지 적극적으로 애정을 갖고 정성을 다해주신 선진문화사 양희돌 사장님과 담당자 여러분에게 감사드리며, 이 책으로 공부하는 모든 분들에게 많은 도움이 되기를 바란다.

2021년 2월

저자일동

# 차 례

## 제1장 서 론


제1절 동물과 축산 ··· 13

1. 동물과 가축 / 13
2. 인간과 동물 / 15

제2절 동물사육현황 ··· 16

1. 우리나라의 동물사육현황 / 16
2. 동물산업의 위치 / 20
3. 외국의 동물사육현황 / 21

제3절 동물자원의 생산과 소비 ··· 23

1. 동물자원의 생산 / 23
2. 축산물의 수입과 수출 / 24
3. 축산물의 소비 / 26

[연습문제] ··· 29


## 제2장 동물의 품종편


제1절 소 ··· 31

1. 젖 소 / 31
2. 고 깃 소 / 34

제2절 돼 지 ··· 42

1. 유 럽 종 / 42
2. 미 국 종 / 44
3. 동 양 종 / 47

제3절 닭 ··· 49

1. 난 용 종 / 49
2. 난육겸용종 / 50
3. 육 용 종 / 52

제4절 산 양 ··· 54

1. 유 용 종 / 54
2. 모 용 종 / 57
3. 육 용 종 / 58

제5절 면 양 ··· 60

1. 모 용 종 / 60
2. 육 용 종 / 61
3. 모육겸용종 / 63
4. 모피용종 / 65

제6절 말 ······ 65
1. 아 랍 종/65
2. 더러브렛/66
3. 앵글로아랍/67
4. 제 주 마/67
제7절 토 끼 ······ 68
1. 모 용 종/68
2. 육 용 종/69
3. 모피용종/70
4. 모피육겸용종/71
제8절 사 슴 ······ 72
1. 꽃 사 슴/72
2. 레드디어/73
3. 엘 크/73
제9절 꿀 벌 ······ 74
1. 구 주 종/74
2. 동 양 종/74
제10절 오리와 칠면조 ······ 75
1. 오 리/75
2. 칠 면 조/75
[연습문제] ······ 76

## 제3장 애완·관상동물편

제1절 애완견과 재래견 ······ 77
1. 애 완 견/77
2. 한국 재래견/83
제2절 관상조류 ······ 85
1. 십 자 매/85
2. 금 화 조/86
3. 문 조/87
4. 카나리아/87
5. 잉 꼬/88
6. 금계와 은계/89
제3절 햄스터·몰모트·마우스 및 랫드 ······ 90
1. 햄 스 터/90
2. 몰 모 트/91
3. 마우스와 랫드/92
제4절 관상물고기 ······ 93
1. 구 피/93
2. 제브라 피시/94
3. 엔젤 피시/94
4. 금 붕 어/95
5. 비단잉어/96
[연습문제] ······ 97

## 제 4 장 동물의 유전육종편


제 1 절 동물의 유전 ······ 98

1. 유전물질 / 98
2. 멘델의 법칙 / 101
3. 여러 가지 유전양식 / 102
4. 집단유전 / 104

제 2 절 동물의 육종 ······ 105

1. 동물의 선발법 / 105
2. 동물의 교배법 / 108

제 3 절 가축의 개량 ······ 110

1. 젖소의 개량 / 110
2. 육우의 개량 / 114
3. 돼지의 개량 / 116
4. 닭의 개량 / 118

제 4 절 동물체의 명칭과 심사 ······ 121

1. 동물의 부위별 외부명칭과 골격 명칭 / 121
2. 동물 체위의 측정 / 122
3. 동물심사의 정의와 종류 / 122
4. 심사표준 / 125

[연습문제] ······ 130


## 제 5 장 동물의 번식생리편


제 1 절 생식기관의 구조와 기능 ······ 131

1. 암컷의 생식기관 / 131
2. 수컷의 생식기관 / 134

제 2 절 번식에 관여하는 내분비호르몬 ······ 137

1. 뇌하수체호르몬 / 137
2. 성선호르몬 / 139
3. 태반호르몬 / 140
4. 프로스타글랜딘 / 140

제 3 절 성성숙 · 발정과 배란 ······ 141

1. 성성숙의 개념과 기작 / 141
2. 발 정 / 142
3. 배 란 / 145

제 4 절 교배 · 수정과 착상 ······ 145

1. 교 배 / 145
2. 수 정 / 148
3. 착 상 / 148

제 5 절 임신과 분만 ······ 150

1. 임 신 / 150
2. 분 만 / 152

제 6 절 비유생리 ······ 154

1. 유방의 구조와 조직 / 154　　2. 비유의 개시와 유지 / 155
제 7 절　번식장애 ······ 156
1. 자축의 번식장애 / 156　　2. 웅축의 번식장애 / 157
제 8 절　생물유전공학의 원리와 기법 ······ 158
1. 수정란의 성감별 / 158　　4. 키메라 동물의 생산 / 159
2. 난자 내 정자의 주입 / 158　　5. 수정란의 핵치환 / 159
3. 수정란이식 / 159　　6. 형질전환동물의 생산 / 160
[연습문제] ······ 162

## 제 6 장　동물의 영양편

제 1 절　동물의 소화기관과 소화생리 ······ 164
1. 구　강 / 165　　3. 소　장 / 167
2. 위 / 166　　4. 대　장 / 168
제 2 절　영양소의 종류 및 기능 ······ 168
1. 탄수화물 / 169　　4. 비 타 민 / 179
2. 단 백 질 / 173　　5. 미 네 랄 / 180
3. 지　질 / 176　　6. 수　분 / 180
제 3 절　사양표준과 영양소요구량 ······ 181
[연습문제] ······ 182

## 제 7 장　사료와 초지편

제 1 절　사료의 정의와 분류 ······ 183
1. 사료의 정의 / 183　　2. 사료의 분류 / 183
제 2 절　사료의 영양가치평가 ······ 185
1. 물리적 평가법 / 185　　3. 생물학적 평가법 / 196
2. 화학적 평가법 / 186
제 3 절　농후사료 ······ 189
1. 곡류사료 / 189　　4. 근괴사료 / 195
2. 강피사료 / 192　　5. 보충사료 / 196
3. 단백질사료 / 193
제 4 절　조 사 료 ······ 197

1. 목　　초 / 197　　4. 건초와 사일리지 / 204
2. 야　　초 / 202　　5. TMR 사료 / 204
3. 고 간 류 / 203
제5절　초지조성과 관리 ······ 205
1. 초지 조성 / 205　　2. 초지 관리 / 209
[연습문제] ······ 212

## 제 8 장　동물의 사육관리편

제1절　동물의 행동습성과 행동유형 ······ 213
1. 동물의 행동습성 / 213　　2. 동물의 행동유형 / 214
제2절　동물의 보정법 ······ 215
1. 소의 보정법 / 216　　4. 면양 · 산양의 보정법 / 218
2. 말의 보정법 / 217　　5. 설치류의 보정법 / 218
3. 돼지의 보정법 / 218
제3절　한우 및 육우의 관리 ······ 219
1. 송아지 관리 / 219　　3. 개체표시 / 221
2. 비육우 관리 / 220
제4절　젖소의 관리 ······ 222
1. 송아지 관리 / 222　　2. 착유우의 건유 / 223
제5절　말의 관리 ······ 224
1. 운동 및 훈련 / 224　　3. 편자 붙이기 / 224
2. 삭　　제 / 224
제6절　돼지의 관리 ······ 225
1. 초유의 급여와 포유 / 225　　5. 자돈의 빈혈예방책 / 226
2. 절치와 체중측정 / 225　　6. 개체표시 / 226
3. 꼬리자르기 / 226　　7. 이　　유 / 227
4. 거　　세 / 226
제7절　양계관리 ······ 227
1. 부화관리 / 227　　3. 점등관리 / 229
2. 병아리 관리 / 229　　4. 환우관리 / 230
제8절　사슴의 관리 ······ 232

제 9 절 애완·관상동물의 관리 ······ 233
1. 애완견 관리 / 233
2. 관상조류의 관리 / 238
3. 햄스터·몰모트·마우스 및 랫드의 관리 / 240
4. 관상열대 물고기의 관리 / 242
[연습문제] ······ 245

## 제 9 장 동물의 위생과 질병편

제 1 절 동물위생 ······ 246
1. 환경위생 / 246
2. 질병예방위생 / 250
제 2 절 동물의 질병 ······ 251
1. 인수공통전염병 / 251
2. 법정전염병 / 252
제 3 절 동물질병의 조기발견 ······ 255
1. 동물의 행동변화 / 255
2. 식욕 및 반추의 변화 / 255
3. 눈의 변화 / 256
4. 피부 및 피모의 변화 / 256
5. 비경 및 점막의 변화 / 256
6. 분뇨의 상태 / 256
7. 체온·맥박 및 호흡 / 257
[연습문제] ······ 258

## 제 10 장 축산물 가공과 이용편

제 1 절 우유와 유제품 ······ 259
1. 우유의 정의와 유가공의 발달 / 259
2. 우유의 생산과 소비 / 260
3. 우유의 조성 / 260
4. 유 제 품 / 262
제 2 절 고기와 육제품 ······ 271
1. 식육자원 / 271
2. 식육생산 / 272
3. 식육의 성상 / 275
4. 육 제 품 / 280
제 3 절 계란과 난가공 ······ 284
1. 계란의 구조 / 284
2. 계란의 성분 / 286
3. 계란의 저장 / 286
4. 난 제 품 / 288
제 4 절 가죽과 모피 ······ 289
1. 원료모피 / 289
2. 피혁 제조 / 290
[연습문제] ······ 292

## 제 11 장　축사시설 및 분뇨처리편


제 1 절　축사의 구비와 시설 ······ 293

제 2 절　가축분뇨의 환경오염과 합리적 이용 ······ 297

1. 가축분뇨의 환경오염 요소와 원인 / 297
2. 가축분뇨의 액비화 · 퇴비화 및 에너지화 / 298

[연습문제] ······ 301


## 제 12 장　동물자원의 경영편


제 1 절　동물자원 경영의 요소 ······ 303

1. 토　　지 / 303
2. 노 동 력 / 304
3. 자 본 재 / 305
4. 경영능력 / 307

제 2 절 동물자원의 경영과 소득 ······ 307

제 3 절　축산경영 조직의 형태와 지표 ······ 311

1. 낙농경영의 진단분석지표 / 312
2. 비육우경영의 진단분석지표 / 313
3. 양돈경영의 진단분석지표 / 314
4. 양계경영의 진단분석지표 / 317

제 4 절　동물자원의 유통 ······ 319

1. 유통기능 / 319
2. 유통비용 / 320
3. 신유통의 변화 / 320

[연습문제] ······ 322

참고문헌 ······ 323

부　　록[여러 동물의 분류와 그 특징] ······ 329

찾아보기 ······ 333

INDEX ······ 340

# 제 1 장

# 서 론

## 제 1 절 동물과 축산

### 1. 동물과 가축

동물은 인간과 같이 생존해 왔으며, 분류학상의 위치는 종(種, species), 속(屬, genus), 과(科, family), 목(目, order), 강(綱, class), 문(門, phylum), 계(系, system) 중 동물계에 속하고 있다.

동물의 세계는 행동과 습성이 자기 나름대로 여러 가지 고유의 특징을 지니고 있다. 인간과 같이 자기를 보호하면서 직접적 방어기능을 하는가 하면 살기 위한 하나의 방법 중 포획하여 약한 동물은 강한 동물에게 잡아 먹히는 약육강식(弱肉强食)이 강하다. 또한 생존을 위한 보호의 기능이 강한데 하등동물일수록 더욱 두드러지게 강하여 생존전략 차원에서 보호색까지 등장하게 되므로 이것이 결국 진화(進化, evolution)과정으로 탈바꿈하여 변화하게 마련이다.

동물은 결국 크게 두 가지로 구분하여 말할 수 있다. 하나는 야생동물(野生動物, wild animal)이고, 또 다른 하나는 인간에게 길들여진 가축(家畜, domesticated animal)이라고 할 수 있다. 전자는 동물세계에서 가장 강하다고 일컫는 호랑이, 사자에서부터 벌판에서 식량자원으로써 고급단백질 급원으로 이용되고 있는 곤충류 메뚜기에 이르기까지 다양한 동물을 포함하고 있다. 반면에 후자는 인류와 같이 살면서 순화하여 사람과 같이 공존공생(共存共生)하여 사육되면서 오늘날 인간의 의생활, 식생활, 주생활 등을 위하여 없어서는 안될 중요한 기능을 하고 있다. 야생동물의 진화적 변화는 생육환경을 포함하여 여러 가지 조건들이 가져다주는 자연선발(natural selection)의 결과로 일어난다고 할 수 있다. 하지만 가축이나 인공재배 작물들은 자연선발보다는 인위선발(artificial selection)에 의하여 진화하는 변화를 찾을 수 있다.

야생동물이 가축이 되기 위해서는 어떤 것들이 전제되어야 하는가를 살펴보자.

① 건강하고 튼튼해야 할 것이다.

② 사람을 잘 따르고 좋아해야 할 것이다.

③ 생활환경에 대한 지나친 욕구가 높지 말아야 한다.

④ 자유롭게 번식이 되어야 한다.

⑤ 관리가 쉽고 유용성이 뒤따라야 한다.

인류역사상 최초로 순화(馴化, domestication)된 동물은 개(dog)라고 알려져 있다. 이 개는 약 12,000～14,000년 전에 순화된 것으로 추정되고 있다. 그 다음으로는 식용가축(食用家畜)으로써 가축화된 최초의 동물은 11,000여년 전에 면양(緬羊)으로 보고되고 있으며, 그 이후에는 여러 종류의 동물들이 사람들에 의해 순화되어 사육하기에 이르렀다.

독일학자 Settegast는 가축을 크게 협의의 가축과 광의의 가축으로 구분하여 분류하기도 한다. 협의의 가축은 소, 말, 돼지, 면양, 산양, 토끼, 노새와 같은 포유류와 닭, 칠면조, 오리, 거위와 같은 가금(poultry) 등을 포함한 농용동물(farm animal, domestic animal)을 가리키며, 광의의 가축은 개와 고양이 같은 포유류 22종, 비둘기와 같은 조류 20종, 금붕어와 같은 어류 3종, 꿀벌과 같은 곤충류 7종으로 총 52종을 일컬어 정의하고 있다.

축산(畜産, livestock industry, livestock husbandry)이라고 함은 가축을 사육하여 첫째는 고기, 젖, 알, 피혁, 의약품 등과 같은 축산물(畜産物, animal products)을 얻어 가공처리하고, 둘째는 노동력이나 구비 생산과 같은 농경생활의 수단으로 유용하게 이용하여 인류생활에 기여하는 산업이라고 정의할 수 있다. 최근에는 여기에다가 「보아서 귀엽고 함께 즐길 수 있는」 애완동물(愛玩動物, pet animal)과 실험동물(實驗動物, experimental animal) 산업까지 포함시키고 있다. 축산학(畜産學, animal science)에서 최근에는 동물자원학(動物資源學, animal resources science)이라고 부르는 데는 다음과 같은 이유가 있다.

첫째, 축산은 좁은 의미의 가축을 사육하여 축산물을 얻는다는 국한된 의미를 갖는 반면에 동물자원은 좁은 의미의 가축은 물론 넓은 의미의 가축영역까지 포함시켰기 때문이다. 둘째, 축산은 경종농업(耕種農業)과 같이 양축농업(養畜農業)을 내포하는 의미를 지닌 반면에 동물자원은 모든 동물을 포함하여 자원생산(資源生産, resources production) 또는 개발(開發, development)의 의미를 지니고 있기 때문이다. 지구상의 모든 자원(資源, resources)은 고갈(lacking)이 되지 않는 한 유한한 개발과 보존이 병행되어야 할 것이다. 동물자원도 인류와 함께 공존(共存)하여 보존, 확대, 조화, 개발과 더불어 이용성을 증대시켜야 할 것으로 본다. 따라서, 동물자원(動物資源, animal resources)이라 함은 모든 동물은 물론 그 생산물을 포함시켜 인간에게 사회적, 경제적, 문화적으로 포함시켜 정의할 수 있다.

이와 같은 학문을 가리켜서 동물자원학(animal resources science)이라고 하는데, 이러한 학문을 배우는 기초학문으로 동물생리학(animal physiology), 동물번식학(animal reproduction), 동물유전학(animal genetics), 동물영양학(animal nutrition), 사료자원학(feed resources), 동물질병학(animal pathology) 등이 있으며, 응용학문으로는 동물육종학(animal breeding), 축산자원이용학(animal products processing), 경영학(management) 등이 있다. 동물의 대상은 동일하나 학문의 영역상 동물의 건강과 관리라는 차원에서 병리학과 위생학을 더욱 심도 있게 연구하는 수의학(獸醫學, veterinary science)과는 학제와 전공영역이 다르다고 할 수 있다.

## 2. 인간과 동물

원시시대에 사냥꾼들인 인간은 포식자와 그 포획물 사이에 성립하는 생물학적 과정에 따라 자신의 행동을 먹이가 되는 생물의 행동(behavior)에 합치시키는 방향으로 적응했다. 이러한 인간과 동물의 상호관계는 일부 인간사회에서 수렵대상으로 선택된 대형 포유동물을 사냥하기 위한 방향으로 문화체계가 발전됐다. 원래 야생동물이었던 동물의 원종(原種, wild species)을 인간이 다목적으로 이용하기 위하여 긴 세월동안 사육하여 순화(馴化)와 개량(改良)을 통하여 인간의 기호에 맞게 우수한 능력을 지닌 가축으로 변화된 것이다.

인간이 동물자원을 이용함은 궁극적인 면에서는 원시시대나 현대사회에서 식량자원(food resources)을 얻는다는 데에는 변함이 없으나 문화발전과정에서 오는 사회양상에 따라 변화하는 데는 다소 차이점을 발견할 수 있다. 예를 들면, 에너지 자원이나 새로운 신소재 제품을 생산하는 것들은 오늘날의 동물자원에서 얻어지는 좋은 결과물이라고 생각된다. 이것이 결국 인류의 생존을 유지하며 삶의 질을 향상시키는 궁극적 목적이 된다고 볼 수 있다.

야생동물의 가축화는 노르웨이 북극권지역에서 생활에 필요한 거의 모든 물건을 순록에 의존하여 수송한 것들이 시초를 이룬 것이다. 의사소통이 가능한 종류의 동물의 행동을 조정해서 길들이는 방법을 배운 인간집단이 등장하게 되었다. 원종은 들이나 산에서 야생하던 동물들이다. 원시소에서 소(牛), 들말(野馬)에서 말, 고원 당나귀에서 당나귀,

산돼지에서 돼지(豚), 무플롱양에서 면양(緬羊), 산토끼에서 토끼(家兎), 늑대에서 개(犬), 밀림닭에서 닭(鷄), 물오리에서 오리, 멕시코 칠면조에서 칠면조로 각각 개량된 것으로 보고 있다.

인류가 처음 농경을 시작했을 것으로 추측되는 팔레스티나에서 아라비아 북부를 거쳐 페르시안에 이르는 비옥한 지역에서 가장 오래된 농경인들이 관개법과 초식동물을 길들이는 두 가지 방법을 습득하기까지는 매우 힘겨운 노력이 기울여졌을 것으로 보고 있다. 앞에서도 언급한 것과 같이 최초로 가축화된 동물은 개(dog)로 보고 있으며, 구석기시대 B.C. 12000~14000년경으로 추정하고 있다. 그 다음으로는 신석기시대 B.C. 12000~5000년경 면양, 소와 돼지, 그리고 닭은 B.C. 2000년경에 축화되었을 것으로 보고 있다.

인간이 만들어낸 생활영역에 편입된 마지막 집단은 말(horse)이지만, 지금까지 이루어진 경제적 발전은 그 어느 동물보다도 말에서 큰 도움을 얻었다고 보고있다. 유럽, 아시아와 아프리카에서는 여러 민족이 새로운 생활권에 진입할 때 동력기관이 발명되기 전에는 말과 당나귀의 능력이 큰 도움이 되었을 것으로 생각된다.

주요 가축의 축화된 지역을 보면 〈표 1-1〉에서 보는 바와 같다. 소와 같은 대동물은 아시아는 물론 유럽지역에서 축화되고, 닭은 아시아지역에서 축화 되었음을 알 수 있다.

〈표 1-1〉 세계의 지역별 주요 축화동물

| 지 역 | 축화동물 |
|---|---|
| 극동 및 동남아시아 | 소, 말, 돼지, 닭, 꿀벌, 개 등 |
| 중앙아시아 | 소, 돼지, 개, 닭, 말, 낙타, 꿀벌 등 |
| 서부아시아 | 산양, 면양, 당나귀 등 |
| 유 럽 | 소, 돼지, 면양 등 |
| 아프리카 | 고양이, 타조 등 (단, 칠면조는 멕시코) |

# 제 2 절 동물사육현황

## 1. 우리나라의 동물사육현황

동물 사육의 주된 목적은 시대에 따라 변화를 거듭하여 오고 있다. 예전에는 제례(祭禮), 운송(運送)수단, 경운(耕耘), 의류(衣類) 등의 생산을 주목적으로 사육하던 것이 요즘에는 주로 식용(食用)과 애완(愛玩) 및 레저(leisure)용으로 변화하고 있다.

인간(人間)이 동물자원을 생산함에는 의식주(衣食住)의 기초적인 식량과 에너지원 및 생활물자를 얻고, 더 나아가 보다 나은 삶의 질(質)을 유지하기 위함이다.

### (1) 주요 가축의 사육

우리나라는 예로부터 경종농업을 주축으로 한 식생활 관습이나 경제, 문화 등으로 인하여 일상생활은 주곡농업의 범주를 크게 벗어나지 못하였고, 영농의 규모 또한 영세하여 그 동안 축산업의 발전이 저조하였으나, 1962년부터 경제개발 계획이 추진되면서 전환기를 맞아 지속적인 경제개발의 성공과 아울러 국민소득이 증대되면서 축산업도 발전하고 있다.

〈표 1-2〉는 주요 축종별 사육두수 및 사육호수를 나타낸 것인데, 축산업에 종사하는 농가가 전체적으로 점차 감소하고 있는 반면에 농가 1호당 사육두수는 꾸준히 증가하는 것을 발견할 수 있다.

〈표 1-2〉 주요 가축의 사육동향 (단위 : 천호, 천두(수))

| 연 도 | 한·육우 | | 젖 소 | | 돼 지 | | 닭 | |
|---|---|---|---|---|---|---|---|---|
| | 두 수 | 호 수 | 두 수 | 호 수 | 두 수 | 호 수 | 수 수 | 호 수 |
| 1965 | 1,314 | 1,156 | 6.6 | 30 | 1,382 | 1,083 | 11,893 | 1,320 |
| 1970 | 1,286 | 1,102 | 23.6 | 3 | 1,126 | 884 | 23,633 | 1,338 |
| 1975 | 1,556 | 1,277 | 85.5 | 9 | 1,247 | 654 | 20,940 | 1,094 |
| 1980 | 1,427 | 997 | 206.9 | 22 | 1,784 | 503 | 40,130 | 692 |
| 1985 | 2,553 | 1,048 | 390 | 44 | 2,853 | 251 | 51,081 | 303 |
| 1990 | 1,622 | 620 | 504 | 33 | 4,528 | 133 | 74,463 | 161 |
| 1995 | 2,594 | 519 | 553 | 24 | 6,461 | 46 | 85,880 | 203 |
| 2000 | 1,590 | 290 | 544 | 13 | 8,214 | 24 | 102,547 | 218 |
| 2002 | 1,410 | 212 | 544 | 12 | 8,974 | 17 | 101,693 | 176 |
| 2008 | 2,430 | 181 | 446 | 7 | 9,087 | 7.7 | 119,784 | 3,196* |
| 2010 | 2,922 | 172 | 430 | 6.3 | 9,881 | 7.3 | 149,200 | 3,604 |
| 2011 | 2,950 | 163 | 404 | 6.1 | 8,171 | 6.3 | 149,511 | 3,403 |
| 2014 | 2,759 | 103.8 | 431 | 5.7 | 10,090 | 5.18 | 156,410 | 2,989 |
| 2019 | 3,237 | 94.3 | 408 | 6.2 | 11,280 | 6.1 | 172,920 | 2,784 |

자료 : 통계청(가축동향)

*2006년부터 3,000수 이상 사육가구를 대상으로 전수 조사한 자료임(이때부터는 천호가 아닌 호수임).

#### 1) 한·육우

1997년 이후 사육두수와 농가 모두 감소하고 있는 것은 UR협상과 WTO(세계무역기구)의 출범으로 인한 1997년까지 쇠고기를 제외한 모든 축산물의 수입자유화에 따른 결과의 산물이다. 2001년 쇠고기 수입자유화 이후 한육우의 사육은 점차 회복하고 있다. 2014년 대비 2019년 현황을 보면 한·육우의 사육두수는 117.3%로 증가하였으나, 사육호수는 90.8%로 감소하였다.

#### 2) 젖 소

사육두수는 2000년에는 약 54만두에서 2011년에는 40만두로 25.7%가 감소하고, 사육호수도 53.1%가 감소하였다. 이와 같이 사육농가의 감소는 낙농경영형태가 규모화되고 있음을 보여주고 있다.

#### 3) 돼 지

2011년과 2000년 대비 사육두수는 99.5%로 약간 감소하였으나 사육호수는 26.3%로 감소하여 양돈경영의 규모화가 이루어짐을 알 수 있으나 사육두수의 증가는 가격의 불안전 요소로 잠재하고 있다.

#### 4) 닭

사육수수와 호수는 2014년과 2019년 대비 사육수수는 110.6% 증가하였으나, 사육호수는 2006년부터 3,000수 이상 사육농가를 전수조사하여 93.1%로 감소한 것으로 조사 보고되었다. 육계보다는 산란계의 사육비율이 약간 더 높았다.

〈표 1-3〉은 주요 동물의 가구당 평균 사육두수를 나타낸 것이다. 2019년 12월 현재 가구당 평균 사육두수는 한・육우  34두, 젖소 65두, 돼지 1,839두, 닭 62,112수를 기록하고 있어 아직도 규모의 대형화로 가는 데는 멀다고 할 수 있다.

〈표 1-3〉 주요 동물의 가구당 평균 사육두수 (단위 : 두)

| 연 도 | 한・육우 | 젖 소 | 돼 지 | 닭 |
|---|---|---|---|---|
| 1975 | – | 9.1 | 1.9 | 19.1 |
| 1980 | – | 9.4 | 3.5 | 58.0 |
| 1990 | 2.6 | 15.1 | 33.9 | 461.5 |
| 2000 | 5.5 | 40.7 | 344.5 | 470.5 |
| 2002 | 6.6 | 46.4 | 514.7 | 577.1 |
| 2008 | 13.4 | 63.7 | 1,183 | 37,479 |
| 2014 | 26.6 | 75.7 | 1,949 | 52,329 |
| 2019 | 34 | 65 | 1,839 | 62,112 |

자료 : 통계청(가축동향), 2014. 12.

### (2) 기타 가축의 사육

소, 돼지, 닭을 제외한 기타 가축인 산양, 토끼, 오리, 꿀벌, 말, 칠면조 등의 사육두수 및 호수의 사육동향을 살펴보면 〈표 1-4〉와 같다.

말(馬)의 사육은 제주도를 중심으로 산업 활성화에 힘입어 점차 사육두수와 호수 모두 증가하고 있다. 말은 예로부터 내려오는 민속 윷놀이에서 으뜸으로 치는 모가 말(馬)을 상징하고, 말 한 필이 끄는 힘은 1마력(馬力, HP)으로 공률(工率)의 실용단위로 쓰이고 있다. 그리고, 말은 국민소득 증가와 함께 승마인구가 증가하고 있어 취미와 스포츠로도 각광을 받을 것으로 전망하고 있다. 최근에는 재활승마 인구도 증가추세에 있다.

산양의 경우 우리나라는 사육호수와 두수 모두 1995년을 정점으로 점차 감소하다가

〈표 1-4〉 기타 가축의 사육동향 (단위 : 천호, 천두 · 군(수))

| 구 분 | | '70 | '80 | '90 | '98 | '00 | '10 | '15 | '16 | 대비(%) '10/ '00 |
|---|---|---|---|---|---|---|---|---|---|---|
| 말 | 호수* | 10,278 | 2,153 | 384 | 445 | 520 | 1,917 | 1,289 | - | - |
| | 두수 | 1.8 | 3.9 | 4.9 | 8.5 | 11 | 30.4 | 16.8 | - | - |
| 면양 | 호수* | 430 | 557 | 42 | 34 | 34 | 168 | 160 | 102 | 63.8 |
| | 두수 | 7.3 | 6.2 | 3.2 | 1.2 | 0.8 | 6.9 | 3.2 | 1.4 | 44.1 |
| 산양 | 호수 | 73 | 200 | 49 | 60 | 52 | 15 | 10.3 | 11.8 | 114.4 |
| | 두수 | 99 | 108 | 211 | 539 | 449 | 244 | 284 | 348 | 122.8 |
| 사슴 | 호수 | 0.8 | 1.0 | 5.8 | 11 | 12 | 5.4 | 2.5 | 2.2 | 88.2 |
| | 두수 | 0.8 | 8.7 | 53 | 137 | 150 | 65 | 34.5 | 31.4 | 91.2 |
| 토끼 | 호수 | 194 | 136 | 14 | 9 | 17 | 5.4 | 3.7 | 3.8 | 103.8 |
| | 두수 | 489 | 549 | 156 | 259 | 436 | 245 | 116 | 80.6 | 69.2 |
| 개 | 호수 | – | 2 | 1,040 | 819 | 763 | 602 | 816 | 804 | 98.5 |
| | 두수 | – | 5 | 1,873 | 1,846 | 2,042 | 1,704 | 1,770 | 1,810 | 102.3 |
| 오리 | 호수 | 14 | 67 | 14 | 9 | 13 | 5.1 | - | - | - |
| | 수수 | 199 | 403 | 717 | 3,167 | 5,134 | 14,397 | - | - | - |
| 칠면조 | 호수 | 0.8 | 0.8 | 0.8 | 0.8 | 1.0 | 0.5 | 0.4 | 0.6 | 146.4 |
| | 수수 | 5 | 5 | 5 | 8 | 13 | 7.4 | 8.7 | 8.7 | 100.7 |
| 거위 | 호수 | – | 121 | 0.6 | 1.3 | 1.6 | 0.9 | 0.7 | 0.9 | 121.6 |
| | 수수 | – | 1,509 | 2.6 | 10.0 | 11.8 | 9.4 | 5.3 | 4.7 | 88.8 |
| 꿀벌 | 호수 | 25 | 31 | 45 | 41 | 41 | 25 | 22 | 22 | 106.6 |
| | 군수 | 112 | 245 | 527 | 947 | 1,240 | 1,698 | 1,962 | 2,155 | 109.8 |

자료 : *말(馬) · 면양의 호수는 천 호가 아닌 호수, 두수는 천 두임. 농림수산식품부. 2016.
주) 1. 메추리, 관상조, 타조, 오소리, 뉴트리아, 꿩, 지렁이 등도 가축에 포함시키고 있다.
2. 상기산양중 유산양이 2000년도 4,584두, 2005년도 9,234두, 2010년도 7,182두가 포함됨.

2008년 이후부터는 급감하였다. 그러나 북한의 경우엔 식량자급 차원에서 사육을 적극 권장하고 있어 두수가 증가하고 있다는 보고가 있다.

면양(緬羊)사육은 1971년에 전북 국립종축원 남원지장에 코리데일종과 폴워스종이 도입되어 본격적으로 사육되었으나 1980년대 중반부터 양모의 가공처리 미흡과 양육(羊肉)의 기호성이 떨어져 사육호수의 급격한 감소와 사육두수가 감소하였으나, '08년도 이후부터 증가되고 있다.

사슴사육(養鹿業)은 소득수준이 향상됨에 따라 건강식품으로 녹용 및 녹혈 수요가 늘어나면서 사육호수와 두수 모두 증가하다가 최근 감소추세에 있다. 한 때 투기적인 산업이라는 비난도 받았던 양록업은 이제 수요자의 외면으로 사양산업이 되고 있다.

양토산업(養兎産業)은 규모의 영세성과 생산성의 취약으로 경쟁력을 갖추고 있지 못하여 점차 새로운 산업으로 육성되어야 할 것이다. IMF 이후 사육두수와 호수 모두 급격한 증가를 보였다가 감소하고 있다.

오리사육업은 외식산업과 벼농사에서의 무공해 오리농법, 방한용 오리털 옷의 수요증가로 1995년 이후 큰 증가를 보이고 있다. 특히 유황오리는 고급지방산과 유황성분을 많이 함유하여 건강식품으로 식도락가들이 즐겨 찾고 있다.

개(犬)의 사육은 최근 말티즈, 시추, 요크셔테리어와 같은 애완용이 애견가들의 사육붐에 힘입어 급성장하고 있으며, 식용의 목적으로 육견을 대규모로 사육하는 농가도 있다. 이는 밍크, 여우 등 모피를 얻기 위하여 사육하는 농가와 함께 국내・외 동물애호운동가들의 지탄을 받고 있다.

칠면조(七面鳥)의 사육은 우리나라에서는 큰 발전이 없었으나, 이 밖에도 기타 가축의 타조, 뉴트리아, 오소리, 거위, 메추리, 꿩, 관상용 조류, 지렁이 등과 함께 좀 더 많은 연구와 관심이 필요하다고 생각된다.

양봉(養蜂)산업은 과도한 농약사용으로 인하여 밀원(蜜源)의 확보가 어려웠고, 꿀벌이 피해를 보기도 하였지만 건강식품으로써 꿀의 소비가 꾸준하여 양봉농가 또한 증가추세를 보였으나, 최근에는 밀원자원의 부족과 바이러스성 질병으로 급감하고 있다.

## 2. 동물산업의 위치

농업생산물에 대한 연도별 생산액과 그 구성비는 〈표 1-5〉와 같다. 농업총생산액은 2006년에 약 35조 2,320억원 이었던 것이 2011년에는 41조 3,580억원으로 약 17.4%가 증가하였다. 그리고 축산물에 대한 생산액은 2006년에 11조 6,760억원 이었던 것이 2011년에는 15조 410억원으로 28.8%가 증가하였는데, 축산물생산액은 농업총생산액 증가추세보다 훨씬 많은 증가변화를 보였다.

한편 2006년 농업총생산액 중에서 작목별 구성비를 보면 축산업이 33.1%로 가장 큰 비중이었고, 다음으로는 식량작물(26.7%), 채소(20.9%) 과실(8.4%) 순으로 나타났으나, 2011년도에는 축잠업(36.4%)이 가장 많았고, 그 다음으로는 식량작물(22.9%)이 차지함으로써 농업생산액 중 축산물 생산액의 비중이 더욱 높아짐을 알 수 있었다.

## 3. 외국의 동물사육현황

동물 사육은 외국의 경우에도 유목(遊牧)에서 목축(牧畜)으로 변화하였고, 아직까지

〈표 1-5〉 농축산물 생산액과 구성비 (단위 : 10억원, %)

| 구 분 | 2006 | 2007 | 2008 | 2009 | 2010 | 2011 | 2018 | 증감(▽)률 '18/'06 |
|---|---|---|---|---|---|---|---|---|
| 농업생산액 | 35,232.4<br>(100) | 34,685.0<br>(100) | 38,469.8<br>(100) | 41,364.3<br>(100) | 41,677.4<br>(100) | 41,358.2<br>(100) | 49,950.1<br>(100) | 41.8 |
| ① 식량작물 | 9,411.8<br>(26.7) | 8,909.5<br>(25.7) | 10,606.7<br>(27.6) | 9,863.5<br>(23.8) | 7,997.2<br>(19.2) | 9,463.3<br>(22.9) | 10,731.3<br>(21.6) | 14.0 |
| ② 채 소 | 7353.4<br>(20.9) | 7,483.0<br>(21.6) | 7,213.5<br>(18.8) | 7,554.1<br>(8.3) | 8,353.3<br>(20.0) | 8,533.7<br>(20.6) | 11,528.9<br>(23.2) | 56.8 |
| ③ 과 실 | 2,970.6<br>(8.4) | 2,822.3<br>(8.1) | 2,998.4<br>(7.8) | 3,510.6<br>(8.5) | 3,583.8<br>(8.6) | 3,674.5<br>(8.9) | 4,508.4<br>(9.1) | 51.8 |
| ④ 특용작물 | 282.6<br>(0.8) | 326.9<br>(0.9) | 322.6<br>(0.9) | 296.0<br>(0.7) | 371.1<br>(0.9) | 325.8<br>(0.7) | 594.0<br>(1.2) | 110.0 |
| ⑤ 약용작물 | 563.5<br>(1.6) | 821.9<br>(2.4) | 161.1<br>(1.6) | 645.8<br>(1.6) | 912.6<br>(2.2) | 1,449.8<br>(3.5) | 851.1<br>(1.9) | 51.0 |
| ⑥ 화 훼 류 | 941.1<br>(2.7) | 923.7<br>(2.7) | 904.3<br>(2.4) | 864.0<br>(2.1) | 851.0<br>(2.0) | 817.4<br>(2.0) | 535.7<br>(1.1) | ▽43.1 |
| ⑦ 버 섯 | 484.8<br>(1.4) | 451.1<br>(1.3) | 476.5<br>(1.2) | 444.3<br>(1.1) | 598.6<br>(1.4) | 422.4<br>(1.0) | 235.0<br>(0.1) | ▽51.5 |
| ⑧ 전매작물 | 867.8<br>(2.5) | 958.3<br>(2.8) | 1,028.9<br>(2.7) | 1,078.4<br>(2.6) | 1,031.5<br>(2.5) | 1,141.5<br>(2.8) | 910.2<br>(1.9) | 4.9 |
| ⑨ 볏 짚 | 680.4<br>(1.9) | 711.1<br>(2.1) | 700.0<br>(1.8) | 623.4<br>(1.5) | 506.9<br>(1.2) | 488.4<br>(1.2) | 274.0<br>(0.1) | ▽59.7 |
| ⑩ 축 잠 업 | 11,676.3<br>(33.1) | 11,277.3<br>(32.5) | 13,592.9<br>(35.3) | 16,484.0<br>(39.8) | 15,041.4<br>(41.9) | 15,041.4<br>(36.4) | 19,781.5<br>(39.7) | 69.4 |
| - 축 산 업<br>- 양 잠 업 | 11,676.3 | 11,277.3 | 13,592.9 | 16,484.0 | 17,471.4 | 14,990.9<br>50.5 | 19,730.7<br>50.8 | 69.0 |

자료 : 농림수산식품부, 2018. 농림업생산액 및 생산지수(정보통계담당관).

도 자급적 목축을 하는 유목(遊牧)이 몽고를 비롯한 중앙아시아, 사하라 남부지역에서 행해지고, 신대륙인 미주지역과 오스트레일리아의 북동부, 뉴질랜드 등에서는 방목(放牧)으로 기업적 목축을 경영하고 있으며, 지중해 지역(알프스 산지, 이베리아 반도)에서는 이목(移牧)을 하는 것으로 보인다. 주요 국가의 동물 사육현황은 〈표 1-6〉과 같다.

소는 아시아에서 인도와 중국이 가장 많은 두수를 기록하였는데, 인도가 약 2억 1천만두로 가장 많았지만 이는 종교적(힌두교, 소를 숭배)인 것으로 판단되며, 중국이 8천 379만두를 사육하는 것으로 조사되었고, 아메리카대륙은 브라질이 2억 950만두로 가장 많은 사육을, 그리고 미국이 약 9천 4백만두로 그 뒤를 이었다.

돼지는 단연 중국이 다른 나라의 추종을 불허하며 약 4억 7천 626만두로 가장 많은 사육두수를 보였으며, 미국은 약 6천 5백만두를 사육하고, 브라질, 독일 순으로 많이 사육하

고 있다. 특히 물소(水牛, buffalo)는 열대지방인 인도, 인도네시아, 말레이시아, 필리핀, 태국 등에서 많이 사육되고 있다.

닭은 중국이 역시 가장 많은 약 48억 2백만수를 사육하였고, 미국 21억수, 브라질이 12억 3천 891만수를 사육하였다.

면양은 중국이 1억 3천 4백만두로 역시 가장 많은 사육두수를 보였고, 인도와 오스트레일리아(호주)가 면양의 나라답게 7천 4백만두와 6천 8백만두의 많은 사육두수를 보였다.

산양은 인도가 약 1억 5천 400만두, 중국이 1억 5천 70만두를 사육하였고, 북한은 한국에 비하여 면양·산양의 사육두수가 많은 것으로 조사 보고되었다.

말은 미국이 약 9백 80만두로 가장 많이 사육하고 있으며, 다음으로는 중국, 멕시코, 브라질, 아르헨티나, 몽골 순으로 사육하고 있었다.

〈표 1-6〉 주요 국가의 동물 사육현황 (단위 : 두·수)

| 지역 | | 소 | 돼지 | 닭 | 면양 | 산양 | 말 |
|---|---|---|---|---|---|---|---|
| 아시아 | 한국 | 3,351,390 | 9,880,630 | 149,200,000 | 3,000 | 243,520 | 28,000 |
| | 북한 | 577,000 | 2,248,000 | 14,943,000 | 166,000 | 3,556,000 | 48,000 |
| | 일본 | 4,376,000 | 9,800,000 | 286,000,000 | 12,000 | 15,000 | 18,000 |
| | 중국 | 83,798,151 | 476,267,000 | 4,802,720,000 | 134,021,213 | 150,706,554 | 6,787,360 |
| | 베트남 | 5,916,250 | 27,373,100 | 218,201,000 | - | 1,288,350 | 93,125 |
| | 필리핀 | 2,570,900 | 13,397,800 | 158,984,000 | 30,000 | 4,177,700 | 240,000 |
| | 인도 | 210,200,000 | 9,630,000 | 773,852,000 | 73,991,000 | 154,000,000 | 524,000 |
| | 몽골 | 2,176,000 | 24,842 | 426,000 | 14,480,400 | 13,883,200 | 1,920,340 |
| 아메리카 | 미국 | 93,881,200 | 64,925,000 | 2,100,000,000 | 5,620,000 | 3,038,000 | 9,800,000 |
| | 캐나다 | 13,013,000 | 11,835,000 | 165,000,000 | 803,000 | 30,000 | 400,000 |
| | 브라질 | 209,541,000 | 38,956,800 | 1,238,910,000 | 17,380,600 | 9,312,780 | 5,514,250 |
| | 멕시코 | 32,642,100 | 15,435,400 | 506,256,000 | 8,105,560 | 8,993,220 | 6,350,000 |
| | 아르헨티나 | 48,949,700 | 2,270,000 | 96,000,000 | 15,800,000 | 4,250,000 | 3,680,000 |
| 유럽 | 러시아 | 20,671,300 | 17,231,000 | 390,534,000 | 19,849,700 | 2,136,640 | 1,374,990 |
| | 영국 | 10,112,000 | 4,460,000 | 164,000,000 | 31,084,000 | 84,500 | 390,000 |
| | 프랑스 | 19,620,900 | 14,531,900 | 124,249,000 | 7,976,550 | 1,349,030 | 453,121 |
| | 독일 | 12,809,500 | 26,509,000 | 114,113,000 | 2,088,504 | 149,936 | 461,779 |
| | 덴마크 | 1,571,050 | 13,173,100 | 14,114,000 | 159,626 | - | 60,000 |
| | 네덜란드 | 3,975,190 | 12,255,000 | 101,248,000 | 1,129,500 | 352,830 | 133,524 |
| 아프리카 | 남아프리카 | 13,731,000 | 1,594,490 | 160,000,000 | 24,501,000 | 6,274,850 | 300,000 |
| | 케냐 | 17,862,900 | 347,400 | 30,398,000 | 9,899,300 | 13,300,000 | 1,850 |
| 오세아니아 | 오스트레일리아 | 26,733,000 | 2,289,290 | 83,024,000 | 68,085,500 | 4,500,000 | 256413 |
| | 뉴질랜드 | 9,863,970 | 335,114 | 13,505,000 | 32,562,600 | 95,281 | 64105 |

자료 : FAO Home, Statistics, FAOSTAT-Aariculture, Production, Live Animals. 2012.

# 제 3 절 동물자원의 생산과 소비

## 1. 동물자원의 생산

### (1) 국가별 동물자원 생산량

〈표 1-7〉은 주요 국가의 동물자원 생산량을 나타낸 것으로 육류 중 쇠고기는 미국이 12,440천톤으로 가장 많았고, EU와 브라질에 이어 아시아에서는 중국이 6,575천톤으로 높았다. 돼지고기는 중국이 으뜸으로 48,500천톤, EU국이 24,225천톤, 미국이 12,401천톤으로 그 뒤를 이었으며, 닭고기는 미국이 19,546천톤으로 가장 많았고, 중국·브라질·EU국의 순으로 많은 생산량을 보였다.

우유는 인도가 167,000천톤으로 가장 높았고, EU, 미국, 중국의 순으로 생산량이 많았다.

〈표 1-7〉 주요 국가의 동물자원 생산현황 (단위 : 천톤, 지육기준)

| 지 역 | | 육 류 | | | 우 유 |
|---|---|---|---|---|---|
| | | 쇠고기 | 돼지고기 | 닭고기 | |
| 아 시 아 | 한 국 | 285 | 1,355 | 935 | 2,030 |
| | 중 국 | 6,575 | 48,500 | 12,650 | 33,000 |
| | 일 본 | 475 | 1,290 | 1,720 | 7,275 |
| | 인 도 | 4,340 | - | 5,100 | 167,000 |
| | 필 리 핀 | - | 1,640 | 1,490 | - |
| 아메리카 | 미 국 | 12,440 | 12,401 | 19,546 | 98,975 |
| | 캐 나 다 | 1,270 | 1,950 | 1,335 | 10,115 |
| | 멕 시 코 | 2,030 | 1,375 | 3,600 | 12,748 |
| | 브 라 질 | 10,200 | 3,975 | 13,635 | 26,210 |
| | 아르헨티나 | 3,025 | - | 2,120 | 10,800 |
| 유 럽 | 러 시 아 | 1,342 | 3,255 | 4,900 | 31,815 |
| | EU(유럽연합) | 7,820 | 24,225 | 12,475 | 160,700 |
| | 우크라이나 | 330 | 700 | 1,300 | 10,120 |
| 아프리카 | 남아프리카공화국 | 1,050 | - | 1,410 | - |
| | 이 집 트 | 365 | - | - | - |
| 오세아니아 | 오스트레일리아 | 2,200 | 420 | 1,235 | 8,600 |
| | 뉴질랜드 | 658 | - | - | 22,300 |

자료 : 미국 농무성 해외농업국, http://www.fas.usda.gov/psdonline/psdHome.aspx.
농협중앙회, 축산물가격 및 수급자료, 2019.

### (2) 기타 축산물 생산량

기타 축산물은 급격한 경제발전과 더불어 개인 소득이 증대되어 보신(補身)에 신경을 쓰면서 소비가 늘어 생산 또한 증대하게 되었다.

〈표 1-8〉에서 산양고기는 지난 7년동안 108.6%의 증가를 보였으며, 사슴녹용은 다른 생산물과 비교할 때 55.6%가 증가하였으며, 토끼고기는 2010년과 비교할 때 29.7%로 감소추세를 보이고 있다.

오리고기는 가장 높은 225.0%의 생산량 증대를 가져와 특기할만하며, 더불어 오리알의 고기 중생산도 195.3%의 증가를 보였다. 벌꿀도 217.0%의 증가를 보였다.

〈표 1-8〉 우리나라의 기타 축산물 생산 (단위 : M/T)

| 연 도 | 사슴녹용 | 산양고기 | 토끼고기 | 오리고기 | 오리알(천개) | 벌 꿀 |
|---|---|---|---|---|---|---|
| 1963 | – | – | 2,734 | 1,246 | 11,915 | 1,196 |
| 1964 | – | – | 2,473 | 949 | 9,402 | 1,104 |
| 1965 | – | – | 1,358 | 193 | 8,085 | 1,346 |
| 1970 | – | 242 | 1,484 | 385 | 22,069 | 1,217 |
| 1975 | – | – | 2,150 | 1,391 | 29,380 | 1,842 |
| 1980 | – | 761 | 2,734 | 1,438 | 18,669 | 2,533 |
| 1985 | – | 2,520 | 2,292 | 2,058 | 27,000 | 9,338 |
| 1990 | – | 910 | 921 | 7,043 | 75,600 | 6,560 |
| 1995 | 24 | 2,312 | 915 | 35,203 | 77,321 | 8,233 |
| 1996 | 28 | 3,232 | 617 | 43,894 | 101,495 | 8,449 |
| 1997 | 32 | 3,618 | 620 | 51,898 | 113,600 | 7,661 |
| 1998 | 37 | 3,301 | 639 | 54,460 | 121,506 | 7,670 |
| 1999 | 41 | 3,068 | 761 | 72,455 | 163,578 | 10,560 |
| 2000 | 45 | 2,503 | 1,287 | 79,821 | 176,506 | 17,741 |
| 2010 | 135 | 2,791 | 1,382 | 180,023 | 344,671 | 38,506 |
| 2017 | 75 | 3,032 | 411 | 140,248 | 208,779 | 15,092 |
| 2017/2010 (%) | 55.6 | 108.6 | 29.7 | 77.9 | 60.6 | 39.2 |

자료 : 농림수산식품부, 2017.

## 2. 축산물의 수입과 수출

국가별 쇠고기, 돼지고기 및 닭고기에 대한 수입량과 수출량은 〈표 1-9〉와 같다.

쇠고기의 수입량은 미국이 1,365천톤으로 가장 많았으며, 다음으로는 일본이 745천톤, 한국이 600천톤, 러시아 500천톤, EU국이 365천톤 순으로 수입되고 있었다.

〈표 1-9〉 국가별 육류 수입량과 수출량 (단위 : 천톤, 지육기준)

| 지 역 | 쇠고기 | | 돼지고기 | | 닭고기 | |
|---|---|---|---|---|---|---|
| | 수입량 | 수출량 | 수입량 | 수출량 | 수입량 | 수출량 |
| 한 국 | 600 | - | 700 | 1 | 180 | - |
| 중 국 | - | 15 | 2,200 | 160 | 575 | - |
| 홍 콩 | 152 | - | 375 | - | 235 | - |
| 일 본 | 745 | - | 1,525 | - | 1,100 | 7 |
| 인 도 | - | 1,700 | - | - | - | - |
| 필 리 핀 | 215 | - | 315 | - | - | 1 |
| 대 만 | - | - | 110 | - | - | - |
| 미 국 | 1,365 | 1,476 | 456 | 2,801 | 64 | 3,272 |
| 캐 나 다 | 250 | 525 | 255 | 1,390 | 175 | 130 |
| 브 라 질 | - | 2,210 | - | 900 | - | 3,775 |
| 아르헨티나 | - | 580 | 55 | - | - | 130 |
| 멕 시 코 | 215 | 340 | 1,235 | 185 | 840 | 6 |
| 러 시 아 | 500 | 15 | 135 | - | 200 | 135 |
| EU(유럽연합) | 365 | 360 | - | 3,250 | 720 | 1,460 |
| 체 코 | - | - | - | - | - | - |
| 헝 가 리 | - | - | - | - | - | - |
| 남 아 공 | 40 | 35 | 48 | 20 | 545 | 55 |
| 오스트레일리아 | 12 | 1,575 | 230 | 45 | 10 | 34 |
| 뉴 질 랜 드 | 12 | 590 | 69 | - | - | - |
| 사 우 디 | - | - | - | - | - | - |
| 쿠 웨 이 트 | - | - | - | - | 93 | - |

자료 : 미국 농무성 해외농업국(USDA), http://www.fas.usda.gov/psdonline/psdHome.aspx.
농협중앙회, 축산물가격 및 수급자료, 2019.

돼지고기의 수입량은 중국이 2,200천톤으로 가장 많이 수입하는 나라였으며, 그 다음으로는 일본이 1,525천톤, 멕시코가 1,235천톤, 한국이 700천톤 순으로 수입되었고, 홍콩도 375천톤이나 수입하고 있었다.

닭고기는 일본이 1,100천톤으로 가장 많이 수입되었고, 멕시코가 840천톤, 그 다음으로는 EU, 중국, 남아공 등의 순으로 수입되었으며, 한국은 180천톤의 닭고기를 수입하고 있었다.

육류 수출량을 보면 쇠고기는 브라질이 2,210천톤으로 가장 많이 수출하고 있었으며, 그 다음으로는 인도 1,700천톤, 오스트레일리아 1,575천톤, 미국, 뉴질랜드, 아르헨티나 등의 순으로 수출하고 있었다.

돼지고기의 수출량은 EU국이 3,250천톤으로 가장 많았으며, 2순위는 미국으로 2,801천톤, 그 다음은 캐나다 1,390천톤, 브라질, 멕시고 등의 순으로 수출하였다.

닭고기는 브라질이 3,775천톤으로 가장 많이 수출하였고, 그 다음으로는 미국 3,272천톤, EU국 등의 순으로 수출하고 있었다.

## 3. 축산물의 소비

### (1) 주요 국가의 축산물 소비

주요국의 육류 소비량은 〈표 1-10〉과 같이 쇠고기 소비량은 미국이 가장 많고, EU국·브라질의 순으로 많았다. 돼지고기는 중국, EU국, 미국의 순 이었으며, 닭고기는 미국, 중국, EU국 순으로 많은 소비량을 보였다.

우유는 인도, EU국, 미국, 중국, 러시아에 이어서 브라질이 많은 소비량을 보였으나, 필리핀 등지에서는 비교적 소비량이 적었다.

〈표 1-10〉 주요 국가의 육류 소비량 (단위 : 천톤, 지육기준)

| 지 역 | | 육 류 | | | 우 유 |
|---|---|---|---|---|---|
| | | 쇠고기 | 돼지고기 | 닭고기 | |
| 아시아 | 한국 | 888 | 2,786 | 1,067 | 1,580 |
| | 중국 | 8,240 | 50,540 | 13,980 | 13,000 |
| | 일본 | 1,360 | 2,800 | 2,810 | 3,980 |
| | 인도 | 2,640 | - | 4,900 | 69,800 |
| | 필리핀 | - | 1,954 | - | - |
| 아메리카 | 미국 | 12,445 | 10,065 | 16,598 | 21,780 |
| | 캐나다 | 760 | 845 | 1,374 | 2,800 |
| | 멕시코 | 1,905 | 2,425 | 4,443 | 4,185 |
| | 브라질 | 8,035 | 3,077 | - | 10,050 |
| | 아르헨티나 | 2,445 | 713 | 2,025 | 1,784 |
| 유럽 | 러시아 | 1,827 | 3,340 | 4,785 | 7,955 |
| | EU(유럽연합) | 7,825 | 20,990 | 11,660 | 33,200 |
| | 우크라이나 | - | 743 | 1,065 | 4,800 |
| 아프리카 | 남아프리카공화국 | 1,055 | 296 | 1,895 | - |
| | 이집트 | 695 | - | - | - |
| 오세아니아 | 오스트레일리아 | 637 | 605 | - | 2,600 |
| | 뉴질랜드 | 80 | - | - | 500 |

자료 : 미국 농무성 해외농업국(USDA), http://www.fas.usda.gov/psdonline/psdHome.aspx.
농협중앙회, 축산물가격 및 수급자료, 2019.

## (2) 국가별 1인당 육류소비량

국가별로 주요 육류를 소비하는 패턴이 다양한데, 여러 나라의 1인당 연간 육류 소비량은 〈표 1-11〉과 같다.

〈표 1-11〉 국가별 1인당 연간 육류 소비량 (단위 : kg, 지육기준)

| 지 역 | 쇠고기 | | 돼지고기 | | 닭고기 | |
|---|---|---|---|---|---|---|
| | 2006 | 2010 | 2006 | 2010 | 2006 | 2010 |
| 캐나다 | 31.3 | 29.5 | 25.2 | 23.6 | 30.1 | 29.6 |
| 멕시코 | 17.4 | 17.7 | 13.9 | 15.7 | 28.0 | 29.6 |
| 미 국 | 43.0 | 38.5 | 29.0 | 27.2 | 45.8 | 43.3 |
| 아르헨티나 | 64.4 | 55.7 | 5.9 | 6.5 | 28.0 | 34.0 |
| 브라질 | 36.4 | 29.5 | - | - | 35.8 | 40.1 |
| 칠 레 | 21.6 | 25.5 | 21.1 | 22.7 | 29.2 | 32.0 |
| 우루과이 | 53.4 | 55.5 | - | - | - | - |
| 콜롬비아 | 18.3 | 19.2 | 3.3 | 4.0 | 20.4 | 24.1 |
| EU(유럽연합) | 17.7 | 16.7 | 42.1 | 41.8 | 15.6 | 17.8 |
| 러시아 | 0 | 15.7 | 18.2 | 22.0 | 16.7 | 17.7 |
| 남아공 | 15.5 | 14.1 | 3.7 | 3.6 | 28.6 | 30.5 |
| 사우디아라비아 | - | - | - | - | 35.4 | 40.9 |
| 스위스 | - | - | 34.0 | 32.9 | - | - |
| 쿠웨이트 | - | - | - | - | 46.7 | 66.3 |
| 아랍에미리트 | - | - | - | - | 48.8 | 62.5 |
| 중 국 | 4.3 | 4.1 | 35.0 | 37.1 | 7.9 | 9.3 |
| 홍 콩 | 14.8 | 30.3 | 60.4 | 69.0 | 38.8 | 40.9 |
| 일 본 | 9.1 | 9.5 | 35.0 | 19.2 | 15.4 | 15.9 |
| 한 국 | 10.3 | 12.9 | 29.5 | 31.3 | 12.4 | 15.0 |
| 대 만 | 4.8 | 6.2 | 38.1 | 35.6 | 29.0 | 28.0 |
| 뉴질랜드 | 31.1 | 28.0 | 20.5 | 20.7 | - | - |
| 오스트레일리아 | 36.5 | 35.3 | 20.9 | 22.1 | 34.6 | 35.3 |

자료 : USDA 「Livestock and poultry : World Markets and Trade」, 2012.

쇠고기 소비량을 보면 아르헨티나가 2010년에 55.7 kg으로 가장 많이 소비하였고, 그 다음은 우루과이, 미국, 호주의 순이었다. 그 밖에도 홍콩, 캐나다, 브라질, 등에서도 비교적 많이 소비하였으나, 홍콩을 제외한 아시아지역 등지에서는 매우 낮은 소비가 이루어지는 것으로 나타났다.

돼지고기의 소비량은 세계적으로 홍콩이 가장 많은 69.0 kg을 소비하였고, 다음으로는

EU국, 스위스와 아시아의 중국, 대만, 한국 등지에서 비교적 많이 소비하였다. 그리고 미국에서도 27.2kg의 소비량을 보였다.

닭고기의 소비량은 중동지역의 쿠웨이트와 아랍에미리트에서 66.3 kg과 62.5 kg으로 가장 많이 소비하였으며, 그 다음으로는 미국이 43.3 kg, 홍콩 40.9 kg, 브라질 40.1 kg 등의 순으로 소비가 이루어진 것으로 전망되었다.

이와 같이 지역별로 육류 소비성향이 다르게 나타나는 현상은 중동지역에서는 회교도에 의한 특수 동물사육 기피로 닭고기를 선호하는가 하면, 유럽 중 동부권 지역에서는 쇠고기보다는 닭고기, 그리고 남미지역에서는 돼지고기를 각각 육류식품으로 더 선호하는 경향을 보였다.

〈표 1-12〉에서 우리나라 국민 1인당 연간 축산물의 소비량 추이를 보면 1980년에 육류 소비량은 11.3 kg에서 2000년에 31.9 kg, 2010년에는 38.8 kg으로 점점 증가하였다. 2018년의 소비량은 2013년 대비 쇠고기는 123.3%, 돼지고기는 129.2%, 닭고기는 123.3%의 소비 증가를 보여 전체 육류소비량은 126.2%의 소비 증가를 보였다. 우유와 계란도 111.9%와 114.0%의 증가를 보였고, 특기할 것은 1998년 외환위기로 인하여 국민소득의 감소와 함께 축산물소비량도 감소함을 엿볼 수 있다.

〈표 1-12〉 우리나라의 1인당 연간 축산물소비량의 변화 (단위 : kg, 정육기준)

| 연 도 | 1인당 GNI ($) | 육 류 | | | | 우 유 | 계 란(개) |
|---|---|---|---|---|---|---|---|
| | | 쇠 고 기 | 돼지고기 | 닭 고 기 | 계 | | |
| 1965 | - | 1.4 | 2.7 | 0.5 | 4.6 | 2.1 | 1.9( - ) |
| 1970 | 255 | 1.6 | 3.6 | 1.4 | 6.6 | 1.8 | 3.2( 77) |
| 1980 | 1,660 | 2.6 | 6.3 | 2.4 | 11.3 | 10.8 | 6.5(119) |
| 1990 | 6,303 | 4.1 | 11.8 | 4.0 | 19.9 | 43.8 | 9.2(167) |
| 1997 | 10,315 | 7.9 | 15.4 | 6.1 | 29.3 | 53.3 | 10.4(189) |
| 1998 | 6,744 | 7.4 | 15.1 | 5.6 | 28.1 | 49.2 | 9.8(178) |
| 2000 | 11,292 | 8.5 | 16.5 | 6.9 | 31.9 | 59.2 | 10.3(187) |
| 2002 | 12,100 | 8.5 | 17.0 | 8.0 | 33.5 | 64.2 | 11.3(205) |
| 2005 | 17,531 | 6.7 | 18.0 | 7.6 | 32.3 | 62.7 | 12.1(219) |
| 2008 | 19,296 | 7.5 | 19.1 | 9.0 | 35.6 | 61.3 | 11.2(203) |
| 2010 | 20,759 | 8.8 | 19.2 | 11.0 | 38.8 | 64.9 | 11.9(215) |
| 2013 | 20,920 | 10.3 | 20.9 | 11.5 | 42.8 | 71.6 | 12.1(220) |
| 2018 | 33.434 | 12.7 | 27.0 | 14.2 | 53.9 | 80.1 | 13.8(268) |
| 2018/2013 (%) | 159.8 | 123.3 | 129.2 | 123.3 | 126.2 | 111.9 | 114.0 |

자료 : 농림수산식품부, 2019. GNI: 한국은행.

## ◆연습문제◆

1. 가축과 동물의 개념을 정의하시오.
2. 동물별 축화지역을 설명하시오.
3. 최근 젖소의 사육동향을 분석하시오.
4. 오리사육의 전망에 대하여 논하시오.
5. 농업생산물에 대한 동물산업의 위치를 설명하시오.
6. 소와 물소를 많이 사육하는 국가를 들어보시오.
7. 돼지를 많이 사육하지 못하는 국가들의 배경은 무엇 때문인가?
8. 주요 국가별 쇠고기 생산현황을 논하시오.
9. 우리나라 돈육생산 위치를 설명하시오.
10. 우리나라 녹용생산에 관한 연도별 변화추이를 설명하시오.
11. 육류별 수입량과 수출량이 많은 국가를 들어보시오.
12. 국가별 1인당 육류소비량에 대하여 약술하시오.
13. 우리나라 GNI와 육류소비량과의 관계를 설명하시오.

제 2 장

# 동물의 품종편

각 동물 품종의 성립은 분류학상으로 볼 때 종(種, species)에서부터 시작된다. 외모나 형태적으로 서로 일치하고 그 자체간에 수정이 가능하며 번식이 될 수 있는 무리여야 한다.

하나의 독립된 종으로 보면 소, 말, 돼지, 면양, 산양, 닭, 오리 등이 각각 번식이 가능한 동물들의 집단이라고 할 수 있으며, 이를 일컬어 축종(畜種)이라고 말한다. 이러한 종은 다시 품종(品種, breed), 아종(亞種, sub-breed), 변종(變種, varieties), 계통(系統, strain) 등으로 세분하게 되는데, 길들여진 고등동물일수록 품종이 잘 고정되어 있는 반면에 하등동물일수록 아종이나 변종이 많이 태어날 수 있다. 여기에서 역시 종의 기초단위인 품종이 가장 중요시되고 있다.

품종은 같은 종에 속하여 오랜 세월동안 같은 품종에서 사육하여 형태적으로나 생리적으로 특징이 비슷하며, 그 소질이 자손에게 잘 유전되어 동일단위로 취급되는 개체군을 말하고 있다. 일반적으로 종은 진화(進化, evolution)에 의해서 자연적으로 생긴 것이라고 볼 수 있으나, 품종은 인위적으로 만든 것이 많다고 볼 수 있다. 그러나 환경이 아주 다르면 유전적 조성은 완전히 일치할 수 있지만 형태적 또는 능력면에서는 많은 차이가 있을 수 있다.

여러 해 동안 하나의 집단에서 형태적, 생리적 또는 능력면에서 서로 비슷하고 유전적으로 외모상 모색같은 형질이 고정되었다면 그 동물의 집단은 품종이라고 할 수 있다. 이와 같이 혈액적 조성으로 보아 같은 형질을 가진 순수한 개체간의 교배에서 태어난 자손은 순종(純種, purebred)이라 하고, 서로 혈액적 조성이 다른 이품종간에서 태어난 자손은 잡종(雜種, crossbred)이라고 부른다.

# 제1절 소

소(牛, cattle)의 동물학적 분류는 소 속(屬), 소 과(科)와 우제목(偶蹄目)으로 위치하고 있으며, 일반적으로 크게 두 가지로 구분한다. 우유를 생산하는 목적일 때는 젖소(乳牛, dairy cattle)이라 하고, 고기를 생산할 때는 육우 또는 고깃소(肉牛, beef cattle)라고 부른다. 이러한 소는 기르는 목적은 다르지만 유럽, 오세아니아, 아메리카 등의 세계 각지에서 사육하지만 동남아시아에서는 물소(水牛, buffalo)라고 해서 역용 및 육용형을 겸하여 길러오고 있다.

## 1. 젖 소

### (1) 홀스타인(Holstein)

#### 1) 원산지 및 분포

네덜란드 원산지로 유럽지방에서부터 세계 전지역으로 가장 많이 분포하고 있다. 때로는 사육되는 나라에 따라 이 품종을 홀스타인 후리지안(Holstein-friesian) 또는 후리지안(friesian)이라고도 부르고 있다. 우리나라에서도 사육되는 젖소는 대부분 이 품종이라고 할 수 있다.

#### 2) 특 징

젖소 중 체구가 비교적 큰 편이라서 체중이 암컷은 650 kg정도, 수컷은 1,000 kg 내외

〔그림 2-1〕 홀스타인

로 무겁다. 전구(前驅)보다 길고 넓은 후구(後軀)가 발달이 잘된 쐐기형 체형을 가지고 있으며, 균형이 잘 잡힌 유용형의 대표적인 젖소라고 할 수 있다. 모색(毛色)은 흑백반(黑白斑) 또는 백흑반(白黑斑)으로 흑백의 비율은 대개의 경우 반씩 분포되어 있는 것이 이상적이다. 단색이나 적백반이 있으면 순종등록이 안 되는 나라가 많다. 성질이 온순하여 사육관리가 용이한 편이며 추위와 더위에도 잘 적응하여 견디는 품종이다.

#### 3) 능 력

젖소 중 비유량(泌乳量)이 가장 많은 것이 특징으로 연간 6,000~8,000 kg 생산하는 것이 보통이지만 연간 15,000 kg 이상 비유하는 고능력우도 있다. 유지율(乳脂率)은 약 3.5%로 다른 품종에 비하여 비교적 낮은 편이다. 초임월령은 16개월령으로 체중은 350 kg 이상이면 가능하다. 특히 최근에는 수송아지를 육우로 인정하여 사육하고 있으며 육질과 도체율은 떨어지나 초기성장이 빨라서 비육용으로 이용되고 있다.

### (2) 저 어 지(Jersey)

#### 1) 원산지 및 분포

영국 해협에 위치한 저어지 섬이 원산지이다. 영국을 비롯한 유럽일대, 미국, 남미, 오스트레일리아 등지에서 많이 사육되고 있으며, 우리나라에서는 일반농가에 거의 없고 실험용으로 극소수가 사육되고 있다.

#### 2) 특 징

체구는 비교적 작은 편이라서 성우 평균체중이 암컷 350~450 kg, 수컷 550~700 kg 정도로 귀여운 외모를 가지고 있다. 모색은 엷은 갈색에서 암갈색에 이르기까지 다양하

〔그림 2-2〕 저 어 지

며, 비경(鼻鏡)은 엷은 흑색바탕이나 주위에 흰색띠를 이루고 있는 것이 품종학적 특징으로 되어 있다. 성질은 홀스타인보다는 민감한 편이다.

#### 3) 능 력

이 품종은 산유량이 비교적 많지 않다. 연간 약 3,000~4,000 kg의 생산으로 산유성적은 좋지 않은 편이나, 유지율이 약 5.0~5.5%와 전고형분 함량이 약 15%로 다른 품종의 우유보다 매우 높고, 향기가 좋아서 우수한 버터와 크림용 제조에 적합하다.

### (3) 건 지(Guernsey)

#### 1) 원산지 및 분포

영국령의 건지 섬이 원산지로써 저어지 섬의 자매섬이다. 저어지 품종과 같이 영국을 비롯한 유럽일대에서 주로 사육분포를 이루고 있고, 우리나라에서는 매우 적다.

#### 2) 특 징

체구는 저어지종보다는 약간 큰 편이나, 혈연관계가 어느 정도 있어서 닮은 점이 많다. 체중은 암컷 400~500 kg, 수컷 700~800 kg정도이며, 모색은 황갈색에서 짙은 담갈색바탕에 안면, 4지, 측복부 및 미방에 백반(白斑)이 뚜렷하게 나타난다.

#### 3) 능 력

연평균 산유량은 4,000~5,000 kg정도이다. 유지율은 약 5%로 지방구가 크며, 우유의 색은 황색을 띠고 있을 뿐만 아니라 진하고 맛이 좋은 것이 특징이다.

그 밖에 젖소품종으로는 스코틀랜드 원산인 에어셔(Ayrshire), 스위스 원산인 브라운

〔그림 2-3〕 건 지

스위스(Brown swiss) 등도 있는데 세계적으로 많이 사육되지 않고 있다.

## 2. 고 깃 소

### (1) 쇼 트 혼(Shorthorn)

#### 1) 원산지 및 분포

유럽 영국의 동북부지방인 Durham, York 및 Lincoln 지역이 원산으로 유럽지역 뿐만 아니라 전 세계적으로 사육분포를 이루고 있다.

#### 2) 특 징

체형은 육용형인 장방형으로 큰 편이다. 성우의 경우 암컷은 700 kg, 수컷은 900 kg정도의 평균체중으로 체심(體深)이 깊고, 목은 짧고 굵어서 어깨까지 완만하게 되어 있다. 모색은 백색, 적색 및 조모색(槽毛色, Roan)으로 되어 있으며, 이 품종은 뿔이 짧다는데서 유래된 것으로 긴 뿔을 짧게 육종하여 만든 것이다. 유각종과 때로는 무각 쇼트혼도 있다.

#### 3) 능 력

조숙조비(早熟早肥)하는 편이나 다른 육용종에 비하여 성숙이 늦어 16~20개월에 번식이 가능하다. 후구가 두텁고 체폭(體幅)이 넓으며 후구가 충실하다. 도체율은 60~70%로 육질은 대리석처럼 지방이 혼재되어 있으며, 연하고 즙이 많다.

〔그림 2-4〕 쇼 트 혼

### (2) 헤어포드(Hereford)

#### 1) 원산지 및 분포

유럽 영국 헤어포드 주(州)가 원산이다. 이 지역의 재래종인 적색우로부터 기원되었다고 보고 있다. 이 품종이 성립된 헤어포드 주는 기후와 풍토가 양호하고 방목초지가 풍성하므로 방목능력이 우수한 특징을 지니고 있다. 영국을 비롯한 미국 및 전 세계지역에서 많이 사육되는 고깃소이다.

#### 2) 특　　징

체구가 비교적 작은 편이고, 다리가 짧아 몸이 낮다. 등은 넓고 곧으며 후구가 깊고 풍만하다. 성우체중은 암컷이 600~700 kg, 수컷이 900~1,000 kg정도이며, 모색은 적색바탕에 백반(赤白斑)이라서 얼굴이마, 발굽주위, 하복부, 하경부, 미방 등에 백색이 있다. 기후풍토에 잘 적응할 뿐만 아니라 방목지에서도 사육하기에 좋은 품종이라고 할 수 있다.

#### 3) 능　　력

조숙조비(早熟早肥)하는 품종으로 육질은 비교적 우수한 편에 속한다. 도체율은 65~70%정도이다.

〔그림 2-5〕 헤어포드

### (3) 애버딘 앵거스(Aberdeen Angus)

#### 1) 원산지 및 분포

영국 스코틀랜드 북동부지방이 원산으로 18세기경에 품종으로 성립된 것으로 추정하고 있다. 남미 아르헨티나를 비롯한 미국 등지에서 많이 사육하고 있다. 나라에 따라서는 앵거스라고도 부르고 있다.

#### 2) 특 징

뿔이 없고 모색이 흑색인 것이 특징으로 되었으나, 때로는 유각인 개체도 있다. 체구는 중형으로 성우의 체중은 암컷이 500 kg, 수컷이 800~900 kg정도 된다. 16개월이면 번식이 가능하여 조숙하는 경향을 가지고 있다. 외모상 미끈하고 피모는 짧고 부드러우며, 전두부에서는 돌기가 뚜렷이 솟아 있다. 성질은 다른 품종과는 달리 신경질적인 편이라서 투우(鬪牛)로도 이용되고 있다.

#### 3) 능 력

조숙조비(早熟早肥)하는 특징을 갖고 있다. 도체율은 65~67%정도이며, 육질에는 지방이 대리석 모양으로 적당히 침착되어 고급육 생산에 적합한 육우로 알려져 있다.

〔그림 2-6〕 애버딘 앵거스

### (4) 샤 로 레(Charolais)

#### 1) 원산지 및 분포

프랑스 샤롤레 지방이 원산으로 초기에는 역용, 유용 및 육용으로 사육되어 왔으나, 최근에는 육용으로만 사육되고 있다. 전 세계에 고루 분포되어 사육되어 오고 있으며, 우리나라에서도 다소 사육되어 한우와 교잡용으로도 사용되곤 하였다.

#### 2) 특 징

체형은 대형우로써 성우 암컷은 700~800 kg, 수컷이 1,000~1,200 kg으로 후구의 발달이 잘 되어 있다. 모색은 크림색 또는 백색으로 이마 중앙에는 털이 곱슬인 것이 특징이다. 다른 품종에 비해 난산의 빈도가 많다는 단점도 있으나, 성장률이 빠르다는 장점도 가지고 있다. 우리나라에서도 1980년대 초반에 많이 수입하여 사육되었으나, 좋은 사육결과를 거두지 못하였다.

#### 3) 능 력

도체율이 비교적 높으며 육질도 우수한 편에 속한다. 특히 타 품종과의 교잡을 통하여 신품종육종에 활용하고 있다.

〔그림 2-7〕 샤 로 레

### (5) 리 무 진(Limousin)

#### 1) 원산지 및 분포

19세기 프랑스 남부지역에서 새로운 품종으로 개량된 것으로 Limousin Mountain으로부터 유래된 이름이다. 유럽 전지역에 고루 분포하고 있으며 전세계에서 사육되고 있다.

#### 2) 특 징

체구가 대형종으로 체중이 암컷이 600 kg, 수컷이 1,100 kg정도 된다. 체장이 길며 전구보다는 후구의 발달이 양호하다. 모색은 엷은 황갈색에서 농갈색 또는 적색에 이르기까지 다양하다. 외모상으로는 황갈색인 한우나 심멘탈과 비슷한 모색과 체형을 가지고 있다.

#### 3) 능 력

도체율은 69~71%로 비교적 양호하고, 도체성적도 양호한 평가를 받고 있다.

〔그림 2-8〕 리 무 진

### (6) 브 라 만(Brahman)

#### 1) 원산지 및 분포

인도가 원산지로써 미국에서는 브라만이라고 부르고 있으며, 유럽과 남미에서는 제부(Zebu)라고도 부른다. 이 품종은 이집트와 소아시아에서 B.C. 2,000~3,000년경 축화된 것을 비롯하여 인도와 아프리카로 옮겨져 갔다고 보고되고 있다.

#### 2) 특　　징

체구는 중형으로 성우 암컷이 600 kg, 수컷이 900 kg정도 된다. 어깨위에 견봉(肩峰)이 매우 큰 편이며, 목덜미에서 가슴에 이르기까지 목느러미가 길게 늘어져 있는 것이

〔그림 2-9〕 브 라 만

특징이다. 대표적 모색은 회색(gray)인데, 최근에는 적색 또는 흑색 등도 있다. 특히 높은 온도와 습기에 견디는 내서성(耐暑性)이 강할 뿐만 아니라 외부 기생충에도 강하여 아열대지방이나 건조한 지역에 적합한 신품종(New breed) 작출에 많이 이용되고 있다.

#### 3) 능 력

도체율은 60~65%정도이며, 비거세우에서의 성적은 정육률은 58%와 일당증체량이 0.68 kg으로 보고되고 있다. 육질면에서는 보통정도이다.

### (7) 산타 게르투루디스(Santa Gertrudis)

#### 1) 원산지 및 분포

이 품종은 1920년경 미국 텍사스(Texas)주에 있는 King 목장에서 쇼트혼종과 브라만종 사이에서 만들어낸 미국의 최초의 육우이다. 미국 남부지역은 물론 남미 등 아열대지방에서 비교적 많이 사육되고 있다.

#### 2) 특 징

체구는 중형으로 체심(體深)이 깊다. 체중이 성우의 경우 암컷이 600 kg, 수컷이 900~1,000 kg정도 된다. 모색은 연한 적색에서 진한 적색인데 수컷의 경우가 더욱 진한 적색이다. 브라만종과 같이 외모상 인상이 전구는 비슷하게 풍기는데 목느러미가 흉부까지 늘어진 면은 더욱 그러하다. 특히 이 품종은 아열대지방과 건조한 지역에 잘 적응하는 능력이 있는 것으로 알려져 있고, 외부 기생충에도 저항력이 강한 편이다.

#### 3) 능 력

도체율은 60~65%로 보통이고, 거세우의 실험에서 일당증체량이 0.87 kg, 정육률은

〔그림 2-10〕 산타 게르투루디스

57.1%로 알려져 있으며, 육질은 쇼트혼과 비슷한 편이다.

### (8) 화　　우(和牛)

화우는 이웃나라 일본이 원산으로 흑색화우(Japanese black)와 갈색화우종(Japanese brown)의 두 가지가 있다. 흑색화우는 일본 재래종을 개량하여 만든 품종으로 모색이 흑색이라는 데서 유래된 것이다. 특히 뿔과 발굽도 흑색인 것이 특색이라고 할 수 있다. 체중은 성빈우의 경우 500 kg, 수컷은 800 kg으로 성질이 온순하고 육질도 양호하다.

갈색화우는 황갈색 또는 적갈색이지만 뿔과 발굽은 엷은 호박 빛 피부색을 띠고 있으며, 체중은 흑색화우보다 좀 가벼운 편에 속하고, 육질도 다소 떨어지는 경향이 있다.

〔그림 2-11〕 화　　우

### (9) 한　　우(Hanwoo)

한우(韓牛, Native Cattle)는 우리나라 고유의 전통 재래가축으로 육우 중에는 비교적 소형으로써 성우 암컷은 400～500 kg, 수컷은 600～700 kg정도이다. 모색은 황갈색이 가장 많다. 체형은 체폭이 좁고 후구의 발달이 빈약한 것이 결점으로 지적되고 있다. 우리 민족과 같이 살면서 기후풍토에 잘 적응하는 은근과 끈기가 담겨져 있는 동종번식되는 초식동물이다. 특히 농경사회를 배경으로 할 때에는 역용(役用)으로 활용하고 여기에서 얻은 유기 부산물인 구비생산을 하게 되어 비옥한 토양을 유지시켜 주었다. 게다가 한우고기는 다른 육우고기와는 달리 육질도 양호하며 씹는 맛이 좋아 세계인들이 점점 선호하고 있는 추세이다.

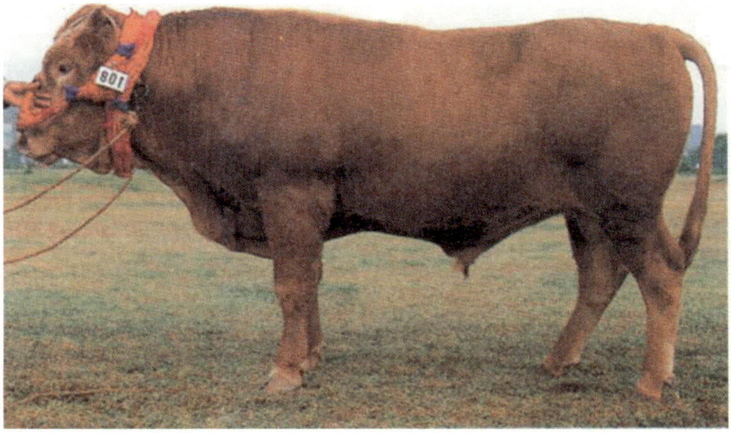

〔그림 2-12〕 한 우

## 야크란 어떤 동물인가

〈야 크〉

소는 우유, 버터, 유지방, 치즈는 물론 쇠고기를 인류에게 제공되어 왔다. 많은 나라에서 소농경영에 수레와 쟁기는 현대사회의 동력기관과 같이 중요시 여겨 왔다. 이러한 동력은 건강한 소의 힘을 이용한 것이라면 도살해서는 고기, 뼈, 가죽, 뿔, 우지의 수지, 발굽의 젤라틴이나 아교, 배설물은 연료 등의 생활자원 공급원이라 할 수 있다. 이러한 소는 들소에서 축화되면서 인간과 같이 친숙하여졌으나 야크(yak, Bos mutus)는 소과(科)에 속하는 포유류 초식동물(草食動物)이다. 고대 그리스인들은 목초를 먹고사는 소라고 불렀다고 한다. 야크는 축화된 소와는 달리 순록처럼 혹독한 환경속에서 먼 길을 이동하는 생활에 익숙해져 있다. 야크는 크게 가축화된 야크와 야생야크로 구분되고 있다.

티벳을 관광하다 보면 도로 주변에서 야크를 찾아볼 수 있는데, 이 나라에서는 아주 귀중한 동물로 여겨지고 있다. 첫째는 우유를 생산하고 아울러 야크 발효유를 만들어 가정용으로 먹거나 시판되고 있다. 둘째는 고산지대의 연료자원이 거의 고갈상태라서 이 야크 똥(糞)을 말리면 건조된 덩어리가 되는데, 이것을 태워 연료로 사용한다.

야생종은 티벳을 중심으로 해발 4,000~6,000 m에 이르는 고원까지 분포하고 있다. 고산의 툰드라와 반 사막지역에서 듬성듬성 나 있는 풀이나 소 관목의 잎을 먹고 새끼들은 200마리에 이르는 무리를 이루어 산다. 외형은 소를 닮았으나 어깨가 융기가 있고, 턱 아래에는 털이 길게 늘어져 있으며, 모색은 흑갈색이다. 체중은 500~1,000 kg정도로 몸 길이는 3~3.5 m정도 된다. 유전학적으로 염색체는 소(2n=60)와 같이 60개(2n)라서 수소와 암야크간에 번식이 가능하다. 번식기는 여름으로 계절성 발정이 되어 약 280일간의 임신기간을 갖고 있다.

## 제 2 절 돼 지

멧돼지(野猪, wild pig)를 가축화한 돼지(豚, swine)의 품종은 체형(體型, body type), 모색(毛色, hair color), 귀의 크기(ear size), 체중(體重, body weight), 원산지(原産地, origin) 등에 따라 다양하게 분류하고 있다. 이러한 돼지의 품종은 세계적으로 수백종에 이른다. 여기서는 유럽종, 미국종 및 동양종에 속하는 대표적 품종을 열거하고 품종학적 특징을 살펴보면 다음과 같다.

### 1. 유 럽 종

#### (1) 요 크 셔(Yorkshire)

이 품종은 영국의 요크셔 지방이 원산이다. 유럽은 물론 우리나라에서도 많은 사육분포를 이루고 있다. 이 요크셔종의 모색은 모두 백색을 가지고 있는 것이 하나의 외모상 특징이다. 체형에 따라서 대백종, 중백종 및 소백종으로 구분하여 부르는데, 일반적으로 대백종이 가장 많이 사육되고 있다. 이 대백종(大白種, Large White)은 나라에 따라서 Large Yorkshire 또는 Large White라고 불려지고 있다.

얼굴은 곧고, 가슴은 깊고 넓은 편이며, 등은 비교적 곧은 셈이다. 특히, 귀의 형태가 직립형(直立型)이라서 품종식별이 잘 된다. 체형은 처음에는 베이컨형(bacon type)으로 개량되었으나 최근에는 고기형(meat type)으로도 개량되고 있다.

〔그림 2-13〕 요 크 셔

번식능력이 양호하여 산자수가 무려 11두 이상으로 보고되고 있으며, 아울러 포유능력과 비유능력이 우수하여 육성률도 양호한 품종으로 알려져 있다. 성돈의 체중은 350~380kg정도 이다.

### (2) 버 크 셔(Berkshire)

이 품종은 영국의 버어크셔 지방에서 1800년 전후에 재래종에 여러 품종을 교잡하여 품종으로 성립시킨 것이다. 우리나라는 1950년대까지만 해도 이 흑돼지가 주로 많이 사육되어 왔으나, 여러 가지 능력이 저조하여 최근에는 점차 감소 추세에 있다.

모색은 대부분 흑색(黑色)이지만 얼굴, 4지 및 꼬리의 끝부분은 백색(白色)을 띠고 있어서, 이것을 육백(六白)이라고 부른다. 체중은 중형종으로 성돈의 경우 200~250 kg정도되며, 체형은 처음에는 고기에 지방이 축적되는 라아드형(lard type)으로 개량되었으나, 점차 고기형(meat type)으로 바뀌고 있다. 체폭은 넓고 다리와 체장은 짧은 편이며, 특히 얼굴이 접시형(dished shape)으로 약간 들어가 있다. 체질은 강하나 번식능력은 저조하여 산자수가 8두정도 밖에 안된다.

〔그림 2-14〕 버 크 셔

### (3) 랜드레이스(Landrace)

이 품종은 덴마크가 원산으로 덴마크 재래종을 가지고 새로운 개량 요크셔종을 도입하여 개량시켜 만든 돼지이다. 세계적으로 많이 사육되고 있으며, 우리나라에서도 도입품종으로 가장 많이 사육되는 것으로 알려져 있다.

모색은 요크셔종의 백색과 같이 모두 백색을 가지고 있다. 체형은 베이컨형으로 체장은 가장 긴 편이라서 몸이 미끈하게 뻗어 있으며, 볼이 비교적 작고 안면과 콧등은 직선인 편이다. 등선(背線)은 곧으면서 약간 휘어져 궁상(弓狀)을 이루고 있다. 특히 귀가 하수형(下垂型)이라서 요크셔종과 구별하기 쉽다.

양돈장에서는 요크셔종과 같이 번식능력과 포유능력이 우수하여 모돈(母豚)으로 많이 활용하고 있다.

〔그림 2-15〕 랜드레이스

## 2. 미 국 종

### (1) 듀 록(Duroc)

미국의 저어지주와 뉴욕주가 원산으로 처음에는 듀록-저어지(Duroc-Jersey)라고 불

〔그림 2-16〕 듀 록

렀지만 지금은 대부분 듀록(Duroc)이라 부르고 있다. 미국의 아이오와주 등지의 옥수수 지대에서 많이 사육되며, 우리나라에서도 좋은 평가를 받고 있다.

모색은 가벼운 적색에서 암적색에 이르기까지 다양한데, 가벼운 밝은 적색이 인기가 더욱 많다. 귀의 형태는 반하수형으로 선단부위가 구부러진 채 앞을 향해 있다. 체질이 강건하고 기후풍토에 대한 적응력이 강한 품종일 뿐만 아니라 사료효율이 양호하여 3원 교잡종 생산을 위한 부돈(父豚, sire)으로 많이 이용되고 있다. 성돈 체중은 250~350 kg정도 된다.

번식능력은 비교적 낮은 편이라서 모계통으로 이용하기 보다는 일당증체량과 사료요구율이 양호하여 실용돈 생산을 위한 부계통으로 잘 활용하고 있다.

### (2) 햄 프 셔(Hampshire)

이 품종은 영국의 Hampshire지방에서 미국으로 수입되어 켄터키주에서 1904년에 재래종을 개량시킨 것으로 우리나라에서도 다소 사육되고 있는 실정이다.

체구는 육용형으로 개량해서 비교적 큰 편이며, 성돈의 경우 250~300 kg정도 된다. 안면은 곧고 귀는 약간 앞쪽으로 향하여 서 있다. 사료 이용성이 좋고 방목에도 적합하며, 기후풍토에도 적응력이 강하다. 특히 모색이 흑색백대(黑色白帶, white belt)라서 흑색바탕에 어깨와 앞다리에 10~30 cm의 백색띠를 두루고 있어 품종식별이 매우 용이하다.

번식능력은 비교적 양호하지 않으나, 도체시 지방층이 엷고 육질이 양호하여 실용비육돈 생산을 위한 부계통으로 이용하기 위하여 교잡용으로 선호하고 있다.

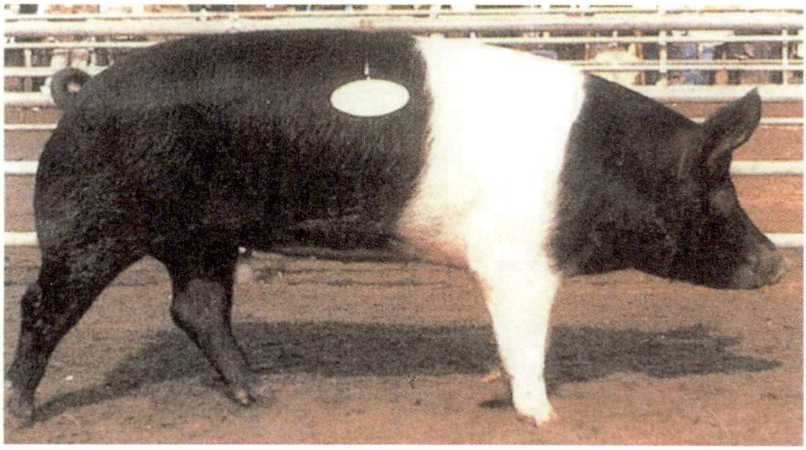

〔그림 2-17〕 햄 프 셔

### (3) 체스터 화이트(Chester White)

미국의 벤실베니아주의 체스터지방에서 재래종에 영국의 요크셔종을 도입하여 품종으로 성립시킨 미국에서 가장 오래된 품종이라 하겠다. 우리나라에서의 사육은 현재에는 많이 증가추세에 있다.

체형은 요크셔종과 비슷하나 육용형(meat type)으로 개량시켜서 몸은 폭이 넓고 체심이 깊은 편이다. 모색은 모두 백색으로 되어 있으며, 귀가 앞을 향해 약간 늘어져 있어 요크셔종과 구별이 된다. 성돈의 체중은 250~300 kg정도 이다.

능력면에서 번식능력과 비유능력이 양호하여 요크셔종이나 랜드레이스종과 같이 모돈(母豚)으로 많이 활용하고 있는 편이다.

〔그림 2-18〕 체스터 화이트

### (4) 스포티드(Spotted)

이 품종은 미국이 원산으로 1914년에 등록되었다. 처음에는 스포티드 폴란드 차이나(spotted poland china)라고 하였으나, 1960년대 이후에는 스포티드종(Spotted)이라고 부르고 있다. 특히 폴란드 차이나종을 교배하여 강건성에 역점을 두고 개량하였다고 한다. 우리나라에서도 다소 사육하고 있다.

체형은 고기형으로써 폴란드 차이나와 비슷하게 체장이 길고, 등은 궁상(弓狀)으로 근육이 잘 발달되어 보인다. 귀는 앞으로 하수되어 눈이 약간 덮일 정도이다. 모색은 흑색바탕에 백반이나 백색바탕에 흑색으로 나타나며, 한쪽의 모색이 각각 50%씩 있는 것이 가장 이상적이라고 할 수 있다.

능력면에서는 산자수와 비유능력이 비교적 양호한 편이며, 성질도 온순하여 사육하기에 편리하다.

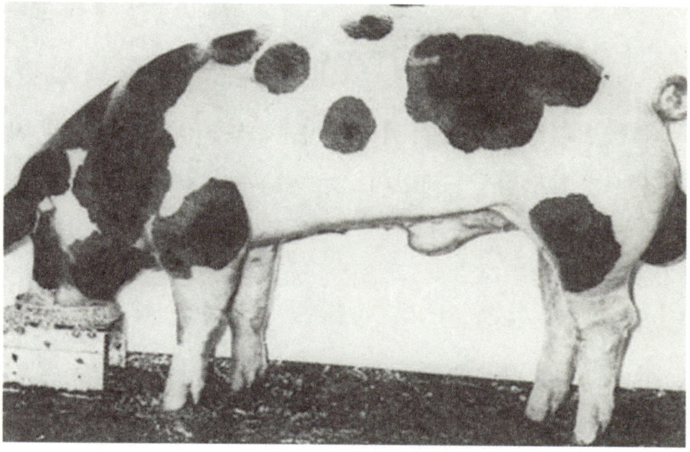

〔그림 2-19〕 스포티드

## 3. 동 양 종

### (1) 한 국 종

우리나라의 고유품종으로써 약 2,000년전부터 소형종으로 사육되어 왔다. 우리나라 기후풍토에 잘 적응하는 토산 재래종(在來種)으로 중국의 만주종(滿洲種)에서 유래된 것으로 추측하고 있으나, 우리나라에서는 강화돼지, 제주흑돼지 또는 똥돼지, 지례돼지

〔그림 2-20〕 한국 재래종

등의 지역이름이 붙어 있다.

1950년까지만 해도 검정색 돼지는 선호도가 높아 외국종 버크셔종과 같이 많이 사육되어 왔으나, 이러한 흑돼지는 점점 능력면에서 저조하여 사육을 기피하는 경향이 두드러졌다.

현재에는 이러한 재래종은 찾아보기 어렵지만 재래종의 특징을 갖춘 지역돼지를 탐색하려는 노력은 계속 중이다. 모색은 흑색이면서 체구는 작고, 허리와 배가 아래로 처지고 전구(前驅)의 발달이 불량하다. 체질이 강건하고 질병에 대한 저항성도 강할뿐만 아니라 조사료의 이용성도 높은 편이다.

능력면에서 산자수가 7～8두정도로 적고, 성장률과 도체율이 낮아 사육선호도가 떨어진다.

### (2) 중 국 종

중국은 세계에서 가장 많이 돼지를 사육하고 있다. 중국종은 길림성과 흑룡강성의 화북형, 광동성의 화남형, 호남성의 화중형, 강소성의 강해형, 사천성의 서남형, 청장고원의 고원형 등으로 품종을 구분하고 있다. 이 중에서 강해형은 중국의 장강(長江)하류, 강소성(江蘇省)과 상해시(上海市)의 경계인 태호유역에서 기원된 것이다. 여기의 대표적 품종은 태호저(太湖猪, Taihu pig)인데, 일명 매산돈(梅山豚)이라고 부른다. 우리나라에서도 이 품종이 최근에는 도입되어 농가에서 사육되어 증가추세에 있다.

중국돈의 일반적 특징으로써, 첫째는 모색이 대부분 흑색이라는 점이다. 둘째는 피부에 주름이 많이 있다는 점이며, 셋째는 귀가 크며 하수형태로 늘어져 있다는 것이다. 넷

〔그림 2-21〕 중 국 종(매산돈)

째는 등과 허리가 아래로 굽어 있고, 배가 처져 있다. 다섯째로는 소형으로 코끝이 들려 있다는 것 등의 품종 형질적 특징을 지니고 있다.

산자능력은 무려 14~20두로써 유전적 자원으로 이용될 것이라는 세계적 호평을 받고 있다. 반면에 성장률이 불량하고, 도체에는 지방이 너무 많이 축적되어 육질이 불량하다는 결점도 가지고 있다. 매산돈의 경우 성숙시 체중도 소형이라서 암컷이 170 kg, 수컷은 190 kg정도가 최고 체중이다.

## 제 3 절 닭

닭(鷄, chicken)은 대표적 가금(家禽, poultry)류에 속한다. 야계(野鷄)가 널리 서식하고 있는 서남아시아지역에서부터 축화(畜化)된 것으로 추정되고 있다. 이와 같은 닭의 품종은 애완용까지 포함하여 약 250종에 달하고 있는데, 이 장에서는 용도별로 난용종, 난육겸용종, 육용종 등으로 구분하여 품종의 특징을 설명하면 다음과 같다.

### 1. 난 용 종

#### (1) 레 그 혼(Leghorn)

레그혼종은 이탈리아 레그혼 항구가 원산으로 단관 백색 레그혼(S.C. White Leghorn)과 단관 갈색 레그혼(S. C. Brown Leghorn)이 있다.

〔그림 2-22〕 레 그 혼

단관 백색 레그혼종은 미국에서 개량하여 많이 사육된 것이나, 단관 갈색 레그혼종은 영국에서 개량되어 많이 사육되고 있는데, 주로 백색 계통이 많다. 볏은 단관이며, 우모색(羽毛色)은 백색을 지니고 있으나 피부와 정강이는 황색이다.

산란계의 대표적 품종이며 연평균 산란수는 285개 이상이며, 난각은 백색이다. 산란시 성계 체중은 2kg정도이며, 난중은 약 57g정도 된다. 초산일령은 145~150일 정도이고, 다산성이나 취소성(就巢性, broodiness)은 거의 나타나지 않는다.

### (2) 미노르카(Minorca)

스페인 지중해의 미노르카 섬이 원산으로 미국과 영국에서 개량시켰다. 이 미노르카종은 단관 백색 미노르카(S.C.W.Minorca)종과 단관 흑색 미노르카(S.C.B. Minorca)종이 있는데, 주로 흑색 미노르카종이 많이 사육된다.

볏은 단관(單冠, Single Comb)이며, 우모색은 흑색이나 피부색은 백색이다. 산란능력은 레그혼종보다 약간 저조하여 연평균 150~180개정도 알을 낳는다. 난중은 65g정도, 성계의 체중은 3.2~3.8 kg정도 된다.

〔그림 2-23〕 미노르카

## 2. 난육겸용종

### (1) 프리머스록(Plymouth Rock)

미국이 원산으로 도미니크종을 중심으로 브라마, 코친종 등을 교배하여 만든 품종이다. 횡반 프리머스록종(Barred Plymouth Rock)과 백색 프리머스록종(White Plymouth Rock)이 있는데, 백색 프리머스록종은 횡반 프리머스록종에서 돌연변이로 생긴 하나의 내종에 속한다.

이 백색계통은 육용계 생산시 어미계통으로 많이 쓰이는 반면에, 횡반계통은 난용계 생산에 많이 이용되고 있다. 우리나라에서는 1909년에 일본에서 처음 도입하여 사육하기 시작하여 지금은 횡반 프리머스록종이 더욱 많이 분포하고 있다.

횡반 프리머스록종의 우모색은 흰 모색에 검정 횡반(橫斑)이 있으며, 피부와 정강이는 황색이다. 난각은 짙은 갈색란으로 56g정도의 난중이며, 연평균 250개의 알을 산란한다. 초산일령은 비교적 늦어 190일령이 되어야 하며, 성계의 체중은 3.2kg정도이다.

〔그림 2-24〕 프리머스록

### (2) 로드 아일랜드 레드(Rhode Island Red)

미국 로드 아일랜드주가 원산으로 난육 겸용종으로 개량되어 1904년에 등록된 품종이다.

〔그림 2-25〕 로드 아일랜드 레드

볏은 난관이 많으나 장미관을 가지고 있는 개체도 있으며, 우모색은 짙은 적갈색이나 꼬리 끝은 흑색이며, 피부와 정강이는 황색이다. 초산일령은 200일령 정도로써 연간 평균 60 g의 알을 160~200개정도 산란한다. 성계 체중은 평균 3.3~4.0 kg정도이다.

### (3) 뉴 햄프셔(New Hampshire)

미국의 뉴 햄프셔주에서 로드 아일랜드 레드종을 기초축으로 하여 난육 겸용종으로 개량한 품종이다. 우리나라에서도 비교적 많이 사육되고 있다.

볏은 큰 단관이고, 우모색은 엷은 적갈색을 띠고 있으나 피부와 정강이는 황색이다. 평균 난중은 60 g이고, 갈색란을 낳으며, 연평균 200개정도 산란한다. 초산일령은 200일 정도이고, 성계의 체중은 3.5 kg정도 된다.

〔그림 2-26〕 뉴 햄프셔

## 3. 육 용 종

### (1) 백색 코니쉬(White Cornish)

영국의 Cornwall지방이 원산으로 육용계의 각광을 받는 대표적 품종이라고 할 수 있다. 미국을 비롯한 세계 전지역에 분포되어 사육되고 있다.

우모색은 처음에는 적갈색 등이었으나, 최근에는 순백색으로 개량되었다. 볏은 완두관이고, 피부와 정강이는 황색이다.

체구는 큰 편이라서 체중이 평균 4.0~5.0 kg정도나 되며, 가슴이 딱 벌어져 있는 것이 특징이라 할 수 있다. 육용계라서 산란수가 적어 연 평균 120개정도 산란하나 난중은 62g정도 된다.

〔그림 2-27〕 백색 코니쉬

### (2) 브 라 마(Brahma)

원산지는 인도로서 영국과 미국에서 육용계로 더욱 개량시켜 왔다. 볏은 완두관이고, 우모색은 담황색이 많으며, 피부와 정강이는 황색이다. 특히 각모(脚毛)가 있는 것이 특징이라 할 수 있다. 산란수는 적어서 연평균 100개정도 낳으며, 성계의 체중은 평균 4.0~5.0 kg 정도이다.

〔그림 2-28〕 브 라 마

### (3) 코 우 친(Cochin)

원산지는 중국으로 중국 대륙을 비롯한 아시아지역에 비교적 많이 분포하고 있다. 볏은 단관이고, 우모색은 옅은 황색이 가장 많고, 백새 또는 흑색도 있다. 브라마종과 같이 각모(脚毛)를 가지고 있으며, 피부와 정강이는 황색이다.

산란수는 연평균 100개정도이고, 초산일령은 육용계라서 약 240일이상 되어야 한다. 성계의 평균 체중은 3.20~4.2 kg정도 된다.

〔그림 2-29〕 코 우 친

## 제 4 절 산　　양

산양(山羊, goat)은 주로 아시아지역에서 축화된 것으로 추정되고 있다. 일명 염소라고도 부르나, 면양과는 형태학적 및 유전학적으로 많은 차이점이 있다. 산양품종은 수백종에 이르나 용도에 따라 유용종, 모용종, 육용종 등으로 크게 구분하여 살펴보기로 한다.

### 1. 유 용 종

#### (1) 자 아 넨(Saanen)

스위스 베른지방의 자아넨 계곡이 원산지로 젖소대용의 양유(羊乳)를 생산하는 대표적 유용품종이다. 유럽을 비롯한 전 세계에 고루 분포되어 사육되고 있다.

체구는 보통으로 전구보다는 후구가 보기 좋게 잘 발달된 쐐기형 체형을 가지고 있다. 머리는 길고, 귀는 작으며 전방으로 향하고 있다. 모색은 전백색으로 이색모(異色毛)가 혼재되어 있으면 순종으로 등록하지 못한다.

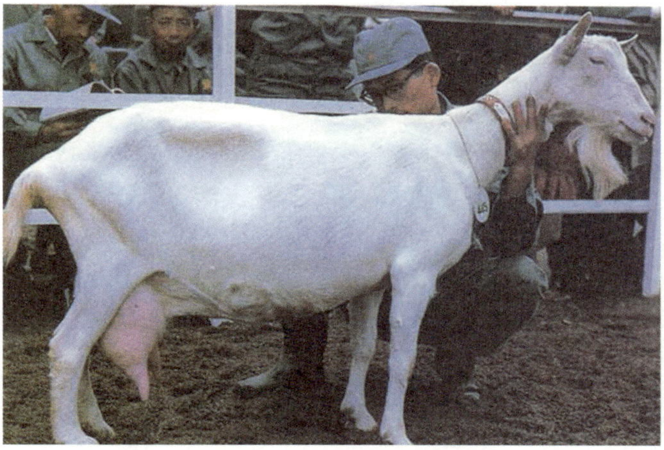

〔그림 2-30〕 자 아 넨

뿔은 없는 것이 대부분이나 유각인 개체도 가끔 있다. 암 수 모두 수염을 가지고 있지만 고기수염(wattle)은 있는 개체와 없는 개체가 있다. 성양의 체중은 암컷이 50～60 kg, 수컷이 70～80 kg 정도 된다.

비유능력은 비유기간이 약 270～350일로 연간 총 산유량이 800～1,000 kg이며, 유지율은 약 3.5%정도이다.

### (2) 토켄부르크(Toggenburg)

스위스 동북부의 토켄부르크 계곡이 원산지로 유럽, 미국 등지에서 많이 분포되어 있다.

체구는 자아넨 종보다 작거나 거의 비슷하고, 모색은 갈색 또는 초콜릿색이지만 얼굴

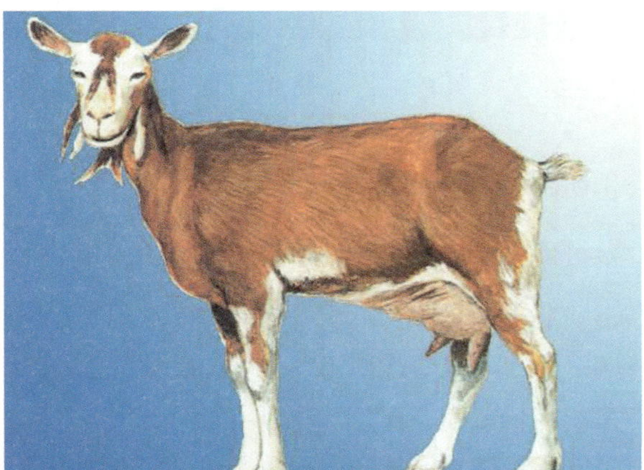

〔그림 2-31〕 토켄부르크

주변, 귀, 꼬리, 4지 등에는 흰색이 끼어있는 것이 외모상 특징이다. 뿔은 없는 것이 원칙이고 수염과 고기수염을 갖고 있다. 성양의 체중은 암양이 50~55 kg, 수컷이 70~75 kg 정도 된다.

비유능력은 자아넨보다 약간 떨어지는 경향이 있어 연평균 700 kg이고, 유지율은 비교적 낮은 3.0~3.5%정도이다.

### (3) 알 파 인(Alpine)

원산지는 스위스와 프랑스의 알프스지방이다. 이들 나라 지역일대에 많이 분포되어 있다.

체형은 자아넨이나 토겐부르크 종보다 약간 작거나 거의 비슷하지만 모색은 백색에서부터 갈색, 회색, 흑색에 이르기까지 혼합색이 많다. 체질이 강건하여 산악지대에서 사육하기에 적합한 품종이라고 할 수 있다. 체중은 암컷이 50 kg, 수컷이 70 kg정도 된다.

산유능력에서는 연평균 600~700 kg 생산하며, 유지율은 보통으로 평가받고 있다.

〔그림 2-32〕 알 파 인

### (4) 누 비 안(Nubian)

아프리카 동북부의 누비아 지방이 원산지로써 열대에 잘 적응시켜 유용종으로 개량된 것이다. 아프리카는 물론 열대지방에서 비교적 많이 분포되어 사육되고 있다.

체구는 개와 같이 다리가 길고, 큰 편이다. 모색은 혼합색으로 밤색, 백색, 회색, 흑색 등이지만 흰색과 결합된 것이 많다.

특히 이마가 돌출 되어 있을 뿐만 아니라 귀가 크고 길게 늘어져 있는 것이 이 품종의 특징이라고 할 수 있다. 역시 뿔은 무각종이지만 수컷의 경우는 나선형의 뿔이 있는 경

〔그림 2-33〕 누 비 안

우도 있다. 성양의 체중은 암컷이 60 kg, 수컷이 80 kg정도 된다. 비유능력은 비교적 좋은 편이고, 유지율이 다른 품종보다 높아 5%이상으로 보고되고 있다.

## 2. 모 용 종

### (1) 앙 고 라(Angora)

고산지대인 터어키의 앙고라지역이 원산으로 해발이 2,000 m 이상 지역에서 잘 자라는 강건한 모용종 산양이다.

귀는 짧고 나선상의 큰 뿔을 갖고 있는 개체가 많다. 모색은 흰색 또는 크림색이며, 모

〔그림 2-34〕 앙 고 라

헤어(Mohair)라고 하는 광택있는 세장(細長)한 산양모(山羊毛)는 직물(織物)로써 많이 이용되는데 앙고라종에서만 생산되는 것을 지칭하는 말이다.

산모능력은 20~25 cm 길이의 털을 약 25 kg 생산하며, 어린 양일수록 양질모에 해당된다.

### (2) 캐시미어(Cashmere)

이 품종은 티벳 캐시미어 지방이 원산으로 티벳 재래산양에 앙고라종을 교잡하여 개량되어 중앙아시아 지역 등의 고산지대에서 많이 분포되어 사육되고 있다.

귀는 길고 엷으며 늘어져 있는 편이다. 무각(無角)이 원칙이나 수컷의 경우 나선형으로 뿔이 있는 경우가 많다. 모색은 백색, 갈색, 흑색 중에서 백색 개체가 가장 많다. 속의 하모와 겉의 장모로 구성되어 있는데, 속에서 자란 하모는 양질의 양모로 캐시미어(Cashmere)라고 하여 귀중한 털로 고가의 의류, 이불 등의 직물에 이용된다.

〔그림 2-35〕 캐시미어

## 3. 육 용 종

### (1) 한국 재래산양(Korean Native Goat)

우리나라 농가에서 사육되는 재래종은 일명 흑염소라고 불려진다. 이 재래종은 약 2,000년전부터 사육되는 것으로 추정되며 중국종에서 유래된 것으로 보고 있다. 1995년에는 재래산양이 약 680,760두로 가장 많이 사육되었으나, 최근에는 소비 둔화로 감소 추세에 있다.

체구는 다른 산양보다 작은 편이라서 육용형이지만 성양의 경우 암컷이 30~40 kg, 수컷이 40~45 kg정도 된다. 뿔은 암수 모두 유각종으로 고정되어 있으며, 수염과 고기수염이 달려있는 개체가 많이 있다. 특히 모색이 완전 흑색이고, 체질이 강건하고 조악한 사료에도 잘 견디는 성질을 가지고 있다. 초임월령은 평균 10개월이고, 산자수는 평균 1.7두 정도 된다.

산육능력은 일당증체량이 평균 50~65 g정도이며, 도체율은 약 45%로 낮은 성적이다. 일반적으로 약용 「엑기스」와 고기용으로 구분되어 이용되고 있다.

〔그림 2-36〕 한국 재래산양

### (2) 중국 재래산양(Chinese Goat)

중국의 남부지방에서 주로 많이 사육되는 재래산양이다. 체구는 한국재래종보다 더 큰 편이라서 체중도 무겁다. 암수 모두 뿔이 있으며, 턱수염도 있다.

〔그림 2-37〕 중국 재래산양

체고(體高)는 암컷이 50 cm, 수컷이 55 cm정도 된다. 체질이 강건하고 불량한 사양조건에서도 잘 견디는 능력이 있다.

## 제5절 면 양

면양(緬羊, sheep)은 동물분류학상 면양종(緬羊種), 양속(羊屬), 통각과(洞角科), 우제목(偶蹄目)에 위치하고 있다. 품종은 양털이 가장 가는 세모종(細毛種), 중모종(中毛種), 가장 긴 장모종(長毛種)으로 구분할 수 있고, 사육목적에 따라 모용종, 육용종, 모육겸용종, 모피용종, 유용종 등으로 구분하기도 한다. 면양은 단위면적당 뉴질랜드가 가장 많이 사육하는 나라이며, 호주는 세계적으로 사육두수가 가장 많고, 우리나라에서는 1970년대는 많이 사육되었으나 현재는 적게 사육되고 있다.

### 1. 모 용 종

#### (1) 메 리 노(Merino)

스페인 메리노지방이 원산지이다. 유럽일대와 전 세계에 고루 분포되어 사육되며 대표적 품종이라고 할 수 있다. 람부이에 메리노종(Rambouillet Merino), 오스트레일리안 메리노종(Australian Merino) 및 아메리칸 메리노종(American Merino)이 있는데, 이들은 각각 프랑스, 호주 및 미국에서 순수 메리노(Spanish Merino)를 도입하여 개량

〔그림 2-38〕 람부이에 메리노

된 품종이다.

람부이에 메리노종은 가장 큰 모용종에 속하며, 메리노 중 가장 유명하다. 성양의 체중이 암컷은 60~70 kg, 수컷은 90~120 kg 정도 된다. 모색은 흰색이고, 암양은 무각이나 숫양은 나선형의 뿔이 있다. 산모량은 1두당 6~10 kg정도 되며, 양모의 길이는 약 6~7 cm이다. 섬도(纖度)는 64번수의 세모종으로 양모의 질이 가장 우수하다.

## 2. 육 용 종

### (1) 서 포 크(Suffork)

영국의 서포크지방에서 개량된 육용종 면양이다. 재래종 암양에 사우스다운 숫양을 교배하여 새로운 품종으로 작출된 품종이다.

몸체는 흰색바탕에 얼굴, 귀 및 4지는 검은색을 띠고 있다. 조악한 환경에도 잘 적응하며, 방목에 적합하다. 암 수 모두 뿔이 없다.

성양의 체중은 암양이 70~100 kg, 숫양이 100~130 kg 정도 된다. 산모량은 비교적 떨어져 연평균 3~4 kg정도 생산하며, 섬도는 50~54번수이다.

〔그림 2-39〕 서 포 크

### (2) 링 컨(Lincoln)

영국의 동해안 링컨지방이 원산지로써 이 지방 재래종에 레스터종을 교잡하여 개량된 품종이다.

체형은 전형적인 육용형(肉用型새)으로 장방형을 이루고 있으며, 몸은 깊고 넓다. 암

수 모두 뿔이 없다. 육용형 품종 중 가장 크고, 체중도 무거워 암양이 90～110 kg, 숫양이 130～150 kg정도 되는데, 체중을 증대시키고 모장을 길게 하는데 교잡용으로 많이 이용된다. 모질은 36번수로 굵은 셈이며, 모장은 30 cm정도이다. 산모량은 5～7 kg정도 연평균 생산한다.

〔그림 2-40〕 링 컨

### (3) 레 스 터(Leicester)

원산지는 영국의 레스터지방으로 고기용으로 개량되었다. 이 레스터는 English Leicester와 Border Leicester종이 있는데, 일반적으로 체구도 크고 모장도 긴 잉글리쉬 레스터가 더욱 많이 분포하고 있다.

〔그림 2-41〕 레 스 터

체구가 대형종으로 체중이 80~100 kg, 숫양이 100~110 kg 정도로 뼈가 가늘고 사료의 이용률도 매우 좋은 편이다. 암 수 모두 뿔이 없다. 산모량은 4~6 kg정도이며, 양모의 길이는 18~23 cm이다.

### (4) 슈 롭 셔(Shropshire)

영국 중서부의 슈롭셔지방이 원산지로 이 지방 재래종에 레스터종 등을 교잡해서 개량된 품종이다. 영국에 많이 분포하고 있으며, 우리나라에서도 처음으로 1909년에 람부이에 메리노종과 같이 일본으로부터 도입되어 사육된 바 있다.

체형는 레스터와 비슷한 정도이나, 모색이 흰색바탕에 얼굴주변, 사지 등에는 흑색모를 갖고 있는 것이 이 품종의 특징이다.

산모량은 4~5 kg 정도이며, 도체의 품질은 양호한 편으로 평가받고 있다.

〔그림 2-42〕 슈 롭 셔

## 3. 모육겸용종

### (1) 코리데일(Corriedale)

원산지는 뉴질랜드로써 1880년경 메리노종에 육용종인 링컨종, 레스터종 등을 교잡하여 개량된 것으로, 호주, 뉴질랜드, 미국 등에 많이 분포되고 있으며, 우리나라에서도 1934년에 처음으로 도입되어 대부분 이 품종이 사육되고 있다.

체형은 중형으로 성양의 경우 암컷은 60~70 kg, 숫양은 80~100 kg정도 된다. 모색과 피부는 흰색계통이고, 얼굴에는 털이 없으며, 암수 모두 뿔이 없는 것도 특징이다. 체질이 강건하고 군거성이 강하며 사료이용성도 양호한 편이다.

산모량은 연평균 5~6kg정도이고, 품질이 양호한 50~60번수의 양모를 생산한다.

〔그림 2-43〕 코리데일

### (2) 폴 워 스(Polwarth)

이 품종의 원산지는 호주로써 메리노종 75%와 링컨종 25%의 유전적으로 조성된 장모종에 가까운 품종이다.

체형은 중형으로 성양 암컷은 50~55 kg, 수컷은 60~80 kg정도로 코리데일종보다 약간 가벼운 편이다. 역시 모색은 흰색이고, 암수 모두 뿔이 없다. 산모량은 4~6 kg정도이고, 섬도는 56~64번수를 생산한다.

〔그림 2-44〕 폴 워 스

## 4. 모피용종

모피용종인 카라쿨종(Karakul)은 중앙아시아 보카라(Bokhara)지방에 있는 카라쿨 지역이름에서 유래되었다. 체형은 일반 면양보다 소형에 속하여 성양 암컷은 60 kg 전후이고, 수컷은 80 kg정도 된다.

대부분 숫양은 뿔이 있으나, 암양은 없다. 콧등은 약간 볼록하게 솟아 있으며, 귀가 길고 늘어져 있으며, 목과 다리는 긴 편이다.

모색은 흑색, 회색, 갈색 등이 있다. 특히, 카라쿨 면양 모피는 어린 양일수록 양호한 평가를 받아 귀부인용 의류 또는 카페트로 유명하다. 양모 생산량은 비교적 낮아 연평균 3~4 kg 이내이다.

〔그림 2-45〕 카 라 쿨

# 제 6 절 말

말(馬, horse)은 초식동물로써 단위동물이다. 가축 중에서 비교적 늦게 축화된 것으로 추정하고 있으며, 다른 동물보다도 역축(役畜)으로써 사람이나 물자를 운반하는 유제류로 진화해왔고, 타고난 빠른 속력과 견인능력 덕분에 인간에게 이용되고 개량되어 왔다. 이러한 말은 무수히 많으나 원산지, 용도 등에 따라 주요 품종을 소개하면 다음과 같다.

## 1. 아 랍 종(Arab)

아라비아 반도의 사막지대가 원산지이다. 가장 오래된 말로써 아랍지역에 주로 분포하고 있으나, 전 세계에서 사육되고 있다.

체형이 좋고 외모가 우아하며 스마트하다. 특히 강건한 체질과 지구력을 가지고 있는 것이 특징이라고 할 수 있다. 평균수명은 21세정도로 7~14세 때가 가장 활발한 시기이다. 체고는 약 145~155 cm, 체중은 약 380~430 kg정도 된다.

모색은 갈색, 밤색 또는 흰색 바탕에 흑색이나 농갈색이 있는가 하면, 차갈색(茶褐色)에 꼬리, 사지 등은 검은 색 또는 밤색이 있는 개체도 있다.

〔그림 2-46〕 아 랍 종

## 2. 더러브렛(Thoroughbred)

원산지는 영국으로 영국 재래말에 아랍계 말을 교배시켜 품종으로 성립시킨 것이다.

〔그림 2-47〕 더러브렛

영국, 프랑스, 독일, 이탈리아, 아일랜드, 캐나다, 미국, 호주 등지에서 많이 사육되고 있다.

체형은 아랍말보다 비교적 큰 편이라서 체중이 450~520 kg정도나 되며, 체고도 큰 편인 150~170 cm에 이른다. 목은 길고 허리는 넓다. 특히 동작이 경쾌하고 속력이 뛰어나게 빠르기 때문에 경주마(競走馬)로 널리 이용되고 있다.

모색은 차색에서 밤색에 이르기까지 다양하다.

## 3. 앵글로아랍(Anglo-Arab)

프랑스 원산으로 아랍종과 더러브렛종을 교잡하여 새로운 품종으로 개량된 것이다. 아랍말의 강건성과 지구력을 이어받고, 더러브렛이 지니고 있는 체격, 체형에서 나오는 속력을 각각 유지시켜 작출한 품종으로 이상적인 승용마를 생산한 것이라 할 수 있다. 머리는 아랍말을 닮았고, 목은 높이 서 있다. 어깨가 길며 체폭이 넓은 편이다. 모색은 갈색, 밤색, 차색 등으로 다양하다.

〔그림 2-48〕 앵글로아랍

## 4. 제 주 마(濟州馬)

우리나라에서 유일하게 남은 순수 재래마(在來馬)로써 제주도가 원산지이다. 제주도는 고려에서 조선시대에 이르기까지 말의 생산과 사육에 종사하던 농가 호수가 제주 전체 호수의 25%를 차지할 정도로 중요시 여겨 왔다. 현재에는 천연기념물로 지정하였고,

오랜 세월동안 지역기후풍토에 잘 적응한 소형 말이다.

체고가 약 110~120 cm, 체장은 120 cm정도이며, 체중은 140~150 kg으로 비교적 가볍다. 체질이 강건하여 역용으로 많이 사육되었으나, 최근에는 농업의 기계화로 승마용 및 경마용으로 이용되고 있으며, 관객들이 레저용으로 더욱 많이 즐겨 찾고 있다. 모색은 갈색, 밤색, 차색이 가장 많고, 때로는 회색반점이 있는 개체도 있다.

〔그림 2-49〕 제 주 마

## 제7절 토　끼

토끼(兎, Rabbit)는 야토(野兎, wild rabbit)와 구별하여 가토(家兎, house rabbit)를 말하는데, 동물분류학상 포유류에 속하고, 앞 이빨로 씹는 습성이 있어 설치목(齧齒目)으로 분류하고 있다. 이 토끼는 일반적으로 사육목적에 따라 모용종, 육용종, 모피육겸용종, 모피용종, 애완종 등으로 구분하는 경우가 많다.

### 1. 모 용 종

#### (1) 앙 고 라(Angora)

터어키의 앙고라지방이 원산지이다. 체형은 소형으로 체중이 2.5~3.5kg정도이다. 모색은 백색이고 모질이 섬세하여 섬도가 80~100번수 정도이다. 연 3~4회 채모(採毛)를 할 수 있고, 털 길이는 7.5~10 cm 때가 가장 좋다. 산모량은 320~480 g정도 된다.

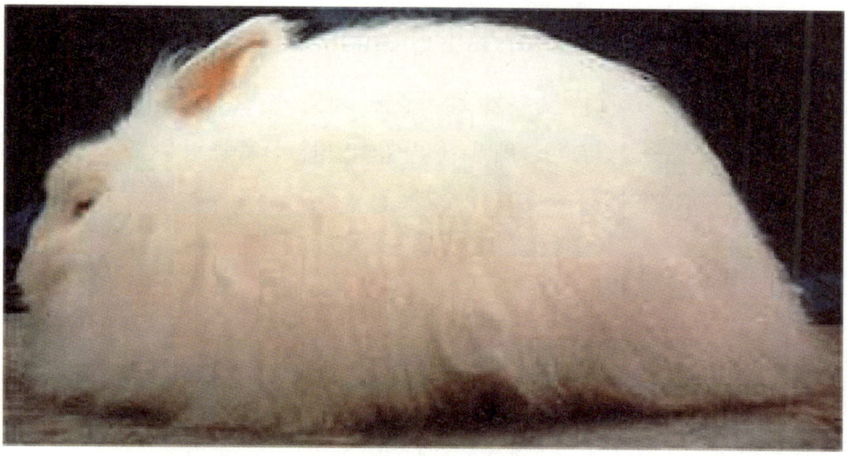

〔그림 2-50〕 앙 고 라

## 2. 육 용 종

### (1) 캘리포니안(Californian)

미국의 캘리포니아 원산으로 히말라얀종과 뉴질랜드 화이트종간의 교잡에서 육종된 육용형의 품종이다. 조숙조비하며 체질은 강건하다. 성토의 체중은 4.0~4.5 kg정도이고, 모색은 백색 바탕에 두 귀, 꼬리, 코, 사지 등에는 흑색으로 덮여 있다.

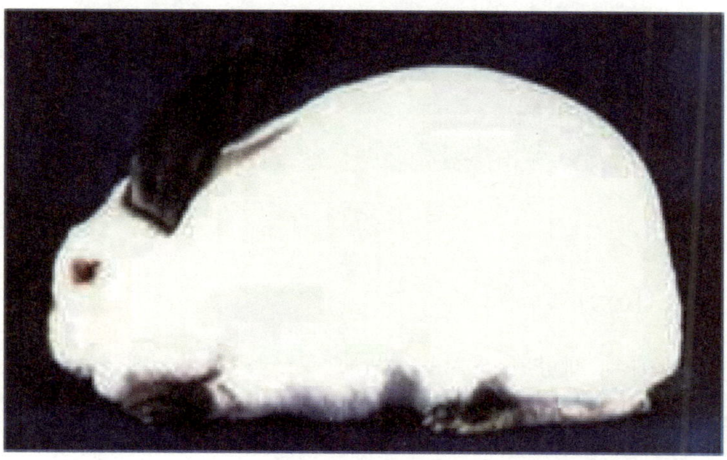

〔그림 2-51〕 캘리포니안

### (2) 프레미쉬 자이언트(Flemish Giant)

미국이 원산으로 육용종이다. 체구가 대형으로 체중이 무려 6kg 내외이다. 모색은 백색, 회색, 흑색, 청색 등이 있으나, 백색이 가장 많다. 산육능력은 우수하나 번식능력은 저조한 편으로 평가되고 있다.

## 3. 모피용종

### (1) 친 칠 라(Chinchilla)

프랑스 원산으로 모피용종이다. 체중이 보통이라서 3.5~4.5kg정도 된다. 모색이 산토끼와 비슷해서 흑색, 회색, 백색 등이 잘 혼합된 아름다운 복합색이다. 털가죽의 품질은 양호한 평가를 받고 있다.

〔그림 2-52〕 친 칠 라

### (2) 렉　　스(Rex)

1916년에 프랑스에서 개량된 모피용 품종으로 영리하다. 체구는 보통이라서 체중이 3.5~5.0kg정도 된다. 모색은 갈색에서 돌연변이로 생긴 여러 색깔이 있다. 모피는 피모가 짧고 우단같이 촉감이 좋아서 고급모피로 인정받고 있다. 성질이 활발하나 때로는 신경질적이다.

〔그림 2-53〕 렉　　스

## 4. 모피육겸용종

### (1) 뉴질랜드 화이트(New Zealand White)

미국 캘리포니아주가 원산으로 겸용종 품종이다. 체중은 보통으로 4~5 kg정도되고, 머리가 둥글며 굵고 귀가 두터운 경향이 있다. 털가죽 및 고기용을 겸하여 세계에서 비교적 많이 사육되고 있다. 우리나라에서도 가장 많이 사육분포를 이루고 있다. 사육관리가 용이하고 체질이 강건한 편이다.

〔그림 2-54〕 뉴질랜드 화이트

### (2) 일본 백색종(Japanese White)

일본 재래종에 유럽에서 수입한 새로운 품종을 교잡하여 만든 고기와 모피의 겸용종이다. 모색이 백색이고, 체형이 장방형으로 산육능력도 양호한 편이다. 성토의 체중은 4~5 kg정도 되며, 귀가 큰 편으로 똑바로 서 있는 것이 특징이라 할 수 있다.

## 제8절 사 슴

야생에서 사육해온 사슴의 녹용(鹿茸), 녹각(鹿角), 녹혈(鹿血) 등은 인류의 건강증진 식품의 중요한 자원으로 이용되고 있다.

세계 각국에서 사육되는 품종은 많으나 우리나라에서 주로 사육되는 3대 품종은 꽃사슴, 레드디어, 엘크 등이라 할 수 있다.

### 1. 꽃 사 슴(Sika Deer)

꽃사슴은 일본계, 만주계, 대만계로 크게 구분하는데, 체중의 차이점이 있다. 우리나라에서 이 꽃사슴은 1980년대에 주종을 이룰 정도로 많이 사육된 품종으로 체중이 50 kg 정도로 사슴 중 가벼운 편이다. 체고는 80~100 cm와 체장은 110~150 cm 정도이다. 모색이 갈색 바탕에 흰색 반점이 있는 것이 특징이다.

〔그림 2-55〕 꽃 사 슴

## 2. 레드디어(Red Deer)

이 사슴은 중형종으로 뉴질랜드에서 많이 수입된 품종이다. 특히 뉴질랜드, 아시아, 호주 등에서 많이 분포되어 사육되고 있다.

체모색은 붉은 색이어서 레드라고 부르며, 때로는 적록(赤鹿)사슴이라고도 부른다. 하복부에는 연한 회갈색을 띠는 경우도 있다. 체고는 110 cm정도이고, 체중은 150 kg정도 된다. 뿔은 가지가 많으며, 절취된 녹용의 무게는 10 kg 이상 된다.

〔그림 2-56〕 레드디어

## 3. 엘 크(Elk)

북미, 알라스카 등지에서 사육되는 대형종 품종이라 할 수 있다. 우리나라에서의 사육도 점차 증가추세에 있다.

암수 모두 목에 갈기털이 나 있고, 모색은 짙은 갈색이다. 머리가 몸에 비해 작고 귀는 비교적 크지만 꼬리는 아주 짧다. 체고가 130 cm, 체장이 250 cm와 체중이 300 kg정도라서 매우 무겁다. 절각한 녹용의 무게는 20 kg 이상 된다.

〔그림 2-57〕 엘 크

# 제9절 꿀 벌

꿀벌은 꿀(honey)을 생산하는 밀봉과(蜜蜂科)와 밀봉속(蜜蜂屬)에 속하는 곤충류이다. 꿀벌의 특징은 꿀을 잘 모으는 성질을 갖고 있어서 먹이(꿀)를 잘 비축하며 조직적으로 생활하는 부지런한 동물이다. 이러한 꿀벌은 여왕벌, 일벌, 수펄 등의 삼이형을 가지고 있으며, 구주종과 동양종으로 크게 구분하고 있다.

## 1. 구 주 종

### (1) 카니올란(Carniolan bee)

흑색종으로 유고슬라비아 카니올란주 원산으로 알프스지대에 많이 분포하고 있다. 대형종에 속하고 성질이 온순하여 취급하기가 용이하고, 추위에도 강하며 번식력이 강하나, 분봉성과 도봉성이 강한 것이 약점이라 하겠다.

### (2) 코카시안(Caucasian bee)

흑색종으로 코카서스 지방이 원산지로써 체구가 작은 소형이다. 성질은 온순하고 근면하며 분봉성이 적은 편이다. 추운 지방에서도 활동성이 강한 품종이다.

### (3) 이탈리안종(Italian bee)

이탈리아의 리구리아주가 원산으로 세계적으로 가장 많이 분포된 대표적 황색 품종이다. 성질이 온순하며, 활동성이 강하다. 분봉성이 적고, 부저병에 저항성이 강한 장점을 가지고 있다.

## 2. 동 양 종

동양종은 한국 재래종을 말하는 것으로 인도가 원산이다. 한국, 중국, 일본 등지에 주로 분포되고 있으나, 생산력이 낮고 개량되지 않은 채 산간지역에서 사육되고 있는 편이다. 번식성은 강하나 애소성(愛巢性)이 없어 군거성이 떨어지는 경향이 있다.

# 제 10 절 오리와 칠면조

## 1. 오 리(Duck)

가금류(家禽類, poultry)로써 물오리와 집오리로 크게 구분하고 있다. 물오리는 한 쌍씩 주로 떼를 지어 다니며, 몸이 작아서 잘 날아다니며 생활하고, 알도 품어서 부화하곤 한다. 원산지가 유럽, 아시아, 북미 등이다. 집오리는 여러 마리 암컷을 수컷 1마리가 거느리며 생활하고 인공부화를 많이 한다. 오리는 많은 품종이 있으나, 가장 많이 사육되는 집오리 2종은 다음과 같다.

### (1) 카키 캠벨(Khaki Cambell)

영국에서 19세기말 캄벨부인이 만든 품종으로 목과 하복부쪽이 청색인 것을 제외하면 모두 카키(khaki)색인 것이 특징이다. 난용종으로 개량된 것인데, 약 75 g의 알을 연평균 200～300개 산란한다.

성숙시 체중은 2.0～2.5 kg 정도 되며, 물이 없어도 사육이 가능하고 체질이 아주 강건한 편이다. 초산일령은 닭과 거의 같이 150일령이다.

### (2) 북경오리(Pekin Duck)

중국이 원산지로 난육겸용종으로 개량되었다. 전신이 백색으로 다리는 빨간색이고 부리는 황색이다. 성숙체중은 3.5～4.0 kg으로 무거운 편이다. 75 g의 알을 연간 160개정도 생산한다. 군거성이 강하며 물 없이도 기를 정도로 사육관리가 편리하다.

## 2. 칠 면 조(七面鳥, Turkey)

멕시코와 미국 남부에서 살고있는 야생 칠면조로부터 가금화된 조류이다. 따라서 칠면조의 원산지는 중미대륙이다. 영국에서 성탄절에 처음으로 쓰인 것을 계기로 하여 미국에서 많이 사육되고 세계 각 지역에서 고루 분포되어 있다. 여러 품종이 있으나 대표적 품종으로는 브론즈 칠면조가 있다. 역시 우리나라에서도 청동색종과 백색종 두 가지가 가장 많다.

### (1) 브 론 즈(Bronze)

미국이 원산지로 털색이 광택이 있는 청동색(bronze colour)이고, 꼬리깃에 적갈색과 회색의 가로무늬가 있다. 체구가 가장 큰 대표적 품종이라서 성숙체중이 암컷 9.0kg, 수컷 16.0 kg정도 된다. 초산일령은 8개월령경이고, 75g의 알을 연평균 70개정도 낳는다.

### (2) 백 색 종(White)

미국이 원산으로 모색은 백색이지만, 단지 가슴수염만은 흑색으로 되어있는 것이 특징이다. 때로는 애완용으로도 사육하곤 한다. 성숙시 체중은 암컷은 8.0 kg, 수컷은 15.0 kg정도되고, 연간 산란수는 청동색종 칠면조와 비슷하다.

## ◆연습문제◆

1. 홀스타인과 저어지 젖소의 품종에 대하여 원산지와 품종학상 특징을 비교 설명하시오.
2. 영국원산지인 육우의 대표적 품종을 들고, 그 능력과 외모적 특징을 설명하시오.
3. 한우와 화우의 품종학상 특징을 설명하시오.
4. 요크셔(Yorkshire)종과 랜드레이스(Landrace)종의 원산지와 고유의 특징을 비교 설명하시오.
5. 우리나라에 많이 사육되는 돼지의 품종을 열거하고, 그 외모적 특징을 약술하시오.
6. 돼지 품종의 특징 중에서 귀의 형태는 대단히 중요한 형질인데, 귀가 직립형인 돼지 품종을 모두 열거하시오.
7. 베이컨형(Bacon type)의 돼지를 들고, 그 특징을 간단히 약술하시오.
8. 중국돼지의 품종학상 특징을 설명하시오.
9. 난육겸용종 닭의 품종을 열거하고, 외모적 특징과 능력을 간단히 약술하시오.
10. 우리나라에서 많이 사육하고 있는 유용종 산양을 들고, 그 특징을 간단히 약술하시오.
11. 한국 재래산양의 품종학상 특징과 장점을 간단히 설명하시오.
12. 모용종과 육용종 산양의 산모량과 뿔의 유무에 관하여 설명하시오.
13. 모피용 면양을 들고, 그 장점을 설명하시오.
14. 아랍말과 영국말의 특징을 설명하시오.
15. 모피용 토끼의 품종을 들고, 품종학적 특징을 설명하시오.
16. 엘크(Elk)사슴의 분포지역, 생산량 및 그 외모적 특징을 설명하시오.
17. 꿀벌의 삼이형(三異型)을 들고, 그 역할을 약술하시오.

# 제 3 장

# 애완·관상동물편

개(犬, dog)는 동물학상으로 식육목(食肉目)에 속하는 육식동물(肉食動物, carnivorous animal)로 견과(犬科), 견속(犬屬) 및 견종(犬種)에 위치하고 있다.

인류의 이동과 더불어 유럽에서 개의 골격화석이 발견된 점으로 보아 약 12,000년전쯤 최초로 개가 가축화(家畜化) 된 것으로 추정하고 있다. 개의 모습은 늑대와 가장 잘 닮았을 뿐만 아니라 북반구에서 함께 서식했다는 유사점을 가지고 있다. 이러한 개의 품종은 대단히 많으나 체형, 체질, 원산지, 용도 등에 따라 분류하는데, 많이 분류되는 용도별로는 애완견, 수렵견, 투견, 군・경찰견, 목축(양)견, 맹도견(盲導犬), 사역견, 토종견 등이 있다. 여기서는 주요 애완견과 토종견을 설명하고자 한다.

## 제 1 절 애완견과 재래견

### 1. 애 완 견(愛玩犬, toy dog)

애완견은 소형견으로 실내에서 가장 많이 사육되고 있다. 국민소득 향상 및 고령화사회와 더불어 선진국에서는 잡견사육에서 애완견 사육형태로 점점 증가추세에 놓임에 따라 우리나라에서도 애완견 사육 열풍이 뜨겁게 달아오르고 있다. 이러한 애완견은 첫째는 체형이 작아야 한다. 둘째는 아름답고 우아함이 있어야 한다. 셋째는 애교를 떨고 영리하여 사람을 잘 따라야 한다. 넷째는 모피와 같은 견종의 독특한 특징을 가져야 더욱 희소가치를 부여하게 된다.

#### (1) 말 티 스(Maltese)

원산지는 지중해의 말타섬이다. 동양 중 일본에서 가장 많이 사육하고 있을 뿐만 아니라 우리나라에서의 사육도 매우 많은 분포를 이루고 있다. 일반적으로 장수견으로 14~17세까지 오래 산다. 특히 소형이라서 체중이 2~3kg정도 밖에 안되어 포견(抱犬) 또는 슬견(膝犬)으로 적당한 애완견으로 인정받고 있다.

등선이 수평으로 곧으며 체장은 비교적 짧은 편이고, 머리는 약간 둥그스름하다. 귀는 긴 털이 늘어져 있고 꼬리는 약간 높게 달려 있다.

모색은 순백색이 가장 많으며, 아름답게 하기 위하여 엷은 미색 등으로 염색을 하거나 머리 정수리부위의 털은 두 리본으로 매어 아름답게 꾸미곤 한다.

〔그림 3-1〕 말 티 스

### (2) 요크셔 테리어(Yorkshire Terrier)

원산지는 영국의 요크셔지방으로 19세기 중엽에 여러 품종을 교배하여 작출한 애완견

〔그림 3-2〕 요크셔 테리어

으로 상류사회에 환영을 받고 있다. 특히, 혼자 있지 않고 사람에게 안기거나 무릎 위에 앉아 생활하곤 한다. 때로는 영리함을 보여 주기도 한다.

등선(背線)은 수평으로 바르고, 두부는 작으며 귀는 대각선으로 서 있다. 꼬리는 대부분 단미하여 청결을 유지하고 털은 촉감이 매우 좋고 길게 늘어진 장모(長毛)이다. 적절한 피모관리가 요구된다. 모색은 어두운 청색으로 가슴, 머리, 다리에는 황갈색의 무늬를 가지고 있다.

### (3) 시 추(Shih Tzu)

원산지는 중국으로 17세기 중엽 티벳의 라사압소를 중국에 들여와 중국의 애완견인 페키니스와 교배시켜 탄생하게 되었다고 전해진다. 체중은 4~6 kg 정도로 보통이며 동그랗게 큰 눈과 납작한 코, 풍성한 털이 예쁜 소녀를 연상케 하며, 그 성격도 활발하고 익살맞으며 애교가 많다. 또 감정이 풍부해 다양한 몸짓으로 감정을 표현하며, 장난을 좋아해 아이들과 잘 어울리는 특징이 있다. 영리해서 다루기 쉽고, 잘 짖지 않아 대표적인 가정견으로 인기가 높다.

반면에 자존심이 강하고 새침한 성격을 지녀 주인 이외의 사람을 잘 따르지 않으며, 훈련을 시킬 때에도 명령조보다는 칭찬을 하면서 버릇을 들이는 게 훨씬 효과적이다.

시추를 기를 때는 털 관리에 특히 신경을 써야 하는데, 눈병을 방지하기 위해 윗머리와 긴털을 머리 꼭대기에서 묶어주고 귓속 염증을 예방하기 위해 귀 속에 있는 털은 다 뽑아 주던가 잘라준다. 털 손질은 가급적 매일 해주는 게 좋은데 가정에서 기를 때는 잘라 주는게 좋다. 또 위장이 약한 경향이 있으므로 과식하지 않도록 주의해야 한다.

〔그림 3-3〕 시 추

### (4) 푸 들(Poodle)

원산지는 독일로 추정되지만 프랑스의 대표적인 국견(國犬)으로 인정되고 있다. 체형은 네모꼴과 비슷하나 전구(前驅)가 후구보다 깊고 넓은 편이다. 체중은 보통으로 3~7kg정도 되고, 흉부가 앞으로 나와 있다. 길고 넓은 귀는 머리에 붙어 늘어져 있으며, 미근(尾根)은 위로 향해 있고, 중앙부 하단부위에서 단미하는 경향이 있다. 털은 성장력이 좋아서 주기적으로 잘라서 손질해줘야 하고(4~6주 간격으로 목, 4지부위 등), 곱슬형태의 모양을 띤다. 따라서, 아름답게 유지하기 위하여 특색있게 다듬어줘야 한다.

모색은 백색, 흑색, 청색, 회색, 은색, 밤색 등 다양하나 모두 단색인 경우가 많다.

〔그림 3-4〕 푸 들

### (5) 치 와 와(Chihuaha)

이 품종의 기원은 스페인이나 멕시코로 추정하고 있으나, 멕시코의 치와와 지방 이름

〔그림 3-5〕 치 와 와

에서 유래된 것으로 보아 남미의 멕시코임에 틀림이 없는 듯 하다.

체구가 세계에서 가장 작은 애완견으로 체중이 0.9~1.0 kg정도 밖에 안된다. 코는 작으며 약간 나와 있다. 귀의 형태는 대각선으로 약간 앞을 향하여 곧으면서 숙여 있다. 매우 대담한 용기와 활동성을 갖고 있다. 모색은 담황갈색, 흑색, 은색, 회색 등 다양하며, 털이 단모와 장모로 되어 있으나 손질이 쉬운 편이다.

### (6) 일본 스피츠(Japanese Spitz)

캐나다에서 수입하여 일본에서 품종으로 성립시킨 애완견이다. 독일어로 spitz는 「뾰족하다」라는 말에서 유래된 품종이름인데, 주둥이와 귀가 뾰족한 모양을 가지고 있는 것이 품종상 특징이다. 일본 등지에서는 많이 사육하고 있다.

체구는 비교적 큰 편이라서 체중이 6~10 kg정도 된다. 특히 입술과 비경은 흑색으로 눈에 잘 띈다. 모색은 순백색으로 상모와 하모 2층으로 구성되어 있으며, 손질관리는 특별하게 할 필요없이 일반관리만 해주면 충분하다.

〔그림 3-6〕 일본 스피츠

### (7) 퍼　　그(Pug)

원산지는 중국으로 티벳의 사원에서 사육되었었다는 보고가 있다. 체구는 애완견 중 중간으로 체중이 3.0~6.0 kg정도 된다. 체고는 25 cm 전후로 옆으로 퍼진 체구와 짧은 주둥이를 갖고, 꼬리는 잘 말린 형태로 다닌다. 얼굴은 영국산 불독(Bulldog)과 같이 외견상 무서운 느낌이 든다. 모색은 황갈색 바탕에 얼굴, 양 귀 등은 검은색을 띠고 있다.

〔그림 3-7〕 퍼 그

### (8) 신(Chin)

이 품종의 기원은 티벳 개에서 유래되어 730년경 신나라에서 일본으로 건너가 일본에서 성립시킨 애완견이다. 일본을 비롯한 중국 등지에서 많이 분포되어 사육하고 있다.

체구는 비교적 적은 편이고, 체중은 2.0~3.0 kg정도 된다. 외모상으로 우아한 태도에 활기 넘치는 활동력을 갖고 있으며, 주인을 잘 따르는 성질을 가지고 있다. 털은 덥수룩한데, 귀와 목의 털은 더욱 그러하다. 꼬리는 역시 말린 형태로 다닌다. 모색은 백색바탕에 흑색이나(백흑반 또는 흑백반), 엷은 적색 반점도 있다. 사육관리는 비교적 용이하여 일반관리만 잘해주면 충분하다.

이 밖에도 애완견은 무수히 많다. 영국원산인 스파니 엘, 폭스, 호주원산인 오스트라리안 실키테리어, 프랑스 원산인 빠삐용, 독일원산인 슈나우져, 유고슬라비아의 달마티

〔그림 3-8〕 신

안, 중국의 페키니스 애완품종 등도 나라 및 지역에 따라 인기가 높은 경우도 있다.

## 2. 한국 재래견

우리 민족과 더불어 함께 오랜 세월동안 같이 생활하면서 기후풍토에 잘 적응된 재래 토종견을 말하는 것으로 천연기념물로 지정된 진도견과 삽사리가 있다.

### (1) 진 도 견

신석기시대부터 우리나라에서 길렀던 개가 아시아에 이르기까지 점차 사육분포가 펴져 잡종에 가까울 정도로 되었으나, 진도(珍道)는 유일하게 순수한 혈통으로 남아있는 토종재래견이라 하여 이 이름이 붙여졌다.

몸의 균형이 잘 잡혀있고, 체장은 40~50 cm와 체고는 43~58 cm정도 된다. 귀는 전방으로 향해 있고, 꼬리는 등위로 말려 있다. 특히, 골격과 근육이 잘 발달된 강건한 지구력을 가지고 있다. 주인에 대한 충성심이 강한 충견으로 인정을 받는가하면 주인을 찾아오는 귀소성도 매우 강하다. 따라서, 대담하고 용맹스러우면서 집을 잘 지키고 수렵도 뛰어난 자질이 있다.

모색은 황색과 백색이 가장 많이 있으나, 기타 색도 다양하게 있다.

〔그림 3-9〕 진 돗 개

### (2) 삽 사 리

신라시대 왕궁에서 사육되었다는 삽살개가 통일신라가 망하면서 일반 민가로 들어가

지금은 경주지방 일대에 분포되어 사육되고 있다.

체구는 진도견보다 약간 작거나 비슷한 편으로 외관상 균형이 잘 잡혀있고 우아한 편이다. 머리는 큰 편이고, 얼굴에는 긴 털이 주둥이까지 덮혀 눈이 가려 있다. 등은 수평이면서 귀는 아래로 처져있다. 꼬리는 선 꼬리와 말린 꼬리형태가 있다.

모색은 청색과 황색이 가장 많고, 때로는 약간의 흰색에 섞여 있는 경우도 있다.

〔그림 3-10〕 삽 사 리

### (3) 풍 산 개

주로 북한 함북 풍산군과 안수면 일대에서 길러지던 토종 고유의 사냥개이다. 1942년에 조선총독부에 의하여 천연기념물로 지정하였으며, 지금은 북한에서 재래견 보호정책으로 순수한 혈통이 잘 보존되는 것으로 알려져 있다.

〔그림 3-11〕 풍 산 개

외형은 진돗개와 비슷하게 닮았으며, 중형견에 속한다. 체장이 60~65 cm, 체중은 20~30 kg정도 된다.

모색은 흰색이 가장 많고, 때로는 흰색 바탕에 연한 잿빛털이 섞여있는 개체도 있다. 머리는 둥글고 아래턱이 약간 나왔으며, 주둥이는 넓고 짧다.

귀는 직립하여 끝이 앞으로 약간 굽어 있다. 꼬리는 말려있으며, 털은 길고 부드럽다. 성질은 매우 온순하나 싸울때는 동작이 빠르고 용맹스럽다. 산자수는 비교적 양호하게 한 배에 5~8마리 정도로 비교적 많이 분만한다.

## 제2절 관상조류

기원전 8,000년전 신석기시대에 이미 신전 등의 건축물을 짓고, 이들 건축물이 비둘기의 서식장소로 제공되었으며, 이집트에서도 기원전 5,000년전경부터 비둘기를 통신용으로 이용하였다고 전해지고 있다.

유럽의 로마시대에 새 기르기가 유행하였으며, 그 당시 왕족이나 귀족들은 매 사냥을 즐겨했고, 최고 스포츠로 여겨왔다. 15세기에는 울음소리가 아름다운 카나리아가 아프리카 카나리아군도에서 스페인 선원들에 의해 처음으로 유럽에 운송되었다. 이후 이탈리아, 스위스, 독일, 오스트리아 등에 이르기까지 분포되어 사육되었다. 사랑새는 2차대전후 오스트레일리아에서 영국으로 이동하여 사육의 본격화를 갖게 되었다. 중국에서는 앵무새와 공작새를 인도지방에서 도입하여 사육하기 시작함으로써 일본과 우리나라에서도 점점 증가추세에 놓이게 되었다. 이러한 관상조류는 첫째는 모양새가 보기에 아름답고 우아해야 한다. 둘째는 울음소리까지 예쁘게 지저귐이 있어야 한다. 마지막으로 재주부림과 흉내내기를 잘 해줘야 할 것 등이 갖춰져야 할 것이다.

### 1. 십 자 매(十字妹, Bengalese)

십자매는 참새목(目)과 납부리 새과(科)에 속하는 새이다. 전 세계에 두루 분포하고 있으며, 여러 자매들이 함께 사이좋게 지낸다고 하여 그 이름이 유래되었다. 중국남부, 인도, 미얀마, 말레이시아, 인도네시아, 대만, 일본 등지에 분포되어 있다.

십자매는 많은 종류가 있으나, 일반적으로 깃털의 색깔과 모양으로 크게 분류하고 있다. 처음에는 흑갈색인 보통 십자매인데 점점 색체변이종이 많이 생겨 다양한 우모색을

〔그림 3-12〕 십 자 매

띠고 있는 개체도 많다. 보통 십자매는 흰 바탕에 흑갈색 얼룩이 있는 것이 보통이다. 그리고 작은점십자매, 백십자매, 검은점십자매, 갈색십자매, 삼색십자매 등의 종류가 있다. 몸 길이는 12～13 cm정도이고, 수명은 10년내외이며, 5세정도까지는 번식에 이용할 수 있다. 평균 5～8개정도 산란하며 14일간 모체 부화(孵化)한다.

## 2. 금 화 조(錦華鳥, Zebra Finch)

원산지는 호주이다. 십자매정도의 크기로 다리와 부리는 붉은색이고, 수컷은 볼과 옆구리가 밤색으로 매우 고울 뿐만 아니라 기르기도 쉬워서 관상조류로써는 인기가 높다.

〔그림 3-13〕 금 화 조

체구가 작기는 하지만 강인한 성질이 있어서 싸움도 잘하곤 한다. 십자매와 같이 모체 부화하지 않기 때문에 대리모에 부화시키거나 인공 부화시켜야 한다.

금화조는 보통금화조(암컷은 야생 때의 모색, 수컷은 얼룩말과 같은 줄무늬색), 백금화조(전신이 백색이나 부리는 적홍색), 고대금화조(우모색은 보통금화조와 백금화조의 중간색) 등이 있다.

## 3. 문　　조(文鳥, Java Sparrow)

동남아시아에서 널리 서식하는 새로써 원산지는 인도네시아의 쟈바섬과 발리섬이다. 말레이시아, 인도네시아(슈마트라섬과 보르네오섬)에 많이 분포하고 있다. 우리나라에서도 십자매 다음으로 많이 사육하는 경향이 있다.

체구는 십자매보다 매우 크다. 몸길이는 14 cm정도로 번식도 잘되나, 날카로운 성질이 있는 편이다. 산란까지는 보통 2~3년간의 사육기간이 필요하다. 이러한 문조의 종류는 백문조, 회색문조 등이 있다. 9월경에 평균 5~6개의 알을 산란하며, 16~17일간의 부화기간이 소요된다.

〔그림 3-14〕 문　　조

## 4. 카나리아(金絲鳥, Canaria)

아프리카의 북서부해안에 있는 카나리아가 원산지로 되새과에 속하는 새이다. 유럽지역인 영국, 독일, 벨기에, 이탈리아 등에 분포하고 있다.

이 카나리아는 여러 종류가 있는데, 울음소리가 아름다운 카나리아, 오렌지, 레몬 및 붉은 색을 가진 카나리아, 곱슬 깃과 털을 가진 카나리아 등 3종류로 분류하고 있다.

몸은 참새와 같이 날씬하고 활발한 행동을 하나 무거운 편이다. 특히 소리가 아름답고 번식이 잘되어 가정에서도 인기가 높은 새로 알려져 있다. 모색은 대부분 오렌지, 레몬, 붉은 색 등을 가진 개체가 많은 편이다.

산란은 연 4회정도 하며, 1회에 4~5개의 알을 낳는다. 대개의 경우 1~2개의 알을 낳은 후 모체로 품어서 부화시킨다.

〔그림 3-15〕 카나리아

## 5. 잉　꼬(Budgerigar)

잉꼬는 일명 '사랑새'라고도 부르며, 호주내륙의 물가 숲속이나 초원에서 많이 살았다.

〔그림 3-16〕 잉　꼬

색채가 아름답고, 번식관리가 쉬울 뿐만 아니라 사육이 쉽기 때문에 인기가 높다. 특히 재주도 뛰어나고 말 흉내도 잘 내어 사람과 친숙함을 보여주고 있다.

우모색은 녹색, 청색계통이 많으나 황색도 있다. 산란은 보통 5~6개정도 낳는데, 부화기간은 18~20일 정도 소요된다.

## 6. 금계와 은계(Golden pheasant & Lady Amherst's pheasant)

금계(金鷄)와 은계(銀鷄)는 꿩과에 속하며 꿩과 비슷한 체형과 외모를 가지고 있다. 깃이 아름답고 길게 뻗어있는 것이 한층 더 우아함을 보여준다.

금계의 원산지는 중국 서남부의 높은 산지이다. 추위에는 강하고 더위에는 약하므로 직사광선을 피해줘야 한다. 우모색은 빨강과 노랑색으로 조화를 이룬 색채이다. 꿩과 마찬가지로 수컷이 황금색으로 덮여있어 더욱 아름답게 보인다. 부리는 황갈색을 띠며, 목에는 노란 깃털이 둥근 부채꼴로 덮여 있다. 산란시기는 보통 4월~7월까지이며, 산란수는 약 30~40개정도 알을 낳는다. 부화기간은 닭과 같이 21~22일정도 소요된다.

은계(銀鷄)는 중국 서남부지방의 삼림지대가 원산지이다. 체구는 금계보다 약간 더 큰 편이고, 모색은 맑은 흰색 바탕에 초록, 파랑의 기본색에 노랑색이나 빨강색이다. 가슴쪽은 백색이 많고, 꼬리끝은 백색에 검은 가로줄무늬가 있다. 산란시기와 산란능력 등은 금계와 거의 유사하다.

〔그림 3-17〕 금계(좌)와 은계(우)

# 제 3 절 햄스터·몰모트·마우스 및 랫드

의학, 약학, 수의학, 축산학, 동물학 연구나 교육의 목적으로 사용되는 동물인 햄스터, 몰모트, 마우스, 랫드 등은 물론 토끼, 개, 고양이, 양, 원숭이, 닭, 어류 등을 일컬어 실험동물(laboratory animal)이라고 부른다. 이러한 동물은 귀엽고 집안에서 사육하기가 편리하기 때문에 더욱 애완화되고 있다.

## 1. 햄 스 터(Hamster)

햄스터는 설치류(齧齒類)로 비단털쥐아과(亞科)에 속하는 아주 작은 포유동물이다. 이 햄스터는 1930년에 시리아사막지대를 여행하던 중 이상하고 신기한 동물로 발견한 이래로 현재에는 의약품, 미생물, 식품, 질병연구 등의 실험용과 모색이 곱고 아름다워 애완용으로 인기가 높아져 가정에서의 사육이 증가추세에 있다. 무엇인가를 씹는 특성과 먹이를 저장하는 습성이 있다. 성질은 온순한 편이라서 관리가 용이한 셈이며, 야행성동물로 조용한 곳을 좋아한다. 특히 스스로 그루밍을 잘하는 청결한 동물이나, 목욕은 싫어한다.

수명은 보통 2~4년 정도이고, 2년이 지나면 털에 윤기가 없어지면서 노화현상이 나타난다. 번식적령기는 2~3개월령으로, 보통 봄철에 발정을 많이 하나, 관리상태가 양호하면 토끼와 같이 언제라도 번식이 가능하다. 임신기간은 17~20일이며, 한 배에 4~12마리의 새끼를 분만하는 다산성동물이다.

좋아하는 먹이로는 해바라기씨, 호두, 수수, 옥수수, 조 등의 곡류나 씨앗이고, 당근, 호박, 무, 고구마, 감자 등의 야채 그리고 멸치, 고기 등의 동물성 육류 등이다.

〔그림 3-18〕 골든 햄스터(좌)와 정글리안 햄스터(우)

햄스터는 많은 종류가 있다. 시리안(Syrian) 햄스터는 중동, 시리아지역에서 발견된 것으로 골든(Golden) 햄스터라고도 부른다. 모색이 갈색이나 금색이 가장 많으며, 차갈색, 알비노색, 크림색 등 다양한 변종색도 있다. 로보로브스키(Roborovski) 햄스터는 카자흐스탄 동부, 몽고의 서부와 남부, 중국의 흑룡강성지역에서 서식하는 금갈색의 모색에 독특한 하얀 눈썹을 가진 것이 특징이다. 몸의 길이가 4~5 cm로 아주 소형이며, 겁이 많아 길들이기가 쉽지 않다.

펄(peal) 햄스터는 모색은 백색인데 이마와 등 부위는 회색이 끼어있다. 성질이 온순한 편이고, 귀여운 모양이다.

정글리안(junglian) 햄스터는 체구가 작은 편이고, 모색은 갈색바탕에 등에만 검은색 줄무늬를 2~3개 띠고 있다. 그 밖에도 차이니즈 햄스터, 캠벨 햄스터, 시베리아 햄스터, 러시아 햄스터 등 많은 종류의 햄스터가 있다.

## 2. 몰 모 트(Mormot)

몰모트는 설치류(齧齒類)로써 다람쥐과(科)에 속하는 동물이다. 원산지는 남미이며, 야생의 선조는 페루로 알려지고 있다. 3,000년전부터 인디언들이 식용으로 키워왔으나 많은 나라에서는 애완용으로 기르고 있다. 영국에서는 기니아 피그(guinea pig)라고 부르기도 한다. 몸통은 작은 토끼와 비슷하게 둥글둥글한 모양이다. 모색은 12 cm정도의 부드러운 긴 털로 흑색, 갈색, 흰색, 혼합색 등 다양하다. 다리는 짧아 잘 보이지 않고 머리는 대단히 큰 편이다. 설치류의 특징인 날카로운 앞니가 있어 건초나 나무 등을 계속

〔그림 3-19〕 몰 모 트

하여 씹는 생리적 특성이 있다. 야생의 경우 낮은 나무나 풀 아래 땅굴을 파고 무리를 지어 생활하기도 한다. 성장시 체중은 0.8~1.2 kg정도 되며, 체장은 20~30 cm가량이다. 수명은 평균 10년정도이나 15년이상 사는 개체도 있다.

먹이로는 몰모트 펠렛사료를 급여하는 것이 이상적이나, 클로버, 건초 등의 마른 조사료와 사과, 바나나, 귤, 토마토와 같은 야채 등이 적당하며, 1일 2회 급여하면 충분하다. 발정주기는 평균 16일정도이며, 임신기간은 60~70일정도 된다.

번식은 연중 가능한데, 연 4회정도로 봄과 가을이 좋으며, 1회에 2~4마리의 새끼를 낳는다.

### 3. 마우스와 랫드(Mouse & Rat)

마우스는 실험용 쥐로 많이 사육되는데 동물분류학상으로는 설치목(目), 쥐과(科), 생쥐속(屬), 생쥐종(種)에 속하는 작은 포유동물이다. 멘델법칙의 재발견 이후에 급속히 동물에 대한 연구가 진행됨에 따라 많은 사육과 더불어 계통확립에 힘써오고 있다. 성숙 체중은 암컷이 18~40 g, 수컷이 20~40 g으로 암수 비슷하며 분만 후 45~60일이면 성숙이 되어 번식에 이용할 수 있으나, 60일 가량이 이상적이다. 임신기간은 18~22일이며, 평균 20일이다. 4~6일이면 귀가 열리고, 12일경 되면 눈이 뜨기 시작하며 평균 3주령이 되면 이유를 시키게 된다.

랫드도 실험용으로 많이 이용되는데, 흰쥐라고도 부른다. 동물분류학상으로 설치목, 쥐과, 쥐속, 쥐종에 속하는 포유동물로서 마우스와는 속과 종이 서로 다른 위치이다. 성숙체중은 암컷이 200~400 g, 수컷이 300~400 g정도 되며, 마우스보다는 훨씬 크다. 번식에 이용될 적당한 시기는 80일령이다.

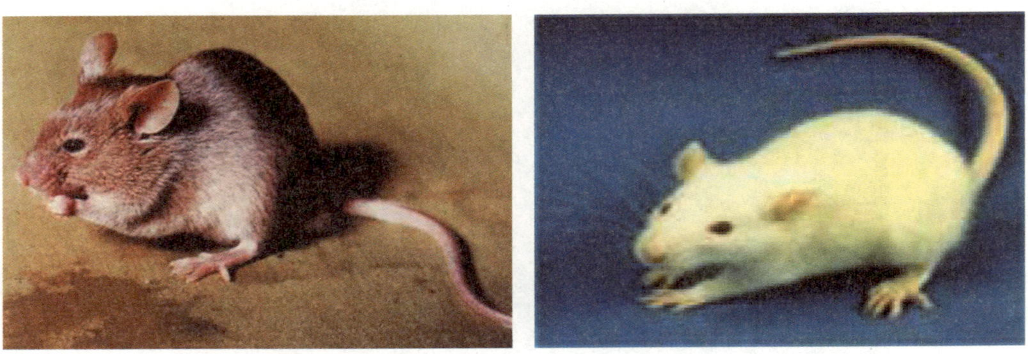

〔그림 3-20〕 마우스(좌)와 랫드(우)

임신기간은 21~23일이며, 평균 22일이다. 출생시에는 마우스와 마찬가지로 털도 없고 귀와 눈도 막혀진 상태이고, 성장하는 과정은 서로 비슷하다.

## 제 4 절 관상물고기

로마와 이집트에서는 신선한 물고기를 얻고자 연못에 키웠다고 한다. 그 후 중국에서는 10세기경 관상과 장식용으로 금붕어(Gold fish)를 처음 길렀다. 구피(Guppy)는 남아메리카에서 처음으로 발견되었으나 오늘날은 가정 일반관상용 물고기로 사육되고 있다.

관상어의 사육은 취미생활의 정서적 효과, 실내 온・습도의 위생적 효과, 동・식물의 생태와 행동에 관한 탐구적인 교육적 효과 등을 기대할 수 있는 장점을 지니게 되는데, 관상어의 특징은 항상 가온(加溫)이 필요한 열대어(熱帶魚)와 온수에서 잘 자라는 금붕어, 비단잉어와 같은 온수성 어종(溫水性 魚種)이 있다.

### 1. 구 피(Guppy)

이 열대관상어는 난태생 송사리과에 속하는 물고기이다. 원산지는 남미의 베네수엘라, 가이아나 등이며, 열대지역에 많이 분포하고 있다.

크기는 2.5~5 cm정도이며, 수컷은 암컷보다 소형이지만 아름다운 여러 가지 색깔과 무늬를 갖고 있으며, 특히 꼬리지느러미는 더욱 그러하여 레인보우 피시로 비유되기도

〔그림 3-21〕 구 피

한다. 치어(稚魚)를 낳기 때문에 태생(胎生)으로 잘못 생각되나 난태생(卵胎生)이다.

사육관리가 간편하여 초보자에게 기르기 쉬운 관상열대어로 적절한 수온 23~28℃를 맞춰주는 것이 가장 중요하다. 부화 후 4개월 정도 지나면 성어가 되고, 23~30일 간격으로 10~100마리의 새끼를 낳으며, 15일이 경과되면 암수구별이 가능하다.

## 2. 제브라 피시(Zebra Fish)

이 담수 열대어는 잉어과에 속하는 관성어로써 난생동물(卵生動物)이다. 인도 남부지역이 원산지이며, 일명 제브라 다니오(Zebra-Danio)라고 하며, 우리나라에서는 얼룩말 물고기라고도 부른다.

최근에는 이 물고기를 가지고 돌연변이성 연구와 형질전환 동물연구에 잘 활용되고 있다. 체장은 4~5 cm정도의 크기이고, 성어의 체중은 1~2 g정도 된다. 매우 활동적이고 무리를 지어 헤엄치는 성질이 있다. 암컷은 수컷보다 몸통이 넓으며, 성어가 되면 수컷의 몸에는 황금빛 색깔이 나타난다. 수정은 체외수정을 통하여 이루어지며, 1회에 200~700개의 알을 낳고 27℃에서는 1일에 부화하며 온도가 낮으면 늦어져 2~3일만에 부화하게 된다. 치어(稚魚)는 3개월령이 되면 성성숙에 이른다.

〔그림 3-22〕 제브라 피시

## 3. 엔젤 피시(Angel Fish)

이 열대어는 시클리드(Cichlidae)과에 속하며, 남미의 기아나와 아마존지역이 원산이다. 아프리카, 미국남부, 멕시코, 인도 등지에서 많이 분포되어 사육하고 있다.

크기는 12~15 cm정도이고, 성질은 온순하고 먹이도 잘 먹어서 성장도 빠르다. 수명이 무려 5~7년이 되는 장수성 어종이다. 성어가 되면 암컷은 몸통이 넓고 두꺼우며, 수컷은 머리가 원형을 이룬다.

외형상 특징으로는 지느러미가 길게 유선형으로 뻗어 있으며, 두부에도 날카로운 유선형꼴을 가지고 있다. 산란과 부화는 쌍을 이루기가 매우 까다롭고 어렵기 때문에 쉽지 않은 편이라 인공부화가 실시되고 있다. 성성숙은 7~10개월령 정도이고, 산란주기는 7~15일이며 산란 후 1주일정도면 부화된다. 생활수온은 24~28℃정도면 적당하다.

〔그림 3-23〕 엔젤 피시

## 4. 금 붕 어(Goldfish)

금붕어는 온수성 담수어인데 잉어목 잉어과로 붕어와 형태가 거의 같고 염색체수도 동일하다. 일종의 붕어 변종(變種)이다. 금붕어는 3~4세기경 중국의 남부지방에서 발견된 빨간 붕어가 원종으로 중국은 10세기경, 일본과 우리나라는 15세기경, 유럽은 16세기경에 각각 관상어로 길러진 것으로 추정되고 있다.

이 관상어는 많은 종이 있으나, 우리나라에서도 24종 이상으로 화금(和金), 유금(琉金), 난금(蘭金), 후금, 주문금 등이 분포되어 있다. 생활에 알맞은 수온은 15~20℃가 적당하다. 물의 온도에 큰 영향을 받지는 않으나, 물의 온도가 높으면 용존산소량이 낮아져서 호흡에 문제가 발생하기 쉽다.

산란시기는 4~7월 사이이며, 12~28℃ 범위에서 7~10일 간격으로 여러 차례 하는 경우가 많다. 산란용 친어(親魚)는 수컷이 3~4년, 암컷이 4~5년 되는 것이 좋다. 한번에 약 500개의 알을 낳고, 4~5일 후에 부화하게 된다. 부화 후에는 부화용 수조로 옮겨 자기 알을 먹는 것을 방지하고 온도조절을 잘 맞춰 부화를 용이하게 하여 준다.

〔그림 3-24〕 금 붕 어

## 5. 비단잉어(Fancy carp)

비단잉어는 잉어목 잉어과의 온수성 담수어로 잉어에서 빛깔, 무늬 등이 우수한 형질의 개체를 선발하여 관상용으로 육종시킨 것이다. 일본에서 17세기에 처음으로 개량하였는데, 대표적 품종은 홍백(紅白), 별광(別光), 대정삼색(大正三色), 백사(白寫) 등이 있다. 백색바탕에 붉은 색 무늬가 있는 홍백이 비교적 많이 사육되고 있다.

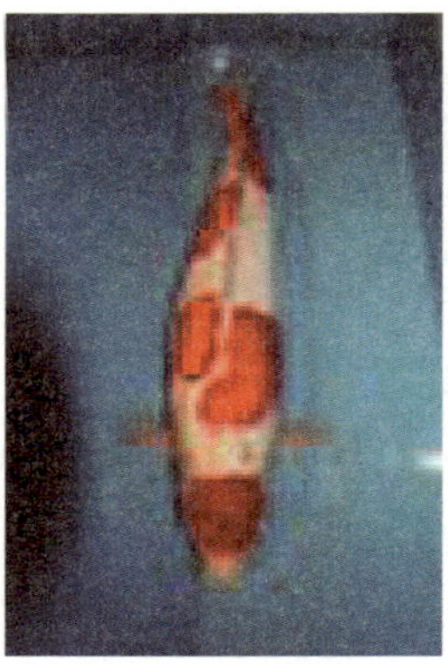

〔그림 3-25〕 비단잉어

## ◆연습문제◆

1. 우리나라에 많이 사육되는 애완견을 열거하고, 그 특징을 간단히 설명하시오.
2. 우리나라 재래견을 들고, 그 특징을 약술하시오.
3. 우리나라에서 선호하고 있는 관상조류를 몇 개 열거하고, 사육상의 특징을 설명하시오.
4. 몰모트(Mormot) 사육목적의 변천과정을 설명하시오.
5. 애완동물로써의 햄스터(Hamster)를 열거하고, 그 습성과 행동 등에 대하여 설명하시오.
6. 마우스(Mouse)와 랫드(Rat)의 동물분류학상 위치를 비교 설명하시오.
7. 우리나라에서 주로 사육하는 관상물고기를 열거하고, 그 행동과 사육상의 특징을 설명하시오.

제 4 장

# 동물의 유전육종편

## 제 1 절 동물의 유전

유전(遺傳, heredity)이란 부모가 가지고 있는 고유의 특성 또는 형질이 자식에게 전달되는 현상을 말한다. 결국 전달된 유전물질은 본래 유전자가 지니고 있는 개체성(個體性) 때문에 닮기 마련이다.

이러한 유전현상과 원리를 규명하는 데는 멘델의 유전법칙(Mendel's law)에 대한 기본원리의 이해가 필요하다. 멘델은 잘 아는 바와 같이 1865년에 3가지 유전법칙을 발견함으로써 근래 유전학 발전에 지대한 공적을 남겼는데, 이 실험재료와 발견된 형질은 식물인 완두콩(garden pea)으로 7가지 서로 다른 대립형질(對立形質)이었다. 그 후 1900년에 네덜란드 드브리스(De Vries), 독일 코렌스(Correns)와 오스트리아 체르막(Tschermak)이 완두콩은 물론 옥수수와 같은 다른 식물에서도 같은 유전원리가 밝혀짐에 따라 더욱 귀중한 결과로 나타나게 되었다.

가축에서의 멘델원리의 증명은 영국의 William Bateson(1861～1926)이 1902년에 닭의 볏(冠, comb)과 소의 뿔(角, horn)과 같은 질적형질(質的形質)에 대하여 유전현상을 밝히게 되었다. 1930년대에 오면서 통계유전학(統計遺傳學, statistical genetics)과 집단유전학(集團遺傳學, population genetics)의 발달에 힘입어 최근에는 가축육종학(家畜育種學, animal breeding)이 눈부신 발전을 가져오게 하였다. 여기에는 미국의 Lush, 영국의 Fisher, 미국의 Wright, Henderson 등이 매우 공헌하였다고 할 수 있다.

### 1. 유전물질

#### (1) 세　　포

동물세포(動物細胞, animal cell)는 생물학적으로 동물체의 가장 작은 단위로 구성되어 있다. 세포의 구조는 크게 세포질(細胞質, cytoplasm)과 핵(核, nucleus)으로 나눌 수 있다. 세포질은 여러 세포 소기관(小器管, organelles)으로 구성되어 세포의 기능적 작용을 많이 하는 반면에 핵은 염색체로 구성되어 세포로써 가장 중요한 유전물질을 함유하고 있다.

동물세포는 식물과 거의 같이 유사세포분열을 거쳐 증식하게 된다. 체세포(體細胞, somatic cell)분열은 동형분열로써 복제기간 중 염색분체로 될 때 DNA량은 2배로 증가되었다가 1회의 분열로 모세포와 같은 2개의 낭세포(娘細胞, 2n)로 만들어진다. 반면에 감수분열(減數分裂, meiosis)은 성분열(性分裂)로써 2회의 분열을 거쳐 염색체가 반감된 4개의 낭세포(娘細胞, n)를 만드는 과정이라고 할 수 있다.

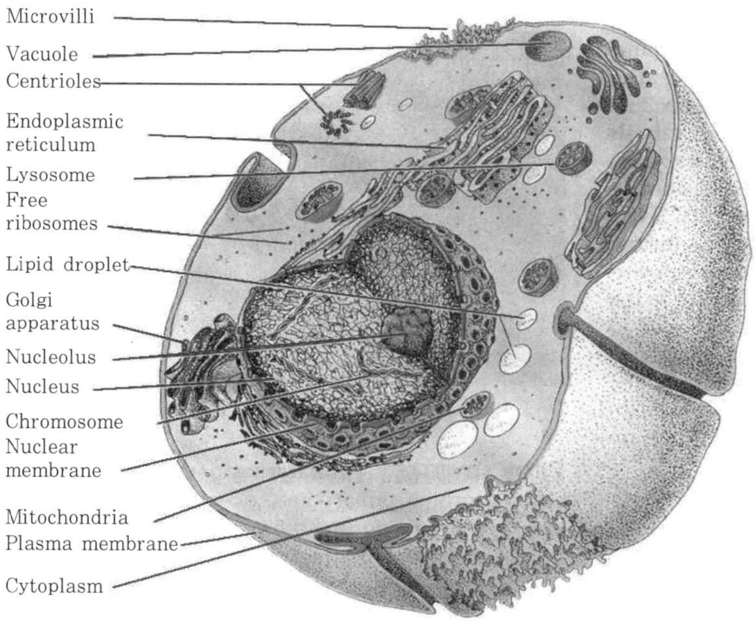


〔그림 4-1〕 동물세포의 미세구조

- 동물세포(animal cell)
  - 세포질(細胞質, cytoplasm)
    - 소포체(小胞體, endoplasmic reticulum)
    - 골지체(Golgi apparatus)
    - 미토콘드리아(mitochondria)
    - 리보솜(ribosome)
    - 라이소좀(lysosome)
    - 중심체(centrosome)
  - 핵(核, nucleus)
    - 염색체(染色體, chromosome)
    - 핵인(核仁, nucleolus)
    - 핵막(核膜, nuclear membrane)

### (2) 염 색 체

염색체(染色體, chromosome)는 종(種, species)이나 품종(品種, breed)에 따라 고유의 개체성(個體性, individuality)을 가지고 있어서 연속적으로 유지되고 전달되는 기능을 하고 있다. 이러한 염색체는 화학적으로 DNA(deoxyribonucleic acid)와 단백질(protein)로 구성되어 있다. 유전학적으로 볼 때 유전물질의 최소단위라고 하면 일반적으로 유전자(遺傳子, gene)라고 말할 수 있으며, 염색체의 일부분이 되는 셈이다. 염색체 안에는 무수히 많은 유전자가 존재하며, 유전자가 존재하는 장소를 유전자 좌위(遺傳子 座位, locus)라 부른다. 특히, 상동염색체 상에서 대립관계에 있는 2개의 유전자를 대립유전자(對立遺傳子, alleles)라고 하여 다음 세대에 우성, 열성, 공우성 등과 같은 유전자의 우열(優劣)이 결정되어진다.

이러한 염색체는 성염색체(性染色體, sex chromosome)와 상염색체(常染色體, autosomal chromosome)로 크게 나눌 수 있다. 주요 동물의 총 염색체(2n) 수는 사람 46개, 말 64개, 돼지 38개, 소와 산양이 각각 60개, 면양 54개, 닭과 개가 각각 78개이나, 꿀벌의 경우는 일벌이 32개(2n), 수벌이 16개(n)로 서로 다르다. 포유동물에서 성염색체는 X염색체와 Y염색체와 같이 성(性)을 결정해주는 염색체를 말하며, 상염색체는 성 등에 관여하지 않고 항상 일정하게 동일한 형태로 쌍으로 형성되어 있다. 그러나 생식세포(sex cell)에서는 난자는 모두 X염색체만 가지고 있고, 정자는 X염색체와 Y염색체를 가질 수 있으나 확률은 반(半)이다.

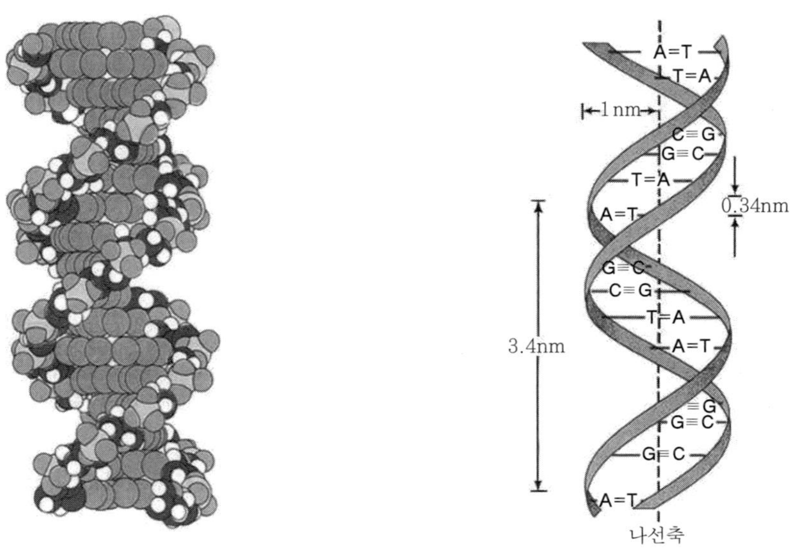


〔그림 4-2〕 DNA 분자의 구조

DNA는 1944년 미국에서 신비스러운 새로운 물질로 발견되었는데, 오늘날은 이것을 일컬어 유전물질(遺傳物質, genetic materials)로 이해되고 있다. 게다가 Watson과 Crick은 1953년에 DNA에 대하여 분자적 구조(molecular structure)를 밝혀냄으로써 이 때부터 분자유전학 시대를 맞이하게 되었다. 이러한 DNA는 동물의 핵속에서 핵액과 함께 염색사(染色絲)를 이룬 상태에서 2중의 나선형(螺旋形, double helical structure)을 하고 있다.

이와 같은 2중 나선형 구조는 화학적으로 뉴클레오타이드(nucleotide)라고 하는 최소 단위로 구성되어 있다. 하나의 뉴클레오타이드는 1개의 질소성 염기(窒素性 鹽基, nitrogenous base), 1개의 5탄당으로 된 당(糖, pentose) 그리고 인산(燐酸, phosphoric acid)으로 결합되어 있다.

| 뉴클레오타이드(nucleotide) = 염기(base) + 당(deoxyribose) + 인산(phosphate) |
|---|

DNA분자는 상보성(相補性) 때문에 서로 다른 가닥과 붙어 있으려는 성질이 있다. 4개의 염기 중 아데닌(adenine)염기는 티민(thymine)과 결합되고, 구아닌(guanine)은 시토신(cytosine)과 서로 수소결합을 하게 마련이다. 아데닌은 티민과 2중결합, 구아닌은 시토신과 3중결합을 하고 있다.

## 2. 멘델의 법칙

멘델(Mendel)은 오스트리아의 수도승으로 만 7년만에 완두콩을 재료로 하여 7가지의 서로 다른 대립형질의 유전양식을 1865년 「식물잡종연구」라는 제목으로 체코슬로바키아에서 처음으로 발표를 가졌다. 이 때에는 서로 다른 형질들은 어떤 인자(因子, factor)에 의해서 좌우된다고 했는데, 오늘날은 유전자(遺傳子, gene)라고 해석하고 있다. 또한 세대간(世代間)에도 일정한 비율(比率)로 나타나, 잡종 1대에서 나타나는 형질은 우성(優性, dominance)이라고 부르는데, 잠재하여 나타나지 않는 형질은 열성(劣性, recession)이라 한다. 이렇게 발표된 이론이 멘델의 법칙(Mendel's law)으로 우성의 법칙, 분리의 법칙 그리고 독립의 법칙이다.

### (1) 우성의 법칙

우성(優性, dominant)의 법칙은 1쌍의 대립형질을 가진 개체끼리 교배하였을 때 $F_1$에서 우성형질만 외부로 나타나고, 열성형질은 잠재하여 나타나지 않는 현상을 말한다.

돼지의 경우 백색 요크셔종과 흑색 버크셔종을 교잡하여 $F_1$자돈을 얻었을 때 표현형 모두가 백색 자돈을 생산하게 된다. 이 때 요크셔의 백색은 우성이나, 버크셔의 흑색은 열성이기 때문에 표현형적으로 나타나지 않는다. 그 밖에 백색 닭이나 산양의 백색모 또한 동일한 우성작용을 한다.

### (2) 분리의 법칙

$F_1$에서 우성형질만 나타난 $F_1$개체들간에 자가 교배시키면 $F_2$에서는 우성형질과 열성형질을 가진 자손의 표현형이 3 : 1의 비율로 분리된다는 현상을 분리의 법칙(分離法則, law of segregation)이라 한다. 예를 들면, 잡종 1대에서 흰색돼지만 출현하였는데, $F_1$ 개체간의 교배를 실시하면 $F_2$에서 표현형적으로 백색돼지와 흑색돼지가 3 : 1의 비율로 태어나게 된다. 역시 백색돼지가 우성이고, 흑색돼지가 열성으로 작용하기 때문이다.

### (3) 독립의 법칙

1쌍의 대립형질이 아니라, 2쌍 이상의 대립형질을 가진 개체들간에 교잡하였을 때 각 형질의 대립유전자는 서로 간섭하지 않고 독립적으로 유전하는 현상을 독립의 법칙(獨立法則, law of independence)이라고 한다. 이 경우는 닭에서 단관(單冠) 백색 레그혼(rrWW)과 장미관(薔薇冠) 흑색 레그혼(RRww)을 교잡하면 $F_1$에서는 모두 장미관 백색 레그혼(RrWw)만 태어난다. 이 때 장미관과 백색 깃은 각각 우성이다. 표현형적으로 $F_2$에서는 「장미관백색(R_W_) : 장미관흑색(R_ww) : 단관백색(rrW_) : 단관흑색(rrww)의 비율」이 9 : 3 : 3 : 1로 분리된다. 그리고 소에서도 마찬가지로 무각 흑모우(PPBB)와 유각 황모우(ppbb) 개체간에 교잡을 하게 되면 $F_1$에서는 모두 무각 흑모우(PpBb)가 태어나는데, 이 때 무각과 흑색모는 각각 우성으로 작용하게 된다. $F_2$에서의 표현형은 「무각흑모우(P_B_) : 무각황모우(P_bb) : 유각흑모우(ppB_) : 유각황모우(ppbb)의 비율」이 각각 9 : 3 : 3 : 1로 분리가 된다.

이 때 대립형질은 유전자 쌍(pairs)의 수를 말하는데, 1쌍을 가진 개체들간에 나온 잡종은 단성잡종(單性雜種, monohybrid)이라 하고, 2쌍의 대립형질을 가진 개체들간의 잡종은 양성잡종(兩性雜種, dihybrid)이라 하며, 3쌍의 대립형질개체들간의 잡종은 삼성잡종(三性雜種, trihybrid)이라 부른다.

## 3. 여러 가지 유전양식

일반적으로 식물과 동물에서 유전의 원리는 멘델의 법칙에 따른다. 연관유전자, 불완전우성유전자, 공우성유전자, 복대립유전자, 치사유전자 등은 멘델의 우성과 열성유전자의 작용만 따르지 않고 약간 다른 양식으로 유전하게 된다.

### (1) 연관유전자

상동염색체나 비상동염색체상에 들어있는 2쌍이상 유전자의 경우도 멘델의 법칙을 따를 때에는 독립적으로 유전하게 된다(독립의 법칙). 그러나 동일한 염색체 내에 들어있는 2쌍이상 유전자들이 다음 세대에 독립적으로 분리되어 유전하는 것이 아니라 어느 한 유전자와 함께 동반하여 유전되는 현상을 일컬어 연관유전 또는 연관(連關, linkage)이라한다. 완전연관(完全連關, complete linkage)은 교차율이 0으로 나타나나, 거의 없다. 그러나 독립유전을 하면 교차율이 50% 이상으로 나타난다. 불완전연관(不完全連關, incomplete linkage)은 교차율이 0~50% 사이로 교차율이 높을수록 연관은 약하고, 낮을수록 연관은 강하다.

### (2) 불완전 우성유전자

대립형질을 가진 개체들간의 교배에서 우성유전자는 열성유전자를 완전히 지배하지 못하며 양 형질의 중간형태로 유전하는 현상을 불완전유전 또는 중간유전(中間遺傳, intermediate inheritance)이라 하며, 여기서 생긴 잡종을 중간잡종(中間雜種, intermediate hybrid)이라고 부른다.

예를 들면 붉은색 분꽃과 흰색 분꽃을 교배하면 제1대잡종에서 모두 중간색인 분홍분꽃이 피는데, 이렇게 분홍분꽃은 붉은 색 유전자가 불완전 유전자이기 때문이다. 사람의 경우 흑인과 백인이 결혼하여 후손이 태어나면 모두 튀기가 태어나는데, 이 때에도 피부의 흑색유전자가 불완전우성유전자로 작용하기 때문에 중간색의 후손이 태어난다.

### (3) 공우성 유전자

두 유전자가 우열(優劣)에 관계없이 독립적으로 작용하여 잡종 1대에서 두 유전자 모두 함께 나타나는 유전양식을 공우성(共優性, codominance)이라 한다.

인간의 MN혈액형에서 볼 수 있다. M유전자와 N유전자가 가질 수 있는 유전자형은 치우침 없이 MN형을 갖게 된다. 그리고 ABO혈액형에서도 마찬가지로 A형과 B형을 가진 부모의 경우도 공우성이기 때문에 AB형을 가진 후손이 태어난다.

### (4) 복대립유전자

복대립유전자(複對立遺傳子, multiple alleles)는 동일한 유전자 좌위에 3개 이상의 유전자가 존재하고 있어서 1개의 유전자가 임의의 다른 2개 이상의 유전자와 각각 대립하여 우열(優劣)관계에 있는 경우를 말한다. 예를 들면, 사람의 ABO혈액형, 토끼의 모색, 초파리의 눈색, 누에의 반점 등이 있다.

### (5) 치사유전자

치사유전자(致死遺傳子, lethal gene)는 임신기간 중이나 성장과정 중 특정유전자가 작용하여 발생 중이나 출생초기에 치사케 하는 유전자를 말한다. 일반적으로 호모상태의 개체는 치사하게 되는데, 이러한 치사를 일컬어 열성치사유전자(劣性致死遺傳子, recessive lethal gene)라고 한다. 생쥐에서 황색쥐(Yy)와 흑색(yy) 또는 회색쥐(yy)를 교배하면 황색쥐와 흑색쥐는 1 : 1의 비율로 나타나지만, 황색쥐끼리 교배하면 황색쥐(Yy)와 흑색주(yy)가 2 : 1의 비율로 태어나고, 호모황색쥐(YY)는 치사된다. 따라서, 이 때의 분리비는 2 : 1이 된다. 가축의 경우 카라쿨면양에서 회색모를 가진 개체간에 교배를 시키면 출생되는 새끼양의 모색은 회색 3 : 흑색 1의 비율로 출생하는데, 이 때 homo개체는 성장과정 중에 치사되어 결국 분리의 비는 2 : 1로 된다.

## 4. 집단유전

자연집단이나 인류집단에서의 유전학연구는 실험적 교배가 거의 불가능하여 기대할만한 좋은 성과를 거두기는 어렵다. 그래서 보통은 어떤 특정한 경우를 대상으로 하여 한 집단을 분석하게 되는데, 이 집단에서는 유전적 구성(遺傳的 構成)이 무엇보다 중요하다고 할 수 있다. 집단분석에서는 유전자형(遺傳子型, genotype)의 빈도를 추정하는 것보다 유전자(遺傳子, gene)의 빈도를 먼저 알아보는 것이 더욱 중요하다. 유전자빈도로 집단의 특성을 이해하는 데는 유리한 이유가 있다. 유전자형은 세대마다 분리와 재조합으로 형성되기 때문이다. 오랫동안 집단을 안정되고 원활하게 변화하는 것은 유전자 빈도라고 볼 수 있다. 이것이 집단 내의 진화(進化, evolution)과정과 동일한 개념으로 이해되고 있다.

### (1) Hardy-Weinberg 법칙과 유전적 평형

무작위로 교배하는 하나의 큰 집단에서 유전자형 빈도와 유전자 빈도는 여러 세대를 경과하더라도 변화되지 않는다고 영국의 하디(Hardy)와 독일의 Weinberg가 1908년에 새로운 이론(법칙)을 제시하였는데, 이른 바 Hardy-Weinberg Law이라 하겠다. 동일한 커다란 집단에서 돌연변이(突然變異, mutation), 선발(選拔, selection), 이주(移住, migration),

격리(隔離, isolation), 유전적 부동(遺傳的 浮動, genetic drift) 등이 없는 한 몇 세대를 거듭나도 집단 내의 유전자형 빈도와 유전자빈도가 변화하지 않고 일정한 수준으로 평형을 이루고 있다는 학설을 일컬어 유전적 평형(遺傳的 平衡, genetic equilibrium)이라 한다.

### (2) 유전자형 빈도와 유전자 빈도

유전자형 빈도(遺傳子型 頻度, genotype frequency)는 한 조사집단에서 각 유전자형을 가진 개체가 얼마나 차지하는가를 비율(%)로 표시한 것을 말하며, 이것의 추정은 관측된 수만 알면 쉽게 구할 수 있다. 그리고 유전자 빈도(遺傳子頻度, gene frequency)의 계산은 $A_1A_1$ 유전자형 빈도를 P, $A_1A_2$ 유전자형 빈도를 H, $A_2A_2$ 유전자형 빈도를 Q라고 가정하자. 유전자형 빈도의 비율은 P+H+Q=1이 되어야 한다. 이 때에 이 집단은 2개의 $A_1$ 유전자와 $A_2$유전자가 존재하고 있으므로 직접법으로 계산이 가능하다.

| $A_1$의 대립유전자 = $P + \frac{1}{2}H$, 그리고 $A_2$의 대립유전자 = $Q + \frac{1}{2}H$ |
|---|

$A_1$유전자를 p라 하고, $A_2$유전자를 q라 하면, p+q=1의 등식을 이용하여 유전자빈도를 계산할 수도 있다. 따라서 p값이나 q값을 알면 바로 그 나머지 값을 쉽게 구할 수 있다.

## 제 2 절 동물의 육종

동물을 인간수요에 맞춰 유전능력을 개량하는 방법에는 선발법과 교배법의 두 가지로 크게 나눌 수 있다.

선발법(選拔法, selection)은 유전적으로 우수한 능력을 가진 개체를 골라 종축(種畜, seedstock)으로 이용하는 것을 말한다. 교배법(交配法, mating system)은 선발된 종축으로부터 유전능력을 출현시키는 수단을 말하는데, 크게 근친교배와 잡종교배로 나눈다.

### 1. 동물의 선발법

### (1) 유전력과 선발

어떤 동물의 형질에 대한 변이(變異, variation)를 알아야할 뿐만 아니라, 종축을 효과적으로 선발하기 위해서는 그 형질의 유전력을 파악해야 한다.

유전력(遺傳力, heritability)이란 어떤 형질의 전체분산(全體分散, total variance) 중에서 유전분산(遺傳分散, genetic variance)이 차지하는 비율을 말한다. 유전력은 $h^2$로 표기하고 다음과 같은 식으로 나타낼 수 있다.

$$h^2 = \frac{V_G}{V_P} = \frac{\sigma_G^2}{\sigma_P^2} = \frac{\sigma_G^2}{\sigma_G^2 + \sigma_E^2}$$

$V_P$은 전체분산 또는 표현형분산(phenotypic variance)이고, $V_G$은 유전분산(genetic variance)이며, $\sigma_E^2$은 환경분산(environmental variance)을 나타낸다. 유전력의 범위는 0~1인데, 이것을 %로 표시하면 0~100%가 된다. 일반적으로 저도의 유전력은 0~0.2의 값, 중도의 유전력은 0.2~0.4의 값, 그리고 고도의 유전력은 0.4이상의 값을 각각 취한다.

유전력이 낮은 형질로는 수태율, 수정률, 부화율, 병아리생존율 등과 같은 번식형질이며, 중등의 유전력을 가진 형질로는 사료효율, 산유량, 유지량 등이고, 고도의 유전력을 가진 형질은 닭의 난중, 등지방 두께, 체장 및 도체장, 소의 유지율 등이다.

따라서 유전력이 높은 형질은 선발의 효과가 크다고 할 수 있지만, 유전력이 낮은 형질에는 선발의 효과가 비교적 작기 때문에 유전력에 의한 선발법을 이용할 경우에는 선발의 효과를 기대하기 어렵다.

〈표 4-1〉 각 동물의 여러 형질에 대한 유전력

| 육 우 | 유전력 | 젖 소 | 유전력 | 돼 지 | 유전력 | 닭 | 유전력 |
|---|---|---|---|---|---|---|---|
| 수 태 율 | 0.10 | Holstein 백반 | 0.95 | 복당산자수 | 0.15 | 난 중 | 0.60 |
| 분만간격 | 0.08 | 유 량 | 0.30 | 체장 및 도체장 | 0.60 | 초산일령 | 0.30 |
| 생시체중 | 0.30 | 유 지 율 | 0.60 | 180일령체중 | 0.60 | 산 란 수 | 0.30 |
| 증체효율 | 0.45 | 수 태 율 | 0.01 | 등지방두께 | 0.55 | 체 중 | 0.50 |
| 등지방두께 | 0.33 | 체 고 | 0.51 | 사료효율 | 0.30 | 부화율 및 생존율 | 0.10 |
| 배장근단면적 | 0.55 | 체 중 | 0.37 | 일당증체량 | 0.25 | | |
| 도체등급 | 0.33 | 수 명 | 0.37 | 배장근단면적 | 0.50 | | |

### (2) 선발방법

우수한 종축을 선발하는 데는 많은 방법이 있다. 종축이 가지고 있는 하나의 형질만 고려하여 선발하는 경우와 여러 가지 형질을 함께 고려하여 선발하는 경우도 있다.

### 1) 개체선발

동물개체의 표현형에만 근거하여 종축(種畜)으로 선발하거나 도태하는 것을 개체선발(個體選拔, individual selection)이라 하는데, 유전력이 높은 형질을 개량하고자 할 때 더욱 효과적으로 이용할 수 있으나, 유전력이 낮은 형질이나 산육능력(産育能力)과 산란능력(産卵能力)과 같이 수(♂)가축에서 검정할 수 없는 경우 그리고 산육능력과 같이 도체검사를 통하여 우수한 개체로 판명 받았다해도 이미 도살(屠殺)되어 종축으로 이용할 수 없는 경우에는 이 방법을 적용할 수 없다. 그러나 선발하는 경비가 적게 들고 간편・용이하며 조기(早期)에 선발할 수 있다는 장점도 있다.

### 2) 후대검정

후대검정(後代檢定, progeny test)이란 어느 개체의 종축가치를 그 후손들의 능력에 근거하여 선발함으로써 장차 종축으로 계속하여 사용할지 여부를 결정하는 방법을 말한다. 특히, 젖소 및 육우의 종모우(種牡牛, sire)선발에 많이 이용되고 있다. 1마리의 종모축이 종빈축(種牝畜)에 비하여 많은 수의 자손을 남겨 여러 가지 능력을 검정하기 쉽기 때문이다.

이러한 후대검정은 비유능력(泌乳能力)과 같이 한쪽 성(性)에만 발현되는 형질을 개량하고자 할 때와 개량하고자 하는 형질의 유전력이 낮아 개체선발이 효과적으로 이용할 수 없을 때 그리고 도살해야 측정할 수 있는 형질을 개량할 때 특히 유익하게 이용된다. 후대검정의 단점은 검정기간이 오래 걸리게 되므로 세대간격을 길게 해야하는 것과 비용이 비교적 많이 소요된다는 것이다.

### 3) 가계선발

가계선발(家系選拔, family selection)이란 가계 전체 능력의 평균을 근거로 하여 가계 구성 개체 모두를 선발하거나 도태시키는 것을 말하며, 여기서 가계는 전형매 또는 반형매 가계 등과 같이 가계내의 개체들 사이에 혈연관계가 있어야 한다.

가계선발은 유전력이 낮은 형질을 개량하고자 할 때, 가계구성원 수가 많을 때, 개량하고자 하는 형질이 한쪽의 성에만 나타날 때에 효과가 더욱 크다. 그러나, 시설과 경비가 많이 들고, 선발되는 가계의 수가 적을 때에는 근친교배의 피해가 나타날 결점도 있다.

### 4) 선발지수법

Hazel(1943)이 처음에 고안한 것으로 한 개의 형질만 선발하는 것이 아니라 여러 개의 형질을 동시에 개량할 때 이용되는데, 다수의 형질을 종합적으로 고려하여 하나의 점수를 산출(scoring)한 다음, 그 점수에 근거하여 선발하는 방법을 선발지수법(選拔指數法, selection index method)이라고 한다. 우리나라의 경우 돼지를 선발할 때 이 선발법을 가장 많이 이용하는데, 일정한 검정기간 동안에 측정된 사료요구율, 일당증체량, 등지방 두께와 같은 3가지 형질을 종합하여 지수를 낸다.

### (3) 선발의 효과

개체선발에 의하여 기대되는 한 세대의 유전적 개량량(遺傳的 改良量, genetic gain)은 다음과 같은 식으로 표시할 수 있다.

$$\Delta G = h^2 \cdot S$$

여기서, $\Delta G$ : 유전적 개량량의 추정치, $h^2$ : 유전력, S : 선발차

선발차는 종축으로 선발된 개체에 대한 우수성의 정도를 나타내는 척도로써 선발된 개체의 평균을 $\overline{X}s$ 그리고 모집단의 평균을 $\overline{X}p$라고 하면, 선발차 S는 다음과 같은 식으로 나타낼 수 있다.

$$S = \overline{X}s - \overline{X}p$$

다음 세대에 유전적 개량량을 크게 하기 위해서 첫째는 선발차를 크게 해야 한다. 둘째는 해당 형질의 유전력을 높게 해야 한다. 셋째는 세대간격을 짧게 해야 할 것이다.

## 2. 동물의 교배법

종축을 우수하다고 평가하여 선발해 놓으면 어떻게 교배시켜 보유하고 있는 유전능력을 최대로 발휘시켜야 하는 문제가 남는다. 이를 위해서는 가장 적절한 교배법(交配法)을 이용하여 개량수단으로 삼아야 할 것이다. 교배법에는 크게 근친교배법, 순종교배법 및 잡종교배법으로 대별된다.

### (1) 근친교배

근친교배(近親交配, inbreeding)란 혈연관계가 비교적 가까운 개체간의 교배를 말한다. 예를 들면, 부모와 자식·형제와 자매·4촌간·숙부와 생질간 등의 교배를 들 수 있다.

근친교배의 유전적 효과로는 유전자가 동형접합체(同形接合體, homozygote)의 비율을 증가시키고, 이형접합체(異形接合體, heterozygote)의 비율을 감소시켜 새로운 계통을 육성하거나 어떠한 형질을 고정할 때 이용된다. 그러나, 체질이 약해져 질병에 대

한 저항력이 약해지고, 번식력이 저하되어 생산성이 떨어지며, 기형이 많이 생길 수 있다는 단점을 가지고 있다. 이러한 현상을 근친퇴화(近親退化, inbreeding depression)이라 한다. 혈연관계를 나타내는 것은 Wright의 근친계수(近親係數, coefficient of inbreeding)가 있는데, 이 근친계수는 0～1 또는 0～100%의 값을 취한다.

$$F_X = \Sigma \left[ \left( \frac{1}{2} \right)^{n+n'+1} (1+F_A) \right]$$

여기서, Fx : x라는 개체의 근친계수, n : x개체 부친으로부터 공통 선조까지의 세대수, n′ : x 개체의 모친으로부터 공통 선조까지의 세대수, $F_A$ : 공통 선조의 근친계수, Σ : 각 공통 선조에 대한 값의 합계이다.

### (2) 순종교배

순종교배(純種交配, purebreeding)는 동일한 품종내에 속하는 개체간의 교배를 말한다. 이 교배의 목적은 근친교배의 단점을 피하여 품종의 순수한 특징을 유지하면서 능력을 향상시키는데 있다. 순수교배를 위해서는 하나의 품종이 가지고 있는 고유의 순수도를 유지하고 있어야만 순수교배가 이루어진다고 할 수 있다.

### (3) 잡종교배

잡종교배(雜種交配, crossbreeding)란 근친교배와 정반대가 되는 교배법으로 혈연관계가 먼 품종이 다른 개체간의 교배를 말하며, 여기에서 생산된 자손은 잡종(雜種, hybrid 또는 crossbred)이라고 한다.

잡종교배의 유전적 효과는 이형접합체(heterozygote)의 비율을 증가시키고, 동형접합체(homozygote)의 비율을 감소시켜 수정률과 수태율과 같은 번식능력과 증체와 같은 성장

〈표 4-2〉 누진교배에 의한 세대별 유전적 조성(%)

| 세 대 | 재 래 종 | 개 량 종 |
|---|---|---|
| 1 | 50.00 | 50.00 |
| 2 | 25.00 | 75.00 |
| 3 | 12.50 | 87.50 |
| 4 | 6.25 | 93.75 |
| 5 | 3.12 | 96.88 |
| · | · | · |
| · | · | · |
| · | · | · |
| 13 | 0.01 | 99.99 |

률을 향상시킬 뿐만 아니라 질병에 강하면서 기형 등의 출현을 감소시킬 수 있다. 이러한 유전적 현상을 잡종강세(雜種强勢, heterosis)라 한다.

품종간 교배, 퇴교배, 십자교배, 누진교배 등과 같은 여러 교배법이 잡종교배에 속한다. 돼지의 실용돈(實用豚) 생산을 위해서는 3품종간 교배와 퇴교배 등이 많이 이용되고, 능력이 불량한 재래종을 개량하기 위해서는 누진교배(累進交配, grading up)가 잘 이용되는데, 이 교배법은 재래종 암컷에 개량종 수컷을 교배시켜 생산된 $F_1$암컷에 개량종 수컷을 계속 반복하여 교배시켜 유전적 조성이 개량종에 가깝도록 하는 교배 방법이다.

# 제 3 절 가축의 개량

## 1. 젖소의 개량

### (1) 젖소의 주요 경제형질

젖소에서 중요히 다루는 경제대상 형질들은 비유능력, 번식능력, 체형과 외모, 생산수명 등이 있다.

#### 1) 비유능력

젖소는 분만해야만 우유를 생산하게 되는데, 이러한 비유능력은 산유량(産乳量, milk yield), 유지율(乳脂率, butter fat %), 유지량(乳脂量, butter fat production), 비기간(泌乳期間, lactation period) 등을 조사하게 된다. 결국, 유지량은 산유량과 유지율에 의해서 결정된다고 할 수 있다.

산유량의 유전력은 0.20~0.30 범위내에 있고, 유지율은 0.50~0.60 정도로 유전력이 높기 때문에 개체선발로써 개량효과를 어느 정도까지 기대할 수 있다.

젖소의 산유량과 유지율은 유전적 요인뿐만 아니라 비유기간, 암소의 연령, 1일 착유회수, 품종간의 차이에 따라 영향을 받게 되므로 이를 동일한 조건하에서 비교해야 한다. 검정기간 중 도태, 사망 등으로 인하여 305일 미만일 경우 보정계수를 써서 305일×2회착유×성우(6~8세) 기준으로 표준화해야 한다.

#### 2) 번식효율

젖소에서 번식은 계속적인 송아지 생산뿐만 아니라 우유생산에 지대한 영향을 미치게 되므로 순조로운 번식관리가 되어야 할 것이다. 번식효율과 관련된 경제형질 조사에서는 분만간격(分娩間隔, calving interval), 수태율(受胎率, conception rate), 수태당 종부회수

(受胎當 種付回數, AI times per conception), 공태일수(空胎日數, days open) 등이 이용된다.

이들 번식과 관련된 모든 형질의 유전력은 0~0.10 사이로 매우 낮아서 이들 형질의 개량은 개체선발을 통한 선발의 효과를 기대하기 어렵다.

#### 3) 체형과 외모

젖소의 바람직한 체형(體型, body type)은 쐐기형(wedged type)이 좋다. 유방의 모양과 크기, 유두의 부착상태, 4지의 건전도, 체적 등 외모가 양호한 개체는 비유능력도 우수한 경향이 있다. 따라서, 이러한 체형과 외모가 젖소의 외모심사에서 중요한 비중을 차지하는 이유는 여기에 있다고 할 수 있다.

#### 4) 생산수명

젖소는 생산수명(生産壽命, longevity)이 길어야 오래 착유할 수 있어서 유리하다. 젖소는 1산에서 유량이 적고 산차가 점점 많아지면서 유량도 함께 증가하여 5~6세가 되면 최고에 도달하게 되는데, 이 연령에 도달하기 전에 사망하거나 도태되면 경제적으로 손실이 커진다. 젖소의 도태원인으로는 유방의 질병, 생식기질환, 번식장애 등을 들 수 있다.

### (2) 종빈우의 평가와 선발

#### 1) 비유능력의 검정

종빈우(種牝牛)는 비유능력을 검정함으로써 평가와 함께 선발에 활용할 수 있다. 비유능력을 검정하게 위하여 검정기간은 305일 전 비유기간 동안 실제로 매일 측정하면 정확히 알 수 있지만, 질병이나 경비과다로 측정하여 기록하기가 어렵기 때문에 305일미만은 보정계수로 보정하여 표준화(標準化)시켜야 한다.

착유횟수도 검정기간을 통하여 표준 1일 2회 착유한 것으로 보정하여 환산해야 한다. 그리고, 연령에 따라 산유량도 많은 차이가 있다. 홀스타인 젖소의 경우 6~8세 때 최고의 유량기록을 보이므로 암소가 완전히 성숙한 6세 때의 것으로 보정하여 환산한 것을 표준으로 삼아야 할 것이다.

#### 2) 추정생산능력 및 육종가의 추정

암소를 선발하는 데는 추정생산능력과 육종가를 추정하여 이용할 수 있다. 추정생산능력(推定生産能力, most probable producing ability)은 암소가 다음 번에 분만 후 우유를 얼마나 생산하는가를 추정하는 것이다.

$$\hat{P}=\overline{X}+\frac{nr}{1+(n-1)r}(X-\overline{X})$$

여기서, $\hat{P}$ : 어느 개체의 추정 생산능력 추정치, $\overline{X}$ : 그 개체에 속해있는 집단의 평균치, n : 기록의 수, r : 해당형질의 반복력, X : 개체의 n회 평균치

육종가(育種價, breeding value)는 암소의 능력이 얼마나 후손에게 전달될 것인가를 추정하는 것이다. 육종가의 크기를 근거로 암소를 선발하거나 도태시키면 다음 세대 자손의 생산능력이 향상될 것으로 기대된다.

$$\hat{G}=\overline{X}+\frac{nh^2}{1+(n-1)r}(X-\overline{X})$$

여기서, $\hat{G}$ : 개체의 육종가, $h^2$ : 해당형질의 유전력, r : 반복력

### (3) 종모우의 평가와 선발

종모우에 대한 선발의 중요성은 젖소의 번식에 인공수정(人工授精)이 널리 보급됨으로써 더욱 증가하게 되었다. 젖소의 종모우를 선발할 경우에는 후대검정, 혈통선발, 자매검정 등이 보다 많이 이용된다.

후대검정(後代檢定, progeny test)을하려면 혈통선발(血統選拔, pedigree selection)에 의하여 우선 후보 종모우를 선발해야 한다. 이 후보 종모우에서 20~50두의 딸소를 생산하고 이 딸소가 자란 후 다시 송아지를 분만시켜 우유를 생산하게 되면 이들 딸소의 비유능력을 추정할 수 있다. 따라서, 각 후보 종모우 딸소의 비유능력을 보고, 비교하여 우수한 딸소를 생산하는 후보 종모우를 선발하여 종모우로 이용하면 된다.

#### 1) 모낭비교법

모낭비교법(母娘比較法, comparison of dam and daughter)이란 딸소의 산유량을 어미소의 산유량과 비교하는 방법으로 모든 기록은 표준화시켜야 한다. 이 방법은 젖소의 유전능력을 표시하는 방법으로써 미국에서 지난 30년간 사용하였으나, 어미소와 딸소 사이에 내재하는 환경적 차이가 있어 정확도가 떨어지는 단점이 많아 현재에는 많이 이용하지 않는다.

#### 2) 동기낭우 비교법

동기낭우 비교법(同期娘牛 比較法, herdmate contemporary comparison)은 검정되는 암송아지의 능력을 동일 축군 내에서 같이 사육하여 착유하고 있는 다른 젖소의 능력과 비교하는 방법이다. 이 방법은 모낭비교법의 단점인 어미소와 딸소의 사육환경에서 생기는

환경적 차이를 없앨 수 있다는 장점을 가지고 있다.

$$PD = \frac{N}{N+20} \text{(보정된 낭우평균-품종의 평균)}$$

PD : 예측차(predicted difference)로서 후대검정된 종모우의 낭우에 예상되는 차이인데, 종모우의 종축가치를 나타냄. N : 해당종모우의 딸소의 수.

### 3) 수정된 동기낭우 비교법

수정된 동기낭우 비교법(修正 同期娘牛 比較法, modified contemporary comparison)은 미국에서 개발한 것으로 동기낭우 비교법에 의한 젖소 종모우의 후대검정에서 종모우, 종빈우, 동기낭우 등이 선발과 개량이 안된 전제에서는 효과가 크지만, 이들 비교되는 다른 젖소들의 능력이 향상됨에 따라 PD의 효과를 오랫동안 지속적으로 증가시키는데는 문제점이 있어 이를 보완하기 위하여 산유기록을 초산 비유기록군과 2산이상 비유기록군으로 구분하고, 비교되는 딸소의 기록을 검정되는 딸소의 기록과 비교할 때, 비교되는 딸소의 아비소에 대한 종모우의 유전적 가치를 보정하며, 모든 종모우는 혈통상 능력이 유사한 군으로 분류하여 사용하는 새로운 종모우 평가방법을 말한다.

### 4) 최적선형불편예측법

최적선형불편예측법(最適線型不偏豫測法, best linear unbiased prediction, BLUP)이란 미국의 Henderson교수가 개발한 종모우 평가방법으로 유전적 소질이 우수한 종모축을 선발하기 위하여 혼합모형(mixed model)에서, 육종가와 고정효과를 동시에 추정하는 통계적 방법인데, 지역간에서 오는 유전적 및 환경적 차이를 고려할 수 있다는 점과 생산형질의 변이에 영향을 미치는 모수효과(母數效果)와 변량효과(變量效果)를 구분할 수 있다는 장점도 가지고 있다. 이 방법은 종모우 평가에 효과적이다.

## (4) 젖소의 교배법

### 1) 이계교배

이계교배(異系交配, outbreeding)란 동일한 품종간 이계교배로써 동일품종에 속하는 암소와 수소를 서로 혈연관계가 먼 개체간의 교배를 말한다. 일반적으로 젖소에서 가장 널리 이용되고 있는 교배법인데 종모우 선택의 범위가 넓어져서 많은 수의 종모우 중 가장 우수한 종모우를 선택하여 종부에 이용할 수 있으므로 젖소개량에 효과적이라 할 수 있다.

### 2) 근친교배

동물의 교배법에서 설명한 것 같이 모든 동물은 혈연관계가 가까운 개체간에 근친교배를 하면 유전자를 고정시킨다는 유리한 점 보다는 생산성 저하, 번식능력 부진, 기형률 증가 등 여러 가지 해로운 영향을 미치게 된다. 부득이한 경우를 제외하고는 혈연관계가 아주 가까운 근친(近親)이 되지 않게 관리해야 하며, 낙농 농가에 경제적 손실을 보지 않도록 각별한 주의가 요구된다.

## 2. 육우의 개량

### (1) 육우의 개량대상형질

한우를 포함한 육우에서 경제적으로 중요한 개량대상형질은 번식효율, 이유시 체중, 이유 후 증체율, 사료효율, 체형과 외모, 도체품질 등이다.

#### 1) 번식효율

번식효율(繁殖效率, reproductive efficiency)은 젖소에서 거의 마찬가지로 수태율(受胎率, conception rate), 공태일수(空胎日數, days open), 분만간격(分娩間隔, calving interval) 등이다. 이러한 번식능력과 관련된 형질들은 유전력이 매우 낮아서 유전적 개량 효과를 기대하기 어렵기 때문에 환경적 요인을 개선함으로써 어느 정도 개량할 수 있다.

#### 2) 이유시 체중

이유시 체중(離乳時 體重, weaning weight)은 어미소의 유전적 능력과 비유능력에 따라 많은 영향을 받는다. 이러한 이유시 체중은 어미소의 생산능력에 의하여 크게 좌우된다고 보여진다. 또한 이유시 체중은 이유 후 증체율과 높은 상관관계가 존재하므로 생시체중(birth weight)보다는 이유시 체중을 중요히 여기는 이유도 여기에 있다 하겠다.

#### 3) 이유 후 증체율

이유 후 증체율(離乳後 增體率, growth rate after weaning)은 보통 일당증체량(daily gain)으로 표시하는 경우가 많다. 증체율이 높아지면 사료효율도 좋아지고 생산비도 적게 들기 때문에 육우경영에 매우 중요한 형질이다. 이유 후 증체율의 유전력은 비교적 높은 편이라서 개체선발을 통하여 개량효과를 기대할 수 있을 것이다.

#### 4) 체형과 외모

체형은 유우와 달라서 장방형(長方形)을 갖춰야 할 것이다. 장방형은 체심(體深)이 깊고, 전구와 후구의 발달이 모두 잘 구성되어야 산육능력(産肉能力)이 양호하다.

특히, 육우는 외모심사 표준을 근거로 하여 선발의 기준과 평가를 통하여 우수한 산육성이 풍부한 개체를 심사해야 할 것이다.

#### 5) 도체의 품질

양질의 도체품질(屠體品質, carcass quality)은 우량한 소에서 후대검정이나 자매검정과 같은 방법을 이용한 결과에서 얻어진다고 볼 수 있다. 도체형질은 배장근단면적(背長筋斷面積, loin muscle area), 등지방 두께(背脂肪, backfat thickness), 정육량(精肉量, lean cuts), 도체율(屠體率, carcass %), 육색도(肉色度, meat color) 등으로 배장근이나 등지방 두께는 최근에는 생체에서도 초음파 기구(ultrasonic equipment)를 이용하여 측정할 수 있다.

### (2) 육우의 선발

육우를 선발하는 데는 국가, 지역, 품종 등에 따라 다양하지만 우수한 종모우와 종빈우를 젖소와 거의 같이 일반적인 방법으로 선발해야 할 것이다.

축군내의 모든 개체에 대하여 식별이 가능토록 개체표지(個體標識, identification)를 해야 한다. 이들 개체들의 이유시 체중 측정과 함께 이유시 평점을 기록해야 할 것이다. 이 때 이유시의 체중은 어미소의 연령 및 송아지의 성의 차이가 있으므로 통계적으로 보정한다.

선발되는 암송아지는 18개월경에 체중을 측정하여 증체율과 심사평점이 우수한 종빈우의 이용여부를 결정한다. 그리고 이 자료를 양친에 대한 후대검정(progeny test)자료로도 이용할 수 있다.

수송아지의 선발을 위해 이유시 체중과 평점이 우수한 송아지는 최소한 140일 이상 능력검정을 실시하여 증체율, 사료효율, 외모평점 등을 기준으로 우수한 수소를 선발하여 번식에 이용한다. 인공수정용으로 쓰일 종모우는 후대검정을 실시하여 능력이 우수한 보증종모우(保證種牡牛)를 선발하여 이용하는 것이 좋다.

### (3) 육우의 교배법

한우를 포함하여 육우를 교배하는 방법에는 여러 가지가 있으나 대체적으로 근친교배, 이계교배, 잡종교배 등을 활용하고 있다.

#### 1) 이계교배

이계교배(異系交配, outbreeding)는 순종교배의 하나로써 젖소와 같이 동일품종에 속하는 암소와 수소를 교배시키는 교배법으로써 암소와 수소는 서로 혈연관계가 멀어서 근친교배는 아닌 상태라고 말할 수 있다. 따라서 이계교배를 하면 품종이 지니고 있는 우량한 유전적 특성을 후손에 남길 수 있으며, 고유의 품종으로도 유지할 수 있다.

2) 잡종교배

잡종교배(雜種交配, crossbreeding)가 젖소에서는 현실적으로 생산성 제고를 위해서 쓰이지 않으나, 육우교배에서는 서로 다른 품종간에 교배를 시켜 잡종강세(雜種强勢, heterosis)의 효과를 추구하기 위하여 필요한 교배법이라 하겠다. 여기에는 2품종간 교배, 퇴교배, 3원 종료교배 등이 있다.

한우와 다른 육우와의 교잡종의 경우 한우 순종간의 교배보다 비교적 발육이 우수하였다. 한우 순종간의 교배한 도체성적에서 도체율, 정육률, 배장근단면적은 60.3%, 47.5%와 41.7cm$^2$를 보인 반면에, 샤로레와 한우교잡에서는 62.7%, 51.2% 및 65.7cm를 보여 한우순종보다 교잡종에서 우수한 결과를 나타냈다.

〈표 4-3〉 육우의 각 형질별 잡종강세 효과

| 형 질 | 잡종강세효과(%) | 형 질 | 잡종강세효과(%) |
|---|---|---|---|
| 임 신 율 | 0 ~ 1 | 이유시 체중 | 4 ~ 5 |
| 임신기간 | 0 ~ 1 | 이유후 증체율 | 5 ~ 6 |
| 태아사망률 | 25 ~ 30 | 도체의 지방함량 | 5 ~ 8 |
| 이유시 육성률 | 5 ~ 6 | - | - |

## 3. 돼지의 개량

### (1) 돼지의 경제대상형질

돼지의 주요한 경제대상형질로는 산자수, 이유시 체중, 이유 후 증체율, 사료요구율, 도체의 품질 등을 들 수 있다.

1) 산 자 수

산자수는 모돈이 분만한 동복자돈(同腹仔豚, litter size)을 의미하며, 일반적으로 분만시 산자수와 이유시 산자수로 나누어 조사하는 경향이 많다.

2) 이유시 체중

이유시 체중(離乳時 體重, weaning weight)은 모돈의 비유능력과 포유능력에 의해서 영향을 받을 뿐 아니라 유전적 요인에 의해서도 좌우된다. 이유시 체중이 양호한 개체는 이유 후의 성장률에도 밀접한 상관성이 있기 때문에 선발시 중요시 다루고 있다.

3) 이유 후 증체율

이유 후 증체율(離乳後 增體率, growth rate after weaning)은 출하시 증체된 체중

을 이유시부터 출하까지 소요된 일정기간으로 나누어 계산된 일당증체량(日當 增體量, daily gain)으로 측정한다. 그리고 90 kg 도달일령으로도 증체효과를 알 수 있다. 일당증체량이 많거나 90 kg 도달일령이 빠르면 사료비와 인건비가 적게 들기 때문에 양돈경영에서 매우 경제적이다.

#### 4) 사료요구율

사료요구율(飼料要求率, feed conversion)은 일정기간의 사료섭취량을 증체량으로 나누어 계산한다. 사료요구율은 낮을수록 양호하여 경제적으로 유리하다고 할 수 있다. 이 형질도 양돈수익과 직결되는 것으로 실용돈 생산에서 중요시 다룬다.

#### 5) 도체품질

도체품질(屠體品質, carcass quality)은 돼지를 도살했을 때 얻을 수 있는 형질로써 도체중(屠體重, carcass weight), 도체장(屠體長, carcass length), 도체율(屠體率, dressing percent), 배장근단면적(背長筋斷面積, loin muscle area), 햄・로인율(ham-loin percent), 등지방 두께(backfat thickness) 등인데, 이들은 육량과 육질에 관련된 형질들이다.

### (2) 돼지의 선발

#### 1) 종빈돈의 선발

자돈은 한 배 새끼가 9～10두 이상이어야 하고, 유전적으로 불량형질이 없는 개체이어야 하며, 정상 유두수가 6쌍 이상으로 배열이 잘 되어 있어야 하는 등의 외모심사상 우수한 개체를 선발해야 한다.

경산돈은 한 배 새끼수와 생후 21일령 때의 한 배 새끼 전체 무게를 측정하여 불량돈은 도태시킨 후, 모돈 생산능력지수(母豚 生産能力指數, sow productivity index, SPI)를 추정함으로써 그 값에 따라 선발한다.

$$SPI = 6.5NBA + 2.2\ ALW$$

여기서, NBA : 어미돼지의 생존 한 배 새끼수, ALW : 보정된 21일령 한 배 새끼 체중

#### 2) 종모돈의 선발

일반적으로 종모돈(種牡豚, boar)의 선발은 능력검정, 후대검정, 형매검정 등이 비교적 많이 이용되고 있다.

능력검정(能力檢定, performance test)은 돼지에서 많이 이용되는 것으로 능력검정될 종돈들을 균일한 사육환경 조건에서 각 형질을 측정하여 비교・선발하는 방법인데, 돼지 능력검정소나 농장에서 실시할 수 있다. 능력검정소는 대한양돈협회의 공인 종돈능

력검정소가 설치(1984)되어 출품받은 자돈을 검정하고 있다. 검정방법으로는 순종 동복자돈 수컷 2두를 체중 30 kg에서 90 kg 도달될 때까지 일당증체량, 사료요구율, 등지방두께를 측정하고, 종돈으로써 적격성을 조사 후 선발지수(選拔指數, selection index)를 산출한 다음 우수 종모돈을 선발하게 된다.

후대검정(後代檢定, progeny test)은 수퇘지가 생산한 후손들의 능력에 근거하여 아비 수퇘지에 대한 종축으로 계속적 사용여부를 결정하는 방법인데, 능력검정에 비하여 시설과 비용이 많이 든다는 어려움이 따른다.

### (3) 돼지의 교배법

돼지의 교배는 일반적으로 근친교배를 피한 순종교배와 잡종강세를 위한 잡종교배가 많이 이용된다.

#### 1) 순종교배

종돈으로써 순수한 품종의 특징을 유지하면서 다른 품종과 혈액이 섞이지 않도록 한 교배를 말하는데, 잡종교배를 위해서는 반드시 순종돈군을 유지하여 관리해야 한다.

#### 2) 잡종교배

비육돈 생산을 위해서는 잡종강세 출현이 우수하게 나타나야 하기 때문에 품종간의 잡종교배는 매우 중요한 수단이 된다. 순수한 2개 품종간의 교배를 2품종간의 교배, 제1대 잡종 모돈에 순종 종모돈과 교배시키는 3원 교배법이 있으며, 제1대 잡종모돈에 다시 양친의 어느 한쪽의 품종을 교배시키는 퇴교배(退交配, backcross)가 있고, 상호역교배(criss-crossing), 윤환교배(rotation crossing) 등이 있다. 이 중 3원교배법이 실용돈 생산을 위해서 가장 많이 이용된다.

모(母)계통은 산자수가 많은 랜드레이스나 요크셔종 그리고 부(父)계통은 산육성과 관련된 듀록종이 많이 이용되고 있다.

## 4. 닭의 개량

### (1) 산란계와 육계

산란하는 닭에서 중요시 다루는 경제형질은 산란능력, 난중, 수정률, 부화율, 항병성 등과 같은 많은 것들이 있고, 닭고기를 생산하는 육계에서는 산란능력보다는 산육능력이 더욱 중요시 다루는 형질이다.

### 1) 산란능력

산란능력(産卵能力)은 산란계에서 매우 중요한 경제형질이다. 이것은 다수의 유전자에 의해 지배를 받는 유전적 요인뿐만 아니라 환경적 영향에 의해서도 지배를 받는 것이다. 이러한 산란능력은 일반적으로 산란율(産卵率)로 나타내는데, 산란을 시작하여 산란기간 종료까지 생산된 총 산란수를 입식두수로 나누어 산출하는 산란지수(産卵指數, hen-housed egg production)를 내어 계군의 경제성이나 품종비교에 많이 이용된다. 산란성에 관여하는 5요소는 다음과 같다.

① 성성숙(性成熟, sexual maturity)이다. 성성숙은 개체의 초산일령을 나타내고, 계군에서는 산란율이 50%에 도달하는 일수를 나타낸다.

② 산란강도(産卵强度, laying intensity)이다. 일반적으로 연속 산란일수의 장단(長短)을 말하는데, 이것은 초산 후 이듬해 2~3월까지의 산란율이나 또는 일정기간 내의 연속 산란일수로 나타낸다. 따라서, 산란강도가 높은 닭은 다산계이다.

③ 취소성(就巢性, broodiness)이다. 취소성은 닭이 알을 품고, 부화시켜 병아리를 기르는 성질을 말하는데, 뇌하수체전엽 호르몬인 prolactin에 의해서 크게 좌우된다. 육계나 재래계에서 발견되나 산란계에서는 이러한 성질이 없도록 개량해야 한다.

④ 동기휴산성(冬期休産性, winter pause)이다. 산란계는 일조시간이 길면 알을 잘 낳으나 짧으면(11~2월) 휴산하는 경향이 있다. 이러한 휴산성은 우성유전자 M에 의해서 지배를 받는데, 동기휴산성이 없는 것은 다산계이므로 이를 선발해야 한다.

⑤ 산란지속성(産卵持續性, laying persistency)이다. 산란지속성은 일반적으로 초산일로부터 이듬해 가을 털갈이(換羽)로 인하여 휴산하기까지의 기간을 말한다. 이 산란지속성은 우성유전자 P의 지배를 받으며, 여러 유전자와 연관되어 있다. 털갈이의 개시시기가 늦은 닭일수록 다산계라 할 수 있다.

### 2) 산육능력

육계에서 산육성(産肉性)은 매우 중요한 형질이다. 닭의 산육능력(産肉能力)에 관한 중요형질은 성장률, 사료요구율, 도체의 품질 등을 들 수 있다.

① 성장률(成長率)은 일정기간동안의 병아리 증체량을 말하는데, 측정된 기간 내의 증체된 체중을 일정기간으로 나눈 값으로 표시한다.

② 사료요구율(飼料要求率)은 일정기간 중에 사료섭취량을 증체량으로 나눈 값으로 표시하는데, 사료요구율이 낮을수록 경제적으로 유리하므로 양호한 평가를 받는다.

③ 체형(體型)은 산육성과 관련된 몸체 부위와 상관성이 매우 높은데, 흉폭, 흉심, 정

강이 길이 등이 있다. 예를 들면, 정강이의 길이와 생체중과의 상관관계는 0.97로서 매우 높은 정(正)의 상관으로써 정강이가 길면 성장이 빠르고, 체중도 무겁다는 것을 의미하고 있다.

④ 도체품질(屠體品質)은 도체중, 육색도, 복강지방 축적량 등을 측정하여 평가하게 된다. 이러한 산육능력과 관련된 형질은 유전력이 비교적 높기 때문에 개체선발이나 가계선발로도 개량효과를 기대할 수 있으며, 보통 4～6주령 때와 10～12주령 때에 체중 및 체위를 측정한다.

### 3) 난 중

보통 시판되는 난중의 평균 무게는 55～60g정도이다. 60g 이상이면 특대란, 54～59g은 대란, 47～53g은 중란, 42～46g은 소란, 41g 이하는 왜소란으로 각각 구분하고 있다.

난중의 유전력이 보통 0.60정도로 매우 높아 개체선발에 의하여 효과적으로 개량할 수 있다. 난중은 산란개시 후 일령이 많아짐에 따라 점점 무거워지며, 체성숙이 완성되는 10～12개월령에 평균난중에 도달하게 되고, 체중이 완성되는 15개월령에 최고 난중에 도달하게 된다.

### 4) 수정률과 부화율

수정률(受精率)은 암・수 모두에 의해서 영향을 받을 수 있다. 유전적 뿐만 아니라 종계 사양관리, 계절 등의 환경에 의해서도 좌우된다. 봄과 가을에 수정률이 높은 반면에 여름에는 저하된다. 근친교배 등에 의해서도 수정률이 떨어진다. 부화율(孵化率)은 수정란에 대한 부화 수수(首數)로 나눈 값에 100을 곱하여 나타낸다.

이 형질도 수정률과 같이 유전 및 환경적 요인에 의하여 영향을 받는다. 근친교배를 하게 되면 열성형질들이 호모화 되면서 발생중지, 사롱란, 기형 등이 증가하게 된다. 또한 초년도 산란계에서 부화율이 높게 나타난다.

### 5) 항 병 성

추백리, 백혈병, 마레크병과 같은 질병의 항병성(抗病性)은 산란계와 육계 모두에서 대동물과 달리 매우 중요한 형질이다. 닭을 질병없이 건강하게 사육해야만 많은 산란과 증체를 얻을 수 있으므로 저항성 계통으로 육성해야 할 것이다.

# 제 4 절 동물체의 명칭과 심사

## 1. 동물의 부위별 외부명칭과 골격 명칭

동물의 외모심사를 하려면 동물체의 부위별 명칭과 골격의 명칭을 잘 알아야 한다. 외부 부위 명칭은 약 50가지이고, 골격 부위 명칭은 크게 두골(頭骨), 구간골(軀幹骨), 4지골(四肢骨)의 3가지로 나눈다.

동물별로 외부 부위명칭은 약간 다르게 표현하는 경우는 있으나, 대부분 같다. 여기서 소의 외부명칭을 예를 들어 살펴보면 아래와 같다.

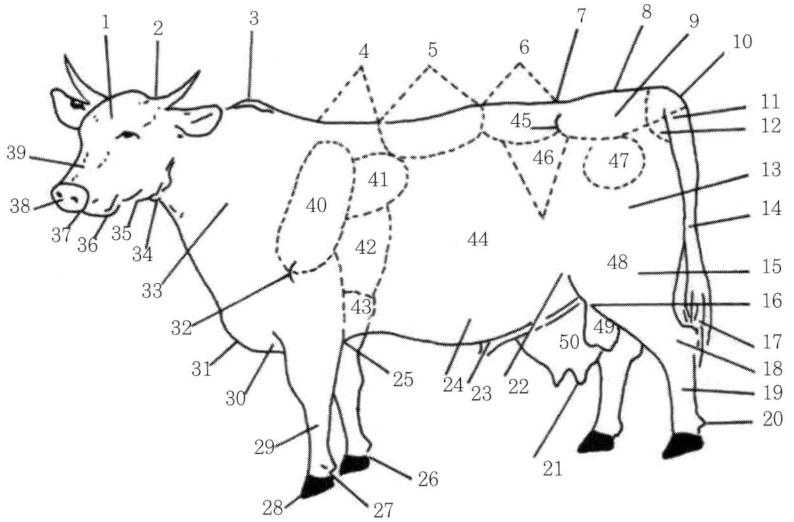


〔그림 4-3〕 소의 부위별 외부명칭

1. 이마　2. 관자놀이　3. 견봉(肩峰)　4. 기갑　5. 등(背)
6. 허리(腰)　7. 십자부(十字部)　8. 천골부　9. 엉덩이　10. 미근(尾根)
11. 좌골단　12. 궁둥이　13. 위 넓적다리　14. 꼬리대　15. 아래 넓적다리
16. 슬벽(膝壁)　17. 꼬리채(尾房)　18. 비절　19. 뒷마디(後管)　20. 새끼발굽
21. 젖꼭지　22. 아래 허구리　23. 포피　24. 배(腹)　25. 가슴바닥
26. 발목　27. 발목마디　28. 발굽(蹄)　29. 앞마디(前管)　30. 앞가슴
31. 목느러미　32. 어깨끝(肩端)　33. 목(頸)　34. 턱(顎)　35. 턱느러미
36. 뺨(볼)　37. 입(口)　38. 콧등(鼻鏡)　39. 콧날　40. 어깨(肩)
41. 뒤 어깨　42. 가슴(胸)　43. 겨드랑이　44. 늑골부　45. 요각(腰角)
46. 위 허구리　47. 볼기(臗部)　48. 무릎　49. 정소(精巢)　50. 유방(乳房)

동물의 골격명칭은 소의 경우 예를 들어보면 아래와 같다(괄호 안은 뼈의 숫자임).

- 두 골(頭骨)
  - 두개골 : 전두골(2), 후두골(1), 두전골(1), 측두골(2), 양상골(1), 사골(1)
  - 안면골 : 상악골(2), 하악골(1), 악간골(1), 비골(2), 누골(2), 익상골(2), 구개골(2), 갑개골(4), 조골(1)
- 구간골(軀幹骨)
  - 척추골 : 경추골(7), 흉추골(13), 요추골(6), 천골(5), 미추골(18~24)
  - 늑 골 : 진늑골(8), 가늑골(5), 흉골(1)
- 4지골(四肢骨)
  - 전지골 : 견갑골, 흉추골, 전완골, 수근골, 중수골, 지골, 종자골
  - 후지골 : 곤골(볼기골), 대퇴골, 슬개골, 하퇴골, 족근골, 중족골, 지골, 종자골

## 2. 동물 체위의 측정

동물체를 심사하기에 앞서 각 체위를 측정하여 발육정도의 파악, 표준형과 비교, 체형과 능력과의 상관성, 체위간의 상관 관계 등을 심사자료로 활용하기 위하여 줄자, 캘리퍼, 체척계 등을 이용하여 측정하게 된다. 특히 한우 및 젖소에서 측정되는 부위와 방법은 다음과 같다.

① 체고(體高, body height) : 기갑 상단에서 지면까지의 수직거리
② 십자부고(十字部高, cross height) : 십자부에서 지면까지의 수직거리
③ 체장(體長, body length) : 어깨 끝에서 좌골 끝까지 직선의 거리 또는 사선거리
④ 흉심(胸深, chest depth) : 견갑골의 상단부터 가슴까지의 수직거리
⑤ 흉폭(胸幅, chest width) : 흉심의 측정부위에서 가장 넓은 사이의 직선거리
⑥ 흉위(胸圍, chest girth) : 가슴둘레를 통과하는 둘레의 길이
⑦ 견단폭(肩端幅, shoulder point width) : 상박골의 상단에서 가장 넓은 부위간의 거리
⑧ 고장(尻長, rump length) : 요각의 전단부터 좌골단까지의 거리
⑨ 곤폭(臗幅, thurl width) : 좌우 곤부 사이의 가장 넓은 거리
⑩ 요각폭(腰角幅, hip width) : 요각 외단사이의 거리
⑪ 전관위(前管圍, fore shin circumference) : 앞 관부의 가장 가는 부위의 둘레를 잰다.

## 3. 동물심사의 정의와 종류

### (1) 심사의 정의

지금까지 동물심사는 농용동물인 가축을 중심으로 이루어졌다. 가축심사(家畜審査,

animal judging)란 가축이 가지고 있는 능력을 알아내기 위하여 가축의 성질이나 상태, 체형 등과 같은 외형적인 특징을 판별하는 것을 말하는데, 일반적으로 이것이 외모심사를 의미하는 것이다. 가축이 지니고 있는 능력을 보다 정확히 파악하기 위해서는 능력심사는 말할 것도 없고, 능력검정이나 혈통심사도 이루어져야 할 것이다. 그러나, 이러한 심사는 장소, 시간, 노력 등으로 인한 많은 경비가 소요되기 때문에 간편하고 용이한 외모심사를 이용하여 개체의 능력을 평가하게 된다.

### (2) 심사의 종류 및 방법

가축의 심사는 크게 외모심사(外貌審査, appearance judging), 혈통심사(血統審査, pedigree judging), 능력심사(能力審査, performance judging) 등으로 나누는데, 일반적인 심사는 품평회에서 실시하고 있는 외모심사를 뜻한다.

이러한 외모심사는 심사대상가축, 심사목적, 심사실시방법 등에 따라 세분하여 심사하기도 한다.

① 심사 대상가축에 따른 분류 : 종축심사, 육용가축심사, 유용가축심사, 역용가축심사, 도체가축심사

② 심사 목적에 따른 분류 : 품평회심사, 경진회심사, 교육심사

③ 심사 실시 방법에 따른 분류 : 예비심사, 개체심사, 비교심사

외모심사시에는 개체가 가지고 있는 유전적 능력을 알기 위해서 눈으로 보거나 필요한 체위를 측정하여 자료로 활용할 수도 있다. 이러한 외모심사는 개체에 대한 모색, 특징, 성별, 연령 등을 조사하여 실격사항이나 결점사항을 관찰하는 예비심사(豫備審査)를 우선 실시한다. 둘째로는 가축의 각 부위를 심사표준(審査標準)에 따라서 점수를 부가하고 필요에 따라서는 손으로 피모나 부위를 만져 심사함으로써 가축의 우열(優劣)을 가리는 개체심사(個體審査)를 하게 되는데, 세밀심사(細密審査) 또는 평점법심사(評點法審査)라고도 한다. 마지막으로 개체심사가 끝난 후 선발하려는 종축수를 고려하여 보통 2~3배수 범위 내에서 넓은 장소에 원이나 열로 세워 놓고 가축을 걷게 하여 보행, 착지 등을 비교 심사하여 우열을 가리는 비교심사(比較審査)를 최종적으로 하게 된다.

심사방법으로 평점시에는 감률채점법(減率採點法)을 많이 이용하게 된다. 감률채점은 감률기준을 먼저 알고 심사하는 것이 용이하다. 기준에 아주 만족해도 5~10%, 우수하지만 결점이 약간 있는 경우는 11~15%, 결점이 적은 경우는 16~20%, 보통인 경우 21~25%, 보통보다 결점이 약간 있는 경우 26~30%, 보통이하는 31~35%, 보통이하보다 결점이 있는 경우 36~40%, 큰 결점이 있는 경우는 41~49%를 각각 감률

하게 된다.

결론적으로 감률법(減率法)은 어떤 한 부위 채점이 아무리 좋다고 해도 5% 이상을 감률해야 하고, 반면에 아무리 결점이 많다하더라도 50%이상을 감률해서는 안된다. 만약 50% 이상 감률하게 되면 심사대상가축에서 제외되는 결격사유가 되기 때문이다.

### (3) 연령감정법

외모심사를 할 경우 필요할 때는 연령을 감정할 경우도 있다. 연령은 각륜(角輪)이나 치아(齒牙)를 가지고 추정이 가능하다.

#### 1) 각 륜

각륜(角輪, horn ring)으로 뿔을 가진 암컷의 경우에만 추정이 가능한데, 소의 경우 보통 2~3세가 되면 초산하게 되고, 그 후 1회씩 분만하게 되면 각륜이 1개씩 생기게 되므로 연령은 「2 또는 3+(각륜수−1)」과 같이 추정된다.

#### 2) 치 아

동물이 치아를 가지고 있는 치식(齒式, dental formula)을 보고 문치(門齒)의 발생(이갈이), 마멸상태 등을 감정하여 연령을 추정한다.

① 소, 면양, 산양의 치식 : $\frac{0\ 0\ 3\ 3}{4\ 0\ 3\ 3}$ (총 32개, 문치 8개)

② 돼지의 치식 : $\frac{3\ 1\ 3\ 4}{3\ 1\ 3\ 4}$ (총 44개, 문치 12개)

③ 토끼의 치식 : $\frac{2\ 0\ 3\ 3}{1\ 0\ 2\ 3}$ (총 28개, 문치 6개)

④ 말의 치식, 암컷 : $\frac{3\ 0\ 3\ 3}{3\ 0\ 3\ 3}$ (총 36개, 문치 12개), 수컷 : $\frac{3\ 1\ 3\ 3}{3\ 1\ 3\ 3}$ (총 40개, 문치 12개)

문치는 유치(乳齒)로써 이를 활용하여 연령추정이 가능하다. 문치는 겸치, 내중간치, 외중간치, 우치로 구분되는데, 겸치가 환치되어 영구치로 바뀌면 1~2세가 되며, 우치가 환치되면 4~5세로 추정하고 있다. 환치된 영구치는 본래 유치보다 훨씬 크기 때문에 쉽게 관찰할 수 있다. 그 이후는 마멸상태를 보고 횡(橫)타원형이면 약 6세, 부정형이면 8~9세, 둥근형이면 약 10세로 감정하고 있다.

## 4. 심사표준

가축을 심사할 때는 제일 먼저 이상적인 체형을 숙지해야 한다. 이상적인 체형도 품종에 따라서 약간씩 다르기 때문에 품종에 따른 심사기준이 정해지는데, 이것이 바로 종축을 선발하는 축종별 및 품종별 심사표준(審査標準)이다.

〈표 4-4〉에서 보는 바와 같이 한우의 심사시 암·수 모두 체적과 균형 부위에서 가장 높은 18점을 부여하고 있으며, 다음으로는 자질과 품위가 암·수 각각 16점과 17점 순이며, 중구(中驅)부위는 암·수 모두 14점, 엉덩이는 모두 13점, 전구(前驅)는 모두 10점 등으로 배점을 주고 있다.

### ◉ 한우심사시 실격조건

한우를 심사할 때 일반 외모상 실격사항을 보면 다음과 같다.

① 전신 이모색
② 부분이모색〔암소의 유방부위, 수소의 치골부의 백반, 부분 호반모(虎班毛), 부분 흑갈색모(黑褐色毛)〕
③ 눈까풀이나 언저리의 흑색과 비경의 흑색
④ 유전적 불량형질과 이성쌍태 중 불임축
⑤ 감점 50%이상 부위
⑥ 부정행위로 실격조건을 은폐시킨 것 등이다.

홀스타인 젖소의 심사시 일반외모에서 암소의 경우 유방(비유기관)부위가 40점으로 가장 높으며, 다음으로는 유용특질 20점, 일반외모 15점, 지제 15점, 체적 10점 순으로 배점하고 있으나, 종모우는 일반외모가 30점, 유용특질 25점, 지제 25점, 체적 20점 순으로 배점하고 있다.

### ◉ 홀스타인 젖소 모색의 실격조건

홀스타인 젖소를 심사할 때 일반 외모상 모색에서 나타나는 실격사항을 열거하면 다음과 같다.

① 전신의 모색이 흰털 또는 검은 털의 한 색으로 된 것
② 한 다리에서라도 검은 털이 제관부(蹄冠部)까지 덮은 것
③ 미방과 배 부위가 전부 검은 털로 된 것
④ 적백반 또는 전신 혼합모인 것 등이다.

〈표 4-4〉 한우 종축 및 후보종축 외모심사표준

| 부 위 | 설 명 | 배 점 | | 감률협정 | | | |
|---|---|---|---|---|---|---|---|
| | | 암 | 수 | 보 통 | | 우 수 | |
| | | | | 암 | 수 | 암 | 수 |
| 체적・균형 | 발육이 양호하며, 체구는 넓고, 깊고, 늘씬하여 체적이 풍부한 것.<br>머리・목・체고・사지 간의 균형과 전・중・후구의 균형이 좋으며, 체상선과 체하선은 서로 수평으로 육용형을 구비한 것.<br>영양은 중등도로 살붙임이 균일하여 각 부위의 이행이 좋은 것. | 18 | 18 | 25 | 22 | 6 | 6 |
| 자질・품위 | 자질이 좋고 윤곽이 선명하며 품위가 있으며, 암수의 성상이 뚜렷하며 성질이 온순한 것.<br>피모는 황갈색으로 광택이 있고, 가늘고, 부드러우며 밀생하여 있는 것.<br>피부는 여유가 있고 두께는 중등으로 유연하며 탄력이 풍부한 것. | 16 | 17 | 25 | 21 | 6 | 6 |
| 머리・목 | 머리는 체구에 알맞게 크고, 모양이 좋고 선명한 것.<br>이마는 평평하고 넓으며, 눈은 정기가 있고 온화한 것.<br>뺨은 풍만하고, 턱은 넓고 튼튼하며, 콧날은 길이가 적당하고, 입은 큰 것.<br>뿔은 색과 윤택이 좋고 모양이 좋은 것.<br>귀는 크기가 중정도이고, 목덜미가 넓은 것.<br>목은 짧은 듯하고 머리에서 전구로의 이행이 좋은 것.<br>암소의 목은 굵기가 적당하고 턱느러미가 작고, 수소는 목이 굵고 견봉과 목느러미가 적당하게 발달한 것. | 5 | 6 | 25 | 24 | 12 | 10 |
| 전구(前軀) | 폭이 넓고, 충실하고 깊은 것.<br>가슴은 넓고 깊으며 가슴바닥은 평평하고 앞가슴과 겨드랑이가 충실한 것.<br>어깨와 기갑이 두텁고, 붙임이 좋으며, 경사가 알맞고 어깨 끝이 돌출하지 않으며 어깨뒤가 충실한 것. | 10 | 10 | 24 | 20 | 8 | 8 |
| 중구(中軀) | 폭이 깊고, 넓고, 늘씬한 것.<br>등・허리는 넓고, 길며, 튼튼하고, 곧으며 후구로의 이행이 충실한 것.<br>갈비는 넓고 길게 잘 벌어져 갈비사이는 넓은 부착상이 좋으며, 표면이 평활한 것. | 14 | 14 | 23 | 20 | 4 | 4 |
| 후구(後軀) 엉덩이(尻) | 요각(腰角)・곤(臗)・좌골(坐骨)이 폭이 넓고, 길고, 경사하지 않아 모양이 좋고 충실한 것.<br>요각은 돌출하지 않고, 십자부는 평평하고, 천골은 높지 않은 것.<br>꼬리는 부착이 좋으며 곧고 늘어져 있고, 미방이 알맞게 발달한 것. | 13 | 13 | 26 | 23 | 11 | 10 |
| 후구(後軀) 넓적다리(腿) | 위・아래 넓적다리는 넓고, 두텁고, 충실한 것. | 10 | 10 | 27 | 24 | 12 | 10 |
| 유기(乳器)・성기(性器) | 유방은 고르게 잘 발달하고 유연하며, 탄력이 있는, 유두는 배열이 좋고, 크고, 부드럽고, 유정맥은 굵고 긴 것.<br>성기는 정상적으로 발달한 것. | 8 | 4 | 24 | 23 | 6 | 6 |
| 지제(肢蹄)・보양(步樣) | 다리의 길이는 몸의 깊이에 알맞고 자세가 바르며, 근건(筋腱)과 관절(關節)이 발달한 것.<br>발굽은 크고 질이 좋은 것.<br>걸음걸이는 확실하고 발디딤이 안정된 것. | 6 | 8 | 26 | 24 | 12 | 12 |
| 만 점 | | 100 | 100 | 75 | 78 | 92 | 92 |

주 : 1997. 5. 30 개정 한국종축개량협회공고 제97-7호(이는 1964년 2월 처음 제정(농수산부고시 제865호) 후 5차개정(1985. 11 농수산부고시 제85-58호)에 이어 발표한 내용임).

〈표 4-5〉 홀스타인종 젖소의 외모심사표준

1. 암 소

| 부 위 | 설 명 | 배점 |
|---|---|---|
| 1. 일반외모 | 지제(肢蹄)를 제외한 나머지 부분의 골격을 평가하되 우선순위별로 아래와 같은 형질을 심사한다. | 15 |
| 엉 덩 이 | 요각(腰角)보다 좌골이 약간 낮은 상태로 길이가 길며 너비가 넓은 것.<br>곤부는 좌우로 넓게 벌어져 있고 좌골과 요각사이의 중앙에 위치할 것.<br>미근은 좌골보다 약간 높고 산뜻하게 붙어 있을 것.<br>꼬리는 조잡하지 않을 것.<br>외음부는 거의 수직일 것. | (4) |
| 키 | 몸 전체를 통하여 뼈의 길이가 길 것.<br>기갑과 엉덩이 높이가 상대적으로 적절할 것. | (4) |
| 전 구 | 앞다리가 곧바르고 적절히 넓게 벌어져 있고 장방형으로 딛고 있어서 앞몸을 잘 지탱할 것. | (3) |
| 등 | 수평이고 튼튼할 것. | (2) |
| 허 리 | 넓고 강하고 거의 수평일 것. | (2) |
| 품종의 특징 | 암소다우면서 전반적으로 모양새를 갖추고 균형이 잡혀 있을 것.<br>머리는 윤곽이 선명하고, 강한 턱과 크게 벌어진 콧구멍 및 주둥이를 갖출 것.<br>얼굴은 접시꼴로 약간 우묵하게 들어간 모양일 것.<br><br>※ 일반외모는 엉덩이, 키 및 전구(前驅)를 중점적으로 고려할 것. | |
| 2. 유용특질 | 외모에 나타난 산육능력을 평가함에 있어 전반적인 예각성과 개장성(開場性)을 중점적으로 고려하되 우선 순위별로 아래와 같은 형질을 심사함. | 20 |
| 갈 비 | 사이가 넓게 벌어져 있고 뼈 자체도 넓고 편평하고 깊으며, 뒤쪽으로 휘어져 있을 것. | (6) |
| 허 벅 지 | 지방이 끼지 않고 안쪽으로 편평하며, 뒤에서 보아 넓게 벌어져 있을 것. | (5) |
| 기 갑 | 등뼈의 윤곽이 선명하고 날카로울 것. | (4) |
| 목 | 길고 날씬하면서 어깨로의 이어짐이 부드럽고 목구멍에서 가슴까지의 윤곽이 산뜻할 것. | (3) |
| 피 부 | 얇고 낙낙하며 신축성이 있을 것. | (2) |
| 3. 체 적 | 나이를 고려한 우체(牛體)의 용적(길이, 깊이, 너비)을 평가하며 우선 순위별로 아래와 같은 형질을 심사한다. | 10 |
| 몸 통 | 길고, 깊고 넓으며 뒤로 갈수록 갈비의 개장이 넓고 깊이가 깊어야 하며 아래 허구리도 깊을 것<br>잘 벌어진 앞갈비와 어깨로의 이어짐이 좋을 것. | (7) |
| 가 슴 | 흉심이 깊고 가슴바닥이 넓을 것.<br><br>※ 체적 평가시는 몸통에 일차적 비중을 두어 심사함. | (3) |
| 4. 지 제 | 발굽과 뒷다리를 평가하는 것으로 활동성에 중점을 두어 심사하되 우선순위별로 아래와 같은 형질을 심사한다. | 15 |
| 발 굽 | 발톱 사이가 벌어지지 않고 둥글고 짧은 발톱으로 각도가 높으며 뒤꿈치가 깊을 것. | (8) |

| 부 위 | 설 명 | 배점 |
|---|---|---|
| 뒷 다 리 | 뒤에서 볼 때 : 곧바르고 넓게 사각적으로 설 것.<br>옆에서 볼 때 : 비절에서 적당히 굽어있을 것.<br>비절(飛節) : 조잡하거나 부어있지 않고 적당하게 탄력을 유지하면서도 윤곽이 선명할 것.<br>뼈 : 적당한 질량감을 유지하며 편평하고 선명할 것.<br>발목 : 탄력을 유지하면서 짧고 강할 것.<br><br>※ 뒷다리보다는 발굽에 조금 더 비중을 두어 심사한다. | (7) |
| 5. 유 방 | 비유기관(泌乳器官)인 유방을 평가하는 것으로 높은 산유량과 오랜동안의 생산수명을 유지할 수 있는 형질에 많은 비중을 두어 심사하되 우선순위별로 이래와 같은 형질을 심사한다. | 40 |
| 유방깊이 | 적당한 용적과 여유를 가지면서도 비절을 기준으로 적절한 깊이를 유지할 것.<br>나이나 산차를 고려하여 심사할 것. | (9) |
| 유두부착 | 직사각형으로 각 유구의 중앙부분에 붙어 있어야 하며 수직이고, 옆에서 볼 때나 뒤에서 볼 때 적당한 간격을 유지할 것. | (8) |
| 뒷 유 방 | 높고 넓으며 강하게 붙어 있어야 하며, 위아래의 너비가 일정하고 유방바닥으로 이어지는 부분은 약간 둥글게 이어질 것. | (7) |
| 정중제인대 | 적당히 좌우 유구(乳區)가 구분될 정도로 강한 제인대를 보여줄 것. | (5) |
| 유 방 | 풍부한 용적과 적당한 길이를 가지고 강하게 붙어 있을 것. | (5) |
| 유 두 | 원통형 모양으로 중간정도의 길이와 직경을 유지하며 크기가 일정할 것. | (3) |
| 유방균형과 조 직 | 옆에서 볼 때 유방바닥이 수평일 것.<br>대응되는 유구들이 균형을 유지할 것.<br>착유 후에는 잘 수축되고 부드러우며 신축성이 있을 것. | (3) |
| 계 | | 100 |

2. 종모우

| 부 위 | 설 명 | 배점 |
|---|---|---|
| 1. 일반외모 | 지제(肢蹄)를 제외한 나머지 부분의 골격을 평가하되 우선순위별로 아래와 같은 형질을 심사한다. | 30 |
| 엉 덩 이 | 요각(腰角)보다 좌골이 약간 낮은 상태로 길이가 길며 너비가 넓은 것.<br>곤부는 좌우로 넓게 벌어져 있고 좌골과 요각사이의 중앙에 위치할 것.<br>미근은 좌골보다 약간 높고 산뜻하게 붙어 있을 것.<br>꼬리는 조잡하지 않을 것. | |
| 키 | 몸 전체를 통하여 뼈의 길이가 길 것.<br>기갑과 엉덩이 높이가 상대적으로 적절할 것. | |
| 전 구 | 앞다리가 곧 바르고 적절히 넓게 벌어져 있고 장방형으로 딛고 있어서 앞몸을 잘 지탱할 것.<br>견갑골(肩胛骨)과 견단(肩端)이 흉벽에 단단히 붙어 있어 견후가 적당히 충만되어 있을 것. | |

| 부 위 | 설 명 | 배점 |
|---|---|---|
| 등 | 수평이 튼튼할 것. | |
| 허 리 | 넓고 강하고 거의 수평일 것. | |
| 품종특징 | 수소다우면서 전반적으로 모양새를 갖추고 균형이 잡혀 있을 것.<br>머리는 윤곽이 선명하고, 강한 턱과 크게 벌어진 콧구멍 및 넓은 주둥이를 갖출 것.<br>얼굴은 접시꼴로 약간 우묵하게 들어간 모양일 것.<br>※ 일반외모는 엉덩이, 키, 전구(前驅)를 중점적으로 고려할 것. | |
| 2. 유용특질 | 외모에 나타난 산유능력을 평가함에 있어 전반적인 예각성과 개장성(開場性)을 중점적으로 고려하되 우선순위별로 아래와 같은 형질을 심사함. | 25 |
| 갈 비 | 사이가 넓게 벌어져 있고 뼈 자체도 넓고 편평하고 깊으며 뒤쪽으로 휘어져 있을 것. | |
| 허 벅 지 | 지방이 끼지 않고 안쪽으로 편평하며 뒤에서 보아 넓게 벌어져 있을 것. | |
| 기 갑 | 등뼈의 윤곽이 선명하고 날카로울 것. | |
| 목 | 중간정도의 견봉을 가지고 있고, 어깨로의 이어짐이 부드러운 것. | |
| 피 부 | 얇고 낙낙하며 신축성이 있을 것. | |
| 3. 체 적 | 나이를 고려한 우체(牛體)의 용적(길이, 깊이, 너비)을 평가하며 우선순위별로 아래와 같은 형질을 심사한다. | 20 |
| 몸 통 | 길고, 깊고 넓을 것 : 뒤로 갈수록 갈비의 개장이 넓고 깊이가 깊어야 하며 아래 허구리도 깊을 것.<br>잘 벌어진 앞갈비와 어깨로의 이어짐이 좋을 것. | |
| 가 슴 | 흉심이 깊고 가슴바닥이 넓을 것.<br><br>※ 체적 평가시는 몸통에 일차적 비중을 두어 심사한다. | |
| 4. 지 제 | 발굽과 뒷다리를 평가하는 것으로 활동성에 중점을 두어 심사하되 우선 순위별로 아래와 같은 형질을 심사한다. | 25 |
| 발 굽 | 발톱 사이가 벌어지지 않고 둥글고 짧은 발톱으로 각도가 높으며 뒤꿈치가 깊을 것. | |
| 뒷 다 리 | 뒤에서 볼 때 : 곧바르고 넓게 사각적으로 설 것.<br>옆에서 볼 때 : 비절에서 적당히 굽어 있을 것.<br>비절(飛節) : 조잡하거나 부어 있지 않고 적당하게 탄력을 유지하면서도 윤곽이 선명할 것.<br>뼈 : 적당히 질량감을 유지하면서 편평하고 선명할 것.<br>발목 : 탄력을 유지하면서 짧고 강할 것.<br><br>※ 뒷다리보다는 발굽에 조금 더 비중을 두어 심사한다. | |
| 계 | | 100 |

주 : 1997년 5월 개정, 한국종축개량협회 공고(제7호).

## ◆ 연습문제 ◆

1. 가축에서 멘델의 원리를 적용하여 증명된 동물과 형질은 무엇인가?
2. 염색체의 화학적 구성을 설명하시오.
3. 멘델의 「독립의 법칙」에서 2쌍의 대립형질로써 단관 백색 레그혼(rrWW)종과 장미관 흑색(RRww)종을 교잡하여 생산된 $F_1$ 후손은 어떠한 볏과 우모색을 가지며, 잡종 제2대($F_2$)에서 출현되는 유전자형을 분류하고, 그 표현형 비율은 어떻게 나타나는가?
4. 연관유전자와 교차율과의 관계를 설명하시오.
5. 불완전우성 유전자와 공우성유전자의 정의를 비교 설명하시오.
6. Hardy-Weinberg 평형의 법칙이란 어떠한 이론인가?
7. 모집단의 유전자 빈도(gene frequency)는 어떻게 계산하는가?
8. 유전력(heritability)의 정의를 공식을 써서 설명하시오.
9. 유전력의 범위를 분류하고, 낮은 유전력과 높은 유전력을 가진 형질을 각각 열거하시오.
10. 개체선발(individual selection)의 정의를 쓰고, 어느 때 효과적으로 이용할 수 있는가?
11. 후대검정(progeny test)이란 무엇이고, 효과적 이용에 대하여 약술하시오.
12. 선발지수법(selection index)의 특징은 무엇인가?
13. 선발의 효과에 대하여 설명하시오.
14. 근친교배(inbreeding)의 장・단점을 열거하시오.
15. 잡종교배(crossbreeding)의 궁극적 목적은 무엇인가?
16. 젖소의 주요 경제형질을 열거하고 약술하시오.
17. 종모우의 선발법을 들고, 그 특징을 설명하시오.
18. 육우의 경제형질을 들고, 간단히 설명하시오.
19. 돼지의 육종대상형질을 열거하고, 간단히 설명하시오.
20. 종모돈(種牡豚, boar)의 선발법에 대하여 설명하시오.
21. 돼지의 잡종교배법은 어떠한 것들이 이용되는가?
22. 산란계에서 산란성(産卵性)에 관여하는 5요소를 들고, 설명하시오.
23. 육계에서 산육형질(産肉形質)을 들고, 설명하시오.
24. 소에서 흉폭(胸幅)과 흉심(胸心) 부위의 측정방법을 설명하시오.
25. 가축심사의 종류를 들고, 설명하시오.
26. 반추가축의 치식(齒式)을 쓰고, 연령감정법에 대하여 서술하시오.
27. 홀스타인 젖소의 모색에 대한 실격조건을 열거하시오.
28. 홀스타인 젖소에서 일반외모 심사시 암소의 부위별 배점은 각각 얼마인가?

제 5 장

# 동물의 번식생리편

동물은 종족을 유지하고 보존하기 위하여 끊임없이 지속적으로 「정자와 난자」의 생식세포를 만나 증식하게 되는데, 일련의 이러한 동물 생산과정을 일컬어 번식(繁殖, reproduction)이라고 한다.

## 제 1 절 생식기관의 구조와 기능

### 1. 암컷의 생식기관

자축의 생식기(生殖器, female reproductive organs)는 난소, 난관, 자궁, 질 및 외부생식기 등으로 구성되어 있으며, 소와 돼지 생식기관의 해부학적 구조는 아래 그림과 같다.

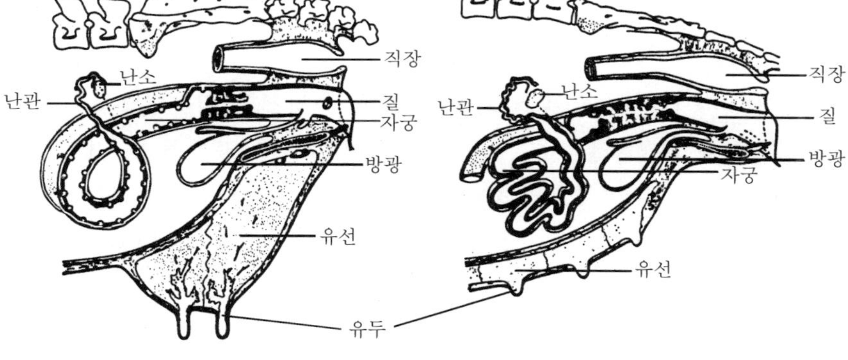


〔그림 5-1〕 암소(좌)와 암퇘지(우) 생식기관

### (1) 난 소

난소(卵巢, ovary)는 암컷의 복강 내에 위치하고 있는 한 쌍으로 된 성선으로 크기와 형태는 축종에 따라 다양하다. 난소의 무게는 소의 경우 10~20 g, 돼지와 면양은 3~4g 정도가 된다.

난소조직은 크게 수질(髓質, medulla)과 피질(皮質, cortex)로 구성되어 있다. 수질은 섬유성 결합조직으로 신경계와 혈관계로 되어 있으나, 피질은 난포(卵胞, ovarian follicle)와 황체(黃體, corpus luteum)로 되어 있어서 난포가 계속 성숙함으로써 난포강은 더욱 커지면서 난소의 표면으로 돌출하여 배란직전의 완숙한 형태의 난포가 되는데, 이러한 난포를 그라피언 난포(graafian follicle)라고 한다.

성숙한 난포에서는 에스트로겐(estrogen)호르몬이 분비되며, 배란에 의하여 성숙되어 파열된 난포의 뒷자리에 형성된 황체에서는 프로제스테론(progesterone)호르몬이 분비하게 된다.

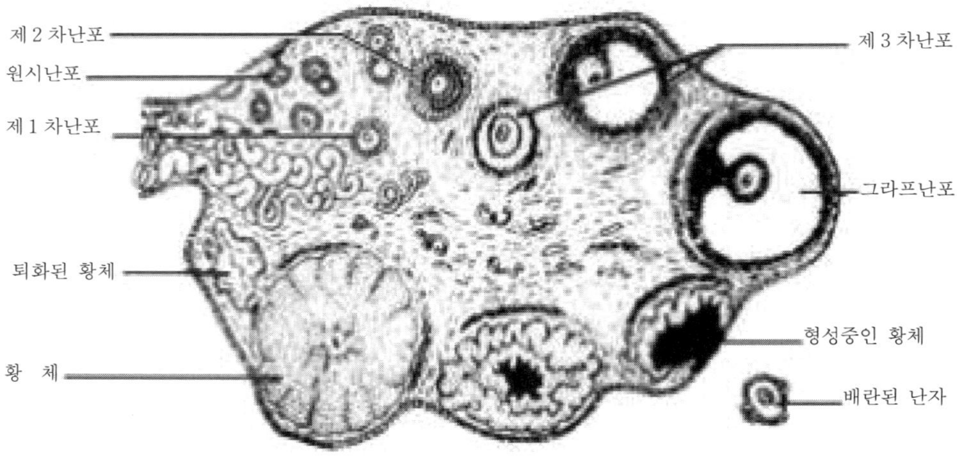


〔그림 5-2〕 난소 내의 난포와 황체

정자와 난자가 만나 임신을 하게 되면 임신기간 중 황체가 지속적으로 유지된다. 이와 같은 황체를 임신황체(妊娠黃體) 또는 진성황체(眞性黃體)라고 하고, 발정기간 중에 일시적으로 형성되는 황체는 발정황체(發情黃體) 또는 가성황체(假性黃體)라고 한다. 임신이 되지 않고 있으면 황체는 곧 퇴행되어 새로운 난포가 발달하면서 발정주기를 다시 맞게 된다.

난소에서는 난자형성(oogenesis)과정을 거치게 되는데 원시생식세포는 더욱 분화되어 난원세포(卵原細胞, oogonia)가 된다. 이 난원세포는 성장하여 제1난모세포(primary oocyte)가 된다. 여기에서 감수분열이 한 번 일어나 제2난모세포(secondary oocyte)와 핵이 없는 제1극체(first polar body)가 형성된다. 제2난모세포는 다시 제2차 감수분열을 실시하여 난자세포(卵子細胞, oOtid)와 제2극체(secondary polar body)가 만들어진다.

따라서, 1개의 난원세포는 결국 염색체가 반감(n)된 1개의 난자(卵子, ovum)를 만들어 내게 된다.

난자의 크기는 축종(畜種)에 따라 다른데, 소는 150 μm, 말 135 μm, 면양은 120 μm, 돼지는 120～140 μm이며, 평균은 140 μm 정도 되는데, 조류의 난자는 매우 커서 별개로 생각해야 한다. 난자의 구조를 보면 외막으로 난막(卵膜, plasma membrane)이 있으며, 다음으로는 투명대(透明帶, zona pellucida)가 있다. 투명대와 난황막(卵黃膜, vitelline membrane) 사이에는 위란강으로 구성되어 있다.

난자는 정자를 만나 수정(受精, fertilization)이 이루어질 때 정자 두부의 첨체(尖體, acrosome)로부터 acrosin이나 hyaluronidase와 같은 단백질분해효소가 난막을 융해시켜 투명대를 통과하여 난자 내로 침입하게 된다. 이 때 하나의 정자가 투명대를 통과하게 되면 더 이상 다른 정자의 침입이 차단되는데, 이를 다정자침입(polyspermy) 방지(防止)라고 하며, 이러한 현상을 일컬어 투명대반응(透明帶反應, zona pellucida reaction)이라 한다.

### (2) 난 관

난관(卵管, oviduct)은 누두부(漏斗部, infundibulum), 팽대부(膨大部, ampulla) 및 협부(狹部, isthmus)로 구성되며, 동물에 따라 다르지만 굴곡으로 되어 있다. 소는 20～25 cm, 돼지는 15～20 cm정도의 길이이다. 누두부는 난소쪽 가까이 연결되어 있어서 배란된 난자를 수용하기가 용이하도록 되어 있다. 난관 내에서는 섬모의 운동으로 난자의 수송을 통한 정자의 수정능(受精能)을 획득하고, 수정(受精)과 난할(卵割)이 이루어진다. 난자의 최대 수정능력보유시간은 소 18～20시간, 말 17～19시간, 면양·산양은 24시간, 토끼 6～8시간, 돼지는 10～21시간으로 소가 가장 길고 토끼가 가장 짧다.

포유동물의 난자가 난관팽대부에서 정자를 만나 100% 수정(受精)이 이루어진다고 가정하면 난관 협부에서 정자를 만나면 수정률은 50%정도로 떨어지고, 자궁으로 진입되면 정자를 만나도 전혀 수정이 이루어지지 않는 것으로 보고되는데, 이러한 것은 주로 난자의 노화(老化, aging)에 기인한 것으로 보고 있다.

### (3) 자 궁

자궁(子宮, uterus)의 구조는 자궁각(子宮角, uterine horn), 자궁체(子宮體, uterine body) 및 자궁경(子宮頸, uterine cervix)으로 되어 있다. 자궁의 형태는 축종에 따라 다소 차이가 있는데, 일반적으로 4가지 형태로 분류하고 있다. 자궁은 수정란에 영양물질을 공급하고, 태반형성과 태아발달의 중요한 장소가 된다. 분만시에도 강력한 수축으로 태아의 만출을 용이하게 하고 분만 후에도 자궁퇴축(uterine involution)이 되어 자궁이 원상태로 회복된다.

자궁체의 자궁내막은 반추동물의 경우 버섯모양으로 70~120개의 돌기가 있는데, 이를 자궁소구(子宮小丘, caruncle)라고 한다. 이 소구는 평상시 15 mm정도 되나 임신을 하게 되면 10~15 cm로 매우 커진다. 자궁경은 질부의 끝에 연결된 근육층의 두껍고 좁은 자궁경관이라고 하는 가는 관이다. 보통 때는 폐쇄되었다가 발정시에는 개구되어 점액이 분비되고 정자의 침입을 허용한다.

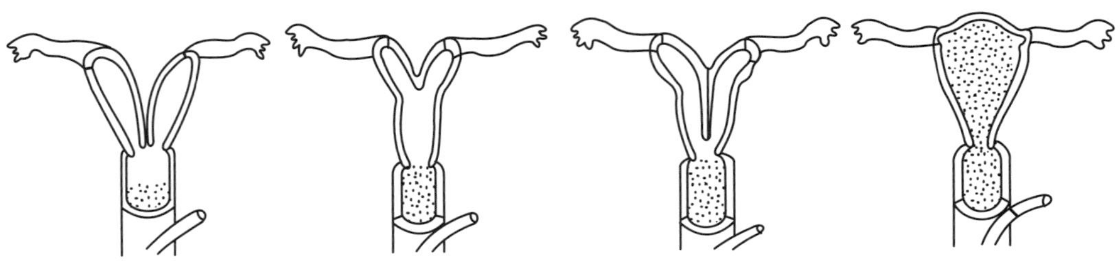

〔복자궁 : 설치류 · 가토〕 〔분열자궁 : 소 · 양〕 〔쌍각자궁 : 돼지〕 〔단자궁 : 사람 · 원숭이〕

〔그림 5-3〕 가축별 자궁의 형태분류

### (4) 질

질(膣, vagina)은 자축의 교미기관(交尾器管)으로 외음부에 이르며 수축성이 강하다. 소, 산양, 면양 등에서는 사정부위도 되고 분만시에는 태아와 태반을 만출시키는 통로도 된다. 흰쥐나 생쥐와 같은 동물에서는 질 상피의 상태에 따라 발정주기의 단계를 조사하는 방법이 활용되고 있다. 발정주기 단계에 따라 상피세포가 변화하기 때문에 식별이 가능하다.

### (5) 외부생식기

외부생식기(外部生殖器, external genitalia)로는 질전정(膣前庭), 대음순(大陰脣), 소음순(小陰脣), 음핵(陰核) 등으로 구성되어 있다.

## 2. 수컷의 생식기관

웅축의 생식기(生殖器, male reproductive organs)는 정소, 정소상체, 정관, 정낭선,

전립선, 요도구선, 음경, 음낭 등으로 구성되어 있다. 이들 중에서 정낭선, 전립선, 요도구선 등을 부생식선(副生殖腺)이라고 한다.

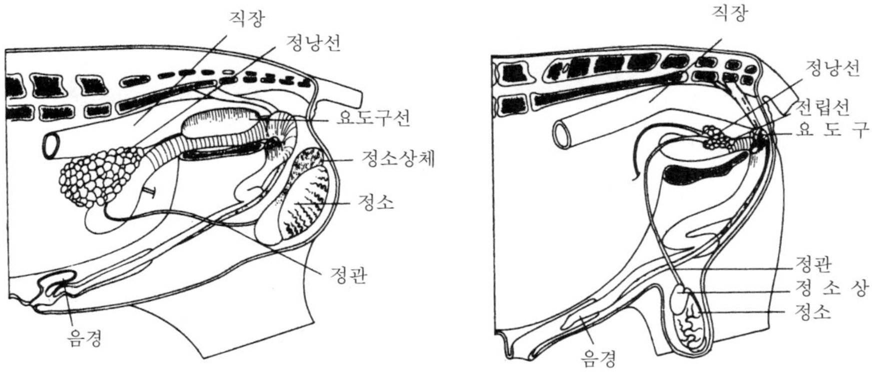


〔그림 5-4〕 돼지(좌)와 소(우)의 생식기관

## (1) 정　소

정소(精巢, testis)는 한 쌍으로 기질(氣質)과 실질(實質)로 구분되어 음낭(陰囊, scrotum)으로 싸여 있다. 실질 내부에는 다수의 정소소엽(精巢小葉, lobules of testis)으로 모여 이루어졌으며, 정소소엽의 대부분은 곡세정관(曲細精管, convoluted seminiferous tubules)으로 구성되어 있다. 이 곡세정관은 직세정관(直細精管, tubulus rectus)으로 다시 연결되어 정소망(精巢網, rete testis)과 함께 합쳐져 있다.

정소의 곡세정관에서는 정자를 생산하고 아울러 웅성호르몬(androgen)을 분비하는 기능을 한다. 정소에서의 정자형성(精子形成, spermatogenesis)은 원시생식세포에서 유래된 정원세포(精原細胞, spermatogonia)가 세정관 내에서 체세포 유사분열에 의해 세포수가 증가한 후 성장하여 제 1정모세포(第一精母細胞, primary spermatocyte)가 된다. 제 1정모세포는 제 1차 감수분열에 의해서 제 2차 정모세포(第二精母細胞, secondary spermatocyte)가 2개로 나누어지는데, 이때는 염색체수가 반감(n)된다. 제 2정모세포는 제 2차 감수분열에 의해서 정자세포(精子細胞, spermatid) 또는 정낭세포(精娘細胞)로 된다. 이러한 정자세포는 일정한 성숙과정을 거쳐 4개의 정자(精子, spermatozoon)가 형성된다.

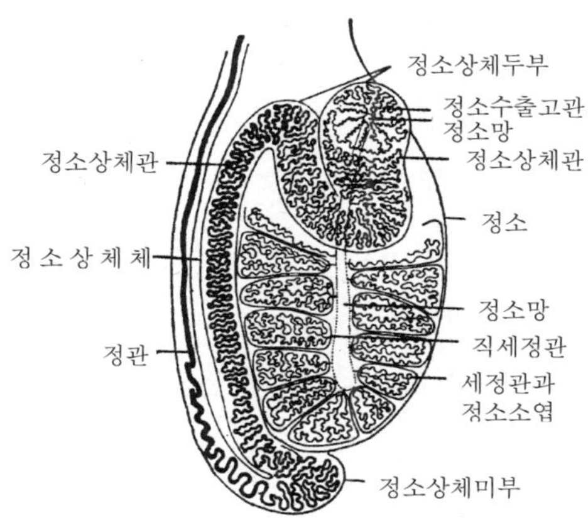


〔그림 5-5〕 정소와 정소상체의 미세구조

정자의 구조는 크게 두부(頭部, head)와 미부(尾部, tail)로 구분된다. 미부는 중편부(mid-piece), 주부(main-piece), 종부(end-piece)로 세분된다. 두부는 DNA와 단백질인 유전물질이 함유되어 있고, 미부는 중편부에 미토콘드리아가 밀집되어 있어서 정자의 운동성과 연관되어 있다. 두부의 전반부에는 첨체(尖體, acrosome)라고 하는 부위에서 난자와 접촉했을 때 수정하기 위해서는 단백질 분해요소인 acrosin이나 hyaluronidase가 분비하여 난자막을 융해시켜 침입하게 한다.

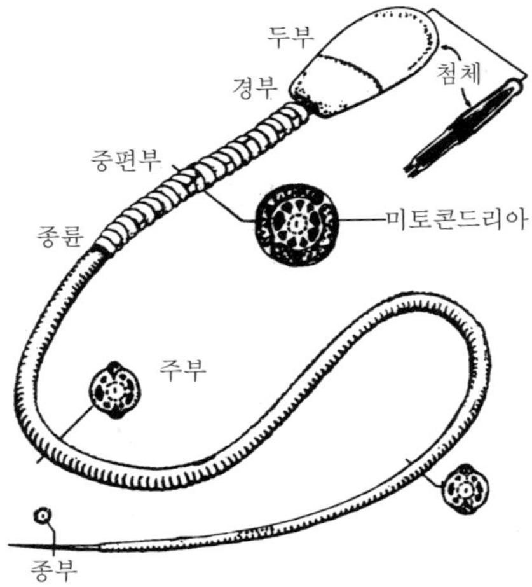

〔그림 5-6〕 정자의 구조

정자의 크기는 축종에 따라 다르다. 소는 57 $\mu$m, 돼지는 49 $\mu$m, 닭은 90 $\mu$m, 사람은 53 $\mu$m이며, 포유동물은 평균 50~90 $\mu$m이다.

### (2) 정소상체

정소상체(精巢上體, epididymis)는 정소수출관과 정관사이를 연결하는 두부(頭部, head), 체부(體部, body) 및 미부(尾部, tail)로 되어 있으며, 일명 부고환(副睾丸)이라고 부른다. 이 정소상체는 정자를 성숙(maturity)시키고 정액을 농축(concentration)시켜 미부로 운반(transportation)하여 저장(storage)하는 기능을 하고 있다.

### (3) 정 관

정관(精管, deferent duct)은 정소상체 미부와 요도 골반부를 연결하는 생식기관으로 연동수축에 의하여 주로 정자를 운반하는 기능을 하고 있다. 말단 선(腺)에서는 소량의 분비물이 분비되는 것으로 알려졌다.

### (4) 부생식선

부생식선(副生殖腺, accessary gland)은 정자의 수송과 요도의 세척을 관여하는 전립선(前立腺, prostate gland)이 있고, 요도골반부의 후단벽에 붙어 요도의 산성을 중화하는 분비액을 분비하는 요도구선(尿道球腺, Cowper's gland)이 있으며, 오줌과 정액의 통로인 요도(尿道)가 있어 강력한 근육수축에 의해 정액을 체외로 사출시킨다. 마지막으로 포피로 싸여있는 음경(陰莖, penis)이 있는데, 동물에 따라 다양한 형태로 되어 있다.

〈표 5-1〉 정액의 사출량과 정자의 농도

| 구 분 | 사출량(mℓ) | | 정자의 농도(억/mℓ) | |
|---|---|---|---|---|
| | 범 위 | 평 균 | 범 위 | 평 균 |
| 소 | 2~10 | 4 | 3.00~20.0 | 10.0 |
| 돼 지 | 150~500 | 300 | 0.25~3.0 | 1.0 |
| 말 | 30~300 | 70 | 0.30~8.0 | 1.2 |
| 면양·산양 | 0.7~2.0 | 1 | 20.00~50.0 | 30.0 |
| 닭 | 0.3~1.5 | 0.8 | 0.50~60.0 | 35.0 |

## 제 2 절 번식에 관여하는 내분비호르몬

번식에 관여하는 내분비계 호르몬은 서로 직·간접으로 영향을 미치게 마련이다. 시상하부(視床下部, hypothalamus)는 뇌의 기저부에 위치하는 작은 구조물로써 뇌하수체의 전엽과 후엽으로 연결되어 밀접한 관계를 유지하는 것으로 알려졌다. 이 시상하부에서는 부신피질자극호르몬(ACTH), 황체형성호르몬(LH), 난포자극호르몬(FSH), 갑상선자극호르몬(TSH) 및 성장호르몬(GH)과 프로락틴(prolactin)의 방출을 억제 또는 촉진하는 신경 분비물질이 생성된다. 여기에서는 뇌하수체, 성선, 태반 등의 내분비호르몬을 설명하고자 한다.

### 1. 뇌하수체호르몬

뇌하수체(腦下垂體, pituitary gland, hypophysis)는 뇌의 아래쪽에 위치하고 각종 호르몬을 분비하는데, 전엽(anterior lobe), 중엽(intermediate lobe) 및 후엽(posterior lobe)으로 구성되어 있다. 뇌하수체의 무게는 소와 말은 2~5 g, 돼지는 0.15 g정도 된다.

#### (1) 난포자극호르몬

난포자극(卵胞刺戟)호르몬(follicle stimulating hormone, FSH)은 뇌하수체 전엽에서 분비되는 당단백질(糖蛋白質, glycoprotein)로 분자량이 약 32,000 가량된다. 이 호르몬은 주로 난소에 운반되어 난포의 발육과 난모세포의 성숙을 촉진시키는 기능을 하고 있다. 그 후 난소 내부에서 에스트로겐(estrogen)의 분비를 유기한다. 수컷의 경우는 정소의 간질세포(間質細胞, interstitial cell)를 자극하여 테스토스테론(testosterone)의 분비를 촉진하여 정자형성을 돕는다.

### (2) 황체형성호르몬

황체형성(黃體形成)호르몬(luteinizing hormone, LH)도 당단백질로써 분자량이 30,000정도 된다. FSH와 같이 성선자극 호르몬의 일종으로 공동작용을 하는 경우가 많다.

난소의 난포를 성숙시키고, 성숙된 난포를 파열시켜 배란(排卵, ovulation)을 유기시킨다. 배란된 뒷자리에는 황체(黃體, corpus luteum)를 형성시켜 임신기간 중에는 프로제스테론(progesterone)의 분비를 가능케 하여 임신을 유지시키는 기능을 하고 있다.

### (3) 프로락틴

프로락틴(催乳호르몬, prolactin)은 당단백질로 구성된 펩타이드계이며, 분자량이 약 24,000이다. 이 프로락틴은 유선(乳腺, mammary gland)에 작용하여 유즙분비를 자극하는 기능을 하고 있다. 조류에서는 이 호르몬이 취소성(就巢性, broodiness)이나 토출포육(吐出哺育, regurgitation feeding) 등과 같은 모성행동을 유발시키기도 한다.

### (4) 성장호르몬

성장호르몬(growth hormone, GH)은 분자량, 아미노산 배열순서 등이 가축에 있어서 유사한 점이 많을 것으로 보고되고 있다. 이 호르몬을 일명 체성장호르몬(somatotrophic hormone, STH)라고도 부르며, 탄수화물, 지방 및 단백질의 대사를 자극하여 조직과 성장을 촉진한다. LH와 estrogen 등과 협동작용으로 생식기의 발육과 성장을 돕는다. GH의 분자량은 약 22,000 정도의 폴리펩타이드이다.

### (5) 갑상선자극호르몬

갑상선자극(甲狀腺刺戟)호르몬(thyroid stimulating hormone, TSH)은 당단백질로써 소의 경우는 분자량이 26,000 가량이다. TSH는 갑상선을 자극하여 갑상선호르몬(thyroxine)의 분비를 조절한다. 이 갑상선호르몬은 대사를 조절하는 기능을 갖고있기 때문에 번식기능에 직·간접으로 영향을 미치게 된다.

### (6) 옥시토신

옥시토신(oxytocin)은 8개의 아미노산으로 구성된 펩타이드 단백질로써 뇌하수체후엽호르몬이다. 이 호르몬은 자궁근의 수축을 유발하여 정자의 상행을 돕고, 또한 분만시 태아와 태반의 만출을 용이하게 한다. 그리고 유선의 근상피세포를 자극하여 유즙하강 또는 배출을 돕는다.

## 2. 성선호르몬

성선(性腺, gonads)호르몬은 자축의 난소와 웅축의 정소에서 분비하는 호르몬을 말하며, steroid 계통의 호르몬이다.

### (1) 정소호르몬

정소에서 분비하는 웅성(雄性)호르몬(androgen)은 뇌하수체전엽 호르몬으로부터 분비하는 LH의 자극을 받아 정소의 간질세포가 분비하는 steroid 호르몬이다.

이 호르몬은 수컷의 생식호르몬으로 생리적 활성이 높은 것은 테스토스테론(testosterone)이라고 할 수 있다. 이 안드로겐은 곡세정관에서의 정자형성을 촉진하고, 웅축 부생식선의 성장과 발달을 돕는다.

### (2) 난소호르몬

#### 1) 발정호르몬

발정호르몬은 에스트로겐(estrogen)이라고도 하며, 난소에서 분비하는 steroid호르몬이다. 이 호르몬은 동물의 발정을 유기하며 자궁이나 난관의 수축과 분비활동의 증진, 유선관계의 발달 자극, 자궁경관의 이완 촉진 등을 들 수 있다. 때로는 황체에서 분비하는 황체호르몬(progesterone)과 공존하게 되면 더욱 그 효과가 상승할 것으로 보고되고 있다. 최근에는 천연발정호르몬 대신에 합성발정호르몬인 diethylstilbesterol(DES), stilbesterol 등이 많이 쓰여져 왔다.

#### 2) 황체호르몬

황체호르몬(luteal hormone)은 난소의 황체에서 분비하는 steroid 호르몬으로 프로제스테론(progesterone)이라고 부른다. 때로는 태반과 부신에서도 소량 분비한다. 동물에서 LH의 자극에 의하여 이 호르몬이 분비되는데, 자궁의 자궁유(uterine milk)의 분비를 촉진하며, 자궁과 난관의 수축을 억제하여 임신을 유지시키는 중요한 기능을 하고 있다.

수정이 이루어져 임신을 하게 되면 혈중이나 유즙 중에는 이 프로제스테론 농도가 급격히 증가되어 유지함을 알 수 있다.

#### 3) 릴 랙 신

릴랙신(relaxin)은 주로 난소의 임신황체에서 분비되지만 자궁이나 태반에서도 일부 분비되는 포리펩타이드(polypeptide)로 분자량이 5,700정도 된다. 이 릴랙신은 유선의 발육을 도울뿐만 아니라 자궁퇴축(子宮退縮, uterine involution)을 조장하는 작용도 함께 한다.

## 3. 태반호르몬

동물이 임신하였을 때 태반(胎盤)이나 자궁내막에서도 분비되는 여러 호르몬을 태반호르몬(placental hormone)이라고 한다.

### (1) 임마혈청성 성선자극호르몬

임마혈청성 성선자극(姙馬血淸性 性腺刺戟)호르몬(pregnant mare serum gonadotrophin, PMSG)은 임신한 말의 자궁내막배(子宮內膜胚)에서 분비되는 호르몬이다. 이 호르몬은 분자량이 28,000으로 FSH와 같이 당단백질로 구성되어 있으며, 임신 60일째 최고 수준에 도달하게 된다. FSH대용으로 많이 쓰이고 있다.

### (2) 임부융모성 성선자극호르몬

임부융모성 성선자극(姙婦絨毛性 性腺刺戟)호르몬(human chorionic gonadotrophin, HCG)은 임신한 여자 태반의 영양세포에서 분비하는 호르몬이다. PMSG와 같이 당단백질이며, 그 분자량이 29,000~30,000 정도이다. 임신 8일째부터 뇨(尿) 중에서 검출이 가능하며, 최종 월경 일로부터 62일에 최고에 도달하게 된다. LH대용으로 많이 쓰이고 있는 편이다.

## 4. 프로스타글랜딘

프로스타글랜딘(prostaglandin, PG)의 화학적 구조는 20개의 탄소수로 결합된 불포화지방산(unsaturated fatty acid)의 형태로 구성되어 있다. 이 PG는 신체의 모든 부위에 대하여 광범한 생리작용을 가지고 있다. 특히, 황체퇴행(黃體退行, luteloysis)작용에 직접 관여하고 자궁근의 수축작용을 돕는다. 여기에는 많은 종류가 있다. PGE,

$PGE_2$, $PGF_2α$ 중 $PGF_2α$가 가장 많이 이용되는데, 황체를 퇴행시켜 배란을 유기시키는 중요한 기능을 하고 있다. 이것으로 때로는 임신가축을 유산시키거나, 동시에 분만관리를 하는 데 활용할 수 있다.

## 제 3 절 성성숙·발정과 배란

### 1. 성성숙의 개념과 기작

성성숙(性成熟, sexual maturity)이란 자축에서는 성선발달과 더불어 생식기가 발달하여 주기에 맞게 발정과 배란이 정상적으로 이루어져 웅축과의 교미를 통하여 번식이 가능하게 되는 시기를 말하는데, 성성숙전에 발정과 배란이 개시되는 시기인 춘기발동기(春機發動機, puberty)와는 다소 차이점이 있다.

일반적으로 자축이나 웅축에서 성성숙이 되어 계속적으로 번식을 시킴에 동물체에 지장이 전혀 없을 정도로 성장된 것을 가리켜 번식적령기(繁殖適齡期)로 구분하기도 하는데, 보통 성성숙기는 번식적령기로 같이 이해하는 경향이 있다.

성성숙은 축종, 품종, 계통과 같은 유전적 요인과 온도, 광도, 사료, 시설 등과 같은 환경적 요인에 의하여 영향을 받고 있다.

성성숙이 일어나는 기작(機作, mechanism)을 보면 수컷의 경우 시상하부로부터 GnRH의 방출이 활성화되면서 뇌하수체로부터 전엽호르몬인 난포자극호르몬(FSH)와

〈표 5-2〉 주요 동물의 성성숙 월령과 번식공용 월령

| 구 분 | | 성성숙월령 | 번식공용월령 | 구 분 | | 성성숙월령 | 번식공용월령 |
|---|---|---|---|---|---|---|---|
| 한 우 | ♀ | 18~20 | 24 | 산 양 | ♀ | 6~8 | 7~18 |
| | ♂ | 18 | 24 | | ♂ | 6~8 | 24~36 |
| 젖 소 (Holstein) | ♀ | 12~15 | 15 | 면 양 | ♀ | 6~8 | 18~20 |
| | ♂ | 15 | 18 | | ♂ | 6~8 | 18~20 |
| 말 | ♀ | 15~24 | 36 | 토 끼 | ♀ | 3~5 | 8~10 |
| | ♂ | 15~24 | 48 | | ♂ | 3~5 | 8~10 |
| 돼 지 | ♀ | 6~8 | 8~12 | 개 (애완견) | ♀ | 10~12 | – |
| | ♂ | 6~8 | 8~12 | | ♂ | 12~14 | – |
| 사 슴 | ♀ | 12~18 | – | 닭 (Leghorn) | ♀ | 145~150일 | 145~150일 |
| | ♂ | 18 | – | | ♂ | 145~150일 | 145~150일 |

황체형성호르몬(LH)의 분비가 많아져서 이들 호르몬은 정소에 작용을 촉진시켜 웅성호르몬 테스토스테론(testosterone)의 분비를 증가시킨다. 이 때 함께 정소에서 정자형성(spermatogenesis)을 촉진함과 아울러 교미욕을 유발시켜 수컷의 성성숙에 점점 도달케 된다.

암컷의 경우는 뇌의 시상하부와 뇌하수체의 공동작용에 의하여 체성장과 함께 난소의 발달이 되면서 성성숙이 일어난다. 암컷에서도 수컷과 같이 내분비 뇌하수체호르몬 FSH와 LH의 영향을 받아 성선인 난소의 발달을 관여하게 되는데, 이 때 난소 내에서는 estrogen이 분비되면서 난포의 발달과 성숙이 함께 이루어진다. 배란전에는 LH가 급증하게 되는데, 이때 발정과 함께 배란이 일어나면서 성성숙에 이르게 된다. 이들 기관의 생리적기능은 계통, 품종, 잡종과 같은 유전적 요인과 온도, 광도, 영양, 사양조건 등과 같은 환경적 요인에 의하여 영향을 받게 된다.

## 2. 발　　정

발정(發情, estrus)이란 암컷이 성성숙에 도달하게 되면 주기적으로 웅축의 교미(交尾, mating)를 허용케 하는 생리적 현상을 말한다. 이러한 발정은 성숙한 암컷의 난소에서 뇌하수체의 FSH와 LH의 공동작용으로 난소의 발달을 돕고 이 난소 내에서는 estrogen의 분비와 함께 난포의 발육을 촉진하게 된다.

이 때 생리적으로 발정이 오면서 성숙한 난포(graafian follicle)는 LH가 더욱 작용하여 파열됨으로써 배란이 일어나게 된다. 배란 후 형성된 황체는 임신이 되지 않을 경우 일정기간이 지나면 서서히 퇴행하게 된다.

### (1) 발정주기와 발정지속시간

발정은 일정한 간격을 두고 주기적으로 반복되는데, 한 발정기일부터 다음 발정개시일까지를 발정주기(發情週期, estrus cycle) 또는 성주기(性週期, sexual cycle)라고 한다. 동물별 발정주기는 소가 21～22일, 돼지 19～21일, 산양 20～21일, 면양 16～17일로 면양이 가장 짧은 가축으로 되어 있다.

발정지속시간은 소는 18～19시간, 돼지 48～72시간, 산양 32～50시간, 면양 24～36시간 등으로 보고되고 있다. 개의 경우는 발정이 8～14일 지속되어 발정지속기간이 가장 긴 동물로 보여진다.

대부분의 동물은 임신을 하지 않으면 연중 주기적으로 발정기가 반복하지만, 곰, 이

〈표 5-3〉 주요 동물별 발정주기와 발정지속시간

| 동 물 명 | 발정주기(일) | 발정지속 시간 및 일 |
|---|---|---|
| 소 | 21 ~ 22 | 18~20시간(평균 19시간) |
| 말 | 19 ~ 25 | 4~8일 (평균 5.5일) |
| 돼 지 | 19 ~ 21 | 48~72시간(평균 58시간) |
| 산 양 | 20 ~ 21 | 32~50시간(평균 40시간) |
| 면 양 | 16 ~ 17 | 24~36시간(평균 30시간) |
| 사 슴 | 19 ~ 21 | 20~60시간(평균 40시간) |
| 골든햄스터 | 4 ~ 7 | 6~8시간 (평균 7시간) |
| 생 쥐 | 4 ~ 6 | 9~11시간(평균 10시간) |
| 흰 쥐 | 4 ~ 5 | 13~15시간(평균 14시간) |
| 몰 모 트 | 15 ~ 17 | 6~11시간(평균 8시간) |
| 개 | 6개월 | 8~14일 (평균 11일) |

리, 여우 등은 1년 중 단 한번의 발정기밖에 없는 동물도 있는데, 이러한 동물을 단발정동물(單發情動物, monoestrus animal)이라고 부른다. 개의 경우는 한 발정기에 21일간 소요되고, 봄과 가을에만 발정이 오므로 1년에 2회 발정이 되는 셈이다. 또한 몇 동물들은 계절적으로 발정이 와서 번식을 시키게 되는데 이러한 발정은 일조시간(日照時間, photolength)에 지대한 영향을 받는 것으로 조사되었다. 장일성동물(長日性動物)로써 일조시간이 가장 길 때 발정이 오는 말(馬)이 있는데, 5~6월에 발정률이 가장 높다. 반면에 단일성동물(短日性動物)로써 일조시간이 짧을 때 발정이 와서 번식시키는 면양, 산양, 사슴 등이 있는데, 주로 가을인 9월말부터 11월 사이에 발정이 가장 많이 온다. 이와 같은 동물번식을 가리켜 계절번식(季節繁殖, seasonal reproduction or breeding)이라 한다.

### (2) 발정주기의 형태와 단계

동물의 발정주기는 일반적으로 4단계의 진행과정을 겪게 되는데, 동물에 따라 다소 차이가 있다.

발정전기(發情前期, proestrus)는 발정이 시작하기 직전의 단계이다. 발정기로 이행하면서 난포가 발육되는 시기를 말한다. 발정기(發情期, estrus)는 발정전기의 연속되는 단계로써 난포에서 발정호르몬(estrogen)의 분비가 급증되는 시기이다. 이 때에는 자궁은 부종상태가 되며, 자궁과 난관의 연동운동이 시작된다. 발정후기(發情後期, metestrus)는 발정기에 이어지는 단계로써 황체로부터 분비되는 황체호르몬(progesterone)의 분비가 주로 촉진되면서 자궁내막은 착상을 준비하는 시기이다. 발정휴지기

(發情休止期, diestrus)는 임신이 되지 않으면 모든 자축의 생식기가 발정전기의 상태로 서서히 환원되는 시기를 말한다. 임신을 하게 되면 발정휴지기를 일컬어 장기휴지기(長期休止期)라고 한다.

### (3) 발정징후

발정징후(發情徵候, estrus sign)는 대부분의 동물이 발정이 오면 동물에 따라 차이는 있으나, 행동면에서나 외부생식기에서 육안으로 식별할 수 있는 변화가 나타난다.

소의 경우 발정이 오면 정서적으로 불안해서 보행을 계속하며, 울음소리를 지르는 경우가 많다. 식욕감퇴가 일어나고 젖소는 유량이 감소된다. 다른 암소에 승가(乘駕, mounting)하거나 다른 소가 승가해도 허용하게 된다. 그리고 외음부는 팽창하여 충혈되고 부어오르며, 점액도 흐르는 징후를 나타낸다.

돼지는 발정이 오면 민감해서 우리 안을 배회하면서 계속 소리를 지른다. 사료를 거의 먹지 않으며, 사람이 허리를 누르면 양 귀를 곧게 세우고 허리를 약간 곧게 하며, 부동자세를 취하는 행동을 하는 경우가 많다. 외음부도 담홍색으로 부어오른다.

말이 발정이 오면 수말에 접근하여 냄새를 맡거나 수말에 승가를 하는 경우가 많다. 때로는 배뇨가 길어지는 경향을 보인다.

산양과 면양은 계속적으로 주변을 배회하면서 울음소리를 낸다. 사료를 거의 먹지 않으며 사람이 접근하면 꼬리를 자주 흔드는 경향이 짙다. 역시 외음부는 담홍색으로 변화하면서 점액이 약간 흐르는 징후를 나타낸다.

개가 발정되면 행동이 불안하여 배회하며, 오줌을 자주 누기도 한다. 외음부를 자주 핥으며, 담홍색으로 종창되어 있고, 혈액이 섞인 분비물이 흘러나오는 경우도 나타난다.

### (4) 분만 후의 발정재귀

자궁이 임신을 하여 분만하기까지는 매우 확장된 상태이다. 이러한 자궁이 원상태로 회복 또는 복귀되는 데는 많은 기간이 소요되게 마련이다. 이 기간동안에는 발정이 오지 않는데, 이 기간을 가리켜 공태기(空胎期, days open)라고 한다.

소의 경우는 분만 후 40~60일이 되어야 자궁이 복귀되며, 말은 10~15일이 소요된다. 돼지는 이유 후 4~5일 사이에 발정이 재귀된다. 분만 후 일정기간이 지나서 발정이 오지 않으면, 인위적으로 발정과 배란을 유기할 수 있다. 이러한 발정의 인위적 유기(artificial induction)는 합성호르몬제를 많이 이용하여 조기번식이나 번식효율 개선책으로 실시되고 있다. 합성발정호르몬 PMSG를 단독으로 사용하거나 PMSG와 HCG를 함께 주사하여 발정과 배란을 유기함으로써 비발정기간을 단축시킬 수 있는 효과를 거둘 수 있으며, 아울러 효율적 번식관리를 극대화시킬 수 있는 효과를 거둘 수도 있다.

### 3. 배 란

난소 내에서 난포가 성숙하게 되면 그라피언 난포(graafian follicle)가 파열되어 난포액과 함께 난자가 방출하게 되는 생리적 현상을 배란(排卵, ovulation)이라고 한다.

배란이 일어나는 시기는 소가 발정개시 후 28~31시간사이, 돼지는 발정개시 후 35~45시간사이, 면양은 발정개시 후 24~30시간사이, 말은 발정종료 1~2일전에 각각 배란이 일어난다.

한 발정기동안에 1쌍의 난소에서 배란되는 난자의 수를 일컬어 배란율(排卵率, ovulation rate)이라 한다. 소와 말의 배란율은 보통 1이나, 때로는 2일 때도 있다. 산양과 면양의 배란율은 1~2이고, 돼지는 8~20정도이나, 미경산돈보다 경산돈이 더욱 많다.

개의 경우 배란율은 2~12정도이나 소형종은 적고, 대형종은 많은 경향이 있다.

## 제 4 절 교배·수정과 착상

### 1. 교 배

성성숙에 도달하여 번식적령기에 이르면 적당한 시기에 알맞는 방법으로 발정이 온 암컷에 교배를 시켜야 한다. 이러한 교배방법으로는 크게 두 가지로 나누어진다. 하나는 수컷 자체를 이용하여 교배시키는 자연교배법(natural mating system)과 또 다른 하나는 채취해 놓은 정액을 이용하는 인공수정법(人工受精法, artificial insemination)이 있다. 인공수정은 1907년에 소련의 Ivanoff에 의해서 처음으로 가축에 시술되었으며, 우리나라는 1938년에 일본에서부터 도입되어 현재에 소의 경우는 90%이상 인공수정을 실시하고 있다. 인공수정을 실시하면 다음과 같은 장점이 있다. 첫째는 우수한 종모축(種牡畜)의 이용효율을 증대시켜 가축개량(家畜改良)에 기여할 수 있다. 둘째는 적은 수의 종모축으로 다수의 번식용 암컷을 임신시킬 수 있어서 관리비, 사양비 등을 절감할 수 있다. 셋째는 단기간에 많은 새끼를 얻을 수 있으므로 종모축의 유전력(遺傳力)을 조기에 판정할 수 있다. 넷째로는 전염성 생식기 질병을 예방할 수 있다. 다섯째는 정액수송이 용이하고 저장이 가능하다는 것, 여섯째로는 여러 번 수정에 의한 수태율 향상이 될 수 있는 등의 많은 장점을 가지고 있다.

인공수정을 실시하려면 우선 정액채취를 해야 되는데, 대개의 경우 인공질법(人工膣法, artificial vagina method)을 많이 쓰는데, 인공질을 만들고 고무관과 플라스틱관 사이에 물을 넣고 가온하면 43~45℃가 되도록 조절하여 의빈대(擬牝臺, dummy) 등을 이용하여 음경을 인공질에 삽입시켜 사정시키는 방법이다.

두 번째로 많이 쓰이는 방법이 전기자극법(電氣刺戟法, electrical stimulation), 마사지법(massage method) 등이 있는데, 면양, 산양 등에서 많이 활용되고 있다. 최근에 돼지의 경우는 손가락 압박법을 이용하여 정액을 채취하고 있다. 채취된 정액은 사용에 앞서 검사를 실시하고, 희석여부를 결정해야 한다.

아래는 정액의 검사, 보존 및 주입법에 대하여 설명한 내용이다.

## ◉ 정액의 검사

① 외관과 정액량을 육안적 검사에 의해서 정액의 양, 빛깔, 냄새, 이물질 혼입 등을 판별해야 한다.

② 정자의 운동성을 관찰해야 한다. 온도에 민감하므로 가온판에 37℃로 맞추고 400배로 확대한 현미경으로 개별 운동성을 세밀히 관찰해야 한다.

③ 정자의 생존율을 파악한다. 운동성은 없어도 사멸되지 않은 경우도 있으므로 염색(染色)에 의하여 생사(生死)를 확인해야 한다.

④ 정자농도를 정확히 파악한다. 희석배율을 정확히 결정하기 전에 정자농도를 혈구계산판을 이용하여 측정해야 한다.

⑤ 정자의 형태를 검사한다. 기형정자 등을 파악하여 20%가 넘으면 수태율이 저하되므로 세심한 관찰과 판단이 있어야 한다.

## ◉ 정액의 처리

① 정액의 희석과 액상보존 : 채취한 정액(精液, whole semen)은 적당한 희석액(dilution)으로 희석하여 사용한다. 이러한 희석은 정자의 에너지를 공급하기 위하여 포도당을, 저온충격을 피하기 위하여 난황이나 이유를 첨가하며, 완충제로써 시트르산, 인산, tris 등을 사용하며, 세균의 증식을 억제하기 위하여 설파제나 항생제를 첨가시키기도 한다. 희석액은 정액과 등장(等張)이어야 하고, pH도 정액과 같이 중성이어야 한다.

소, 면양, 산양 등의 희석정액은 2~5℃로 낮게 보존해야 하나, 특히 돼지의 경우는 10~15℃에 보존하는 것이 적당하다.

② 정액의 동결보존 : 정액의 체외보존의 장기화 방안으로 개발된 방법으로 정액을 동해 방지제인 glycerol 등을 첨가시켜 희석액으로 희석한 다음 5℃로 냉각시켜 glycerol 농도가 7~8%로 맞춘다.

앰플(ampoule)이나 스트로우(straw)에 분주시켜 서서히 냉각온도를 －196℃의 액체질소(液體窒素, liquid nitrogen)통에 넣어 동결보존(凍結保存, frozen semen)하는 방법인데, 반영구적으로 보존이 가능하다. 이러한 동결정액을 사용하기 위해서 융해하려면 보통 4~5℃의 얼음물에서 침지하여 융해하는 법과 38℃에서 직접 융해시켜 농가에서 이용할 수도 있다.

③ 정액의 주입부위와 주입량 : 소와 면양 등의 동물은 자궁경관(cervical canal) 심부에 정액을 주입하나, 돼지와 말의 경우는 자궁경관을 지나 자궁내 또는 자궁 가까이에 주입해야 한다.

정액의 1회 주입량은 소가 0.5~1 ㎖, 면양과 산양은 0.1~0.2 ㎖, 돼지는 50~100 ㎖, 말은 20~25 ㎖, 닭은 0.1 ㎖정도이다.

### (1) 교배적령기

동물이 발육과정 중 성성숙이 된 후 임신하여도 자웅모두 동물체에 이상이 없게 되는 시기를 번식적령기 또는 교배적령기(交配適齡期, optimum age of mating)라고 해서, 이 때 교배를 시켜야 한다.

홀스타인 젖소는 생후 14~18개월령으로 체중이 380~440 kg정도 때가 가장 좋다. 한우는 생후 16~18개월령이 적령기이고, 돼지는 8~10개월령으로 체중이 110~120 kg정도가 가장 이상적이다. 산양과 면양은 생후 8~10개월령, 말은 36개월령이 교배적령기이다. 애완견은 9~12개월령이 번식적령기이나, 소형견은 대형견에 비하여 조숙하는 경향이 있다.

### (2) 교배적기

생식세포인 정자와 난자가 결합하여 최대의 수정률을 높일 수 있는 교배의 시기를 가리켜 교배적기(交配適期, optimum time of mating)라고 한다. 이러한 교배적기는 난자의 방출되는 시기, 배란된 난자의 수정능력 보유시간, 정자가 난관팽대부에 도달하는 시간, 정자의 수정능력 보유시간 등에 의하여 결정된다.

소의 교배적기는 발정종료를 전후하여 2~3시간 사이가 적당하다. 돼지는 여러 가지 방법으로 적기를 판단하나 수퇘지를 허용한 시점으로부터 10~25시간 사이가 교배를 하면 적기라고 할 수 있다. 산양은 발정개시 후 25~30시간 사이 그리고 면양은 발정개시 후 20~25시간 사이를 교배적기로 보아야 한다. 말의 경우는 발정기간이 길어서 발정종료 직전에 배란이 일어나므로 발정종료전 1~2일 사이가 교배적기이다. 개의 경우는 발정개시 후 10~12일 이후가 되어 외음부에 출혈분비물이 적고 핑크색 투명한 분비액을 볼 수 있는데, 이 시기가 교배의 적기로 다른 동물에 비하면 늦은 편이다.

## 2. 수 정

수정(受精, fertilization)은 생식세포인 정자(精子, spermatozoon)와 난자(卵子, ovum)가 결합하여 새로운 접합체(zygote)를 탄생시키는 생리과정을 말한다. 이러한 수정과정은 체내수정(體內受精, in vivo)과 체외수정(體外受精, in vitro)으로 크게 구별된다. 체내수정은 정상적인 모체내에서 수정이 형성된 것을 말하나, 체외수정은 아주 복잡한 과정인데 전 과정이 실험관 내에서 이루어진다.

체내수정은 난관팽대부에서 대부분 이루어진다. 질부나 자궁경 입구에 사정된 정자는 자궁과 난관을 지나 수정부위인 난관팽대부로 이동한다. 수정능력이 있는 정자는 방출된 난자에 접근하여 정자 두부의 첨체로부터 단백질 효소인 hyaluronidase나 acrosin에 의하여 난자를 싸고있는 난막인 난구세포군(cumulus cell mass)을 제거시키고 투명대(透明帶, zona pellicida)를 용해시켜 결국 정자는 난황막(卵黃膜, vitelline membrane)에 접근하게 되면서 웅성전핵(雄性前核, male pronuclus)으로 발달된다.

배우자 융합이 끝난 수정란(受精卵, fertilized egg)은 잠시동안 난관을 따라 하강하여 자궁으로 이행하면서 유리상태로 있게 되는데, 이 때 세포질(細胞質, cytoplasm)의 증가는 없이 성장을 수반하지 않는 난(卵)의 세포분열을 난할(卵割, egg cleavage)이라고 한다.

이 때 난할에 의해서 형성된 수정란의 세포 하나 하나를 분할구(分割球, blastomere)라 하고, 분할구 자체도 태아배엽(胎兒胚葉, embryoblast)과 영양배엽(營養胚葉, trophoblast)으로 분화된 수정란을 배반포(胚盤胞, blastocyst)라고 한다.

## 3. 착 상

수정란(受精卵, fertilized egg)이 난할을 계속하여 배반포로 발달하는 동안 자궁도 착상을 준비하게 된다. 자궁 내에서 배의 위치가 결정되어 모체와의 생리적 혈류 교류를 갖게 되는 현상을 착상(着床, attachment, implantation)이라 한다.

## 성비는 인위적으로 조절할 수 있는가?

성비(性比, sex ratio)는 크게 수정시의 성비를 1차성비, 출생시의 성비를 2차성비, 성숙시의 성비를 3차성비로 구분하고 있다. 이러한 성비는 암컷을 100이나 50마리에 고정하고 수컷 숫자만을 써서 표기하는 것이 일반적이다. 성비는 100 : 100이나 50 : 50이 되어 결국 1 : 1의 확률이 되는 셈이다.

성을 결정하는 인자(sex-determining gene)는 X염색체와 Y염색체가 있다. 제2정모세포로 분열하는 과정에서 하나는 X-성염색체를 갖고있는 X-정자가 있고, 또 다른 하나는 Y-염색체를 갖고있는 Y-정자가 만들어진다. 하나의 X-염색체를 갖고있는 X-난자가 X-정자와 결합하면 XX(2n)가 되어 암컷이 되고, Y-정자와 결합하면 XY(2n)가 되어 수컷이 된다. 일반적으로 성비는 동물에 따라서는 약간의 차이는 있지만 102~108정도의 범위로 수컷비율이 높다.

X-정자와 Y-정자를 분리할 수 있다면 성조절(sex control)은 가능하다는 말인가?

오래 전부터 인위적으로 성을 조절하려는 연구노력은 많았으며, 정확한 과학적 근거는 없으나 속설은 많이 나돌고 있다. 부모의 정자와 난자의 활력강도에 의해서 부(父)가 강하면 딸을 많이 낳고, 모(母)가 강하면 아들을 많이 낳는다고 하였으며, 부·모의 연령에 의해서도 부의 나이가 많으면 아들을 낳고, 모의 나이가 많으면 딸을 많이 낳는다고도 하였다. 그리고, 여성이 성적흥분의 정도가 절정(絶頂, orgasm)에 도달하면 자궁의 분비물이 점점 증가되어 질(膣, vagina)이 알칼리성으로 되므로 수컷정자(Y-정자)가 더욱 활성화되어 아들을 낳는다고 하였다.

특히 우리나라에서도 많은 얘기가 나돌고 있다. 밤 12시 이전에 잠자리에 들면 딸을 낳고, 밤 12시 이후에 관계를 하면 아들을 낳는다고 믿는 사람들도 있다. 체위나 체형에 따라서 아들과 딸이 결정된다는 설(說)도 있어서 여자가 뚱뚱하면 아들을 낳고, 날씬한 체형을 가지면 딸을 낳는다고도 믿어 왔다. 어떤 사람은 성교시간에 따라서도 성(性)이 결정된다고 하였는데, 동·서양인 또는 개인차에 따라 성교의 시간은 차이가 있다. 서양인의 경우 평균 15~20분인 반면에 동양인은 좀 짧아서 평균 10~15분으로 조사되어 보고된 바 있다.

동물의 경우 소, 산양, 조류는 수초간이나, 돼지는 5~6분, 그리고 개는 약 30분으로 비교적 긴 편이다. 성교시간이 길면 질 점액이 알칼리성으로 변화하여 Y-정자의 활성을 돕는 다는데서 비롯된 근거가 아닌가 추론하고 있다. 그리고, 태몽풀이에 따라서 아들과 딸을 잉태한다는 속설도 있으나, 지금까지 결과로 보아 다음과 같은 몇 가지가 비교적 학문으로 가치가 있는 연구로 보여진다.

첫째는, 체내의 혈액이나 질내 점액의 산도(pH) 변화에 따른 성 지배론을 들 수 있다. 쥐나 토끼의 실험에서 알칼리성 사료나 질내 알칼리처리를 하였을 경우에는 현저히 수컷비율이 높게 태어났다는 결과는 Y-염색체를 갖고있는 정자가 알칼리성 질내 점액에 더욱 강하게 활성화되어 배란된 난자를 빨리 만나 수정(受精)이 이루어진다는 이론이다. 토끼의 한 실험에서 교미하기 전에 산(酸)과 알칼리를 처리한 후 산자의 성비를 조사한 결과에서 알칼리처리 토끼에서 현저히 높게 수컷 성비가 높았다.

| 구 분 | 대 조 구 | 산 처리구 | 알칼리 처리구 |
|---|---|---|---|
| 성 비 | 33.3±5.1 | 23.8±9.3 | 66.1±4.4 |

둘째는, 동물에서 사정된 정액(精液, semen)을 체외에서 X-정자와 Y-정자를 분리해서 수정시키면 성 지배가 가능하다는 이론이다. X-염색체를 가진 정자가 Y-염색체를 가진 정자보다 크기나 비중이 크다는 점, 그리고 X-정자의 표면은 음으로 하전되고 Y-정자의 표면은 양으로 하전된다는 점, 또한 X-정자와 Y-정자는 면역학적 특성이 서로 상이하다는 점 등의 원리를 이용하여 정액을 원심분리하여 X-정자와 Y-정자를 분리시켜 수정시킴으로써 암컷과 수컷을 자유롭게 얻을 수 있다는 학설이다.

인간의 경우 성비통계는 초산일 때는 105정도이나 2산이나 3산일 때는 120에서 190정도로 두드러지게 점점 높아짐을 확인할 수 있는데, 이러한 것은 임신시 남아선호사상으로 성감별에 의한 낙태 등이 주원인으로 보고있는데, 성 불균형은 새로운 사회적 심각성을 보여 줄 것으로 예견된다.

착상이 순조롭게 이루어지기 위해서는 배반포가 정상적이어야 함은 물론이고, 자궁내막이 튼튼하고 자궁유(子宮乳, uterine milk)를 형성함으로써 배반포의 영양물질로 이용되도록 해줘야 한다.

소는 수정 후 30～33일경, 말은 70～90일, 돼지는 12～24일경, 면양과 산양은 30～35일경에 착상이 이루어진다. 말이 가장 착상이 늦은 반면에 돼지는 가장 빠른 착상을 하고 있다. 사람의 경우는 정자와 난자가 난관팽대부에서 만나 수정이 이루어지면 협부를 지나 자궁 속으로 내려오는데, 여기서 약 9일 동안 유영하면서 난할(卵割)을 거쳐 자궁내벽에 착상하여 자리를 잡게 된다.

〈표 5-4〉 동물별 착상소요일수 범위

| 동 물 명 | 착상소요일(평균) |
|---|---|
| 소 | 수정 후 30～33일(31일) |
| 말 | 수정 후 70～90일(80일) |
| 돼 지 | 수정 후 12～24일(14일) |
| 사 람 | 수정 후 7～12일( 9일) |

# 제 5 절 임신과 분만

## 1. 임 신

성숙한 암컷 생식기에서 방출한 난자와 사정된 정자가 결합하여 새로운 접합체(接合體, zygote)를 만들어 자궁 내에서 이들 접합체가 착상되어 분화되고 발달됨으로써 모체의 영양을 받게 되는 현상을 임신(妊娠, pregnancy)이라 한다. 이 때에는 자궁의 임신황체로부터 황체호르몬(progesterone)을 분비시켜 임신을 계속적으로 유지시키는 기능을 하고 있다.

### (1) 임신기간

우리가 일반적으로 계산하는 임신기간(妊娠期間, gestation length)은 수정일로부터 분만당일까지의 기간을 말하나, 실제로는 수정란이 착상된 날로부터 분만당일까지의 기간이다. 이러한 임신기간은 축종, 품종, 개체, 계절, 태아의 크기와 수 등에 따라 각각 차이가 있다.

포유동물이 임신을 하게 되면 발생초기에는 태반이 형성되어 태반(胎盤, placenta)을 통하여 모체로부터 영양물질을 공급받는다. 이러한 태반은 태아조직인 태막(胎膜, fetal membrane)과 모체조직인 자궁내막(子宮內膜)이 부착되어 태아와 모체간의

〈표 5-5〉 여러 동물의 임신기간과 부화기간(일)

| 동 물 명 | 평균임신기간(범위) | 동 물 명 | 평균임신기간(범위) |
|---|---|---|---|
| 젖 소 Holstein | 279(262～359) | 돼 지 | 114(102～128) |
| Jersey | 279(270～285) | 산 양 | 150(145～155) |
| Guernsey | 284 － | 면 양 | 148(140～159) |
| 육 우 Hanwoo | 283 － | 사 슴 | 225 － |
| Hereford | 285(243～316) | 밍 크 | 42 － |
| Angus | 279(278～282) | 개 | 61(60～62) |
| Shorthorn | 283(273～294) | 토 끼 | 31(30～33) |
| Charolais | 285 － | 고 양 이 | 52 － |
| 和 牛 | 285 － | 닭 | 21(부화기간) |
| 말 | 333(301～354) | 오 리 | 28(부화기간) |

물질을 교환하게 된다. 태막은 태아를 싸고있는 가장 내측의 막은 양막(羊膜, amniotic membrane)이 있고, 이 양막과 태아 사이는 양수(羊水, amniotic fluid)가 충만해 있다. 양막의 외측은 요막(尿膜, allantoic membrane)이 있으며, 이 요막과 양막 사이에는 요수(尿水, allantoic fluid)가 충만되어 있다. 그리고 가장 바깥쪽의 막을 융모막(絨毛膜, chorionic membrane)이라 하며, 그 표면은 융모(絨毛, villi)로 되어 있다. 사람의 임신초기에는 태아가 0.04인치 정도의 크기가 되고, 약 3개월 후에는 9 cm 정도로 자라게 된다. 3개월이 지나면 원시적인 심장을 갖게되고, 소화기간이 생기면서 뇌의 발달도 함께 시작된다. 그 후부터는 척추의 발달과 함께 신경계통이 발달된다.

### (2) 임신진단

조기에 임신을 진단(姙娠診斷, pregnancy diagnosis)하는 일은 동물의 번식 증대에 의한 생산성 향상에 매우 중요하다. 이러한 진단은 간편・정확하고 비용이 적게 들수록 유리하다.

#### 1) 외 진 법

동물이 임신하게 되면 외관상 판단이 가능한 것을 말한다. 영양상태가 좋아지면서 행동도 침착해지고 복부팽배 등 외부적 변화가 나타나고, 생리적으로는 주기적 발정(發情)이 중단하므로 쉽게 임신의 관찰이 가능하다. 이러한 진단법을 외진법(外診法, appearance diagnosis of pregnancy)이라고 한다.

#### 2) 직장검사법

직장(直腸) 내에 손을 넣어 자궁과 난소의 상태를 촉진(觸診, palpation)하여 임신 여부를 진단하는 방법을 직장검사법(直腸檢査法, rectal examination)이라 한다. 난소의 임신황체의 크기와 유무, 자궁의 동맥 박동상태, 자궁의 크기 등을 손으로 만져서 진단하는 손쉬운 방법인데, 대동물에서만 가능하다.

#### 3) 방사선 진단법

방사선 사진술(放射線 寫眞術, radiography)을 이용하여 태아의 골격을 확인함으로써 임신을 진단하는 방법을 말한다. 시설장비가 고가라서 비용이 많이 든다는 것과 진단하려면 시기가 늦다는 단점을 가지고 있다.

#### 4) 초음파 진단법

초음파 기구를 이용하여 박동하는 태아의 심장(心臟, héart)을 확인함으로써 임신을 진단하는 방법을 초음파 진단법(超音波 診斷法, ultrasonic diagnosis)이라 한다. 돼지의 경우 임신 15~16일경부터 심장이 박동하기 시작하므로 측정과 진단이 가능하다.

#### 5) 호르몬 분석법

동물이 임신하게 되면 혈액 중이나 유즙 중에 progesterone농도가 높아지므로 이 때 호르몬을 측정함으로써 임신을 진단할 수 있다. 특히 소의 경우 교배 후 21~24일에 혈액이나 유즙 중 progesterone의 농도를 측정하여 임신진단이 가능하다.

그 밖에도 자궁경관 점액검사법, 질점막 조직검사법, 질(膣) 검사법 등이 있으나 실용화되지 못하고 있는 실정이다.

## 2. 분　　만

동물이 일정한 임신기간이 지나면 태아와 함께 태반 등이 모체 밖으로 만출되는 생리적 현상을 가리켜 분만(分娩, parturition)이라 한다.

임신이 종료되면 뇌하수체전엽 호르몬인 prolactin이 작용하여 유즙을 분비시키면서 후엽호르몬인 oxytocin은 $PGF_2\alpha$와 함께 자궁근을 수축시켜 태아를 만출하게 한다. 이러한 것은 인위적으로도 분만을 유도하여 동물관리의 합리화를 모색하기도 한다.

### (1) 분만징후

소의 경우 분만에 가까워지면 거동이 불안해서 안절부절 못한다. 외음부가 충혈되고 점액이 외부로 누출된다. 미근(尾根)의 양쪽 부위가 오목하게 함몰이 뚜렷하게 나타난다. 이 때 유방은 매우 팽창되어 있다.

돼지의 경우는 역시 정서적으로 불안해하면서 외음부가 충혈된다. 배가 매우 아래로 처져서 양 옆구리가 우묵하게 들어가 있고, 유두가 매우 팽대해서 손으로 짜면 분비된다.

말의 경우는 발꿈치의 뒤쪽 또는 엉덩이에서 땀이 흘러 얼룩이 지는 등의 징후가 나타난다. 토끼는 깔짚이나 자기 털을 뽑아 분만할 곳에 위치를 정하여 운반하여 모아 놓는다. 설치류는 대부분 토끼와 같은 분만징후를 보이는 경향이 많다.

### (2) 분만과정

포유동물의 분만과정은 일반적으로 3단계 또는 4단계로 구분하고 있다. 우선 예비진통기는 자궁경관 확장기라고도 하는데, 15분 간격으로 20초간 진통이 시작되고, 그 간격이 짧아지면서 요막(尿膜)이 파열된다. 이 때 요수(尿水)를 배출하게 되는데, 이것을 제1파수(first rupture)라고 한다. 그 후 본 진통기를 맞는데, 진통과 수축이 계속되면서

#### 사람의 임신기간은 동물과 다르다

사람의 임신과정은 다른 포유동물과 별 다름없이 난관에서 「난자+정자」의 결합으로 수정되어 자궁으로 이동하고 착상 후 모체로부터 영양공급을 받아 태아로 발육하게 된다. 이 때 난소의 난포에서 방출된 난자의 수정능력은 배란 후 몇 시간 이내로 다른 포유동물보다 짧은 편이고, 정자는 약 48시간으로 다른 동물과 비슷하다. 정자가 먼저 난관팽대부로 가서 대기하다가 방출된 난자가 오면 하나의 정자만 난막을 융해시켜 더 이상의 정자침입을 못하도록 하는 투명대반응(透明帶反應)을 보이고, 수정부터 착상까지는 약 10일이 소요되는 것으로 알려져 있다.

동물의 임신기간은 보통 수정일로부터 분만일까지로 하여 산출된다. 양의 경우 1월 15일에 수정(授精)되었다면 6월 15일이 분만예정일이고, 임신기간은 약 150일이 되는 셈이다. 그러나, 사람의 배란은 다음 월경예정일로 계산되어 약 14일 전후에 가장 많이 배란하는 것으로 보고되고 있으나, 다음 월경예정일 기준으로 12~19일간은 임신가능성이 항상 있는 것으로 보아야 하는데, 이는 난자보다는 정자의 수명이 매우 긴 경우도 있기 때문이다.

이와 같이 사람은 수정된 일자를 정확히 알 수 없기 때문에 실제로 임신하기 전의 최종월경 첫째 날부터 계산하여 평균 280일째 분만하여 그 기간을 임심기간으로 간주하고 있는데, 이 기간은 40주에 해당되며 4주간을 임신 1개월로 보면 10개월이 된다. 또한 4주간은 28일간이고 많은 여자들의 월경주기와 일치하므로 편의상 임신기간을 10개월(40주)로 인식되고 있다. 예를 들면, 분만예정일은 최종월경 개시일의 달에 9를 더한 수가 출산 달이 되고, 12보다 많을 경우 월수로부터 3을 뺀다. 출산일은 최종월경 개시일의 수에 7을 더한 수이며, 30보다 많아지면 그 수만큼 다음 달로 넘어가서 동시에 출산 달도 달라지게 된다. 따라서, 동물은 수정일(授精日)을 기준으로 임신기간을 산정하는 반면에 사람은 임신전 최종월경 첫날을 기준으로 임신기간을 계산하는 점이 다르다고 할 수 있다.

태아를 싸고있는 양막(羊膜)이 파열된다. 이 때 양수(羊水)를 배출시켜 산도를 개척하면서 태아(胎兒, fetus)가 만출하게 된다. 이것을 제2파수(secondary rupture)라고 부른다. 그 후 태반(胎盤, placenta)이 약 12시간 내에 자궁밖으로 흘러나오는 것이 정상이다. 만약 태반이 외부로 나오지 못하고 자궁벽에 붙어있으면 후산정체(後産停滯, retained placenta)가 따르기 마련이다.

마지막으로 자궁복귀기(子宮復歸期, uterine involution)가 있다. 이 시기는 자궁이 원상태로 복귀 또는 회복되는 시기를 말한다. 처음에 분만 후 1~2일간은 3분마다 수축되고, 3~4일간은 10분마다 계속적으로 수축되어 회복되는데, 소의 경우 45일정도 지나면 차기 임신에 지장이 없을 정도로 자궁(子宮)은 복귀된다. 돼지와 양의 경우는 25~30일 전후가 걸린다.

## 제6절 비유생리

포유동물의 비유기관 중에서 유방(乳房, udder)과 유선(乳腺, mammary gland)의 발달과 함께 유선포는 유즙(乳汁)을 분비하게 된다.

### 1. 유방의 구조와 조직

유방은 4개 또는 2개의 분방(分房) 또는 유구(乳區, quarter)로 구성되어 있는데, 소의 경우는 4개의 분방, 면・산양 및 말의 유방은 2개의 분방으로 되어 있다.

이 분방은 유선포계(乳腺胞系, alveolar system)와 유선관계(乳腺管系, milk duct system)로 구분되어 구성되어 있다. 유선포는 분비상피조직세포로 되어 있으며, 여러 개의 유선포가 모여 유선소엽(乳腺小葉, mammary lobules)을 이루고 있는데, 여기에서 독자적으로 유즙을 합성하는 곳이다. 유방은 혈관이 매우 잘 발달되어 1 ㎖의 우유를 생산

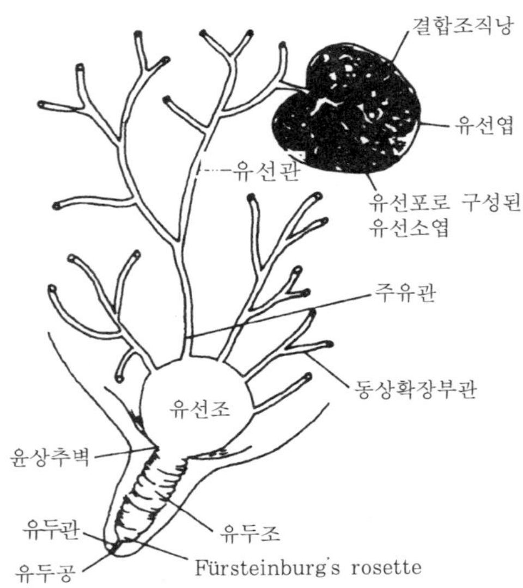

〔그림 5-7〕 유선포계와 유선관계

하기 위해서는 150~500 ㎖의 혈액이 유방을 통과해야 한다.

유선관계는 합성된 유즙이 유선조로 운반하게 하는 통로인 유선관(乳腺管, milk duct system)이 있으며, 유선조(乳腺槽, gland cistern)는 유선관에서 내려온 유즙을 모이게 하는 장소이다. 그리고 유두(乳頭, teat)는 유두조(乳頭槽, teat cistern)와 유두관(乳頭管, teat canal)으로 구성되어 있다.

## 2. 비유의 개시와 유지

비유(泌乳, lactation)의 개시는 유즙 합성에 필요한 전구물질(前驅物質, milk precursors)이 공급되어 유선포의 분비상피세포에서 실제적으로 합성이 이루어진다. 내분비학적으로는 분만을 전후하여 나타나는 황체호르몬(progesterone)의 감소현상과 함께 프로스타그랜딘($PGF_2α$)의 증가가 동반하게 된다. 뇌하수체전엽으로부터 분비되는 최유(催乳)호르몬(prolactin)이 함께 작용하여 유즙의 분비를 촉진시킨다. 임신 중에 억제되었던 비유(lactation)가 분만 후에 개시되는 것은 임신기간 중에는 높은 황체호르몬인 progesterone의 농도 등 비유를 억제하는 요인이 강하게 작용하다가 분만(分娩)의 개시와 함께 이 억제요인은 사라지고 앞에서 서술한 비유촉진들이 생체를 지배하게되기 때문이다.

비유의 지속(泌乳持續, maintenance of lactation)은 신경계와 내분비계가 공동으로 작용하여 이루어진다. 포유(sucking)나 착유(milking)에 의해서 유기되는 신경자극은 뇌하수체를 작용시켜 prolactin, oxytocin, ACTH 등의 호르몬 분비를 자극하여 비유의 지속을 가능케 하고 있다.

이러한 비유지속에는 내분비계의 협력기능도 필수적인데, thyroxine이나 insulin 등의 호르몬도 비유지속에 기여하고 있다.

유성분의 방출양식으로는 유성분 중 수분이나 비타민 및 여러 광물질 등은 주로 확산(擴散, diffusion)에 의하여 유선포강으로 이행한다. 그러나, 유단백질이나 유지방과 유당 등은 이출분비형(離出分泌型)에 의하여 분비상피세포로부터 유선포강내로 방출된다. 다시말하면, 분비물질들이 세포정점으로 이행하여 소량의 세포막에 싸인 채 방출되고, 그것이 방출된 뒷자리에는 즉시 세포막이 다시 형성되어 원상태로 복귀하는 식의 방출양식을 취하고 있다.

유선포강 내로 이행된 각종 유성분(milk components)은 그곳에서 서로 혼합되어 유즙(乳汁)이 된 다음, 유선관계를 통과하여 체외로 배출된다.

유즙의 체외배출에는 신경자극에 의하여 뇌하수체후엽으로부터 방출되는 oxytocin이 관여하게 된다.

## 제 7 절 번식장애

자축이나 웅축에서 정상적 번식기능을 벗어나서 일시적으로 번식이 정지되거나 저하되는 상태를 번식장애(繁殖障碍, reproductive disorder) 또는 번식장해(繁殖障害, reproductive failure) 라고 한다. 유전적 이상, 질병으로 인한 이상, 내분비의 이상, 사양관리의 불량 등 여러 가지 요인에 의해서 유발하는 경우가 많다.

### 1. 자축의 번식장애

#### (1) 난소의 기능이상

호르몬의 이상으로 생기는 난소의 기능이상은 성선자극호르몬의 분비부족에 기인하여 난소기능불충분(卵巢機能不充分)이 있고, 성선호르몬의 분비부족에서 일어나는 둔성발정(鈍性發情, silent heating)이 있다. LH의 부족이나 LH와 FSH간의 불균형에 기인해서 일어나는 황체낭종(黃體囊腫, luteal cyst)이나, 난포낭종(卵胞囊腫, follicular cyst)은 무발정이 되거나 미약발정이 되어 결국 불임의 원인이 된다.

#### (2) 수정이상

수정이상으로는 하나의 난자에 여러 개의 정자가 침입하게 되는 다정자침입(多精子侵入, polyspermy)이 있으며, 자성전핵생식(雌性前核生殖, gynogenesis)과 웅성전핵생식(雄性前核生殖, androgenesis)이 발생할 수 있다.

#### (3) 출생전과 출생후의 폐사

번식장애의 약 30%를 차지하는 배(胚) 폐사(embryo mortality)와 태아(胎兒)폐사(fetus mortality)로 크게 구분되며, 이러한 폐사(斃死)는 유전적 결함, 호르몬 이상, 면역학적 불친화, 환경적 요인 등 많은 것들에 의해서 지배를 받는 것으로 알려져 있다.

#### (4) 임신과 분만장애

태아의 위치 이상이나 비대 등과 모체의 이상 등으로 발생하는 난산(難産)이 있고, 혈장내의 칼슘과 무기물의 급속한 감소로 발생하여 허탈과 의식 상실상태에 이르는 유열(乳熱, milk fever)이 있으며, 분만 후 1주 이내에 발생하기 쉬운 것으로 혈액 내의 저혈당이 되어 일어나는 케토시스(ketosis) 등을 들 수 있다. 태아의 만출 후 일정기간이 경과 후에도 태반(胎盤, placenta)이 외부로 만출되지 않는 후산정체(後産停滯, retained placenta)가 있으며, 임신기간이 경과해도 분만이 일어나지 않는 장기재태(長期在胎, prolonged gestation)도 있다. 전염성 번식장애로써는 세균감염에 의해서 야기되는 세균성 유산(流産)으로 브루셀라병(brucellosis), 비브리오병(vibriosis), 렙토스피라병(leptospirosis)이 있으며, 바이러스성 감염은 소의 유행성 유산(流産)이 있고, 원충성 감염으로는 트리코모나스병(trichomoniasis)이 있다.

## 2. 웅축의 번식장애

### (1) 정자형성상의 장애

정자형성이 지연되는 경우는 사양조건이 불량할 때와 Vitamin A의 부족에 의해서도 일어난다. 여름철에 환경온도가 상승되어 정자농도가 낮고 운동성이 떨어져 하계불임(夏季不姙, summer sterility) 현상이 나타난다. 또한 정소가 음낭(陰囊) 내에 하강 조절이 불가능하여 정자생산이 안 되는 잠복정소(潛伏精巢, cryptorchidism)이 있으며, 정소나 정소상체에 염증을 일으켜 정자생산에 이상이 생길 경우도 있다.

### (2) 정액과 정자의 이상

정액성상의 이상으로는 정액형성이 안 되는 무정액증(aspermia), 정액은 있으나 정자는 없는 무정자증(azoospermia), 정자수가 매우 적은 정자감소증, 정자활력이 없는 정자무력증 등이 있다. 정자의 형태가 정상적이지 않으면 기형(畸形, deformity)으로 보아야 하며, 기형률이 15%를 초과하면 수태율이 저하하게 된다.

### (3) 영양소결핍

특히 웅축에서는 영양소 결핍으로 번식능력이 저하되는 경우가 있다. 반면에 과잉섭취로 인해서도 마찬가지로 정자생산능력과 수정능력이 저하된다.

비타민 A가 결핍되면 정자 두부에 기형이 많아지는 경향이 있으며, 비타민 E가 결핍되면 정자 자체가 기능이 저하된다. 무기물 중에서는 Mn, Mo 및 Zn이 결핍되어도 정자기능이 감퇴되는 것으로 보고되었다.

# 제8절 생물유전공학의 원리와 기법

축산학에 동물을 이용하여 생물공학과 유전공학적 기법을 활용함으로써 우량동물과 양질의 축산물을 증대시키고, 그 품질을 향상시키면서 생산비를 절감시키는 일이다. 최근에는 전 세계인의 이목을 끌고 있는 생명공학은 동물의 생산성 향상은 물론 인간의 난치병 치료와 같은 새로운 목표로 자리 매김이 확고히 될 것으로 판단된다.

유전공학(遺傳工學, genetic engineering)이란 특정 생물에 다른 종(species)의 유전자(gene)를 조합하여 본래 없던 새로운 형질을 가진 생물체를 만들어 내는 기술을 말한다. 이러한 유전공학적 기법으로 세포융합, 핵치환, 수정란조작, 유전자 재조합 등을 할 수 있다. 이와 유사한 개념으로 쓰이는 생물공학(生物工學, biotechnology)은 수정란이식, 수정란의 성감별, 쌍태유기 등의 응용과 같이 주로 생식세포인 정자(精子)와 난자(卵子)를 이용하여 동물의 번식효율 개선이나 생산성 제고에 기여하는 학문을 가르키고 있다.

이와 같은 유전공학과 생명공학은 1980년대에 접어들어서는 생명과학(life science)을 다루는 학문분야라고 해서 생명공학(生命工學, engineering)으로 그 영역을 확대하여 부르고 있다. 이러한 생물공학과 유전공학에 관련된 연구를 소개하면 다음과 같다.

## 1. 수정란의 성감별

수정란(受精卵, fertilized egg)을 가지고 성감별(性鑑別)은 여러 가지 방법이 쓰이고 있다. 성염색체검사법(性染色體檢査法), 생화학적방법(生化學的方法), 웅성특이항체이용법(雄性特異抗體利用法), Y염색체 DNA probe 이용법, PCR법 이용 등으로 성감별이 가능하다.

최근에는 자축생산이 경제적으로 유리하다면 Y항체(H-Y antibody)를 수정란에 처리하여 XX형 성염색체(XX sex chromosome)를 가진 수정란만을 선별하여 이식(移植)함으로써 85% 이상 자축만을 생산할 수 있게 되었다.

## 2. 난자 내 정자의 주입

미세조작기(微細操作器, micromanipulator)를 이용하여 하나의 난자에 하나의 정자를 주입하여 실험관내(in vitro)에서 수정(受精)을 유도하는 기술이 성공적으로 이루어지고 있다. 우수한 종모축의 이용효율면에서는 인공수정보다 훨씬 향상될 것으로 생각된다.

### 3. 수정란이식

생체내(生體內, in vivo) 또는 생체외(生體外, in vitro)에서 수정란(受精卵)을 외과적 또는 비외과적 방법에 의하여 주로 동품종 내에서 발정의 동기화(發情 同期化)를 일으켜 임신을 유지시키고, 분만시켜 자축을 생산하는 일련의 과정을 수정란이식(受精卵移植, embryo transfer)이라고 한다. 이러한 수정란이식의 장점은 우수한 아비의 유전능력을 가진 개체로부터 단기간 내에 많은 자축(仔畜)을 생산할 수 있어서 개량기간을 단축시킬 수 있다. 또한 인위적으로 쌍태생산(雙胎生産)이 가능할 뿐만 아니라 성비(性比)를 조절할 수 있는 등의 유리한 점들이 있다. 수정란이식의 시술로는 우선 과배란(過排卵, superovulation)을 유기시키고, 배(胚)를 회수시켜서 즉시 사용하지 않으면 동결보존시켜야 한다. 이후에는 공란축(供卵畜, donor)과 수배축(受胚畜, recipient)간의 발정동기화를 만들어 외과적 또는 비외과적 방법에 의하여 배(胚, embryo)를 이식함으로써 임신을 유지시켜 분만케 하는 방법을 말한다.

### 4. 키메라 동물의 생산

일반적으로 동일한 품종 또는 축종 내에서 서로 다른 개체에서 2개이상의 수정란(受精卵)을 융합(融合, fusion)시켜 하나의 키메라 배(胚)를 만든 다음에 이것을 이식하여 chimera 동물을 생산하는 것을 말한다.

흰쥐의 1-세포기 배를 실험관내에서 융합시켜 생산한 경우와 2개의 8-세포기 배를 응집시킨 다음에, 이것을 대리모에 이식하여 최초로 chimera 생쥐를 분만시켰다는 보고도 있다. 이러한 키메라동물 생산은 고급 모피동물(毛皮動物)을 생산하는 새로운 기술로 부상될 전망이다.

### 5. 수정란의 핵치환

포유동물 수정란의 핵치환(核置換, nuclear transplantation)은 세포질과 핵의 chimera 배를 만드는 것과 같다고 할 수 있다. 최초의 핵치환은 1952년에 개구리(frog)

에서 시도되었다. 핵치환은 일반적으로 핵공여(donor) 배반포의 내부 세포괴를 구성하는 분할구의 핵을 핵수용(recipient) 수정란의 전핵(前核)과 치환하는 방법이 이용되고 있다. 핵을 주입할 때에는 피펫을 이용하여 수정란에 존재하는 자성전핵(雌性前核)을 뽑아냄으로써 수정란의 세포질과 이식된 핵으로 새로운 배(胚, embryo)를 만들게 되는 것이다.

최근에는 Kono 등(1991)이 2세포기와 4세포기에 생쥐 수정란으로부터 핵을 채취하여 핵이 제거된 2세포기 수정란에 이식함으로써 일란성 쌍자와 3쌍자를 생산하였다고 보고한 바 있다. 이와 같이 핵치환을 실시함으로써 우수한 수정란이 갖고있는 유전형질을 전달할 수 있다는 잇점을 가지고 있다.

## 6. 형질전환동물의 생산

특정형질을 발현하는 외래유전자(外來遺傳子, foreign gene)를 동물의 수정란에 발생초기에 주입하여 새로운 형질이 획득된 동물을 생산하는 것을 형질전환동물(形質轉換動物, transgenic animal)이라 한다. 생쥐수정란에 성장호르몬을 도입하여 거대 생쥐(super mouse)를 만들었고, 백혈병치료제를 유즙에서 분비하는 형질전환 흑염소가 만들어졌으며, 사람의 조혈촉진유전자가 형질전환돼지에서 생산되어 젖과 오줌에서 얻을 수가 있다.

그리고 최근에는 사람의 락토페린(lactoferrin) 유전자가 도입된 형질전환 송아지도 생산되고 있어 생산성 생산을 물론 신약개발에 더욱 기여할 것으로 전망된다.

복제(複製, duplication)는 수정란의 핵치환과 거의 같다고 볼 수 있다. 복제대상의

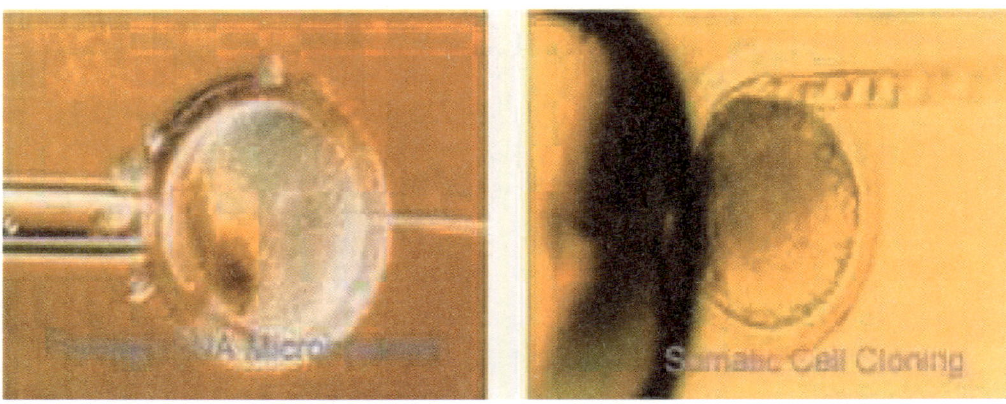


〔그림 5-8〕 외래유전자의 미세주입

## 생명과학기술의 개발로 복제인간 탄생과 문제점

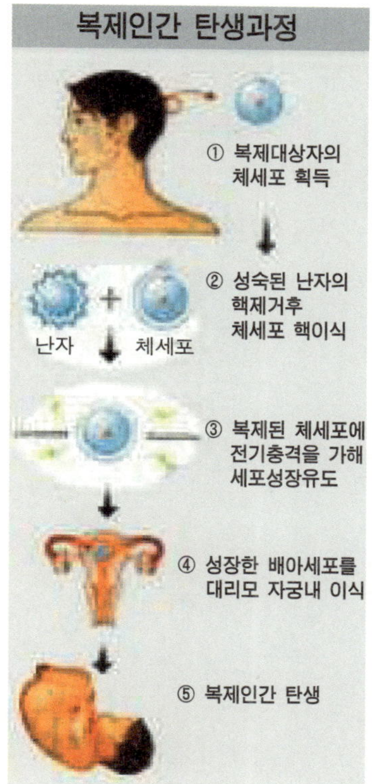


복제인간(複製人間) 프로젝트를 공공연히 밝혀왔던 클로네이드社가 2002년 6월 27일 복제 여아(女兒) 탄생 사실을 발표하면서 인간 복제 시대가 눈앞의 현실로 다가왔다.

아기가 '30세 미국 여성'의 체세포를 이용해 복제됐다는데 아기의 몸무게는 3.2kg으로, 이름은 「이브(Eve)」로 어머니와 같다고 하였다. 아기가 실제로 복제에 의해 태어난 것을 입증해주는 자료, 즉 복제아이와 어머니(체세포 기증자)의 DNA가 일치하는지를 보여주는 자료는 제시되지 않았다. 이날 사상 첫 복제인간 탄생의 발표를 입증할만한 객관적인 증거를 제시하지는 못했다. 지금까지 출산과정은 비밀리에 부쳐졌으며, 아직까지 제3자에 의한 과학적인 검증은 이뤄지지 않은 상태이기 때문이다. 미국 퍼듀대학의 윌리엄 뮤어(Muir) 유전학 교수는 「어떻게 아기를 복제했는지가 궁금하다」면서 「유아기를 거쳐 살아남는다고 가정하더라도 어떻게 '정상적인 사람'으로 성장할 것인지」에 대해서도 의문을 표시했다.

복제인간이 탄생하려면 어떤 과정을 거치게 되는가? 인간복제에 사용되는 기술은 복제양 「'돌리'(Dolly)」 등 그동안 동물복제에 사용된 방법과 같다.

복제는 우선 복제하려는 대상의 귀나 피부 등에서 체세포(體細胞)를 떼어내는 것으로부터 시작한다. 이후 성숙한 난자 안에 있는 핵(核)을 실험실에서 빼낸 뒤, 복제하려는 체세포의 핵을 대신 집어 넣는다. 즉 유전정보의 99% 이상이 들어있는 핵을 바꿔 차지하는 셈이다. 이렇게 「핵 치환」된 난자에 전기충격과 난자 활성화 물질 등을 투여하면, 난자는 정자와 난자가 만난 수정란처럼 세포분열을 일으키며 배아(胚芽)세포로 성장한다.

세포분열 후 4～5일이 지난 배반포(胚盤胞)기 단계에 이르면, 이 배아세포를 대리모 자궁에 이식하여 태아로 자라게 한다. 이후 출산과정을 거치면, 체세포를 제공한 인물의 유전정보를 그대로 빼다박은 복제아이가 탄생하는 것이다. 정통적으로 믿어온 「난자+정자」로 아기 낳는 자연섭리가 깨어진 셈이다.

인간 복제아기에게 어떤 일이 벌어질지는 생명과학자들도 전혀 예상을 못하고 있다. 단, 지금까지 이루어진 동물복제에서 나타난 결과로 추정할 뿐이다. 지난 1997년 세계 최초로 탄생한 「텔로미어(Telomere)」 유전자가 정상 양보다 짧은 것으로 나타났다. 그 만큼 노화가 일찍 온 것이다. 이 때문에 돌리는 퇴행성 관절염을 앓고 있고, 걸음걸이가 비정상적인 형태를 보이는 것으로 알려진 후 2003년 2월 중순에 안락사를 맞이하였다.

복제된 배아가 대리모에 착상된 이후에도 30～70%의 태아가 죽거나 유산된다. 출산 전후에서의 사산(死産)도 빈발하다는 보고가 있다.

피부에서 체세포(體細胞, somatic cell)를 떼어내어 성숙난자 안의 핵을 빼낸 자리에 체세포의 핵을 대신 집어넣는 방법을 말한다. 최초로 발표(1997)한 복제양「돌리(Dolly)」도 이러한 방법으로 탄생시켰다. 2002년 12월 사상 최초로 복제인간(複製人間, human clone) 여아(女兒)를 미국에서 탄생시켰다고 발표하여 의학계에서는 불치병이나 난치병과 같은 고질적 문제를 해결할 수 있으리라는 긍정적인 면과 인간존엄성에 대한 도전이라고 하는 종교계와 과학자들의 주장이 거세게 대립하고 있어 금후 생명과학의 문제점으로 안고 있다.

〈표 5-6〉 생명복제관련 주요 연구사

| 발표연도 | 연구동물 및 내용 |
|---|---|
| 1983 | • 생쥐 색식세포 복제 |
| 1986 | • 면양 생식세포 복제 |
| 1997 | • 세계 최초 체세포 복제에 의한 복제양「돌리」탄생  |
| 1998 | • 체세포 복제 쥐, 소 탄생 |
| 1999 | • 한국 복제 소「영롱이」탄생 |
| 2000 | • 복제돼지, 원숭이 탄생 |
| 2001 | • 이태리 안티노리박사 등 인간복제 강행 발표 |
| 2002 | • 유전자 조작한 복제돼지 탄생, 고양이 복제 |
| 2002. 6 | • 복제 이브(Eve) 여아(女兒) 1호 탄생,「미국 클로네이드사(社)」 |

## ◆연습문제◆

1. 난자형성(oogenesis)과정을 설명하시오.
2. 난소(卵巢)의 기능을 설명하시오.
3. 난자의 투명대 반응(zona pellucida reaction) 이란 무엇인가?
4. 자궁의 구조와 명칭을 설명하시오.
5. 수정(授精)은 어느 부위에서 주로 이루어지는가?
6. 정소의 구조와 기능을 설명하시오.
7. 정자형성시 하나의 정원세포(spermatogonium)는 몇 개의 정자를 만드는가?

8. 정소상체(精巢上體)의 주된 기능을 열거하시오.
9. 뇌하수체전엽 호르몬을 열거하고, 그 기능을 쓰시오.
10. 옥시토신(oxytocin) 호르몬의 기능을 설명하시오.
11. 에스트로겐(estrogen)과 프로제스테론(progesterone)의 차이점을 설명하시오.
12. PGSG와 HCG 호르몬의 차이점을 비교 설명하시오.
13. 주요 동물의 성성숙 월령을 쓰시오.
14. 발정과 배란이 일어나는 기작(mechanism)을 설명하시오.
15. 주요 동물의 발정주기(發情週期)를 설명하시오.
16. 발정주기가 가장 짧은 동물과 가장 긴 동물을 들고, 그 기간은 얼마인가?
17. 계절번식(季節繁殖, seasonal breeding)이란 무엇이며, 여기에는 어떠한 동물들이 있는가?
18. 각 동물의 특이한 발정징후(heating sign)을 서술하시오.
19. 배란율(排卵率, ovulation rate)이란 무엇인가?
20. 인공수정(人工授精)의 장점을 열거하시오.
21. 정액의 액상보존과 동결보존법에 대하여 설명하시오.
22. 각 동물의 교배적령기는 얼마인가?
23. 동물의 교배적기(交配適期)는 언제인가?
24. 주요 동물의 착상소요일수는 얼마인가?
25. 수정과 임신의 정확한 개념을 설명하시오.
26. 주요 동물의 임신기간은 얼마인가?
27. 임신은 번식가축의 중요한 경제적 효율성의 척도이다. 그 감정법을 들고, 그 특이사항을 서술하시오.
28. 분만과정을 약술하시오.
29. 소와 돼지에서 자궁복귀(子宮復歸)는 얼마나 소요되는가?
30. 유방의 구조에 대하여 설명하시오.
31. 비유의 개시와 유지에 관련된 호르몬에 대하여 설명하시오.
32. 유열(milk fever)과 케토시스(ketosis)란 무엇인가?
33. 하계불임(夏季不姙, summer sterility)이란 무엇인가?
34. 수정란이식(embryo transfer)과정을 설명하고, 그 장점을 열거하시오.
35. 형질전환동물(transgenic animal)이란 무엇이며, 어떠한 잇점을 기대할 수 있는가?
36. 복제양(일명 Dolly) 탄생과정을 설명하고, 탄생 후 문제점은 무엇인가?

제 6 장

# 동물의 영양편

동물이 고기, 우유, 알 등을 생산하기 위해서는 사료를 섭취하여야만 한다. 그러나 동물은 섭취하는 사료의 종류, 형태에 따라서 이용성이 현저히 달라지게 되기 때문에 어떠한 사료를 어떻게 급여하는가 하는 문제는 동물 사육에서 매우 중요한 요소라고 할 수 있다. 이러한 관점에서 볼 때 본 제 6장에서는 동물이 섭취한 사료를 소화하고 이용하는 기관 및 기능을 이해하고 체내에서 이용되는 영양소의 종류 및 기능을 학습하고자 한다.

## 제 1 절 동물의 소화기관과 소화생리

동물에 있어서 소화기관(消化器管, digestive organs)이란 사료를 섭취하고, 섭취한

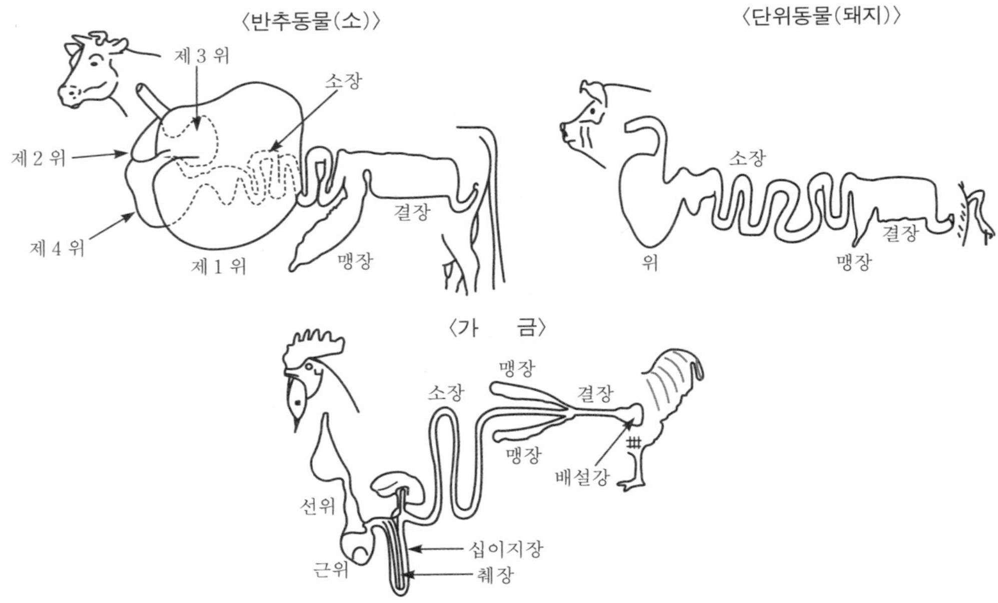


〔그림 6-1〕 동물별 소화기관의 구조

사료를 소화하고, 생성되는 영양소를 흡수하며, 또한 섭취사료 중 소화되지 않은 부분을 배출하는 역할을 하는 체내기관이다. 구강에서 항문까지를 총체적으로 소화기관이라 하며 주요 소화기관으로는 구강, 식도, 위, 소장, 대장 등이 있으며 부속기관으로는 간, 췌장, 신장 등이 있다. 동물의 종류별로 소화기관은 크기나 기능 면에서 많이 차이가 나는데, 특히 반추동물을 비롯한 초식동물은 소화기관이 크고 복잡하여 많은 양의 사료를 섭취하기에 용이하게 되어 있어 부피가 큰 목초 등의 사료를 섭취, 이용할 수 있도록 잘 발달되어 있다.

## 1. 구 강

### (1) 입 · 혀 · 치아

치아는 포유동물의 주요한 저작기관으로써 형태와 기능에 따라 앞니, 송곳니, 앞어금니, 어금니로 분류된다. 동물의 종류에 따른 치식은 〈표 6-1〉에서 보는 바와 같다. 각 치아의 작용으로는 앞니는 물어뜯거나 자르는 작용을 하며 송곳니는 물어뜯으며, 어금니는 사료를 부수는 맷돌과 같은 역할을 한다. 특히 반추동물 중 소는 혀가 발달하여 긴 풀을 혀로 휘감아 사료를 포착하여 채식하기 쉽게 되어 있다. 소의 입술은 사료를 입안으로 끌어당기는 데는 유용적이지 못하나 혀가 사료를 포착하는 주요한 기능을 가지고 있다. 소의 혀는 길고 강하고 잘 움직이며, 쉽게 여러 종류의 사료를 휘감아서 입안으로 끌어당길 수가 있다. 그런 후 위 잇몸과 아래 앞니가 사료를 절단하는 역할을 하게 되는 것이다. 소, 양 등의 반추동물은 위 앞니가 없는 것이 특징이다.

반추동물(反芻動物, ruminant animal)은 채식 후 1시간 내외가 되면 반추(되새김)를 시작하며 일반적으로 사료의 거친 정도가 클수록 저작횟수 및 반추횟수가 증가하는데, 소의 평균 1일 반추횟수는 9～13회, 1회 반추시간은 약 30분 정도로 1일 약 7～10시간을

〈표 6-1〉 각 동물 및 사람의 치식 비교

| 구 분 | | 앞 니 (incisor) | 송곳니 (canine) | 앞어금니 (premolar) | 어금니 (molar) |
|---|---|---|---|---|---|
| 초식동물 | 면 양 | 0/8 | 0/0 | 6/6 | 6/6 |
| | 산 양 | 0/8 | 0/0 | 6/6 | 6/6 |
| | 소[1] | 0/8 | 0/0 | 6/6 | 6/6 |
| 잡식동물 | 돼 지[2] | 6/6 | 2/2 | 8/8 | 6/6 |
| | 사 람[3] | 4/4 | 2/2 | 4/4 | 6/6 |

주 : 치식의 분자는 윗니의 수이고, 분모는 아랫니의 수임.
[1]2( I 0/4 + C 0/0 + P 3/3 + M3/3) = 32
[2]2( I 3/3 + C 1/1 + P 4/4 + M3/3) = 44
[3]2( I 2/2 + C 1/1 + P 2/2 + M3/3) = 32

반추한다. 소의 반추행위 및 구강에서의 저작작용의 의미는 거친 사료를 제 1위에서의 반추위미생물에 의하여 쉽게 발효가 되고 또한 위를 통과 후 제 4위와 소장에서도 소화 효소 작용을 잘 받을 수 있도록 사료 입자의 표면적을 넓게 만드는 과정이라고 할 수 있다.

### (2) 침

침(唾液, saliva)은 구강에 위치하고 있는 침샘(唾液腺)에서 분비되는 액상물질로써 빛깔, 냄새 및 맛이 없는 약알칼리성(pH 8.2)을 띤다. 침의 기능으로는 사료를 삼키기 쉽게 매끄럽게 해주어 저작 후 사료를 삼키기 쉽게 한다. 이외에도 반추동물의 경우 침은 반추시 위 내의 식괴를 입으로 쉽게 토출할 수 있도록 하며 또한 침속에 $Na^+$, $K^+$, $Ca^{2+}$, $P^-$, $Cl^-$, $HCO_3^-$, $HPO_4^-$ 등이 함유되어 있어 제 1위 내의 미생물에게 무기영양소의 공급원이 되며 동시에 위 내의 pH를 일정하게 유지시키는 완충제로써 작용한다.

## 2. 위

위(胃, stomach)는 식도로부터 넘어 온 음식물을 저장하고 소화시키어 소장으로 보내는 역할을 한다. 사람, 돼지, 개, 고양이 등의 단위동물은 간단하면서도 비교적 작은 위를 하나 가지고 있으며 소, 면양, 산양, 사슴 등의 반추동물은 위가 매우 크며 4개의 주머니로, 즉 제 1위(rumen), 제 2위(reticulum), 제 3위(omasum), 제 4위(abomasum, true stomach)로 분리되어 있다. 일반적인 포유동물의 위의 벽세포에서는 염산이 분비되어 위 내의 pH가 2.0 정도로 유지되며 이 염산에 의하여 분비된 pepsinogen이 pepsin으로 활성화된다. Pepsin은 단백질을 peptide 수준으로 소화하는 능력을 가지고 있으며 이들 peptide는 소장에서 다시 아미노산 수준으로 소화가 더욱 진행된다. 이외 반추동물의 경우 제 3위는 그 기능이 아직 명확하지 않지만 주로 수분을 많이 흡수하는 것으로 알려져 있으며, 제 4위는 단위동물의 위(true stomach)에 해당되는데 단위동물의 위에서와 마찬가지로 pepsin 효소와 염산을 분비한다. 새로 태어난 송아지에서는 제 4위가 전체 위 중 약 80%를 차지하나 소가 성장하면서 고형물 섭취가 늘어나면 제 1~2위가 커지고 따라서 제 4위의 상대적 크기는 9~10% 정도밖에 안된다.

반추동물의 제 1~2위에는 단위동물(單胃動物, monogastric animal)과는 달리 수많은 박테리아(bacteria)와 프로토조아(protozoa) 등의 미생물이 서식하여 숙주동물인 소와 공생관계를 이루고 있다. 제 1~2위 내의 미생물은 동물이 섭취한 사료를 발효시켜(혐기성 발효) 숙주동물에게 에너지 및 단백질을 공급하는 역할을 한다. 이렇게 반추동물은 제 1~2위 내에서 미생물이 서식할 수 있는 공간을 제공함으로써 단위동물에서는 이용 가치가 거의 없는 사료를 이용하여 에너지 및 단백질을 공급받아 인간에게 유용한 식품인 우유 및 고기 등의 동물성단백질을 생산할 수 있다.

### ◉ 반추동물 제 1～2위의 환경 및 기능상 장점

입으로 통해 들어간 사료는 식도를 지나 일명 반추위라고 하는 제 1위로 들어간다. 섭취된 사료는 제 1～2위에서 그 곳에 서식하는 수많은 미생물군에 의하여 발효작용을 거치고, 일부 소화가 용이하지 않은 거친 사료의 경우는 더 많은 저작작용을 위해서 구강으로 재역류되고 저작 후 다시 제 1위로 재투입된다. 반추동물에서 제 1～2위 내에 미생물군이 존재함으로 인한 장점을 열거하면 다음과 같다.

① 제 1～2위 내 미생물은 인간과 기타 동물이 영양소로 이용할 수 없는 섬유소를 이용할 수 있다.
② 제 1～2위 내 미생물은 비단백태질소를 이용하여 미생물단백질을 합성할 수 있다.
③ 제 1～2위 내 미생물은 체내에서 필요한 모든 비타민군을 합성할 수 있다.
④ 제 1～2위 내 미생물은 동물이 생명유지에 필요로 하는 모든 필수아미노산을 합성할 수 있다.
⑤ 제 1～2위 내 미생물은 체내에서 필요한 모든 필수지방산을 합성할 수 있다.

닭을 포함한 가금류의 소화기관은 치아가 없고, 「식도-소낭-선위-근위-십이지장 및 췌장-공장-회장-맹장-결장-총배설강」으로 연결되어 있다. 특히, 소낭(嗉囊, crop) 및 근위(筋胃, gizzard, 모래주머니), 맹장(盲腸, cecum)이 다른 동물에 비하여 발달되어 있다.

소낭은 식도의 확장부로써 사료를 저장하는 역할을 하며, 음식물이 위로 넘어가기 전에 음식물을 습윤하고 묽게 하여 서서히 위로 보내는 작용을 한다. 위는 선위(腺胃, glandular stomach)와 근위로 분류되며 선위는 단위동물의 위나 반추동물의 제 4위에서와 같이 산과 pepsin 효소를 분비한다. 그러나 선위는 용적이 작아 소화력이 약한 편이다. 근위는 포유동물의 유문부에 해당되는데 거친 음식물을 파쇄하고 분쇄하며, 선위에서 이미 공급된 위액과 잘 혼합하는 물리적 역할을 한다.

## 3. 소 장

소장(小腸, small intestine)은 십이지장(十二指腸, duodenum), 공장(空腸, jejunum), 회장(回腸, ileum)으로 구성되며 소장의 크기는 성우의 경우 길이가 40～45 m 에 달하고 약 5 cm의 직경을 가지고 있다. 작은 손가락 모양의 돌출부인 융모가 소장 벽에 있으며, 이들 융모는 소화물과 소화효소를 잘 섞어주는 역할을 하고, 또한 영양소 흡수 표면적을 크게 넓혀주는 역할을 한다. 소장은 수축과 이완작용의 반복에 의한 연동작용으로 소화물이 이동한다. 소장은 각종 소화 효소가 분비되는 기관으로써 소장의 상부인 십이지장에서는 췌장(pancreas)과 담낭(gall bladder)이 연결되어 있어서 췌액과 담즙이 분비된다. 췌액은 단백질 가수분해 효소인 트립시노겐(trypsinogen), 키모트립신(chimotrypsin), 카르복시펩티다아제(carboxypeptidase) 등이 분비되어 대부분의 단백질이 펩타이드와 아미노산으로 분해된다. 췌액은 또한 탄수화물분해효소인 아밀라제(amylase)를 분비하여 전분을 말토오스(maltose)로 분해하며, 지방 분해효소인 리파아제(lipase)를 분비하여 지방을 가수분해한다. 담즙산염(bile salt)을 포함한 담즙은 간에서 합성되어 담낭을 통해 분비되는데, 주요 기능으로는 지방의 유화(乳化)를 돕고 췌장에서 분비되는 리파아제를 활성화시켜 지방의 흡수를 돕는 역할을 한다.

소장에서 분비되는 효소로는 peptidase, maltase, lactase, sucrase, nucleotidase 등이 분비되어 peptide를 아미노산으로, maltose를 glucose로, lactose를 glucose와 galactose로, sucrose를 glucose와 fructose로, nucleotide를 pyrimidine 염기와 당류로 각각 분해하는 역할을 한다.

### 4. 대 장

소장(小腸)에서 소화, 흡수되지 못한 사료는 맹장을 지나 성우의 경우 지름 5~12 cm, 길이 10~11 m의 대장을 지나고 직장(直腸, rectum)을 거쳐 항문을 통해 배설된다. 대장(大腸, large intestine)은 맹장(盲腸, cecum), 결장(結腸, colon), 직장(直腸, rectum)으로 구성되며 대장에서는 소장과는 달리 소화작용이 일어나지 않고 수분을 주로 흡수하는 역할을 한다. 맹장은 일반적으로 대장의 한 부분으로 인식되며 초식동물 중 비반추동물인 말이나 토끼와 같은 동물에서는 맹장이 미생물 발효가 일어나는 중요한 장소로 사용되나 소에서는 맹장에서 미생물 발효가 약간은 일어나나 제 1~2위와 비교할 때 작고 기능 또한 별로 중요한 역할을 하지 않는다.

## 제2절 영양소의 종류 및 기능

생물은 생존에 필요한 물질을 외부로부터 들여와 체내에서 이용하고 불필요한 물질은 배출한다. 이러한 일련의 과정을 영양이라고 하나 이러한 과정은 식물과 동물에 관계없이 생물에 필수 불가결한 생물현상이다. 생물체는 단백질, 핵산, 지질, 탄수화물, 비타민 등의 유기물과 무기물 및 물로 구성되어 있으나 식물은 무기물로부터 유기물을 합성하는 능력을 지니는데 반해 동물은 그러한 능력이 없다. 따라서 동물은 많은 종류의 유기물을 체외로부터 들여오지 않으면 안된다. 사료 내에 함유하고 있는 유기물질을 포함한 무기물질을 가르켜 영양소(營養素, nutrients)라 하고, 동물이 섭취하는 대표적인 영양소로는 탄수화물, 단백질, 지질, 광물질, 비타민, 물 등이 있다.

최근 환경오염, 특히 수질오염과 지하수 고갈로 인하여 동물체의 구성요소 중 60~70% 이상을 차지하고 있는 물이 부족하여 이에 대한 중요성이 강조되고 있는 실정이며 미래에는 더욱 중요한 영양소로 간주될 것으로 예상된다. 또한 탄수화물, 지질 및 단백질은 체내 대사과정 중에서 생명유지와 생산을 위한 에너지원이 되기 때문에 에너지영양소라고도 한다. 탄수화물(炭水化物, carbohydrates)과 지질(脂質, lipid)은 에너지원으로 우선적으로 사용되는 중요한 에너지원이며 단백질은 아미노산의 형태로 흡수되어 체내에서 다시 새로운 단백질을 합성하는 주요 원료로 사용하게 된다.

한편, 동물체의 주요 성분은 〈표 6-2〉와 같이 분류된다.

동물체의 특성을 보면 동물체에는 식물과 달리 탄수화물이 글리코겐(glycogen)의 형태로 약간만 존재하며 수분과 지질의 함량은 동물의 종류와 육성단계에 따라 다르나 단백질함량은 거의 일정하다.

유기영양소인 탄수화물, 단백질, 지방, 비타민과 무기영양소인 무기물을 포함하여 5대 영양소라고 하는데, 여기에서는 물을 포함하여 6대 영양소라고도 부른다.

〈표 6-2〉 동물체의 체성분 (단위 : %)

| 동 물 | 수 분 | 단백질 | 지 질 | 회 분 | 탄수화물 |
|---|---|---|---|---|---|
| 신생자우 | 74 | 19 | 3 | 4.1 | – |
| 거 세 우 | 64 | 19 | 12 | 5.1 | – |
| 돼 지(100kg) | 49 | 12 | 36 | 2.6 | – |
| 닭 | 56 | 21 | 19 | 3.2 | – |
| 사 람 | 59 | 18 | 18 | 4.3 | – |

## 1. 탄수화물

자연계에서 다량으로 존재하는 가장 값싼 에너지원으로 주로 탄소(C), 수소(H), 산소(O)로 구성되어 있다. 일반적으로는 $Cn(H_2O)n$의 구조를 나타내며 가수분해에 의해 당 또는 그 유도체를 만들어 내는 화합물을 총칭하여 탄수화물(炭水化物, carbohydrates)

이라 한다. 탄수화물은 전분이나 셀룰로오스 등 식물의 중요한 구성성분이고 동물이 섭취하면 주요한 에너지원이 되기도 한다. 탄수화물은 일반적으로 단당류, 과당류 및 다당류로 크게 구분한다.

### (1) 탄수화물의 분류

① 단당류(單糖類, monosaccharide) : 탄수화물을 구성하는 최소단위로써 주로 식물의 다당류나 이당류의 가수분해 혹은 발효에 의해 생성된다. 자연계에 존재하고 영양상으로도 중요한 6탄당(六炭糖, hexose, $C_6H_{12}O_6$)인 glucose(포도당), fructose(과당), galactose, mannose 등이 있다. 5탄당(五炭糖, pentose, $C_5H_{10}O_5$)으로는 생체 내에서 핵산의 구성성분의 기능을 담당하고 있는 ribose와 deoxyribose, 다당류의 구성당인 xylose와 arabinose가 있다.

② 과당류(寡糖類, oligosaccharide) : glucose 등의 단당류가 2～10개 단위로 글라이코시드 결합한 것이 과당류이고, 2개의 단당류가 결합한 이당류도 이에 포함된다. 이당류(二糖類, disaccharide)에는 scurose(glucose와 fructose의 결합), maltose(glucose와 glucose의 α-1,4 결합), cellobiose(glucose와 glucose의 β-1,4 결합), lactose(glucose와 galactose의 결합) 등이 있고, 3당류(三糖類, trisaccharide)로는 raffinose가 있다.

③ 다당류(多糖類, polysaccharide) : 단당류가 여러 개 결합된 것을 말한다. 전분(starch)은 포도당의 결합으로 이루어진 중합체로써 중요한 에너지원이 된다. Glycogen은 glucose로 구성된 당(糖)으로 동물체 내에 저장되고 있는 당질로써 간과 근육에 존재한다.

Cellulose는 가장 풍부히 존재하는 식물체의 탄수화물이며, 기타 다당류로써는 식물세포벽 등에 존재하는 hemicellulose, xylan, araban, inulin 등이 있다.

④ 리그닌(lignin) : 식물의 목질화된 부위나 껍질 등에 함유되어 있어 동물이나 미생물의 발효에 의해서만 분해된다. 질소를 약 1～5%정도 함유하고 있어 엄밀하게는 탄수화물로 분류되지 않는다.

### (2) 탄수화물의 소화

#### 1) 단위동물에서의 탄수화물 소화

단위동물에서의 탄수화물 소화는 타액에 함유되어 있는 α-amylase(ptyalin)이라는 효소가 전분을 maltose로 가수분해하면서 시작되나 구강에서는 효소의 작용시간이 제한되기 때문에 소화작용은 활발히 일어나지 못한다. 전분(澱粉)은 주로 췌장(膵臟, pancreas)에서 분비되는 α-amylase에 의하여 maltose와 isomaltose로 분해되고,

cellulose는 분해되지 않는다. 최종적으로는 이들 maltose와 sucrose, lactose 등이 소장에서 분비되는 maltase, isomaltase, sucrase, lactase 등에 의하여 완전히 glucose, fructose, galactose 등의 단당류로 분해되어 소장에서 흡수된다. 소장에서의 glucose 또는 다른 단당류들의 흡수과정은 Na와 결합한 특수 운반체(carrier)와 결합하면서 소장의 점막 세포로 진입한다. 이 과정은 점막 세포 내로부터 Na를 세포 밖으로 계속 방출함으로써 Na 농도가 낮게 유지되며 세포 내에서 Na와 결합한 glucose 농도가 소장의 내강(lumen) 농도보다 낮은 상태에서 glucose는 계속 흡수될 수 있다. glucose가 세포에 축적되면 glucose는 혈관으로 방출된다.

### 2) 반추동물에서의 탄수화물 소화

① 제 1~2위에서의 탄수화물 소화와 흡수 : 가축이 섭취하는 사료는 주로 식물체로 구성되어 있으며 식물체는 75%가 탄수화물로써 주로 cellulose, hemicellulose, pectin 등의 섬유소 부분과 전분 등의 가용성탄수화물로 이루어져 있다. 전분은 모든 동물들이 glucose로 가수분해하는 효소를 분비할 수 있어서 glucose는 모든 동물의 주요 에너지원이 되지만 단위동물은 cellulose를 분해하는 cellulase를 분비하는 능력이 없어서 cellulose 를 이용할 수 없다. 그러나 반추동물은 4개의 위 중 제 1~2위 내 존재하는 미생물 중 cellulase를 분비하는 미생물이 있어 cellulose, hemicellulose 등을 분해하여 에너지 및 휘발성지방산을 생성한다. 제 1~2위에서 생성되는 주요 휘발성지방산은 탄소수가 적은 short chain fatty acid로써 acetic acid($C_2$), propionic acid($C_3$), butyric acid($C_4$) 등이며 valeric acid, caproic acid 등도 소량 생성된다. 제 1~2위에서 발효되는 탄수화물은 휘발성지방산의 생성 외에도 이산화탄소, 메탄 등의 가스를 생성하며 미생물의 체조직 합성에 필요한 탄소골격을 제공하기도 한다.

② 하부소화기관에서의 탄수화물 소화와 흡수 : 반추동물의 하부소화기관은 단위동물의 위와 같은 기능을 가진 제 4위와 소장, 대장 등을 총칭한다. 성축의 경우 사료에 포함되어 있는 lactose, sucrose 등의 단순 당뿐만 아니라 전분의 대부분은 반추위 내 미생물에 의하여 발효가 되나 사료 전분의 50%까지 반추위 발효를 피하여 하부소화기관에서 소화가 되기도 한다(Johnson & Bergen, 1982). 하부소화기관의 탄수화물 소화는 제 1~2위의 미생물 발효를 거치지 않고 통과한 전분 미립자가 주종을 이루며 섬유소원은 다른 단위동물의 경우와 마찬가지로 하부소화기관에서는 소화되지 않는다. 하부소화기관에서의 주요 소화 작용은 단위동물과 같이 췌장에서 분비되는 α-amylase 및 소장의 maltase, isomaltase, sucrase, lactase 등의 효소에 의하여 이루어진다.

### (3) 탄수화물의 대사

동물의 소장에서 소화 흡수된 탄수화물은 문맥을 거쳐 간장으로 운반되어 대사 이용된다. 이와같은 기능은 모든 동물에 해당하지만 특히 반추동물에서는 제 1~2위에서 주로 생성되는 휘발성지방산의 대부분이 직접 제 1~2위벽을 통하여 흡수되어 이용된다.

글리코겐의 합성과 분해는 간장 또는 근육에 들어간 glucose는 글리코겐(glycogen)으로 합성되어 체내당질에너지원으로 저장된다. 저장글리코겐은 조직의 glucose 및 에너지요구에 따라 분해되어 glucose나 중간대사물질을 생성한다.

#### 1) 당 분 해(glycolysis)

Glucose는 해당계와 구연산회로를 거쳐 분해된다. 즉 해당계(glycolysis)를 거쳐 생성된 피루브산(pyruvic acid)은 아세틸 CoA(acetyl CoA)를 생성하여 구연산회로(TCA cycle)에 들어가 완전하게 산화되어 탄산가스와 물로 된다. Glucose가 해당계, 구연산회로를 거쳐 완전하게 산화되면 1 mol당 38개의 ATP가 생성된다.

#### 2) 당 신 생(glycogenesis)

동물은 보통 glucose를 요구하는 조직이 있고 체외로부터 적당량의 glucose가 공급되지 않으면 탄수화물이외의 기질로부터 당 신생경로를 거쳐 당을 합성한다. 당 신생의 중요한 전구체는 글리세롤과 아미노산으로 불가역한 일부의 반응을 제외한 해당계를 역행하는 경로를 거치거나 간장이나 신장 등에서 합성된다. 반추동물에서는 탄수화물의 제 1~2위 내 발효로 생성한 프로피온산(propionic acid)으로부터 glucose가 합성된다.

### (4) 탄수화물의 기능

탄수화물은 소화와 대사과정에서 다음과 같은 중요한 기능을 하고 있다. 소화와 흡수된 포도당은 에너지원으로 이용하면서 나머지 1%정도는 간과 근육에 축적되었다가 필요에 따라 이용하게 된다.

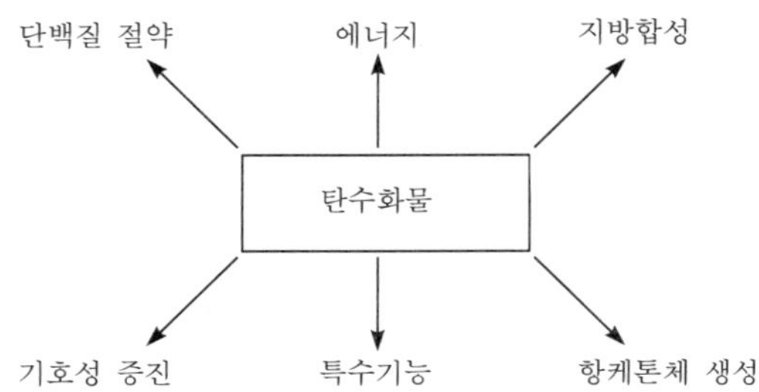


〔그림 6-2〕 탄수화물의 주요기능 흐름도

탄수화물 1 g이 완전히 분해되면 평균 4.2 kcal의 열을 발생한다. 따라서, 첫째는 탄수화물이 동물체 내에서 분해되면서 가장 중요한 경제적 에너지원을 공급하는 것이다.

$$C_6H_{12}O_6 \longrightarrow 6CO_2 + 6H_2O + \text{Energy}$$

둘째는 탄수화물이 분해되어 에너지를 발생하는 과정에서 지방산(fatty acid)의 합성원료로 이용될 수 있을 뿐만 아니라 지방을 합성하여 체내에 축적되기도 한다.

셋째는 단당류의 6탄당인 가락토스(galactose)는 뇌와 신경조직(神經組織)의 구성성분으로의 기능을 하고 있다. 2당류의 유당(lactose)은 신경조직과 골격구조를 튼튼하게 형성시키고 있다. 이러한 락토스는 장 내에서 칼슘(Ca)의 흡수를 돕는 것으로 알려져 있다.

셋째는 단백질 절약과 항케톤체를 생성하는 기능을 하고 있다. 단백질은 체내에서 없어서는 안될 중요한 영양소로 1 g을 완전히 산화하면 약 4.1~5.6 kcal의 열량을 발생하는데, 경제적으로 값싼 탄수화물로 대체할 수 있을 뿐만 아니라 항케톤체(anti-ketone body)를 생성하는 기능을 함께 하고 있다.

그 밖에도 특수기능으로써 아미노산 합성, 해독작용, 핵산의 구성, 헤파린 합성 등의 특수한 보조기능을 같이 하고 있다.

## 2. 단 백 질

단백질의 기본구조는 아미노산이 여러 개 결합되어 연결된 구조이며 이는 탄소(C), 수소(H), 산소(O), 질소(N, 16%)로 되어 있는데, cystine, cysteine, methionine과 같은 아미노산은 황(S, 1%미만)을 함유하고 있다. 동물은 아미노산을 재료로 하여 생체기능의 유지에 필요한 각종 단백질을 합성한다. 아미노산은 동물체 내에서는 합성할 수 없어 사료에 포함되어 반드시 공급하여야 하는 필수아미노산(essential amino acid)과 체내에서 합성이 되므로 포함시키지 않아도 되는 비필수아미노산(nonessential amino acid)으로 구분한다. 그리고 단백질은 세포원형질의 주요한 구성성분이고 동물의 체내기관과 조직을 구성하는 중요한 물질이다. 특히 생체 내 대사를 제어하고 있는 효소와 호르몬 그리고 항체 등의 주요성분도 된다. 단백질은 약 20종의 아미노산이 다수(100~2,000개)의 펩타이드(peptide)로 결합한 고분자물질(polypeptide)로서 분자량이 큰 것은 수백만에 달하는 것도 있다.

## (1) 단백질의 분류

### 1) 단순단백질(simple protein)

① 알부민(albumin) : 물에 잘 용해되고, 가열하면 응고도 잘된다. 계란, 우유, 혈액 등에 많다.

② 글로부린(globulin) : 물에 용해는 잘 안되나, 염류에는 잘 용해된다. 우유, 계란, 혈액 등에 함유되어 저장성 있는 단백질이다.

③ 글루테린(glutelin) : 물에 잘 용해되지 않고, 가열에도 응고하지 않는다. 곡류 중 배아(胚芽)에 많이 들어 있다.

④ 락토알부민(lactoalbumin) : 우유에 함유된 단백질로 유전적 인자에 의해서 결정된다.

⑤ 알부미노이드(albuminoid) : 산성・알칼리용액에 불용성이며, 동물체 내의 경단백질로 털, 뿔, 발톱 등에 함유된 단백질이다.

⑥ 히스톤(histone) : 물과 열의 지배를 크게 받지 않고, 가수분해하면 histidine과 lysine이 생성된다.

⑦ 프로타민(protamin) : 물에 용해되지만, 열에는 응고되지 않는다. 포유류나 물고기의 정액에 함유되어 있다.

### 2) 복합단백질(compound protein)

① 핵단백질(核蛋白質, nucleoprotein) : 핵산과 단백질이 결합된 단백질로써 ribonucleoprotein, deoxyribonucleoprotein 등이 있다.

② 당단백질(糖蛋白質, glycoprotein) : 당단백질은 4%미만의 탄수화물이 단백질과 결합한 것을 말한다.

③ 지방단백질(脂肪蛋白質, lipoprotein) : 지방과 단백질이 결합한 것으로써 지방의 운반과 생리적 기능을 하고 있다.

④ 인단백질(燐蛋白質, phosphoprotein) : 인산을 함유하고 있는 단백질로써 우유 casein, 난황 vitellin 등이 있다.

## (2) 단백질의 소화 및 대사작용

동물이 생리학적인 기능을 수행하기 위해서는 효소, 호르몬 등과 같은 물질을 계속 생산하여야 하기 때문에 동물은 이들의 원료가 되는 단백질을 섭취하여야 한다. 단백질의 생물학적 가치는 동물에게 필요한 아미노산(amino acid)을 공급할 수 있는 능력이다. 동물의 체조직 내에서는 단백질의 합성과 분해가 항상 진행되고 있다. 그러나 동물이 성장함에 따라 합성과 분해의 균형이 변동하여 성장이 완료된 성축일수록 단백질 생산이 왕성하지 못하며 단지 피부, 털 등의 재생을 위한 단백질 합성이 있을 뿐이다. 소화기관에서 분해된 단백질은 아미노산을 거쳐 암모니아가 생성되고 요소(혹은 요산)로써 배설된다.

### 1) 단백질의 소화

단위동물의 경우 섭취단백질, 반추동물에서는 제1～2위에서 생성된 미생물단백질, 섭취한 단백질 중 미생물발효를 회피하여 하부소화기관으로 도달한 단백질, 소화액 등에서 분비되는 내인성단백질(endogenous protein) 등이 위(반추동물의 경우 제4위), 췌장, 소장에서 분비되는 단백질분해효소에 의하여 분해된다. 단위동물의 위와 반추동물의 제4위에는 염산이 분비되는데, 이는 단백질분해효소인 펩시노겐(pepsinogen)을 펩신(pepsin)으로 활성화시켜 단백질을 peptide로 분해한다. 어린 송아지에서는 rennin이 분비되어 우유와 같은 액상 단백질을 응고시켜 위 내에 오래 머무르도록 하여 소화시간을 충분히 갖게 하는 작용이 있으나 성축이 되면서 그 기능은 상실된다. 이와 같이 생성된 peptide는 소장으로 진입하고 〈표 6-3〉에 나타나듯이 췌장과 소장에서 분비되는 각종 단백질분해효소의 작용을 받아 아미노산으로 분해된다.

〈표 6-3〉 단백질 분해효소

| 효소의 명칭 | 분비기관 | 이용기질 | 반응후 생성물질 |
|---|---|---|---|
| Pepsin | 위(단위동물)<br>제4위(반추동물) | 단 백 질 | Peptides |
| Trypsin | 췌 장 | 단 백 질 | Peptides |
| Chymotrypsin | 췌 장 | Peptides | 아미노산 |
| Carboxypeptidase | 췌 장 | Peptides | 아미노산 |

### 2) 아미노산 및 단백질의 분해

체 단백질은 세포 내 소기관인 라이소좀의 단백질 분해효소에 의해 분해되고 생성한 아미노산은 체내 아미노산풀에 저장된다. 아미노산의 일부는 체단백질 합성에 재이용되지만 대부분의 아미노산은 탈아미노산반응(decarboxylation)에 의해 아미노기($-NH_2$)가 이탈되어 암모니아, 요소 등의 형태로 배설된다.

### 3) 아미노산 및 단백질의 합성

구르타민산이나 아라닌 등의 가역아미노산은 glucose로 유래하는 탄소골격으로부터 체내에서 합성된다. 단백질합성은 거의 세포질에서 행해져 DNA로부터 유전정보를 기초로 만들어진 m-RNA에 아미노아실 t-RNA(아미노산과 t-RNA가 결합한 것)가 리보솜에서 결합하여 펩타이드합성이 시작되고 펩타이드결합이 연장됨으로써 단백질이 합성된다.

### (3) 단백질의 기능

단백질은 살아있는 동물세포의 구성성분으로 생명체의 기본물질이다. 근육의 발달은 물론 성장에서도 단백질의 증가에 따른 결과로 보고 있다. 특히, 어린 동물의 성장은 결국 근육단백질(筋肉蛋白質)의 양적증가로 해석해야 한다.

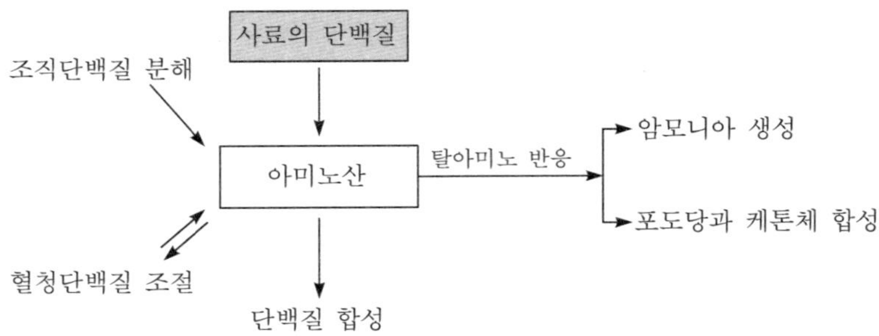


〔그림 6-3〕 단백질의 주요기능 흐름도

단백질은 효소와 호르몬의 주성분으로 유전현상이나 생명현상에 관여하는 중요한 기능도 함께 하고 있다. 혈구 중에 함유하고 있는 혈색소 단백질인 hemoglobin의 합성에도 관여하고 있다. 양과 젖소에서 생산되는 젖, 닭의 알, 육용가축에서 고기 등과 같은 축산물을 얻는 데에도 없어서는 안될 중요한 기능을 하고 있다. 그리고 인슐린(insulin), 성장호르몬(growth hormone), 효소(enzyme) 등의 합성과 생성에 필수성분일 뿐 아니라 탈아미노반응과정에서 포도당 합성과 함께 에너지를 생성하고 있다.

## 3. 지 질

물에는 녹지 않고, ether, chloroform, benzene등의 유기용매에 용해되는 화합물을 총칭하여 지질(脂質, lipid) 또는 지방(脂肪, fat)이라고 하는데, 탄소(C), 수소(H), 산소(O)로 구성되어 있다. 식물체의 성분으로써 동물의 저장에너지인 지방 그리고 세포막이나 기능성물질의 구성성분이 인지질이나 당지질 등 생물의 생명유지에 중요한 역할을 담당하고 있다. 1 g의 지방은 약 9.45 kcal의 총에너지를 가지고 있으며, 탄수화물의 4.2kcal보다 약 2.25배나 높은 에너지를 가지고 있다. Linoleic acid, linolenic acid, arachidonic acid 등의 필수지방산을 단위동물에서는 필수적으로 공급하여야 하지만 반추동물에서는 반추위 내의 미생물군이 탄수화물과 다른 지방으로부터 필수지방산을 합성할 수 있기 때문에 반드시 공급할 필요는 없다.

## (1) 지질의 분류

### 1) 단순지질(simple lipid)

지방산(fatty acid)과 알코올(alcohol)의 ester 화합물이다.

① 지방산(fatty acids)

② 중성지방(neutral lipid) : monoglyceride, diglyceride, triglyceride가 있다.

### 2) 복합지질(compound lipid)

지방산과 알코올 이외의 다른 물질이 결합되어 있는 지방을 말한다.

① 인지질(燐脂質, phospholipid) : 지방산, glycerol, 인산, 질소화합물이 결합된 것을 말한다. Lecithin, cephalin, spingomyelin 등이 있다.

② 당지질(糖脂質, glycolipid) : 지방산, 탄수화물, 질소화합물이 결합하고 있는 지질이다.

③ 지질단백질(脂質蛋白質, lipoprotein) : 지방산과 단백질이 결합된 지질이다.

### 3) 유도지방(derived lipid)

각종 지방이 가수분해되어 생기는 물질을 말한다.

① 지방산(fatty acid)과 글리세롤(glycerol)

② 스테롤(sterol) : 식물체에 함유하고 있는 에르고스테롤(ergosterol)과 동물체에 있는 콜레스테롤(cholesterol)이 있다.

〈표 6-4〉 포화 및 불포화지방산의 종류

| 지 방 산 | 분 자 식 | M.P(℃) | 탄 소 수 | 2중결합유무 |
|---|---|---|---|---|
| 포화지방산 | | | | |
| acetic acid* | $C_2H_4O_2$ | 16.6 | $C_2$ | |
| propionic acid* | $C_3H_6O_2$ | −22.0 | $C_3$ | 포화지방산모두 |
| butyric acid* | $C_4H_8O_2$ | − 6.0 | $C_4$ | |
| capric acid | $C_{10}H_{20}O_2$ | 31.4 | $C_{10}$ | 2중결합 없음 |
| palmitic acid | $C_{16}H_{32}O_2$ | 63.1 | $C_{16}$ | |
| stearic acid | $C_{18}H_{36}O_2$ | 69.6 | $C_{18}$ | |
| arachidic acid | $C_{20}H_{40}O_2$ | 76.5 | $C_{20}$ | |
| 불포화지방산 | | | | 2중결합의 수 |
| oleic acid | $C_{18}H_{34}O_2$ | 16.3 | $C_{18:1}$ | 1개 |
| linoleic acid** | $C_{18}H_{32}O_2$ | − 5.0 | $C_{18:2}$ | 2개 |
| linolenic acid** | $C_{18}H_{30}O_2$ | −11.0 | $C_{18:3}$ | 3개 |
| arachidonic acid** | $C_{20}H_{32}O_2$ | −49.5 | $C_{20:4}$ | 4개 |

* : 휘발성지방산(volatile fatty acid), ** : 필수지방산(essential fatty acid)

지방산은 탄소수와 수소수의 비에 따라 포화지방산(飽和脂肪酸, saturated fatty acid)과 불포화지방산(不飽和脂肪酸, unsaturated fatty acid)으로 크게 나누고 있다. 포화지방산은 하나의 탄소원자(C)에 2개의 수소(H)가 결합되어 있고, 탄소와 탄소사이에 단일결합을 하고있는 것이 특징이다. 불포화지방산은 탄소와 탄소사이에 2중결합을 1개 이상 이루고 있고, 각각 한 개씩 수소가 제거된 것이다.

### (2) 지방의 소화 및 대사

지방의 소화는 주로 췌장에서 분비하는 pancreatic lipase에 의해서 소화되며 지방의 소화를 돕기 위하여 유화작용을 일으키는 담즙(bile salt)은 간에서 생성되어 담낭에 보관되어진다. 지방산의 탄소수가 14 이하인 medium 또는 short chain 지방산은 혈액으로 직접 흡수되어 간에서 산화과정을 거치고 지방산의 탄소수가 14 이상인 long chain 지방산은 소장의 점막세포로 흡수된 후 mono-, di-, triglycerides, phospholipid, cholesterol 등으로 에스테르화한 후 림프선(lymph system)을 통해 체내로 흡수된다.

흡수된 지방산은 산화되어 에너지(ATP)를 생성하거나 다시 중성지방(triglyceride)로 합성되어 저장된다. 지방은 에너지 함량이 높기 때문에 동물이 에너지를 많이 요구하는 시기에(예, 비유초기) 급여하면 효과가 더욱 있다.

### (3) 지방의 기능

지방은 췌장의 lipase효소에 의해서 지방산으로 분해되어 주로 소장 중 12지장 내의 융모(絨毛, villi)에서 흡수되어 다음과 같은 중요한 기능을 하고 있다.

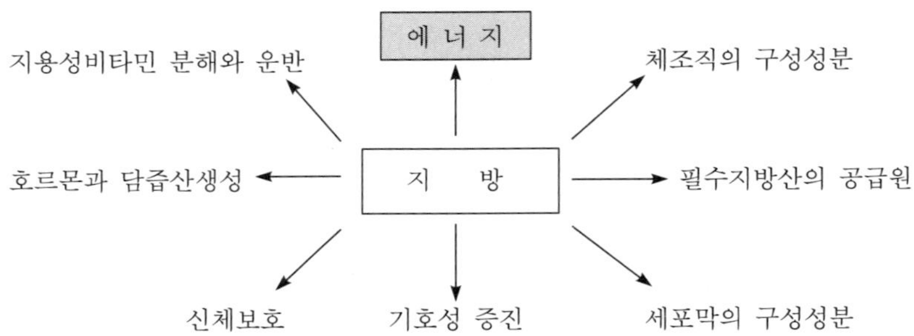


〔그림 6-4〕 지방의 주요기능 흐름도

지방은 에너지의 중요한 공급원으로써 기능을 하고 있다. 탄수화물과 단백질은 에너지원으로도 기능을 하여 각 1 g이 연소될 때 약 4.2 kcal와 4.1 kcal의 열량을 가지고 있지만, 지방은 9.45 kcal로 탄수화물이나 단백질보다 2.25배나 많은 열량가를 가지고 있다.

지방은 필수지방산의 공급원이 된다. linoleic acid, linolenic acid, arachidonic acid 등은 필수지방산으로, 불포화지방산으로부터 얻어진다.

지방은 세포막(細胞膜, plasma membrane)의 구성성분이 되는데, 특히 세포막은 인지질이나 당지질 등으로 구성된 조직이라고 할 수 있으며, 선택적 투과기능을 함께 하고 있다. 그 밖에도 체온유지, 충격으로부터 보호, 지용성비타민의 분해와 흡수, 사료의 기호성 증진에도 기여하고 있다.

## 4. 비 타 민

비타민(Vitamin)은 화학구조나 성질에 따라 분류되는 것이 아니라 미량 혹은 체내대사에서 불가결한 유기물로 분류되고 있다. 대부분의 비타민은 동물체 내에서 합성되지 않거나 합성이 불충분하기 때문에 체외로부터 섭취하지 않으면 안된다. 현재 약 20종류의 비타민이 알려져 있고, 비타민 A, D, E, K와 같은 지용성(脂溶性, fat soluble vitamin) 및 비타민 C와 B군과 같은 수용성비타민(水溶性, water soluble vitamin)으로 크게 나눈다. 〈표 6-5〉는 각 비타민의 생리기능 및 결핍을 나타내었다.

〈표 6-5〉 비타민의 생리기능과 결핍증

| 비 타 민 | 생리기능 | 주요 결핍증 |
|---|---|---|
| 지용성비타민 | | |
| A | 시상, 피부, 점막의 기능유지 | 야맹증, 피부염 |
| D | 칼슘흡수, 뼈의 발육촉진 | 구루병, 골연증 |
| E | 항산화작용, 세포막의 기능유지 | 뇌연화증, 번식장애 |
| K | 혈액응고 | 혈액응고부전 |
| 수용성비타민 | | |
| $B_1$(thiamine) | 탈탄산효소의 보효소 | 다발성신경염, 각기병 |
| $B_2$(riboflavin) | 탈수소효소의 보효소 | 성장저하, 각약증, 피부병 |
| $B_6$(pyridoxine) | 아미노산 대사에 관여하는 보효소 | 피부염, 빈혈증 |
| Niacin | NAD, NADP의 성분 | 피부염, 펠라그라 |
| Patothenic acid | 탄수화물, 지질, 단백질의 대사 | 성장저하, 피부염 |
| Biotin | 지방산 합성, 당생성의 보효소 | 성장저하, 피부염 |
| Choline | 인지질의 성분, 지질수송 | 지방간, 각약증 |
| Folacin | 퓨린염기 합성에 관여 | 성장저하, 빈혈 |
| $B_{12}$ | 핵산합성, 메틸기 전이에 관여 | 성장저하, 악성빈혈, 각약증 |
| C | 산화환원 반응에 관여 | 괴혈병 |

## 5. 미 네 랄

미네랄은 무기물(無機物, mineral) 또는 무기질이라 하고 뼈의 구성성분이 되며 근육이나 조직을 구성하는 단백질, 지질의 구성성분이 되기도 한다. 체액의 성분이 되고 산・염기 평형의 조절 작용을 하며, 또한 상당량의 광물질이 우유에 존재하므로 광물질은 동물에게는 절대적으로 필요한 영양소의 하나이다. 미네랄은 동물체의 약 3~5%를 차지하고 있으며, 함량에 의해 다량원소와 미량원소로 분류된다. 미네랄 중에는 동물에게 전혀 필요하지 않으며 오히려 유독한 광물질이 있는데 납(lead), 카드미움(cadmium), 수은(mercury) 등이 이에 속한다.

### (1) 칼슘과 인

동물의 미네랄 중 약 70~75%는 칼슘(Ca)과 인(P)으로 대부분이 뼈나 치아에 존재하여 골격의 구조에 관여하고 있다. Ca은 신경자극전달이나 혈액응고, P는 ATP의 성분 그리고 혈액의 pH 조절에 작용한다. 비타민 D에 의해 흡수가 촉진된다.

### (2) 칼륨과 나트륨

체액의 pH나 삼투압의 조절에 관여하나 나트륨(Na)은 주로 세포외액에 존재하고 칼륨(K)은 세포내액에 존재한다. 동물체 내에는 각각 0.1~0.2% 정도 함유하고 있다. 기타 다량원소로는 마그네슘(Mg), 염소(Cl), 유황(S) 등이 있다.

### (3) 미량원소

동물체 내 철(Fe)의 60% 이상은 헤모글로빈에 함유되어 적혈구의 성분으로써 중요한데, 부족하면 빈혈증(貧血症, anemia)이 유발될 수 있다. 구리(Cu)는 철의 대사에 관여하고, 또한 효소의 구성성분이며, 아연(Zn)은 피부나 털 등에 많고 70종이상의 효소활성화에 관여하고 있다. 셀레늄(Se)은 비타민 E와 함께 생체 내 산화에 관여한다. 최근의 보고에 의하면 셀레늄(Se), 아연(Zn), 망간(Mn), 몰리브덴(Mo) 등은 번식성(繁殖性)과 상당한 관련이 있는 것으로 알려져 있다.

## 6. 수 분

수분(水分, water)은 동물의 생존에 불가결한 요소이다. 동물체의 수분 함량은 출생시

엔 체중의 65～85%, 성숙하면 45～60%로 성숙해지면서 체수분은 감소되고 체지방은 증가하게 된다. 혈액 중의 수분은 90～95%이고, 기타 조직에는 70～90%를 차지하고 있다.

수분은 영양분 운반이나 배설 그리고 체액조절, 체온조절 등과 같은 여러 가지 생리적 기능을 담당하는 용매작용을 하고 있다.

## 제 3 절 사양표준과 영양소요구량

사양표준(飼養標準, feeding standard)이란 동물의 종류, 성장단계, 생리상태 등에 따라 급여해야 할 영양소의 양을 과학적으로 설정해 놓은 기준을 말한다. 이러한 사양표준은 여러 나라에서 사료의 조성분이나 가소화양분총량, 녹말값, 정미에너지 등을 토대

〈표 6-6〉 착유우와 건유우의 1일 영양소요구량(NRC사양표준)

| 구 분 | 에 너 지 | | | | 조단백질 (g) | 칼 슘 (g) | 인 (g) | 비타민A (IU) |
|---|---|---|---|---|---|---|---|---|
| | 정미에너지 (Mcal) | 대사에너지 (Mcal) | 가소화에너지 (Mcal) | 가소화영양소총량(kg) | | | | |
| −체중(kg)별 성숙한 착유우의 유지요구량− | | | | | | | | |
| 450 | 7.82 | 12.99 | 15.14 | 3.44 | 403 | 17 | 14 | 34,000 |
| 500 | 8.46 | 14.06 | 16.39 | 3.72 | 432 | 18 | 15 | 38,000 |
| 550 | 9.09 | 15.11 | 17.60 | 4.00 | 461 | 20 | 16 | 42,000 |
| 600 | 9.70 | 16.12 | 18.79 | 4.27 | 489 | 21 | 17 | 46,000 |
| 650 | 10.30 | 17.12 | 19.95 | 4.53 | 515 | 22 | 18 | 50,000 |
| 700 | 10.89 | 18.10 | 21.09 | 4.79 | 542 | 24 | 19 | 53,000 |
| −유지율(%)별 산유량 1kg당 영양소 요구량− | | | | | | | | |
| 3.0 | 0.64 | 1.07 | 1.24 | 0.282 | 77 | 2.50 | 1.70 | − |
| 3.5 | 0.69 | 1.16 | 1.34 | 0.304 | 82 | 2.60 | 1.75 | − |
| 4.0 | 0.74 | 1.24 | 1.44 | 0.326 | 87 | 2.70 | 1.80 | − |
| 4.5 | 0.78 | 1.31 | 1.52 | 0.344 | 92 | 2.80 | 1.85 | − |
| 5.0 | 0.83 | 1.39 | 1.61 | 0.365 | 98 | 2.90 | 1.90 | − |
| 5.5 | 0.88 | 1.48 | 1.71 | 0.387 | 103 | 3.00 | 2.00 | − |
| −체중(kg)별 건유우(분만 2개월전)의 영양소 요구량− | | | | | | | | |
| 450 | 10.16 | 16.90 | 19.64 | 4.47 | 763 | 29 | 20 | 34,000 |
| 500 | 11.00 | 18.29 | 21.25 | 4.84 | 821 | 31 | 22 | 38,000 |
| 550 | 11.81 | 19.65 | 22.83 | 5.20 | 877 | 34 | 24 | 42,000 |
| 600 | 12.61 | 20.97 | 24.37 | 5.55 | 931 | 37 | 26 | 46,000 |
| 650 | 13.39 | 22.27 | 25.87 | 5.90 | 984 | 39 | 28 | 50,000 |
| 700 | 14.15 | 23.54 | 27.35 | 6.23 | 1035 | 42 | 30 | 53,000 |

로 특색있게 정해져 있는데, 1945년에 미국에서 처음으로 제정된 「NRC 사양표준」이 가장 많이 이용되고 있다. 이 NRC(National Research Council, 미국의 국가연구위원회)는 소요사료의 총량, 가소화조단백질, 가소화양분총량, 가소화에너지, 칼슘, 인, 비타민의 요구량을 젖소와 육우를 비롯하여 고양이나 물고기에 이르기까지 여러 동물의 필요량이 표시되어 있는 것이 특징이라 할 수 있고, 필요에 따라서 개정할 수 있게 되어 있다.

동물별로 생명유지, 성장, 비유, 번식, 노동 등에 따라 영양소요구량(營養素要求量, nutrients requirement)이 설정되어 있다. 젖소의 예를 들어보면 우유생산을 위한 1일 영양소 요구량을 계산할 때에는 일반적으로 비유시기, 체중, 산유량, 유지율 및 임신기간을 고려해야 한다. 젖소의 활동 정도도 역시 영양소 요구량에 영향을 미치지만 젖소의 영양소 요구량에 가산하지 않는 경우가 많으나, 방목시에는 풀을 섭취하기 위해 소모되는 에너지가 많으므로 활동정도에 따라 에너지 요구량을 가산해야 한다.

## ◆연습문제◆

1. 반추동물에서 제 1위와 제 4위의 기능을 설명하시오.
2. 가금류(poultry)의 소화기관을 들고, 그 기능을 서술하시오.
3. 동물에서 소장의 구성이 어떻게 이루어졌으며, 소장에서의 기능은 무엇인가?
4. 탄수화물에서 5탄당과 6탄당의 구조식을 쓰고, 각각 무엇들이 있는가?
5. 탄수화물의 주요 기능을 설명하시오.
6. 단백질의 주요 기능을 설명하시오.
7. 복합지질(compound lipid)이란 무엇이며, 어떠한 것들이 있는가?
8. 지방산(fatty acid)을 분류하시오.
9. 지방의 주요 기능을 설명하시오.
10. 비타민을 크게 두 가지로 분류하고, 그 생리적 기능을 설명하시오.
11. 주요 광물질(mineral)을 들고, 그 기능을 약술하시오.
12. NRC 사양표준이란 무엇인가?

제 7 장

# 사료와 초지편

## 제1절 사료의 정의와 분류

### 1. 사료의 정의

동물은 생명유지와 종 보존을 위해 영양분을 외부로부터 섭취하지 않으면 안된다. 그 화학적 성분을 영양소 또는 양분(養分, nutrient)이라 하고, 영양소를 공급하기 위해서 가축에 급여하는 물질을 사료(飼料, feed & feedstuff)라 한다.

### 2. 사료의 분류

#### (1) 영양가치에 따른 분류

1) 조 사 료

조사료(粗飼料, crude feeds)는 용적이 많고 거친 사료를 총칭한다. 값은 싸나 가소화 성분이 적게 들어 있는 것을 말하는데 여기에 속하는 것은 볏짚, 건초, 사일리지, 청초, 산야초 등이 있다.

2) 농후사료

농후사료(濃厚飼料, concentrates)는 조사료와 반대로 부피가 적고 조섬유 함량도 비교적 적게 함유되어 있으나 단백질이나 탄수화물 그리고 지방의 함량이 많이 함유된 것을 말하는데, 각종 곡류 및 단백질사료가 이에 속한다.

3) 보충사료

보충사료(補充飼料, supplementary feeds)는 소량의 보급으로 필수영양소의 공급을 충족시킬 수 있는 사료로써 소금, 골분, 항생물질, 비타민 첨가제, 호르몬제 등이 이에 속하며 과학사료라고 부르기도 한다.

### (2) 주성분에 따른 분류

#### 1) 단백질 사료

단백질 사료(蛋白質飼料, protein feed)는 단백질이 20% 이상 들어 있는 것으로 대두박과 그 외 유박류 및 어분, 육골분, 우모분과 같은 동물질 사료를 말한다.

#### 2) 전분질 사료

전분질 사료(澱粉質飼料, starch feed)는 전분이 주성분인 사료를 말하는데 곡류, 감자 고구마 등이 이에 속한다.

#### 3) 지방질 사료

지방질 사료(脂肪質飼料, fat feed)는 보통 지방의 함량이 15% 이상 함유된 생쌀겨, 콩, 누에번데기 등을 말한다.

#### 4) 섬유질 사료

섬유질 사료(纖維質飼料, fiber feed)는 조섬유 함량이 20% 이상을 함유한 사료를 지칭하는 것으로써 볏짚, 야건초, 보릿겨 등이 이에 속한다.

#### 5) 무기질 사료

무기질 사료(無機質飼料, mineral feed)는 가축에 무기영양소를 공급할 목적으로 급여되는데 골분, 소금, 인산 칼슘제 그리고 무기물 혼합제가 많이 쓰인다.

#### 6) 비타민 사료

비타민 사료는 특정한 비타민을 공급할 목적으로 만들어진 것인데 간유분말과 발효탈지유 등이 있다.

#### 7) 항생물질 사료

항생물질 사료(抗生物質飼料, antibiotic feed)는 불량한 환경에서 가축의 성장이나 생산을 높이기 위하여 사료에 첨가하는 항생물질을 말한다.

#### 8) 아미노산 사료

아미노산 사료(amino acid feed)는 곡류 위주의 사료에서 부족되기 쉬운 라이신이나 메티오닌을 보급하기 위하여 사용하는 화학적으로 합성된 것을 말한다.

### (3) 급여대상 축종에 따른 분류

#### 1) 유우 사료

젖소 송아지부터 젖 짜는 어미소에 이르기까지의 여러 단계의 유우에 급여키 위해서 생산되는 사료가 이에 속한다.

#### 2) 비육 사료

고깃소 사료는 비육을 목적으로 사육하는 사료로써 특히, 소에 급여하는 사료를 말한다. 비육전기, 중기, 그리고 비육후기 사료로 구분된다.

#### 3) 양돈 사료

돼지 사료는 실용돈 생산을 위한 비육돈과 번식돈을 위한 사료가 생산된다. 그리고 자돈을 위한 자돈사료도 있다.

#### 4) 양계 사료

양계사료는 크게 산란계용 사료와 육계용 사료로 나눌 수 있으며, 각각의 비육단계나 산란계에 따라서 여러 가지 사료가 생산된다.

#### 5) 기타 특수가축의 사료

말, 면양, 토끼, 밍크, 메추리, 오리 등의 사료가 생산되며 그 밖에 양어사료, 고양이, 개, 실험동물 사료 등이 생산된다.

## 제 2 절 사료의 영양가치평가

사료는 대부분이 식물성과 동물성으로 되어 있으며 사료 및 식품의 영양적 가치를 평가하는데 물리적과 화학적 평가법이 가장 널리 사용되고 있으며, 사료를 더욱 과학적으로 평가하기 위해서는 생물학적 평가법이 병행되어야 할 것이다.

### 1. 물리적 평가법

일반적으로 사료를 수확·저장·운반 등의 여러 과정을 거치는 동안 사료가 지니고 있는 고유한 성질이 취급상 부주의로 인해 변화를 일으키기도 한다. 따라서 사료가 고유한 성질을 어느 정도 유지하고 있는 가를 판별하는 것이 매우 중요하다.

물리적 평가방법에는 오감을 이용해서 사료를 평가하는 경험적 방법과 간단한 기구나 시약 등을 이용해서 사료의 특성을 파악하는 이학적 방법이 있는데, 이들 이학적 방법에는 표준체를 이용한 체별법, 용적중 칭량법, 비중선별법, 확대경과 현미경에 의한 방법 등이 이용된다.

## 2. 화학적 평가법

사료의 화학적 분석과 영양소 함량을 알기 위하여 오늘날까지 세계 각국에서 널리 사용되고 있는 방법으로써 조성분 분석(粗成分 分析, crude constituent analysis) 방법이며, 일명 Weende 분석법이라고도 불리는데, 이것은 1865년 독일의 Weende 시험장에서 창안된 방법으로 시료의 수분, 조단백질, 조지방, 조섬유, 조회분 및 가용무질소물 등의 6가지 함량을 분석하는 방법이다.

한편, 가용무질소물은 시료를 100으로 하여 여기에서 수분, 조단백질, 조지방, 조섬유 및 조회분 함량(%)을 감(減)해서 구한다.

## 3. 생물학적 평가법

### (1) 소 화 율

동물이 소화한 사료성분 중 일부는 소화되지 않고 분으로 배설된다. 섭취량과 배분량의 차이는 체내에서 소화·흡수된 것으로 간주하여 그 비율을 소화율(消化率, digestion coefficient)이라 한다. 분(糞) 중에는 사료의 불소화 부분만이 아니라 조직조각, 소화액, 세균 등이 포함되어 있으므로 외견 소화율(外見 消化率)이라 칭하기도 한다. 또한 뇨(尿)는 일단 체내에 흡수된 것의 배설경로이기 때문에 소화율계산 시에는 고려하지 않는다.

$$\text{소화율}(\%) = \frac{\text{섭취한 영양소 함량} - \text{분(糞) 중의 영양소 함량}}{\text{사료 중의 섭취한 영양소 함량}} \times 100$$

사료의 소화율은 사료의 종류와 그것을 급여하는 동물의 종류에 따라서도 다르기 때문에 사양시험에 의해 구하는 것이 바람직하다. 동물에게 일정량의 사료를 일정기간 급여할 때에 분(糞)을 채취해서 1일당 분(糞) 중에 배설된 사료성분의 양으로부터 구하는 것이 좋다. 결국 소화된 성분은 가소화성분(可消化成分)이라 하며 그 사료성분으로 소화율을 구한다.

### (2) 사료에너지

사료가 지닌 총(總)에너지는 그것을 완전하게 연소할 때 발생하는 에너지량으로 나타낸다. 에너지의 단위는 칼로리(cal ; 1 cc의 물을 1℃ 상승시키는 데 필요한 열량)로 표시한다. 이 양은 사료를 구성하고 있는 성분의 종류에 따라 결정되며, 1 g당 탄수화물 4.2 kcal, 지질 9.4 kcal, 단백질은 5.6 kcal이다.

킬로칼로리(kcal 또는 Cal)는 1,000 cal를 뜻하는데, 1 kg의 물을 1℃ 높이는 데 필요한 열량으로 일반적으로 사용되는 단위이고, 일명 대칼로리(large calorie)라고도 부른다.

### (3) 가소화영양소총량

사료가 지니고 있는 총 에너지로부터 소화되지 않고 분으로 배설된 에너지의 차이를 가소화에너지(digestible energy, DE)라 한다. 영양분으로써 체내에 흡수・이용된 것은 가소화 부분이다. 가소화에너지는 가소화단백질에너지, 가소화탄수화물에너지, 가소화지방에너지의 총합이지만 지방의 열 생산량은 다른 성분에 비해 높기 때문에 2.25를 곱한다.

TDN = 가소화조단백질(%) + 가소화조지방(%)×2.25 + 가소화조섬유(%) + 가소화가용무질소물(%)

사료의 영양가를 가소화영양소총량((total digestible nutrients, TDN)으로 표시하면 여러개의 사료조합시에 그것의 특징을 용이하게 측정할 수 있다. 일반적으로는 TDN과 DCP를 함께 사용한다.

### (4) 전 분 가

기초 사료외에 여러 영양성분을 주었던 많은 실험결과로부터 가소화 전분 1 kg의 첨가로 0.248 kg의 체지방이 축적되었던 것이 인정되었다. 즉 가소화 단백질은 1 kg의 첨가로 0.234 kg의 체지방이 축적되기 때문에 1 kg의 가소화단백질은 0.94 kg의 가소화전분과 동일하게 된다. 또한 오일케이크 등의 지방류는 1 kg로 0.598 kg의 체지방을 생성하기 때문에 전분의 2.41 kg과 동일하다. 이와 같이 체지방생산량을 기초로 가소화성분을 지방생산능력에 대응한 가소화전분량으로 환산한 것이 전분가(澱粉價, starch value ; SV)이다. 전분가에 의한 사료영양가의 표시는 이들 값이 열량증가에 의한 손실도 가미한 실험치로부터 얻은 것이다.

### (5) 사료단위

유럽에서는 사료가치의 표시법으로 대부분 전분가를 사용하고 있으나 스웨덴의 Hansson(1913) 등은 유우(乳牛)에 폭넓게 사용하고 있는 대맥(大麥)을 기준으로 대맥 1 kg의 유(乳)생산량을 1 사료단위(飼料單位, feed unit ; FU)로 설정하였다. 많은 사양시험의 결과로부터 얻은 값을 기초로 각종사료의 1 kg당 유생산능력을 대맥의 양으로 환산하여 나타내고 있다.

단백질의 유생산능력은 체지방생산능력에 비해 높기 때문에 단백질 1 kg는 전분가로는 0.94 SV이나 사료단위로는 1.43 FU에 상당한다.

### (6) 사료단백질가치

사료단백질의 양양가치표시는 사료 중의 질소함량에 6.25를 곱한 조단백질(crude protein, CP), 사료 N-분배설 N으로부터 산출한 가소화 조단백질(digestible crude protein, DCP)외에 분이나 뇨 중에 배설된 내인성질소를 제외한 동물이 체내에서 흡수한 질소량에 대한 축적질소량의 비율로 표현한 생물가(生物價, biological value ; BV)이다.

$$\text{단백질의 생물가} = \frac{\text{체내축적된 질소량}}{\text{흡수된 질소량}} \times 100$$

$$= \frac{\text{사료 N} - (\text{분 N} - \text{대사성 분 N}) - (\text{뇨 N} - \text{내인성 뇨 N})}{\text{사료 N} - (\text{분 N} - \text{대사성 분N})} \times 100$$

거의 100%의 생물가를 지닌 전체 단백질의 아미노산의 조성을 기초로 필수아미노산의 충족정도를 나타낸 값을 chemical score라 부른다. 예를 들면 라이신을 전체 알의 40%, 메티오닌을 45%밖에 함유하지 않고 라이신이 충족률이 가장 낮을 때 chemical score는 40이 된다. 여기에 라이신을 첨가해서 충족시키면 제한아미노산은 메티오닌이 되고 chemical score는 메티오닌에 근거하여 45가 된다.

반추동물에서는 섭취한 단백질사료가 그대로 십이지장에 도달하지 않는다. 단백질사료는 반추위 내에서 분해되어 일부는 균체 단백질로 재합성되고 일부는 분해되지 않은 채 십이지장에 도달하며, 또한 일부는 혈중으로부터 뇨로 배설된다. 그 때문에 단백질의 분해정도, 재합성의 정도에 의해 섭취단백질(아미노산)과 실제로 소화・흡수된 단백질(아미노산)과는 다르게 된다. 그래서 사료단백질의 반추위 내에서의 분해성과 균체 단백질합성에 필요한 에너지공급량을 고려하여 십이지장에 도달해서 실제로 소화·흡수된 사료단백질과 균체단백질의 정미량을 나타내는 대사성 단백질의 개념이 도출된다.

### (7) 사료효율과 사료요구율

사료섭취량과 생산량과의 관계를 나타내기 위해 일정기간 동안 섭취한 사료에 대한 체중의 증가량 혹은 산란량 등을 비율로 나타낸 것이 사료효율(飼料效率, feed efficiency ; FE)이다. 사료효율은 수치가 높을수록 영양가가 높아 양호하다.

그리고 사료요구율(飼料要求率, feed conversion ; FC)은 사료효율의 역수로 나타내며 1kg의 체중증가 혹은 산란량에 대해 필요한 사료의 양으로 표시한다. 따라서, 사료요구율 계수가 낮을수록 양호하다.

$$\text{사료효율} = \frac{\text{증체량(산란량)}}{\text{사료섭취량}}, \qquad \text{사료요구율} = \frac{\text{사료섭취량}}{\text{증체량(산란량)}}$$

## 제3절 농후사료

농후사료(濃厚飼料, concentrates)는 사료의 영양분이 농축된 사료인데 부피에 비하여 조섬유 함량이 적고 가축이 실제로 소화시킬 수 있는 성분이 많은 사료를 뜻한다. 농후사료는 가축에 에너지를 공급하기 위해서 급여하는 것으로 곡류·맥류 사료와 근괴(根塊) 사료가 있고, 이에 반하여 단백질을 공급하기 위하여 급여하는 것으로 콩깻묵과 같은 식물성 단백질 사료와 동물성 단백질 사료인 어분이 있다.

### 1. 곡류사료

곡류사료(cereal grain)는 가축뿐만 아니라 식량으로 이용될 수 있는 것으로 주요 영양원은 에너지의 공급에 있다. 탄수화물이 주성분이며 이들의 사료로써 특징은 다음과 같다.

가용성 탄수화물인 전분의 함량이 높고 섬유소의 함량이 낮아 여타의 사료에 비하여 가소화 영양소총량(TDN)의 함량이 높다. 가축의 기호성도 비교적 좋아 배합사료 중 가장 많이 혼합되는 사료이다. 특히 인(P)의 함량은 풍부하지만 칼슘(Ca)은 부족한 편이다. 그러나, 단백질의 함량은 9～15% 정도이므로 이에 대한 보충급여가 필요하다.

### (1) 옥 수 수

곡류사료 중 가장 많이 배합되는 원료사료이며, 우리나라는 사료용 옥수수의 대부분을 수입에 의존하고 있다. 옥수수(corn)는 가용무질소물의 함량이 높고 지방의 함량은 비교적 높으나, 단백질(10%)과 조섬유(2%)의 함량은 낮기 때문에 TDN, DE, ME, NE 등으로 표시되는 에너지도 높으며 모든 가축에 대하여 기호성도 좋다.

그러나 단백질은 다른 곡류에 비하여 낮을 뿐 아니라 아미노산 조성에 있어서도 라이신과 트립토판이 부족하고 Ca와 P의 함량도 다른 곡류보다 낮은 것으로 되어 있다. 특히 황색옥수수는 프로비타민 A의 모체인 카로틴을 함유하고 있어서 비타민 A의 효과도 높은데, 옥수수 색소에는 이것 이외에도 크산토필도 있으나 이것은 비타민 A의 전구물질은 아니며 단지 가축생산물의 착색효과만 갖는다.

### (2) 수 수

수수(grain sorghum)는 우리나라에서 생산량이 극히 적어 사료용은 수입에 의존하고 있다. 수수는 영양소 함량이 옥수수와 비슷하여 가용무질소물 함량이 약 70% 인데 그 대부분이 전분이며, 섬유소 함량이 적어 TDN가가 옥수수만큼 높으나 지방과 비타민 A의 공급능력이 적고 Ca과 비타민D 함량도 매우 낮다.

한편, 옥수수와 비슷한 정도의 비타민 B 복합체를 함유하고 있지만 수수의 가장 큰 결점은 탄닌(tannin)이 높은 것인데, 이것은 수수의 기호성을 떨어뜨리는 원인물질이다.

### (3) 밀

밀(小麥, wheat)은 대부분 제분이 되어 식용으로 쓰이고 식용으로 부적합한 것, 또는 사료용으로 육종 개량된 것이 사료로 쓰이며, 약 20%가 제분 부산물인 밀기울로 생산되어 사료로 쓰인다. 밀도 역시 그 주성분은 전분질이며 가축의 에너지원으로 이용되고 있는데 이것은 소화도 잘되고 TDN의 함량도 높으며, 옥수수나 보리보다 단백질의 함량(13~15%)이 높고 그 품질도 우수하다.

에너지 함량은 옥수수보다 약간 낮고 보리보다는 훨씬 높다. 비타민 A와 D 및 리보플라빈의 함량은 극히 낮으나 티아민의 함량은 풍부하며 콜린과 나이아신의 함량은 옥수수보다 높다.

### (4) 보 리

보리(大麥, barley)는 세계적으로 널리 재배되며 우리나라에서는 주로 식용으로 생산되고 있으나 구미에서는 주요한 곡류사료로 사용되고 있다. 보리도 역시 가축의 에너지 사료로 쓰이고 있는데 옥수수에 비하여 단백질의 함량(12%)이 약간 높으며, 단백질의 아미노산 조성도 옥수수보다 우수한 편이나 옥수수의 약 90~95%의 사료적 가치가 있다.

〈표 7-1〉 돼지의 도체품질에 미치는 보리 · 밀 · 옥수수의 급여효과

| 구 분 | 옥수수 | 밀 | 보 리 | 옥수수+밀 | 옥수수+보리 | 밀+보리 |
|---|---|---|---|---|---|---|
| 생 체 중(kg) | 93.8 | 92.7 | 94.2 | 94.5 | 93.9 | 94.1 |
| 도 체 중(kg) | 61.0 | 60.7 | 62.1 | 62.6 | 64.1 | 62.3 |
| 도 체 율(%) | 65.1 | 65.5 | 65.9 | 66.2 | 68.3 | 66.2 |
| 등지방두께(cm) | 3.8 | 3.1 | 3.1 | 3.3 | 3.0 | 3.0 |
| 햄(%) | 29.6 | 29.0 | 29.5 | 29.9 | 30.2 | 31.6 |
| 배장근단면적($cm^2$) | 29.8 | 34.0 | 35.8 | 34.0 | 40.0 | 36.2 |
| 등 급 | D | C | B | C | B | C |

돼지에게 「옥수수+보리」를 함께 배합하여 급여하였을 경우 보리만을 급여한 것 보다 등지방 두께, 배장근 단면적과 같은 돼지의 도체품질에 양호한 영향을 미친 것으로 조사되었다.

### (5) 쌀

쌀(rice)은 세계적으로 재배되며 동양인의 주식으로 이용되고 세계인구의 50%가 쌀을 먹고 있다. 우리나라에서 쌀이 가축의 사료로 쓰이는 일은 거의 없고 다만 소량의 등외품과 싸레기 등이 사료로 이용되고 있을 뿐이다. 벼에서 왕겨부분만이 제거된 현미와 여기에서 다시 겨층을 제거한 백미는 에너지가가 가장 높은 곡류사료(穀類飼料)라 할 수 있을 것이다.

쌀의 단백질 함량은 옥수수보다 낮으며 카로틴도 거의 함유하지 않고 있다. 쌀단백질의 제한아미노산은 라이신과 트레오닌이며 조섬유와 지방의 함량은 매우 낮다. 한편, 가용무질소물의 함량은 80%이고 TDN은 75~85%가 된다.

### (6) 기타 곡류사료

#### 1) 호 밀

호밀(rye)은 밀보다 그 영양가치가 낮고 기타 다른 곡류에 비하여 기호성이 떨어지며, 호밀 단독으로 또는 많이 먹이면 소화장애가 일어난다.

#### 2) 귀 리

귀리(oat)는 구미에서는 생산량도 많으나 우리나라에서는 강원도 일부지역에서만 재배할 따름이다. 단백질의 함량이 12% 정도이고, 겨층이 두터워 조섬유 함량이 10% 이상이며 TDN은 70% 정도이다.

#### 3) 조

조는 생산량도 적고 주로 식용으로 쓰이며 일부 애완동물의 사료로 이용될 정도이다. 조섬유의 함량이 높고 TDN 도 낮은 편이며 단백질에 있어서는 라이신의 함량이 낮으나 트립토판의 함량은 높아서 나이아신의 결핍증을 치료하는데 효과가 있다고 한다.

#### 4) 메 밀

메밀의 껍질은 두꺼운 과피로써 알곡중량의 18~20%나 되나 사료가치는 거의 없다. 단백질의 함량은 귀리보다 낮고 지방의 함량은 귀리의 절반정도이나 TDN은 비슷하다.

메밀의 질소화합물은 대부분이 글루텐으로써 소화가 잘 되며 다른 곡류단백질과는 달리 별도의 아미노산 첨가 없이도 가축사육이 가능하여 양질의 동물성 단백질과 대등한 사료적 가치를 갖는다.

## 2. 강피사료

강피류(糠皮類, grain by-products)는 곡류를 도정하거나 제분할 때 생산되는 농산가공 부산물로써 곡류에 비하여 단백질, 지방, 조섬유, 비타민 B군의 함량이 많으나 전분의 함량은 적으며, 특히 광물질 중 P의 함량이 많은 것이 특징이고 부피가 크기 때문에 가축의 변비방지용 및 영양소 희석제로 쓸 수 있다.

### (1) 밀기울과 기타 제분부산물

밀을 빻아서 밀가루를 생산할 때 원료밀의 25~28%에 해당하는 제분부산물이 생기는데 밀기울(wheat bran)은 밀의 과피, 종피, 외배유, 호분층 및 배아 등이 포함되며 밀기울의 영양소함량은 조단백질이 평균 15%, 조지방 4%, 조섬유가 10% 정도이다. 한편 칼슘은 0.13%로 매우 낮으나 인은 그 함량이 많아서 1.15%이다. 그러나 밀기울 속의 인은 피틴태로써 가금의 경우 그 소화, 흡수율이 낮다. 밀기울의 아미노산 조성을 보면 시스틴 및 트립토판의 함량은 비교적 낮으나 옥수수보다는 높고 유지류보다는 떨어진다. 따라서 유박류와 함께 사용하면 그 효과가 한층 더 좋아진다.

### (2) 쌀 겨

쌀겨(rice bran)는 벼에서 왕겨(hull)를 벗긴 후 현미를 도정하는 과정에서 분리된 것으로 보통 현미의 5~6%가 생산된다. 한편, 생쌀겨에서 지방을 추출한 것을 탈지강이라고 하는데, 저장성과 기호성이 생쌀겨보다 좋기 때문에 그 품질에 있어서 우수하다. 쌀겨의 단백질 함량은 13~16%이며 지방의 함량은 탈지여부에 따라 2~14%로 변이가 크다. 칼슘은 낮고 인의 함량은 많으나 이것 역시 피틴태인으로써 단위동물은 이용이 잘 안된다.

### (3) 보 릿 겨

보릿겨(barley bran)는 쌀보리나 보리를 도정하는 과정에서 생긴 부산물을 총칭하는 것으로 거친 보릿겨는 조단백질의 함량이 낮고 조섬유의 함량이 높다. 보통 조단백질과 지방 함량은 평균 14%와 4%로 쌀겨와 비슷하다. 이와는 반대로 고운 보릿겨는 기호성이 좋고 티아민, 나이아신 및 인 등의 함량이 높고 칼슘과 리보플라빈의 함량이 낮으며, 특히 비타민 A, D는 더욱 더 낮다.

그 밖의 강피사료에는 대두피, 옥수수겨, 전분박, 잠사와 잠분, 해조분 등이 있다.

## 3. 단백질사료

가축의 성장은 골격의 신장과 아울러 체세포의 증가 및 성장에 의하여 이루어지는데 체세포를 구성하는 물질은 대부분 단백질이다. 그리고 이들의 대부분은 가축의 체외에서 사료의 형태로 공급을 받아야 하는데 이것이 단백질사료의 공급목적이다. 한편 단백질사료는 단백질의 함량이 20% 이상 들어 있는 사료를 말하고 이에는 대두박, 채종박 등의 식물성 단백질 사료와 어분, 우모분, 어즙, 육골분과 같은 사료가 있다.

### (1) 식물성 단백질사료

#### 1) 대 두 박

대두박(大豆粕, soybean meal)은 콩에서 기름을 짜고 남은 부산물로써 대두박의 영양소 함량은 탈피여부 및 기름추출 방법에 의하여 차이가 생기는데, 탈피 대두박은 조섬유의 함량이 낮고 단백질의 함량도 50% 정도가 되나 탈피하지 않은 것은 조섬유의 함량이 5~6%이고, 단백질의 함량은 45% 정도가 된다. 대두단백질은 아미노산 조성이 비교적 우수한 편이나 함유황 아미노산인 메티오닌과 시스틴의 함량이 다소 낮아 제한아미노산이 된다.

### 2) 면 실 박

면실박(綿實粕, cottonseed meal)의 단백질 함량은 탈피여부에 따라 결정되는데, 탈피하지 않은 것은 25~30%의 단백질을 탈피한 것는 40% 이상이나 된다. 면실박에서 가장 문제가 되는 것은 고시폴이란 페놀성 화합물의 함량이며, 특히 고시폴이 단위동물사료에 다량 배합되면 성장률 및 사료효율이 나빠진다. 어린 송아지의 경우에는 폐사율이 높아지고 닭에 있어서는 계란의 난황색의 변색을 가져오며 비텔린 비를 이환시켜 장기간 저장시 난황을 증대시키기도 한다. 고시폴의 함량을 낮추기 위해서 열처리가 효과적이다.

### 3) 채 종 박

채종박(菜種粕, rapeseed meal)은 유채에서 기름을 짜고 남은 깻묵을 말하는데, 조단백질의 함량은 35~37%정도이며, 아미노산 조성에 있어서 라이신이 모자라는 것을 제외하고는 우수한 편에 속한다. 한편, 채종박에는 0.2~0.5%의 겨자유가 함유되어 있어서 기호성을 떨어뜨리는데 이것의 주성분이 미로시나제라는 효소에 의해 산화되면 갑상선 비대 및 조직변화를 유발시키는 것으로 알려져 있다.

### 4) 기타 단백질사료

이 외에 아마박, 옥수수 글루텐, 밀 글루텐, 낙화생박, 야자박, 해바라기씨박 및 주정박 등이 있다.

## (2) 동물성 단백질사료

동물성 단백질사료는 우유 및 축산가공부산물, 수산부산물, 피혁부산물로 나눌 수 있다.

### 1) 어 분

어분(魚粉, fish meal)은 생선으로부터 어유를 짜고 남은 어박이나 생선부스러기 등을 건조시켜 가루로 만든 것으로 착유법, 제조방법, 생산지 및 어종에 따라 다양하다. 대체로 단백질의 함량(60~70%)이 높고 아미노산의 조성이 우수하여 식물성 단백질에서 부족되기 쉬운 메티오닌과 시스틴 같은 함유황 아미노산이 풍부하게 들어 있다. 또한 무기물 중 Ca 5%이상, P 3% 이상으로 풍부하다. 그리고 비타민 $B_{12}$가 풍부할 뿐만 아니라 미지성장인자(UGF)가 함유되어 병아리 사육에 더욱 효과가 많다.

#### 2) 우 모 분

가금의 깃털을 고압, 가열처리하여 분쇄한 것을 우모분(羽毛粉, feather meal)이라 하는데 우모분의 단백질은 카로틴태로 되어 있어서 소화, 이용이 낮으며 아미노산 중 루이신과 시스틴의 함량은 높으나 라이신, 메티오닌, 히스티딘, 트립토판의 함량은 낮다.

#### 3) 피 혁 분

피혁분(皮革粉)은 가죽조각과 불량품을 가수분해 처리하여 분말화한 것인데, 단백질의 함량은 75%나 되어 매우 높으나 콜라겐(collagen)의 형태로 되어 있어서 그 소화, 이용이 잘 안된다. 한편, 여기에는 크롬의 함량이 높아 이를 사료로 이용시 제약조건이 되기도 한다.

#### 4) 혈분과 육골분

혈분(血粉, blood meal)은 가축을 도살할 때 생기는 부산물로써 동물성 사료적 가치가 높은 것으로 알려져 있다. 단백질 함량이 80%정도로 매우 높으나, 지방, 칼슘, 인의 함량은 비교적 낮다. 육골분(肉骨粉, meat and bone meal)은 고기부산물, 뼈 등을 증기로 삶아서 지방을 추출한 다음 건조·분쇄한 후 사료로 이용되는데, 단백질이 50%이고, 칼슘과 인의 함량이 각각 평균 10%와 5%정도이다.

#### 5) 기타 동물성 단백질사료

이외의 동물성 단백질사료에도 어즙, 가금부산물, 새우분, 잠용박 등이 있으나 주요 단백질원은 아니다.

## 4. 근괴사료

재배작물 중에서 뿌리부분을 사료로 이용하는 고구마, 감자, 뚱딴지, 무, 사료용 비트, 타피오카 등이 있는데, 이들을 근괴사료(根塊飼料, root and tubers)라고 한다.

### (1) 고 구 마

고구마는 주로 식용으로 쓰이고 사료용으로는 별로 쓰이지 않는다. 에너지 사료로 사용할 수 있고 특히 많이 생산되어 저장에 문제가 있을 경우 고구마 사일리지로 만들어 급여하면 저장성을 높일 수 있다. 사료적 가치는 단백질과 무기물 함량은 낮지만 전분 함량이 높아 에너지사료로 이용될 뿐만 아니라, 단단한 경지방(硬脂肪)생산의 육질개선용으로 이용되고 있다.

### (2) 타피오카

타피오카(tapioca)는 일명 카사바(cassava) 또는 만디오카(mandioca)라고 불리는 열대성 근괴식물로 단위면적당 생산량이 매우 높다. 영양소의 함량은 고구마와 같으나 값이 싸서 에너지 사료로 각광을 받고 있다.

## 5. 보충사료

사료의 대종을 이루는 것으로는 농후사료와 조사료가 있으나 이들만으로는 가축이 요구하는 영양소를 충족시킬 수 없을 경우나, 또 어린 짐승의 성장을 촉진하고 사료효율이나 축산물의 품질을 개선할 필요가 있을 때 사용되는 사료가 있는데, 이를 보충사료 또는 과학사료(科學飼料, scientific feed)라 한다. 이를 영양성 첨가제와 비영양성 첨가제로 나누는 경우가 있다. 여기서 영양성 첨가제란 칼슘이나 인과 같은 광물질을 보급하기 위한 광물질 첨가제, 비타민 첨가제 그리고 아미노산 첨가제와 같이 실질적으로 영양소를 공급하기 위한 것을 말하고 비영양성 첨가가제는 직접적으로 영양은 공급하지 않으나 사료의 섭취와 소화를 돕는 물질 및 축산물의 질을 향상시키기 위한 물질 등이 있다.

### (1) 광물질사료

광물질사료(鑛物質飼料, mineral feed additive)에는 칼슘사료와 칼슘, 인사료가 있으며 인공급 사료도 있다. 한편, 미량광물질을 공급할 목적으로 여러 가지 미량광물질을 급여하는데, 이에는 아연, 코발트, 철, 구리, 망간, 요오드, 비소, 셀레늄 등이 있고, 가축에 나트륨과 염소를 공급하기 위해서 소금을 주는데, 특히 초식가축에 있어서 이의 공급은 필수적이다. 물론 이 때 과잉급여를 하면 설사, 체중감소 등의 부작용이 있다.

### (2) 비타민 및 아미노산 첨가제

우선 비타민을 공급하기 위하여 공급하는 첨가제로는 비타민 A, D, E, K, B제 등이 있고, 천연적인 사료 또는 화학적으로 합성된 것을 공급한다. 한편, 아미노산 첨가제는 동물성 단백질 사료가 부족하고 그 값이 비싼 경우 합성 아미노산을 이용하는데, 이에는 DL-메티오닌, 라이신, 글라이신, 트립토판, 알지닌, 글루타민 등이 있다.

### (3) 기타 첨가제

직접 영양소를 공급하지는 않으나 간접적으로 축산물의 생산성을 향상시킬 수 있게 하는 것이 있는데 항생물제, 생균제, 호르몬제, 비소화합물, 항콕시듐제, 항산화제, 향미제 등이 이에 속한다. 또한 반추가축에 있어서 서식하는 미생물이 비단백태 질소화합물을 가지고 합성한 단백질을 이용키 위해서 요소를 사용하는 경우도 있다.

## 제4절 조 사 료

조사료(粗飼料, roughages)는 수분과 조섬유 함량이 많아 용적도 크지만 단위 중량당 가소화 양분은 적고 거칠어서 단위동물에는 이용이 제한된다. 그러나 반추동물이나 초식동물의 소화기 구조와 기능 때문에 일정량이 필요하게 되는데, 만일 이들 조사료를 급여하지 않게 되면 소화기 장해나 번식장해를 유발하므로 반드시 급여하여야만 한다. 이들 조사료를 생산할 목적으로 재배되는 작물을 사료작물(飼料作物, forages crops)이라 하는데, 여기에는 목초(牧草, grass)와 풋베기 작물 또는 청예작물(靑刈作物, soiling crop)이 있다.

### 1. 목 초

목초(牧草, grass)는 식물학적 분류에 따라 화본과목초(禾本科 牧草)와 두과목초(荳科牧草)로 크게 나눈다. 화본과는 단자엽식물(單子葉植物)로 두과에 비하여 단백질함량이 낮으나, 조섬유 함량과 단위당 생산량이 높은 편이다. 두과는 쌍자엽식물(雙子葉植物)로써 뿌리에 근류균이 있어 공기 중 질소를 고정하여 토양의 비옥도를 증가시키는 중요한 기능을 하는데, 화본과보다는 단백질 함량이 높다.

#### (1) 화본과목초

우리나라에서 재배되는 목초는 대부분 외국에서 도입된 것이며, 이들은 특히 초식가축의 방목, 건초 및 사일리지로써 이용에 꼭 필요한 자원으로 형태에 따라 크게 화본과와 두과목초로 구분된다. 한편 서늘한 기후조건에서 잘자라는 북방형 목초는 한여름에 하고현상에 의하여 생육이 일시 중지되어 이 기간에는 일년생 풋베기 작물의 이용을 고려해야 한다.

##### 1) 오차드그라스

우리나라의 대표적인 화본과목초로 과수원의 아래서 잘 생육하기 때문에 오차드그라스(orchardgrass)라 명명되었으며, 이삭이 수탉의 발처럼 생겼다고 해서 cocks foot란 이름이 붙여졌다. 오차드그라스는 다년생 목초로 초장은 80~120 cm이고 다발을 형성하여 초봄에 생육이 빠르고 그늘에 견디는 힘과 내한성도 기대할 수 있다.

단파를 행하는 경우도 있으나, 대부분은 두과목초와 혼파를 행한다. 이른봄 맹아가 빠르고 재생력이 왕성하며 제상에 잘 견디므로 방목지와 채초지에서 넓게 사용되고 있다. 일반적으로 건물기준으로 8~18%의 조단백질을 함유하고 있으나 개화 후 급격하게 줄기가 목질화되어 단단해지므로 사료가치가 감소하게 된다.

〔그림 7-1〕 오차드그라스

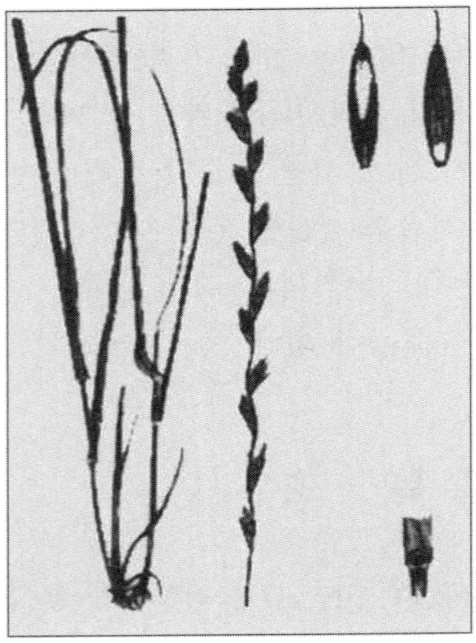

〔그림 7-2〕 이탈리안 라이그라스

### 2) 이탈리안 라이그라스

이탈리안 라이그라스(Italian ryegrass)는 월년생 화본과 목초로써 우리나라의 남부지방에서 답리작으로 많이 재배되며 청예의 이용이 가장 일반적이며 사일리지용으로도 재배된다. 특히 이탈리안 라이그라스에는 서당이 많아 사일리지가 잘 되는 것으로 되어 있다.

### 3) 티 머 시

티머시(thimothy)는 다년생 화본과목초로써 다발형을 이루며 초장은 60~90 cm이다. 알팔파나 클로버와 같이 혼파하는 것이 좋으며, 특히 말의 건초로 각광을 받으며 건초 제조시기는 출수 초기가 적당하다. 8~12%의 조단백질을 함유하고 있다.

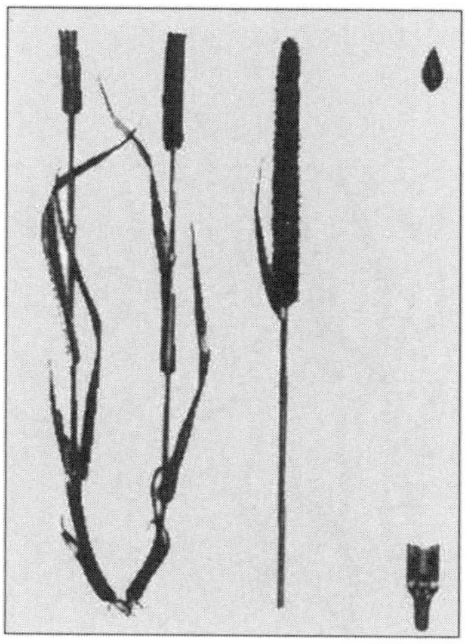

〔그림 7-3〕 티 머 시

〔그림 7-4〕 리드 카나리그라스

### 4) 리드 카나리그라스

리드 카나리그라스(reed canarygrass)는 다년생이며 초장은 60~180 cm이고 습한 곳에서 잘 자라며 잎은 넓고 털이 없고 무성하게 자라는 것이 특징이다. 방목에 비교적 약한 편이며 건물 중에는 약 9~13%의 조단백질을 함유하고 있다.

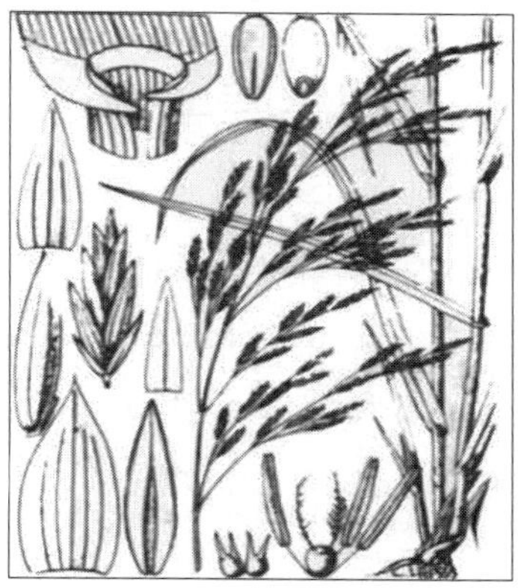

〔그림 7-5〕 톨 페스큐

### 5) 톨 페스큐

톨 페스큐(Tall fescue)는 다년생 목초로 초장이 100~140 cm로 길고 뿌리가 깊으며 적응성이 넓고 융통성이 높아 혼파시 침공성도 뛰어난다. 방목, 채초 또는 겸용으로도 이용되나 거칠어서 가축에 대한 기호성이 별로 좋지 않은 단점이 있다.

### 6) 페레니얼 라이그라스

페레니얼 라이그라스(perennial ryegrass)는 성장이 빠른 다년생 목초로 초장은 30~60 cm정도이다. 하번초(夏繁草)이기에 방목용 초지로 효과적이며, 특히 여름에는 심한 하고현상을 받는다. 건물 중에는 6~13%의 조단백질을 함유하고 있다.

### 7) 켄터키 블루그라스

켄터키 블루그라스(kentucky bluegrass)는 지하경이 잘 발달되고 포복경이 밀집한 잔디밭을 형성하기에 잔디용으로 자주 사용된다. 초장은 40~90 cm 정도에 이르며 한발이나 더위에는 약하지만 내한성이 뛰어나다. 초기 생육이 느리고 하번초로 수량이 낮기 때문에 목초로써는 영년 방목지에 이용되는 게 일반적이다.

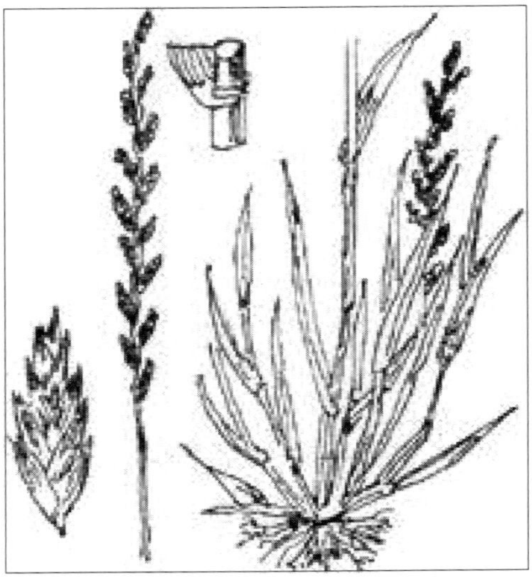

〔그림 7-6〕 페레니얼 라이그라스

〔그림 7-7〕 켄터키 블루그라스

## (2) 두과목초

두과목초는 잎, 줄기에 풍부한 단백질을 저장하기 때문에 이를 가축에 급여하는 경우에 고단백 영양공급제의 역할을 한다. 뿐만 아니라 골격형성 영양소인 P, K, Ca 와 같은 광물질과 비타민과 같은 성장촉진인자를 급여하는 효과도 있다. 그 밖에도 공중질소의 이용에 의한 토양의 비옥도 증진 및 토양의 침식방지에도 도움이 된다.

### 1) 알 팔 파

알팔파(alfalfa)는 영양가가 풍부하여 「사초의 여왕」이라고 하며, 특히 건초로 이용시 그 사료적 가치가 높다. 조단백질이 15~25% 이상, 또 TDN은 50% 이상이지만 우리나라 농가에서는 이의 재배, 이용이 잘되지 않고 있으며 최근에는 미국으로부터 건초 및 알팔파 관련 제품이 수입되고 있는 실정이다.

〔그림 7-8〕 알 팔 파

### 2) 화이트 클로버

화이트 클로버(white clover)는 다년생이고, 온화한 기후에서 잘 자라기 때문에 세계에 가장 널리 분포되어 자생하고 있다. 방목용으로 알맞은 목초로 거대종으로 개량된 라디노 클로버(ladino clover)가 우리나라 혼파초지에 흔히 파종한다.

### 3) 레드 클로버

레드 클로버(red clover)는 다년생으로 주로 건초용으로 재배된다. 특히 티머시와 함께 파종할 때 좋은 성적을 올릴 수 있으며, 사료적 가치는 알팔파와 유사하며 조단백질의 함량은 12~22%이다.

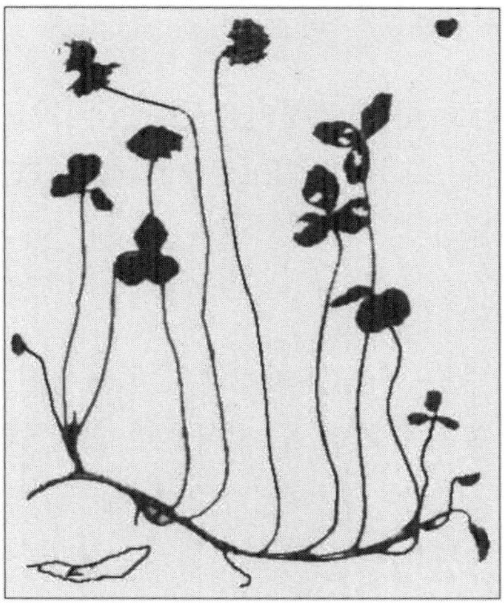

〔그림 7-9〕 화이트 클로버

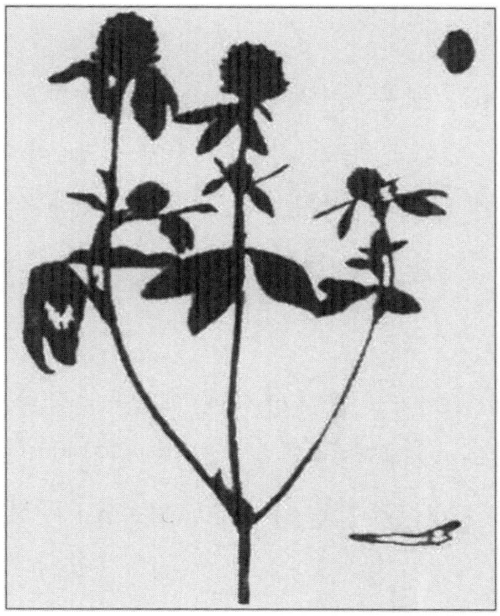

〔그림 7-10〕 레드 클로버

## (3) 풋베기 작물

풋베기작물은 청예작물(青刈作物)이라고도 부르는데, 우리나라는 경지면적이 적고 대부분의 축산이 도시근교에서 이루어지고 있으므로 초지를 이용한 가축사육 대신에 생산량이 높은 풋베기 작물을 재배·이용하고 있는 실정이다. 이 중에서도 옥수수, 수단그라스, 수수 교잡종 호밀, 귀리, 유채, 보리 재배가 많이 되고 있다.

### 1) 옥 수 수

옥수수(corn or maize)는 1년생 작물로 체장 1~4 m에 이르며 수량도 풍부하지만 탄수화물 함량이 많고 당분이 풍부하므로 풋베기 보다는 사일리지로 이용하는 경우가 많다. 풋베기를 이용할 시에는 출수기 이후에 줄기가 딱딱해져 기호성이 떨어지므로 이시기를 지나치지 않도록 하여야 한다.

### 2) 수단그라스

수단그라스(sudangrass)는 수수속에 속하는 1년생 작물로 초장이 90～150 cm이며 풋베기뿐 아니라 건초, 사일리지, 방목으로도 이용이 가능하다. 청산의 함량이 문제가 되므로 초장이 50cm 이상에서 이용하는 것이 바람직하다.

### 3) 호 밀

호밀(rye)은 우리나라에서 가을 옥수수의 후작이나 벼를 재배한 후에 파종하여 이용하고 있다. 특히 초봄에 이용이 가능하고 때로는 사일리지로도 제조할 수 있다. 건물중 조단백질은 8～12%정도이다.

### 4) 귀리 또는 연맥

귀리(oats)는 추운지방에서 종실을 목적으로 하고 따뜻한 지역에서는 풋베기용으로써 재배되어 왔다. 종실은 주로 말 사료나 식료 가공용으로 이용되고 풋베기용 귀리는 젖소의 중요한 조사료 원이 되며 사일리지로도 이용된다.

### 5) 유 채

유채(rape)는 십자화과에 속하는 작물로써 제주도 및 남부지방에서 종실에서 기름을 얻기 위해 재배되어 왔다. 최근 사일리지의 옥수수를 수확한 후 후작으로 많이 재배되고 있으며, 단백질 함량이 높고 섬유소가 적으며 기호성이 양호한 작물이다.

### 6) 보 리

보리(barley)는 종실이 농후사료로 이용되며 풋베기 용으로도 사용되고 있다. 수량은 한지에서는 호밀보다 온난지에서는 귀리보다도 적다. 풋베기는 연간 2～3회 이용이 가능하나 9월 파종시에는 연 내에 1회 그리고 이듬해 봄에 1～2회 예취할 수 있다.

기타 풋베기 작물로는 피, 사료용무, 비이트, 순무 등이 있다.

## 2. 야 초

야초(野草, wild grass) 는 논두렁, 밭가, 길섶, 산에서 채취할 수 있는 모든 종류의 야생풀을 말한다. 특히 축산의 규모가 작고 부업적으로 가축을 기르는 경우에 농가가 손쉽게 이용할 수 있는 조사료원이다. 야초는 크게 다년생 야초와 단년생 야초로 나눌 수 있는데 집 근처에는 주로 단년생이 산가에는 다년생 야초가 많다. 주요 초종은 강아지

풀, 개밀, 조개풀, 안고초, 큰기름새, 기름새, 참억새, 바랭이 등의 화본과야초와 자운영, 살갈퀴, 벌노랑이, 비수리, 매듭풀, 차풀, 돌콩 등이 두과야초가 있다. 사료적 가치는 어릴 때는 높으나 생육이 진행됨에 따라서 조섬유의 함량이 많아져 떨어진다.

## 3. 고 간 류

고간류(藁稈類, straws)는 벼, 보리, 밀, 조와 같은 곡류를 수확하고 남은 잎과 줄기로써 볏짚, 보릿짚, 밀짚이라고 부르는데, 특히 이 중에서 볏짚은 축산농가가 많이 이용하고 있는 대표적인 고간류라 할 수 있다. 이들 볏짚의 영양적 특성을 보면 단백질의 함량도 4~5%로 낮고 아미노산의 공급능력도 보잘 것이 없으며 칼슘과 인 및 비타민도 거의 기대할 수 없다. 따라서 생산성이 낮은 가축에만 사용하는 것이 좋다.

이들 고간류의 사료가치를 증진시키고자 하는 많은 연구결과로 다음과 같은 방법이 이용되고 있다.

### (1) 석회처리

고간류 100 kg당 「소석회 $Ca(OH)_2$ 10~12 kg+물 100 ℓ」로 제조 후 고간류를 2~3일간 침적한 다음 물로 세척하고 건조시켜 사료로 급여한다. 특히, Ca공급원으로써 효과가 있다.

### (2) 가성소다처리

가성소다(NaOH)처리는 사료가치 향상을 위해서 고간류 100 kg당 「가성소다(NaOH) 12 kg+물 800 ℓ」의 용액을 만들어 10~12시간 침적한 후 꺼내 물로 세척하고 건조시켜 이용하는데, 부드러워 섭취량이 증가되고 소화율이 향상된 것으로 보고되고 있다.

### (3) 암모니아처리

암모니아처리(ammonia gas treatment)는 비닐을 깔고 볏짚 100kg당 「50kg의 암모니아 가스」를 주입한 후 여름철은 15일정도, 겨울철은 40일정도 되면 볏짚과 암모니아가 반응하여 갈색으로 변하게 되는데, 부드러워 기호성 증진과 함께 TDN의 향상을 가져와 사료적 가치가 높아진 것으로 보고된다.

## 4. 건초와 사일리지

### (1) 건 초

건초(乾草, hay)는 생초의 수분을 15% 이하로 탈수시켜 미생물 및 효소에 의한 부패나 변질을 방지하는 저장 방법으로써, 수확된 사료작물의 품질변화가 적고 취급도 편리하기 때문에 옛부터 폭넓게 사용되어 왔다. 건초 조제는 예취시 수분이 70~90% 정도의 풀을 햇볕, 바람, 경우에 따라서는 발효, 화력 및 이들의 병용에 의해 저장 가능한 수분(13~15%)으로 저하시켜 취급이 편리하도록 곤포하여 실내에 저장하는 것을 말한다.

양질의 건초생산은 기상조건과 밀접하게 관련하고 있으며 양분손실은 보통 30%정도이나 조제 중에 비를 맞히면 양분손실이 50%까지도 이른다. 우리나라에서는 예취 건조시기가 비가 많은 계절과 중복되기 때문에 조제시에 여러 가지 문제가 남아 있다.

### (2) 사일리지

사일리지(silage, 埋草, 담근먹이)란 용기 안에 고(高)수분의 사료작물을 제어된 발효에 의해 저장하는 것을 말하며, 옥수수 등 청예작물, 사탕무우의 경엽 및 목초 등이 사일리지의 중요한 원료가 된다. 사일리지 제조는 수분을 조절(70%)하여 2~3 cm로 절단한 원료를 사일로(silo)에 매입하고 답압(踏壓)하여 공기를 제거함으로써 혐기성 유산발효를 일으키게 한다. 발효가 진행되어 가용성 탄수화물이 분해되면서 이산화탄소와 열의 발생과 함께 유산이나 초산이 생성되고 pH가 4.2 이하로 유지되면, 재료의 분해는 거의 정지하여 양질의 사일리지가 된다.

일반적인 방법으로 조제된 양질의 사일리지 경우는 조제 중에 일어나는 손실이 전분가가 25%, 가소화 단백질이 약 6%, 카로틴이 예건한 경우 약 80% 이지만, 미네랄은 거의 손실되지 않다고 알려져 있다. 이러한 사일리지는 겨울철의 다즙사료(多汁飼料)로 이용하기가 쉽고, 저장성이 비교적 좋을 뿐만 아니라 일단 제조 후에는 기후 등에 지배를 받지 않는 다는 장점이 있는 반면에 설비의 비용이 들고, 제조시 노동비가 많이 들 뿐만 아니라 비타민 D함량이 낮다는 단점도 있다.

## 5. TMR 사료(완전배합사료, Total mixed ration ; TMR)

완전배합사료는 조사료와 농후사료(또는 상업용 배합사료)를 영양소 요구량에 맞도록 적절한 비율로 배합한 축우사료를 말한다. 통상 단위동물사료는 시판 배합사료 그 자체가 완전배합사료이나 축우사료의 경우는 조사료와 농후사료의 급여비율이 적절히 계산되어야 한다. 완전사료(完全飼料, complete ration) 혹은 완전 혼합사료(all-in-one feeds)라고도 부른다.

## 제 5 절 초지조성과 관리

### 1. 초지 조성

#### (1) 경운초지(집약초지) 조성

경운초지(耕耘草地)의 조성은 지형조건이 좋은 곳을 집약적으로 이용할 경우 채택되는 초지조성 방법이다. 경운초지는 경운에 의해 기존 식생이 자연스럽게 제거되고 단기간에 생산성이 높은 초지를 조성할 수 있다는 장점이 있다.

##### 1) 입지조건 선별

경운초지 조성은 기계화가 전제되는 것이 현실이다. 따라서 초지조성은 물론 이용 관리시에도 기계화가 가능한 15도 이하의 완경사지를 선택하며, 토성도 기계화에 적합하여야 한다. 이 조성방법으로 초지를 조성할 수 있는 경우는 기타 생산성이 높은 사료작물의 재배도 신중히 고려되어야 한다.

##### 2) 장애물 제거

기존 식생이 수목류나 관목류일 경우에는 화입하는 것이 가장 손쉬우며, 야초지인 경우에는 염소 등의 가축을 이용하여 강방목하거나, 제초제를 이용하는 것이 바람직하다. 이용관리시 기계화를 위해 나무뿌리나, 돌을 파내는 작업은 불도저나 포크레인 등의 토목기계를 이용하는 것도 고려해 볼만하다. 또한 정지작업을 할 경우에는 약 30 cm정도의 표토를 모아두었다가, 정지작업이 완료된 후 다시 펴서 이용하여야 초지 생산성을 높일 수 있다.

##### 3) 경　운

화본과 목초의 뿌리 깊이는 일반적으로 약 15 cm 정도되므로 이 정도 깊이의 경운이 필요하다. 그러나 혼파 초종 중 알팔파 등 심근성 초종이 포함되어 있는 경우에는 20 cm 이상 깊이로 경운하는 것이 바람직하다. 경운용 기계에는 발토판 플라우, 원반 플라우, 심토 플라우, 치즐 플라우 등이 사용된다. 한편 우리나라 토양은 대부분 모암이 화강암으로 이루어져 산성토양인 지역이 많아 이들 토양의 산도를 교정하기 위해서는 ha당 3톤 정도의 석회 시용이 권장되고 있는데, 석회 살포는 경운 전에 요구량의 반을 살포하고 경운시에 나머지 반을 살포하는 것이 좋다. 그러나 석회 요구량이 적은 경우에는 경운 후 쇄토 전에 전면 살포한다.

#### 4) 쇄토 및 정지

경운 후에는 로터리, 원반 플라우, 투드 해로우 등으로 경운한 곳을 여러 차례 끌어 주고 정지하여 직경 2 cm 이하의 흙이 80% 정도로 되면 목초 파종에 적합하게 된다.

#### 5) 파 종

파종방법에는 산파(散播, 흩어 뿌림)와 조파(줄뿌림)가 있으나 요즘은 파종기를 이용하여 비료의 3~6 cm 바로 위에 목초종자를 대상으로 파종하고 복토와 진압을 해줌으로써 비료의 염해를 줄이고 유식물의 초기생육을 좋게 할 수 있는 대상조파도 사용된다. 파종시기는 춘파인 경우 3월 중순, 추파인 경우는 9월 상순이 적기이다. 우리나라는 기후적으로 목초 파종직후 건조기가 시작되므로 토양수분 확보를 최우선으로 하여야 한다. 또한 균형 잡힌 영양분을 공급하고 무기질소의 비용을 절약하면서 토양양분을 균등하게 이용하고 공간의 이용이 증대될 수 있는 최소한 화본과목초 1 초종과 두과목초 1초종을 포함시키는 혼파를 실시하는데, 파종량은 25~30 kg/ha으로 초종별 파종량(kg/ ha)은 오차드그라스 14 kg, 톨 페스큐 6 kg, 페레니얼 라이그라스 6 kg, 켄터키 블루그라스 2 kg, 화이트 클로버 2 kg정도가 바람직하다.

#### 6) 시 비

우리나라의 초지개발 조성 토양은 인산흡수계수가 높은 지대가 많아 인산 결핍을 일으키기 쉬우므로 인산질 토양개량자재의 시용이 불가피하다. 시용량은 토양 중 유효인산이 목초의 정착에 제한 인자로 되지 않을 양으로 인산성분 ha당 200 kg 정도로 한다.

또한 초지 조성시에는 질소 및 칼리 성분이 목초 정착의 제한 인자로 되지 않는 양으로 하되 각각 ha당 80과 70 kg을 권장하고 있다.

#### 7) 복토 및 진압

복토(覆土)의 깊이는 종자의 크기에 따라 다르나 1 cm 전후가 바람직하며, 2.5 cm 이상이 되면 정착에 악영향을 미친다.

불경운초지조성법에 비해 경운초지 조성법에서 진압은 매우 중요하다. 경운초지조성법은 경운과 쇄토를 통해 토양 내 모세관현상이 차단되어 토양수분이 종자로 공급될 수 있는 길이 막혀있기 때문에 반드시 진압을 하여 목초 종자 주변의 토양수분 조건을 개선해 주어야 한다.

### (2) 불경운초지조성

겉뿌림 산지초지조성 방법은 최근 가장 많이 시행되는 방법으로, 경운하지 않으므로 토양 유실을 방지할 수 있고, 지형조건이 불리한 곳도 초지화할 수 있으며, 경운에 필요한 기계의 투입이 필요하지 않다는 이점이 있다. 그러나 경운을 하지 않기 때문에 종자와 토양의 접촉이 불량하여 발아와 정착이 어렵고 개발이 용이하나 생산성의 증가속도가 느려 초지로 완성되기까지에는 상당한 기간이 필요하게 된다.

#### 1) 입지조건의 선정

입지조건 중 가장 중요한 것이 경사도이다. 채초지로 이용할 경우 기계의 작업 가능 경사도를 고려하여 15도 이하의 완경사지를 선택하여야하며, 방목지로 이용할 경우에는 25도 정도까지 이용이 가능하다. 그 이상의 경사지를 초지화 경우 기계화가 불가능하며, 토양 유실 등 문제점이 발생하게 된다.

#### 2) 장애물 제거

초지조성 대상지의 기존식생을 제거하여 파종상을 준비하여야 한다. 대상지가 삼림이면 초지조성에 필요한 행정절차를 밟은 후에 기존식생을 제거한다. 이 때 기존식생 중 숲의 일부를 남겨 비음림으로 이용하는 것도 매우 유용하다.

기존식생 종류에 따라 제거 방법이 달라진다. 기존식생에 수목류, 관목류가 많으면 화입하는 것이 가장 용이하다. 그러나 이 때 불이 초지조성 대상지 밖으로 번지지 않도록 충분히 주의하여야 한다. 기존식생이 야초지인 경우 염소 등을 강방목하여 제거하는 방법과 제초제를 이용하는 방법이 있다.

#### 3) 석회 및 비료 시용

경운초지와 마찬가지로 초지 조성시에는 석회를 충분히 시용하여, pH 5.5 이상으로 중화하여 주는 것이 바람직하며, 주기적으로 토양산도를 측정하여 4~5년마다 석회를 시용하는 것이 양호한 식생유지에 도움이 된다. 특히 두과목초는 토양산도에 대한 반응이 민감하다. 목초의 발아 및 정착과정에서 가장 중요한 것이 뿌리의 성장인데, 이는 인산의 영향을 크게 받는다. 따라서 초지조성에는 인산을 충분히 시비하여야 한다. 초지조성용 복비를 이용할 경우에는 이 문제점이 해결되나, 단비를 구입하여 시용할 경우에는 인산의 시비량을 충분히 하여야 한다. 비료 종류별 시용량(kg/ha)은 인산 200~300kg, 질소, 50~70 kg, 칼리 40~60 kg, 석회는 1~2 톤 정도이다.

#### 4) 파 종

우리나라에서의 목초 파종은 주로 가을에 하는 것이 일반적이다. 봄에 파종하면 잡초와의 경쟁이 심하여 정착률이 저하된다. 가을의 파종적기는 9월 상순 이전이다. 이 시기보다 늦어지면 목초가 충분히 자라지 못한 상태에서 겨울을 맞아 월동률이 저하된다. 파종기 등을 이용하여 파종하며 정착률이 높아지지만, 여건상 그렇지 못할 경우에는 지표에 산파한다. 파종량은 ha당 30～35 kg정도이며 구체적 초종별 파종량(kg/ha)은 오차드그라스 16 kg, 톨 페스큐 9 kg, 페레니얼 라이그라스 3 kg, 화이트 클로버 2 kg 정도이다.

#### 5) 갈퀴질 및 진압

목초의 정착률 향상에 미치는 중요한 요인 중 하나가 수분이다. 갈퀴질을 통해 목초종자를 지면에 밀착시켜 주고, 진압을 통해 모세관 현상에 의해 토양 중의 수분이 종자에 공급되도록 하여 주면 목초의 정착률은 현저히 향상된다. 특히 파종시기가 늦어졌을 경우 반드시 진압하여 조기에 정착할 수 있도록 한다.

### (3) 임간초지의 조성

#### 1) 임간초지의 특성

임간초지(林間草地)는 간이초지 조성방법으로 임목지에 목초를 파종하여 초지를 조성하는 것으로 최소한의 나무만 베어주거나 가지치기를 함으로써 풀사료와 임목 생산을 겸할 수 있다. 또한, 방목에 의한 가축분뇨로 나무의 생장을 촉진하고 그늘이 많아 토양온도의 감소 및 토양수분 함량이 높게 된다.

#### 2) 임간초지의 조성기술

① 선점식생의 제거 : 임간초지 조성대상지에는 주로 산야초나 잡관목 등이 많아 이들을 제거하는데는 각각그라목손과 근사미 등을 사용하지만, 인력으로 지표면 가까이 까지 베어 주거나 가축의 중방목(소의 경우에는 ha당 100～300두)을 이용하여 제거하기도 한다.

② 간벌 및 가지치기 : 목초가 생육하는 데 지장이 없도록 광선의 투과량이 60% 이상이 되게끔 간벌 또는 가지치기를 해야 한다.

③ 목책설치 : 임간초지는 조성 후에 주로 방목지로 이용되기 때문에 목책이 필요하며 기존의 나무를 목책 지주로 이용하게 된다.

④ 시비 : 불경운 초지조성 방법과 마찬가지로 실시한다.

⑤ 파종 : 파종시기는 8월 중～하순경과 춘파도 가능하고 파종량은 30～40kg/ha가

적당하다.

⑥ 복토 및 진압 : 인력으로 갈퀴질을 하여 복토와 진압을 마친다.

## 2. 초지 관리

### (1) 초지조성 초기관리

#### 1) 월동 전 관리

초지를 조성한 후 초고가 10~15 cm에 도달하면 가볍게 방목하거나 높게 예취하여 목초의 웃자람을 방지하고 분얼을 촉진시켜야 한다.

#### 2) 월동 후 첫해 관리

① 경운조성초지

㉠ 생육이 왕성한 6월까지는 충분하게 비료를 시용하고 야초의 생육이 왕성한 7~8월의 고온기에는 비료를 적게 시용하여야 하며 초가을에는 다시 충분한 비료의 시용으로 목초의 세력을 강화시켜야 한다.

㉡ 초고가 20~25 cm 높이에 도달하면 방목하거나 청소베기를 하면 가지치기와 뿌리의 발육을 촉진하고 이른봄의 서릿발에 의한 들뜬 뿌리의 진압효과도 있다.

㉢ 일부 빈자리는 보파하여 식생을 균일하게 하여야 한다.

② 불경운조성 및 임간조성초지

㉠ 생육이 왕성한 6월까지는 충분하게 비료를 시용하고 야초의 생육이 왕성한 7~8월의 고온기에는 비료를 적게 시용하여야 하며 초가을에는 다시 충분한 비료의 시용으로 목초의 세력을 강화시켜야 한다.

㉡ 초고가 20~25 cm 높이에 도달하면 방목하거나 청소베기를 하면 가지치기와 뿌리의 발육을 촉진하고 이른 봄의 서릿발에 의한 들뜬 뿌리의 진압효과도 있다.

㉢ 일부 빈자리는 보파하여 식생을 균일하게 하여야 한다.

### (2) 기성초지의 관리

#### 1) 시비관리

① 채초지의 시비량 및 시비시기 : 채초지(採草地)는 연간 4~5회 이용하며, 비료량은 ha당 질소 280 kg, 인산 200 kg, 칼리 240 kg이나 오래전에 조성한 초지는 토양에 양분이 축적되므로 질소와 인산질비료는 이보다 25% 절감한 210 및 150 kg을 시용하는 것이 바람직하다. 채초지의 비료주는 시기는 노동력과 비료의 이용효율을 고려하여 예취

직후 보다 예취 3～6일 후 목초의 자람이 시작될 때 시용하며, 질소와 칼리는 동량을 나누어서 주고 인산은 기비로 주는 것이 바람직하다.

② 방목지의 시비량 및 시비시기 : 방목지(放牧地)는 연간 6～8회 이용하며 방목가축의 분뇨 환원으로 채초지보다 시비량이 적어도 되므로 시비량은 ha당 질소 200kg, 인산 200 kg, 칼리 200 kg가 적당하다.

### 2) 예취관리

채초지의 생산성 향상 및 이용년한의 연장을 위해 예취관리가 중요한데, 주로 첫 번째 예취는 화본과 목초에서 수잉기～출수초기, 두과목초는 개화초기가 적기이고 두 번째 이후부터는 초장이 30～50 cm내외 일 때에 예취하는 것이 바람직하지만 한지형 목초는 일 평균 기온이 5℃되는 날로부터 약 30～40일전에 마지막 예취를 하여 충분한 양분 축적기간을 두어야 한다. 예취높이는 5～10 cm가 적당하다.

### 3) 방목관리

방목(放牧)은 일반적으로 ha당 생초생산량이 3톤되는 시기부터 방목을 시작하는 것이 봄철 목초의 과중한 생육을 막을 수 있고 초지의 이용률을 높일 수 있다. 두번째이후 목초의 방목 적기는 초장이 20～25 cm 때이며, 이 때까지의 휴목일수는 봄 18～20일, 여름 35일, 가을 40일로 휴목일수는 평균 25～28일이 적당하다. 한편 과도한 방목은 목초의 생장을 억압하고 제상을 입히며 잡초의 발생을 조장할 수 있으므로 이를 유의해야 하고 방목 후 우분처리 및 청소예취를 행하여 불식과번지의 발생을 막아야 한다. 또한 목초가 월동에 필요한 양분을 저장할 수 있도록 일 평균 기온이 5℃ 되는 날로부터 약 20～30일 전에 최종방목을 마쳐야 한다.

### 4) 여름철 초지관리

목초는 서늘한 기후조건을 좋아하므로 봄과 가을철에는 잘 자라지만 여름철에 기온이 높아지면 생육이 억제되고 심하면 죽기도 한다. 반면에 잡초는 기온이 높을수록 생육이 왕성하여 여름에 초지관리를 소홀히 하면 초지를 버리기 쉽다. 따라서 여름철에는 낮춰베기(예취높이 : 최소 10 cm 이상 유지), 과방목 및 질소비료시용(질소는 토양온도가 높아짐에 따라 질산화로 손실 우려)을 삼가야 한다.

### 5) 잡초방제

① 잡초의 종류 : 산성토양에 잘 자라는 잡초에는 애기수영, 들개미자리, 검은겨이삭, 뚝의밥, 나도겨이삭, 들깨풀, 멍석딸기, 참쑥, 닭의장풀, 개여뀌, 미나리아재비, 바랭이, 고사리, 맑은대쑥 등이 있고 척박한 토양에 잘 자라는 잡초에는 애기수영, 들국화, 엉겅

퀴, 개억새, 개솔새, 잔디, 씀바귀, 솔새, 새, 김의털 등이 있으며 건조한 토양에는 애기수영, 애기장대, 들국화, 벼룩이자리, 엉겅퀴, 개망초, 쇠비름 등의 잡초가 잘 자라고 습한 토양에는 개구리자리, 기는미나리아재비, 골풀, 방동산이, 별꽃, 큰별꽃, 물여뀌, 새포아풀, 둑새풀, 황새냉이, 개갓냉이 등의 잡초가 잘 자란다.

② 생태(기계)적 잡초방제 : 자주 베거나 낮게 벰으로써 잡초를 제거하는 방법으로 예취 후 시비로 목초의 생육을 촉진하여 잡초의 생육을 억제하기도 한다.

③ 화학적 잡초방제 : 잡초를 제초제에 의해 방제하는 방법으로, 잡초 생육이 왕성하여 기계적 혹은 생태적 방제에 의해 억압이 곤란할 때 주로 사용되며 발생초기에 잡초종류별로 적합한 제초제를 선택하여 시용시기 및 희석법에 따라 부분 혹은 전면적으로 제초를 실시한다.

### 「고사리」가 좋은 줄로만 알았는데………

방목가축들은 원래 고사리를 좋아하지 않지만 여름가뭄이 지속되어 목초가 고갈되고 고사리만 무성하게 자라 간혹 풋고사리를 먹게 되어 중독을 일으킨다. 소는 이들 고사리 내 재생 불능성 빈혈인자, 그리고 말의 경우에는 비타민 $B_1$의 분해효소인 thiaminase, aneurinase 등에 의해 피해를 받는다. 한편 이들 유해성분은 특히 땅속줄기가 잎보다도 5배 이상의 독성을 가지고 있는데, 조혈장기(造血臟器), 특히 골수(骨髓)의 기능 장애로 인해 재생 불량성 빈혈(貧血, anemia)을 일으키는 것이 특징이다.

한편, 우리나라에서도 이미 제주도에서 그 피해가 발생되어 다음과 같은 증상을 나타내고 있다.

① 눈의 결막, 질 점막, 구강 점막 등 외부에서 볼 수 있는 점막의 여러 곳에 좁쌀 크기의 출혈반(出血班)이 생겨난다.

② 중증의 경우 이 부위에 궤양이 생기는 일도 있으며, 체온이 갑자기 40℃이상으로 올라가 정상으로 돌아오지 않는다.

③ 혈변, 혈뇨(血尿)의 배설을 보인다. 다만 경증(輕症)에서는 뚜렷한 변화가 없다.

이들 처치방법을 요약하면 다음과 같다.

① 고사리가 없는 방목지로 옮기고, 초지 내 고사리는 생태적 혹은 제초제(근사미)로 고사리를 제거한다.

② 중독에 걸린 소들은 심한 운동을 삼가도록 하고, 지혈제(비타민 K 등)를 주사하며 300~2,000㎖의 수혈을 실시한다. 또한 2차 감염을 방지하기 위해 항생물질을 투여하며 기타 대증요법으로써 강심제, 영양제, 건위 정장제 등을 투여한다.

## ◈ 연습문제 ◈

1. 사료의 영양가치에 따른 분류를 하고, 그 예를 들어보시오.
2. 단백질사료란 무엇이며, 어떠한 것들이 있는가?
3. 소화율(消化率)을 공식을 써서 정의하시오.
4. 가소화양분총량(TDN) 이란 무엇인가?
5. 사료효율(飼料效率)과 사료요구율(飼料要求率)의 차이점을 공식을 써서 비교 설명하시오.
6. 곡류사료(cereal grain)의 특징을 설명하시오.
7. 돼지 비육시 도체품질(屠體品質)에 영향을 미치는 사료배합에 대하여 설명하시오.
8. 강피류 사료의 특징을 설명하고, 여기에는 어떠한 사료가 있는가?
9. 어분(fish meal)의 사료적 가치를 설명하시오.
10. 타피오카(tapioca)란 무엇이며, 그 특징을 설명하시오.
11. 목초(牧草)와 야초(野草)의 차이점을 설명하시오.
12. 화본과와 두과목초의 특징을 비교 설명하시오.
13. 우리나라에서 재배되는 화본과와 두과목초를 2개씩 들고, 그 특징을 열거하시오.
14. 고간류란 무엇이며, 사료적 가치를 증진하는 방법을 설명하시오.
15. 사일리지(silage)의 제조법을 쓰고, 그 장점과 단점을 서술하시오.
16. TMR사료란 무엇인가?
17. 경운초지와 불경운초지의 차이점을 설명하시오.
18. 임간초지(林間草地) 조성의 특성을 설명하시오.
19. 방목지의 방목관리 방법에 대하여 기술하시오.
20. 고사리의 중독에서 나타나는 특징을 설명하시오.

제 8 장

# 동물의 사육관리편

## 제 1 절 동물의 행동습성과 행동유형

### 1. 동물의 행동습성

동물은 어떤 조건 환경아래에서 일정하게 움직이고 활동하면서 생활하게 되는데, 이러한 행태를 일컬어 동물행동(動物行動, animal behavior)이라고 부른다. 이러한 동물행동은 단순히 동물의 본능적 행위라고만 생각하여 연구가치가 없는 것으로 믿어져 왔으나, 최근에는 이런 동물 연구가 동물의 최고 능력 발휘를 통한 생산성 향상에 응용되고 있을 뿐만 아니라, 학습활동에도 많은 기초연구로써 이용가치가 높은 것으로 평가되고 있다. 동물에게 지나치게 고유의 행동을 공간적으로나 습성을 제한하게 되면 닭의 경우 식우증(食羽症, cannibalism)과 같은 병적 증세가 나타날 뿐만 아니라, 식욕감퇴 현상, 과도한 공격성, 멍청함 등을 초래하여 경제동물이 가지고 있는 잠재능력을 발휘할 수 없게 된다.

가축의 행동습성은 첫째는 유전적 요인에 의해서 행동한다. 말의 경우 걸음걸이의 웅장함과 아름다움이 있는 승마용 말은 고유 말 품종의 유전성이라고 판단된다. 소에서도 앵거스나 브라만종의 투쟁심이 강한 것도 마찬가지이다. 한우나 홀스타인은 온순한 성질과 기후풍토에 잘 적응하는 습성이 있는 것도 유전적 소질에 기인한 것으로 보아야 한다.

둘째는 단순학습이다. 동물의 행동은 일반적으로 동물이 가지고 있는 반응유형(reaction patterns)에 따라 달라지게 된다. 이것은 본능(本能, instincts)과 반사(反射. reflexes)인데, 이것이 학습과 훈련되지 않은 행동이다. 따라서, 동물은 일정한 학습과 훈련을 통하여 좋은 습관들이기가 가능한 것으로 보고 있다. 달리기, 식습관, 분뇨놓기, 장애물뛰기, 신호에 따른 반사적 반응 등이 그 한 예이다.

## 2. 동물의 행동유형

동물의 행동유형을 잘 알면 가축관리에 효율적으로 이용할 수 있다. 이러한 행동은 여러 가지 많은 유형이 있다.

### (1) 투 쟁 성

투쟁성(鬪爭性, combat behavior)이란 어느 한 동물이 싸움을 걸어 다른 개체와의 갈등을 초래하는 행동을 말한다.

수컷은 암컷에 비하여 투쟁심이 강하며, 거세된 수컷은 호르몬의 퇴화로 인하여 투쟁력이 약하면서 수동적으로 나타나는 경향이 있다. 서열이 축군 내에서 형성되려면 어릴 때부터 암·수 함께 사육하는 것도 좋다. 성성숙에 도달한 수컷을 함께 사육하게 되면 싸우며 우열다툼 경쟁을 하게 된다. 동물 및 축종에 따라서 투쟁은 죽을 때까지 서열다툼을 벌이는 경향도 있다.

### (2) 군 거 성

군거성(群居性, gregarious behavior)은 군서성(群棲性)이라고도 하며, 동물세계에서 볼 수 있는 무리를 지어(flocking) 사는 행동습관을 말한다. 방목하거나 운동을 하게 되면 하나의 동물에 줄을 지어 무리를 형성하면서 뒤를 따르는 경향이 있다. 이러한 군거성을 이용하여 면양·산양 방목이나 소 방목에서 효과적으로 이동관리할 수 있다.

### (3) 상 사 성

상사성(相似性, allelomimetic behavior)은 동물들이 서로 흉내내어 하는 행동을 말한다. 한 개체가 소리를 내면서 행동을 하게 되면 뒤를 따르던 개체들도 함께 소리행동을 하게 된다. 이러한 행동이 계속적으로 이루어지게 된다. 방목장의 소나 면양 중 어떤 한 개체가 일어나거나 이상한 소리를 내게 되면 다른 개체도 함께 일어나거나 소리를 내곤 한다. 이러한 행동은 모든 동물에서 취해지는 습성으로 보아야 할 것이다.

### (4) 모자간 행동

모자간 행동(mother-young behavior)은 어미의 모성애와 새끼가 어미를 따르려는 행동으로 나누어진다. 모자간 행동은 분만직후부터 이유 때까지 나타나는 행동이다. 이러한 형상은 동물이 새끼를 낳으면 대부분 새끼를 핥아주고, 젖을 찾도록 도와준다. 때로는 모자간에 일정한 소리를 내면서 대화로 의사 전달하게 된다.

### (5) 섭식행동

섭식행동(攝食行動, eating and drinking behavior)은 동물체가 유지하고 생산하는 중요한 행동이다. 반추가축(反芻家畜)은 위가 4개라서 초식동물로써 반추작용(rumination)을 하게 된다. 소의 경우 하루에 8시간 정도 반추하게 되며, 방목하거나 사료를 먹는 시간을 합하면 하루에 16시간 정도는 일한다고 볼 수 있다. 말은 단위동물이지만 초식동물이라서 중간정도의 섭식행동을 취한다. 돼지는 굴토성이 강하여 땅에 있는 근괴류 작물인 고구마, 감자, 토란, 타피오카 등을 캐어 먹는 습관도 있다.

### (6) 배설행동

배설행동(排泄行動, eliminative behavior)은 섭식행동과 같이 본능적 행동이다. 합리적인 축사를 설계하려면 그 가축이 가지고 있는 특유의 배설행동을 알아야 할 것이다. 돼지와 같은 동물은 일정한 장소나 통로에만 배변하는 습관이 있으므로 이러한 습성을 이용하여 설계하면 더욱 깨끗한 축사를 관리할 수 있다.

### (7) 탐 색 성

탐색성(探索性, investigative behavior)은 동물들이 호기심이 많아서 자기 주위를 탐색하려는 경향이 짙다. 시각, 청각, 후각 등을 이용하거나 접촉함으로써 탐색활동을 하게 된다. 낯선 물건이나 사람이 들어오면 소리를 좀 내거나 접근하여 길들이기 위한 기초행동을 선행하게 된다.

### (8) 성 행 동

성행동(性行動, sexual behavior)은 동물번식에서 중요한 수단인데, 일반적으로 구애(求愛)와 교미(交尾)로 이루어진다. 그 밖에도 동물에서 취하고 있는 많은 행동들이 축종에 따라 약간 상이한 유형으로 나타난다.

## 제 2 절 동물의 보정법

동물의 보정(保定, restraint)은 특수관리하거나 질병의 치료를 위하여 행동이나 동작을 제한토록 하는 것을 말한다. 다시 말하면 움직이거나 달아나지 못하도록 하여 동물체를 손쉽게 다룰 수 있도록 취하는 것이다.

## 1. 소의 보정법

### (1) 꼬리를 치켜들어 보정하는 방법

주사를 놓거나 채혈시에 양 손으로 미근부(尾根部)를 바싹 잡고 난 뒤 치켜든다. 이때 소가 뒷발로 차기 때문에 옆으로 비켜서서 보정해야 한다. 소의 목을 스탄치온(stanchion)에 계류하거나 코를 잡으면 더욱 쉽게 보정할 수 있다.

〔그림 8-1〕 소의 꼬리를 치켜들어 보정하는 방법

### (2) 코 집게 의한 보정법

일반 한우나 낙농농가에서 많이 이용하는 방법으로 코 집게(nose lead)로 보정하는 것이다. 정맥주사, 발굽검사, 외과수술 등을 하는 데 편리하다. 역시 발차기에 주의가 요구된다.

### (3) 보정틀에 의한 보정법

보정틀을 이용하여 동물을 보정하는 방법이다. 시판용도 있고, 자가 제작하여 이용하기도 한다. 발굽관리, 치료, 수술, 거세 등을 할 때 이용되는데, 정확하게 보정되기 때문에 가장 좋은 보정법이다. 이외에도 필요한 용도에 따라 다양한 보정틀이 개발되어 활용하고 있다.

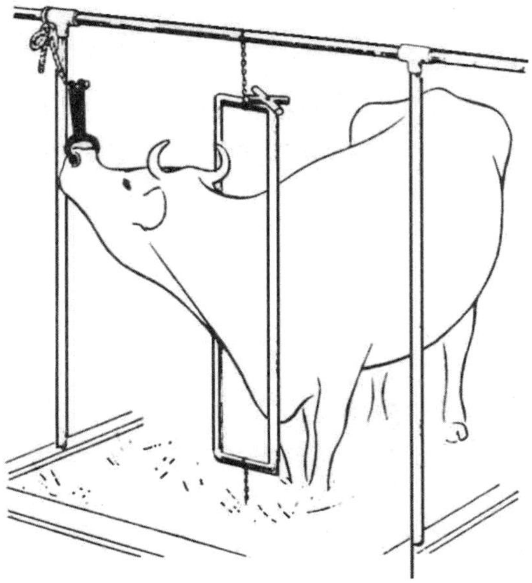

〔그림 8-2〕 소의 코 집게 의한 보정법

## 2. 말의 보정법

말은 신경질적이고 날카로운 동물이라서 보정하기가 쉽지 않다. 지나치게 자극하거나

〔그림 8-3〕 코 비틀게에 의한 말의 보정법

위협 또는 압박하는 것보다 무, 당근 등을 주면서 친근감을 먼저 주고 보정함이 효과적이다. 말의 보정법 중 가장 오래되고, 간편하게 널리 이용되는 방법 중의 하나가 코 비틀게를 이용하는 방법이다. 이 방법은 입술에 압력을 가해서 입술의 지각신경에 고통을 줌으로써 몸의 다른 부위에 어떤 처치를 하는 동안 그 쪽으로 신경을 집중하게 하여 소기의 목적을 달성할 수 있다.

## 3. 돼지의 보정법

돼지에게 주사하거나 약제 투약시 보정이 필요한데, 가장 많이 쓰이는 방법이 비 보정법(鼻 保定法)이다. 2 m 정도의 노끈이나 철사끈으로 올가미를 만들어 돼지의 윗 턱에 잡아매어 꼭 쥐고 난 후 끌어당기면 돼지는 후퇴성(後退性)이 있어서 뒤로만 움직이므로 결국 고정이 되기 때문에 취급관리가 용이하게 된다. 돼지를 취급하기 위해서는 후퇴성을 많이 이용하여 이동하거나 보정하고 있다.

## 4. 면양·산양의 보정법

면양과 산양을 붙잡아 보정하려면 축체의 오른쪽에 서서 왼손은 턱과 목 부위를 잡고, 오른 손으로 면양의 엉덩이 위에 갖다 댄다. 이 때 왼손은 면양이나 산양이 앞으로 나가는 것을 막아주고, 오른 팔은 면양이 뒤로 움직이는 것을 막아준다. 면양의 경우 만약 털만 잡아 고정하게 되면 털이 뽑혀 가치를 손상시키거나 피부에 상처를 입히기 때문이다.

## 5. 설치류의 보정법

토끼와 기니픽과 같은 큰 설치류는 보정하기에 앞서 동물과 친근감을 갖기 위하여 먹이 등을 주거나 쓰다듬어주면 더욱 효과적이다. 그 후 등의 털가죽을 왼손으로 잡고난 후 양 귀를 함께 쥐면서 약간 누르면 보정이 되는데, 이 때 잡은 왼손을 들어서 오른손으로는 성기 돌출부위를 만져 자웅도 감별할 수 있고, 축체의 이상 유무를 촉진할 수도 있다. 그러나 랫드, 햄스터, 마우스 등의 작은 실험동물들은 꼬리를 먼저 잡고 고정하면서 목 가까운 등쪽 털가죽을 쥐어 잡으면 쉽게 보정이 가능하여 마취주사 하거나 성감별을 실시할 수 있으며, 외부기생충이나 피부질환 유무도 확인할 수 있다.

# 제 3 절 한우 및 육우의 관리

한우와 육우는 육류자원 중에서 20%이상을 차지하고 있어서 쇠고기의 양적 생산과 함께 고급육 생산에 관심을 가져야 한다. 이를 위해서 송아지, 육성우, 성빈우, 종모우, 비육우 등의 합리적이고 체계적인 관리가 이루어져야 할 것이다.

## 1. 송아지 관리

### (1) 포유와 이유

한우 및 육우는 산유동물(產乳動物)이 아니므로 1일 평균 2.5 kg 정도의 젖을 생산하고 있다. 일반적으로 착유(milking)하여 시유(市乳)로 이용되지 않기 때문에 자연포유(自然哺乳)시키고 있다. 그러나, 어미소에 이상이 생길 경우 우유나 대용유로 인공포유(人工哺乳)를 시키게 된다. 이 때에도 초유(初乳, colostrum)는 반드시 급여해 주는 것이 좋다. 초유는 어린 송아지에게 질병에 대한 면역성(免疫性)을 키워주고, 비타민과 무기물이 풍부한 영양분을 주면서 태변을 원활하게 배설하는 기능을 하고 있다.

송아지의 이유시기는 한우가 3～4개월령이고, 육우가 6～7개월령이 적당하나, 4주령에서 조기이유(early weaning)하여도 성장에는 지장이 없는 것으로 조사되었다.

### (2) 사료 급여요령

송아지는 어미젖만으로 포유시켜 사육하기란 쉽지 않다. 어미젖을 포유시키면서 어린 송아지의 위(胃) 발달을 촉진하기 위하여 생후 10일경부터 양질의 목초와 같은 조사료(粗飼料, roughages)를 공급해 주어야 한다. 이 때 영양분을 보충해 주기 위하여 조단백질, 가소화양분총량 등이 풍부한 보조사료(補助飼料)를 생후 1주경부터 급여하기 시작하여 생후 2～3개월까지 급여하는 것이 좋다.

### (3) 포유 중 일반관리

#### 1) 제 각

제각(除角, dehorning)은 생후 7～10경에 실시해 주는 것이 바람직하다. 투쟁성을 없애고 관리가 용이하도록 제각을 하게 되는데, 뿔자리의 털을 깎아 주고, 가성칼리봉으로 피가 맺힐 정도로 문질러주고 바셀린을 발라 주거나, dehorning연고 등을 발라서 제거하는 경우도 있다. 최근에는 제각연고를 많이 사용하는 경향이 높아지고 있다.

### 2) 거 세

거세(去勢, castration)는 비육우의 육질개선과 함께 성질이 온순해져 관리가 용이해지는 효과가 있기 때문에 생후 1~5주령 사이에 실시하는데, 농장에 따라서는 생후 5개월령 전후하여 거세하는 경우도 많다. 수술에 의한 절개식과 무혈거세에 의한 무혈거세법(無血去勢法)이 이용되고 있다. 최근에는 좋은 육질등급을 받기 위해서 필수적으로 실시되어야 할 과제이다.

## 2. 비육우 관리

비육(肥育)은 육질개선(肉質改善)과 함께 육량(肉量)을 증가시키는 과정을 말하는데, 근육의 증가는 단백질 급여에 의해서 좌우되는 반면에 육질개선은 근육 내 지방의 축적에 의해서 이루어진다.

비육은 비육기간에 따라 비육초기, 중기, 후기로 나누어 사료영양소를 구분하여 급여하고, 집약적 비육, 반 집약적 비육 및 조방적 비육으로 분류하기도 한다. 우리나라에서는 일반적으로 육성비육, 큰소비육, 노폐우비육 등으로 구분하여 비육하는 경향이 많다.

### (1) 육성비육

육성비육(育成肥育)은 송아지를 생후 4~5개월령부터 육성하여 생후 6~8개월령부터 비육을 시작하여 체중이 500~550 kg 정도 되었을 때 출하하는 비육형태이다. 사료비가 적게 들고, 육질이 양호하다는 장점이 있으나, 비육기간이 길어 자금회전이 늦다는 단점도 있다. 현재 한우농가에서 가장 많이 비육하는 형태라고 할 수 있다.

### (2) 큰소비육

큰소비육은 암소는 5~6세, 수소의 경우는 18~24개월령에 비육을 시키는 형태를 말한다. 육성기에는 완만한 성장으로 골격과 근육을 발달시킨 후 단기간에 집중 비육 시키게 되므로 소 값의 변동에 잘 적응할 수 있고, 자금회전이 빠르지만, 육질과 사료효율은 낮다는 결점이 있다.

〈표 8-1〉 큰 소 비육할 때 사료급여량

| 구 분 | 전 기 | 중 기 | 후 기 |
|---|---|---|---|
| 일 수(일) | 50 | 70 | 30 |
| 사료배합, 체중비(%) | 1.6 | 1.7~1.8 | 1.9~2.0 |
| 건초, 체중비(%) | 1.0 | 0.85 | 0.65 |

### (3) 노폐우비육

노폐우(老廢牛)는 경제적 수명이 지난 8～10세의 암소를 대상으로 비육 하는 것을 말한다. 증체량이 낮을 뿐만 아니라 사료효율이 떨어지므로 60～90일정도 단기간 비육시키는 경향이 있다.

## 3. 개체표시

개체표시(個體標示, identification)는 동물에 대한 개체번호를 달아 혈통, 생년월일 등을  나타내기 위해서 실시한다. 반영구적으로는 목걸이, 이표 등이 있고, 영구적으로는 낙인법, 문신법, 각인법 등이 있다.

### (1) 목 걸 이

목걸이(neck chain)는 가장 손쉽고 간편하게 부착할 수 있어서 매우 많이 이용되는 방법이다. 철 chain이나 나일론 줄에 생년월일 등을 기입한 개체번호판을 달아 놓으면 된다.

### (2) 이 　 표

이표(耳標, ear tag) 중에서 알루미늄이나 철제로 된 이표는 조작이 쉽고 싸기 때문에 큰 소보다는 송아지에 많이 이용된다. 최근에는 성우에서 큰 고무판 이표를 장착기를 이용하여 부착시킴으로써 식별하기가 용이하다.

### (3) 낙 인 법

낙인법(烙印法, hot brand)은 어깨, 옆구리 또는 엉덩이 부위에 불에 달군 낙인봉이나 전기봉으로 지져 숫자 등을 표시하여 개체를 식별하게 된다. 대단위로 육우를 사육할 때 많이 이용되고 있다.

### (4) 문 신 법

문신법(文身法, tattooing)은 귀에 문신을 넣어 새기면 개체식별이 가능하다. 이 때 문신은 기계를 이용하여 개체번호를 넣고 실시하게 된다. 문신의 확인이 잘 안되어 개체식별의 어려움이 있다는 결점이 있다.

### (5) 각 인 법

각인법(角印法, horn brand)은 소의 뿔에다 개체번호를 새겨 넣는 방법이다. 문신법과 같이 개체번호를 읽기 어렵다는 결점이 있다.

## 제 4 절 젖소의 관리

### 1. 송아지 관리

갓 태어난 송아지는 온몸이 점액으로 젖어 있어서 점액이 콧구멍으로 들어가면 호흡에 지장을 주며, 폐로 들어가면 폐렴 등이 유발되기 때문에 분만 직후 마른 수건으로 닦아 줘 피부의 털을 건조시켜 줘야 한다. 배꼽에 연결된 제대는 분만즉시 배꼽으로부터 5～6 cm 정도 되는 곳을 실로 맨 후 자른 다음 소독약을 발라 염증을 막는다.

#### (1) 초유의 급여

다른 동물과 같이 초유(初乳, colostrum)는 분만 후 어미에서 3～5일간 분비되는 젖을 말하는데, 그 성분이 일반 상유(常乳)보다 영양분이 많다. 초유는 면역물질인 γ-globulin이 함유되어 있기 때문에 질병을 예방할 수 있고, 비타민 A와 무기물의 함량이 많다. 그러므로 초유는 어린 송아지에게 반드시 급여해야 한다.

#### (2) 포유방법 및 이유

젖소 송아지에게 초유를 먹인 후 상유(常乳)를 3～4주 정도 포유하는 방법이 있고, 상유를 급여하다가 4주령부터 탈지유로 바꾸어 포유하는 방법, 상유를 6～12주 장기간 포유시키는 방법 그리고 초유를 급여 후 곧바로 대용유(代用乳)로 급여하는 방법 등이 있다. 분만한 송아지는 상유 또는 대용유를 적어도 생후 8주정도까지 먹여야 정상적인 발육을 시킬 수 있다. 따라서 이유(離乳)는 보통 8주령 또는 9주령에 이유시키는 것이 바람직하지만, 조기이유도 시킬 수 있다.

#### (3) 첫먹이 사료 및 물 급여

송아지는 일반적으로 생후 1주령부터 양질의 starter사료와 건초를 급여해야 한다. 그리고 깨끗한 물을 항상 먹을 수 있게 해주어야 한다. 첫먹이사료는 기호성이 좋고, 에너지 함량이 높고, 조단백질 함량이 16~18%가 적당하다. 양질의 조사료 급여로 위(胃) 근섬유조직의 발달과 함께 위의 용적을 서서히 늘릴 수 있게 한다.

### (4) 제각 및 삭제

제각(除角, dehorning)은 한우의 뿔과 같은 제각 방법으로 제거하여 투쟁심을 막아줘야 한다. 제각은 생후 1주일경에 실시하는 것이 가장 적당하다. 너무 성장 후 제각하면 보정도 힘들고 충혈도 심하므로 어려움이 따른다.

삭제(削蹄, hoof trimming)는 부제병 예방이나 발굽이상으로 인한 보행과 몸을 지탱하는 데 지장이 없도록 성장된 발굽을 적절하게 절단하여 주는 것을 말한다. 발굽은 1개월에 3~10 mm 정도 씩 자라는데, 방목 등에 의해서 일부는 마모되기도 한다. 발굽깎기는 1년에 2~3회 정도 발굽검사를 하여 삭제기로 관리하여 주면 좋다.

## 2. 착유우의 건유

착유 중인 젖소라 하더라도 임신말기나 또는 산유량이 매우 적을 때에는 젖소의 휴식을 위해서 일정기간 젖을 짜지 않는 것을 건유(乾乳)라고 한다. 건유를 하면 장기간 착유로 인한 유선세포와 유두조직이 휴식함으로써 재생되고 발육될 뿐만 아니라 임신한 경우는 태아발육에 지장을 초래하지 않아 분만관리가 순조롭게 될 수 있다.

### (1) 건유기간

적절한 건유기간은 분만전 50~60일로 하는 것이 가장 이상적이다. 건유기간이 40일 이하로 너무 짧으면 다음 산유기에 산유량이 적어진다. 반면에 건유기간이 너무 길면 비경제적이라 할 수 있다.

### (2) 건유요령

건유를 하려면 즉시 한번에 건유기에 들어가는 법과 착유횟수를 줄이면서 서서히 유량감소와 함께 건유기에 들어가는 법이 있다. 건유를 하려면 다음과 같은 방법으로 실시하는 것이 좋다.

첫째는, 농후사료와 다즙사료의 급여를 중지해야 한다. 둘째는, 방목 중인 젖소는 방목을 중지해야 한다. 셋째는, 질이 낮은 건초나 볏짚과 물만을 급여하다가 유량이 7~8 kg으로 떨어지면 건유시키는데, 저질사료는 건유 후라도 3~4일간 더 계속 급여하여 완전하게 건유시킨다.

# 제 5 절 말의 관리

말은 초식동물이면서 위가 단위(單胃)로 되어 있다. 특히 말은 승마용이나 역용으로 많이 이용되어 인간과 밀접한 관계를 가지고 있다. 이러한 말은 운동, 훈련 등이 필요하고, 아울러 삭제, 편자 붙이기 등의 관리가 요구된다.

## 1. 운동 및 훈련

종마나 경마는 모두 매일 규칙적으로 운동을 시켜야 최상의 건강상태를 유지시킬 수 있다. 역용마는 마차를 끌면서 5～8 km 정도를 터벅터벅 걷게 하는 훈련이 필요하다. 승마용은 안장을 걸치고 하루에 30분에서 1시간 정도 운동시켜야 한다. 처음에는 너무 과도하게 시키지 말고 보통 보행(walking)이나 빠른 걸음으로 하는 것이 운동의 효율적 방법이라 할 수 있다. 말의 지제(肢蹄)에 이상이 생겼을 경우는 도로 위에서 운동시키는 것을 금지해야 한다. 또 근건(筋腱)에 이상이 있을 때에도 안장을 걸고 운동시키는 것을 금지해야 한다. 고삐를 매어 운동시키는 경우는 보행과 빠른 걸음걸이식 훈련에만 국한시키는데, 왼쪽으로 다시 오른쪽으로 원을 그리면서 실시한다. 조교는 일찍부터 차례로 길들이기를 습관 들이고, 무는 버릇, 발로 차는 버릇, 공포증으로 물러서는 버릇 등을 초기에 훈련하여 습관들이는 것이 무엇보다 중요하다. 승마용 말은 1～2시간 훈련 후 안장을 떼고 일정기간동안 휴식을 취하면서 솔 등으로 피부손질을 해줘야 한다.

## 2. 삭　　제

삭제(削蹄, hoof trimming)는 발굽깎기라고도 한다. 말의 발굽을 잘 관리하여 체형, 지세 등을 올바르게 잡아줘야 한다. 보통 말 발굽은 1개월에 한 번씩 깎아주고 다듬질해 줘야 몸의 균형을 잘 유지하게 된다. 삭제하기 전에 말을 표면이 딱딱하고 수평인 지면에 네 다리를 직사각형으로 똑바로 놓은 뒤에 정제(正蹄)여부를 조사하면서 지세(肢勢) 등도 함께 관찰하여야 한다.

## 3. 편자 붙이기

편자 붙이기는 장제(裝蹄)라고 하여 발굽을 지면으로부터 보호하기 위하여 굽에 쇠로

된 편자를 붙이는 것이다. 편자를 잘못 붙임으로써 말의 자세 등이 불량하거나 부제병과 같은 발굽썩이병 등이 발생할 수도 있으니 세심하게 관찰 후 부착해야 한다.

## 제 6 절 돼지의 관리

돼지는 일반적으로 번식돈과 비육돈으로 구분하여 사육하고 있다. 번식돈은 임신을 하여 주로 비육시킬 자돈을 생산하거나 번식순종돈을 유지하여 준다. 보통 양돈관리 중 가장 비중이 큰 포유자돈의 개체관리를 중심으로 설명하면 다음과 같다.

### 1. 초유의 급여와 포유

분만돈은 평균 1.3 kg정도인 새끼 자돈을 9~11두 생산하게 된다. 우선 제대를 5~7 cm정도 되게 묶고 자른 후 소독약을 바른다. 새끼 자돈은 마른 수건으로 잘 닦은 후 34~35℃로 보온하고 약 1시간 후에 포유시켜 초유를 급여해야만 한다. 초유는 모든 포유동물과 같이 면역기능과 함께 많은 영양소가 함유되어 신생자돈에게는 반드시 급여할 필요성이 있다.

모돈(母豚)이 많은 자돈을 분만하였거나 어미에게 이상이 있어 불가피하게 포유시킬 수 없을 때에는 인공포유(人工哺乳)나 위탁포유(委託哺乳)를 시켜야 한다. 인공포유는 우유나 대용유를 38~40℃정도로 맞춰 1일 약 8회정도 준다. 위탁포유는 동시에 분만한 다른 모돈에게 부득이 하여 양자를 보내 포유시키는 것을 말하는데, 모돈 돼지는 취각이 발달되어 있으므로 양자자돈에게 새 어미의 오줌이나 젖 등을 발라 체취가 스며들도록 포유전에 취해야 할 것이다. 포유자돈은 생후 3~4일이 되면 각자 젖꼭지를 결정짓게 되는데, 비교적 불량한 자돈은 중앙 젖꼭지를 차지하도록 인위적으로 첫 젖물림 때부터 습관을 들여야 한다.

입질사료(pre-starter)의 급여는 생후 5~7일경부터 서서히 주기 시작하여 소화기관의 발달을 촉진시키면서 이유할 때의 스트레스를 서서히 완충시켜 줄여간다.

### 2. 절치와 체중측정

출생한 새끼자돈은 어미의 유두보호와 자돈간의 투쟁 방지를 위하여 아래 턱과 윗 턱의 송곳니(針齒, needle teeth) 8개를 절치기를 이용하여 절단해야 한다. 그리고 자돈을 포유전에 체중을 측정하여 기록해 자료로 이용하면 좋다.

## 3. 꼬리자르기

종돈을 제외하고서는 비육돈은 다두사육을 위해서 꼬리를 잘라주는 것이 관리상 편리하다. 꼬리는 생후 1주령경에 단미기를 이용하여 절단하여 주는 것이 바람직하다.

돈방에 비육돈을 많이 사육하면 철분과 같은 영양부족으로 인하여 꼬리를 물어 뜯거나 상처부위에서 출혈되면 빨아먹는 나쁜 버릇이 생길 수 있으므로 미연에 방지할 필요성이 있다.

## 4. 거　세

거세(去勢, castration)는 종축 이외의 수가축에서는 정소의 기능을 차단함으로써 성장률 향상, 육질개선 등을 기대할 수 있을 뿐만 아니라 성질이 온순해져 다두사육관리가 편리하다는 장점도 가지고 있다.

거세는 맑고 깨끗한 날에 보통 생후 2～3주령 사이에 실시하는 것이 이상적이나 최근에는 분만 후 1주령 이내에 실시하는 농가도 많다. 일반적으로 정소부위를 소독하고 절개후 정소와 정소상체를 함께 절단하여 제거한 다음 지혈제와 소독약을 살포 후 마무리하면 된다.

## 5. 자돈의 빈혈예방책

돼지의 어미젖에는 철분이 부족한 것이 결점이다. 자돈에게 철분이 부족하면 빈혈증(貧血症, anemia)이 유발되므로 외부로부터 철분을 공급해줘야 한다. 일반적으로 자돈은 약 200 mg의 철분이 요구되는데, 3일령과 10일령경에 각각 100 mg씩 주사하여 주면 예방된다.

## 6. 개체표시

개체표시(個體標示, identification)는 특히 종돈 개체관리를 위해서 필요하다. 보통 개체표시는 여러 가지가 있으나, 이표(耳標)를 해주는 경우가 가장 많다. 이표에는 귀자르기(耳刻, ear-notching)와 귀표붙이기(ear-tag)가 주로 많이 이용되고 있다.

귀 자르기는 생년월일 표시와 동복 자돈수를 알 수 있게 표시하여 생후 1주 이내에 실시하는 것이 좋다.

### 7. 이 유

이유(離乳, weaning)는 어미젖을 먹이다 젖을 떼는 것을 말하는데, 양돈장 또는 나라마다 그 시기가 다르다. 세계적으로 평균 21～28일 사이에 많이 이유를 시키나, 21일전에 조기이유(早期離乳, early weaning)를 함으로써 모돈의 분만회전율을 높이는 경향이 많다. 반면에 조기이유에 따른 이유자돈의 증체부진과 폐사율 증가가 수반되기 때문에 각별한 관리가 요구된다.

이유에 앞서 입질하기 시작하는 생후 5～7일경부터는 pre-starter 사료를 급여하기 시작하여 10～14일경 이후에는 starter 사료로 전환하여 줌으로써 이유에서 오는 사료의 스트레스를 격감시켜야 할 것이다.

## 제 7 절 양계관리

양계는 크게 산란계(layer)와 육계(broiler)로 구별하게 된다. 산란계는 큰 계란을 생산하는 것이 중요하지만 육계는 양질의 닭고기를 많이 생산하는 것이 중요한 과제이다. 이러한 생산성 증대를 위해서 닭의 특별한 관리방법을 학습하는 것은 무엇보다 필요성이 있다.

### 1. 부화관리

부화(孵化, hatching)는 저장한 종란을 모계로 부화(自然孵化)시키거나 인공으로 부화(人工孵化)를 시켜야 한다. 모계부화(母鷄孵化)는 모계의 취소성(就巢性)을 이용하여 부화시키고 육추(育雛)시키지만, 인공부화는 사람이 인위적으로 여러 가지 조건을 만족시켜줘야 부화된다. 인공부화하기 전에 소독과 가동을 위한 부화기 준비를 완료하고 입란작업을 해야 한다. 입란시에는 둔단부(鈍端部)가 위를 향하도록 하여 45 각도를 유지하는 것이 좋다. 그 후에는 부화의 5대 조건을 알맞게 조절하여 주면 부화율을 향상시킬 수 있다.

### (1) 온 도

부화기 내 온도(溫度)는 난(卵)발생에 중요하므로 입란시 부터는 37.5~37.7℃로 항상 유지하여야 한다. 너무 높거나 낮으면 발생기간의 차이가 생길 수 있으나, 심하면 배(胚)가 사멸하여 발육중지란 등이 발생할 수 있어 결국 부화율이 떨어진다.

### (2) 습 도

습도(濕度)는 온도와 밀접한 관계가 있으므로 온도와 같이 동시에 관리해 주어야 한다. 가장 알맞은 습도는 부화시작부터 18일까지는 60%로 유지하다가 발생후기에는 70%로 약간 높여주면 부화를 용이하게 할 수 있다. 너무 높으면 발생일은 단축되지만 허약체의 병아리가 생길 수 있으므로 습도에 세심한 관리가 요구된다.

### (3) 전 란

전란(轉卵)은 종란의 배자가 온도, 습도를 균형있게 잘 맞게 하기 위하여 난좌(卵座)를 시간대별로 90~120로 회전시키는 것을 말한다. 1일 보통 6~8회 정도 회전해 주면 충분하다.

### (4) 환 기

좋은 환기(換氣)는 부화 중 배자의 발달을 도와서 부화율을 높일 수 있다. 산소의 소비량이 점점 많아지는 시기에 이산화탄소($CO_2$)의 배출량이 증가되면 부화기 내는 물론 부화실 내도 산소량이 부족하기 쉽다. 발생 말기 때에는 산소요구량이 많아지기 때문에 환기를 통하여 산소를 보충해줘야 한다.

### (5) 검 란

부화기에서 부화 중 무정란(無精卵)이나 발육중지란(發育中止卵)을 선별해 밖으로 제거해야 한다. 이러한 무정란과 발육중지란을 선별하는 일련의 작업을 검란(檢卵, candling egg)라 한다. 1회 때는 입란 후 1주 이내에 무정란을 제거하고, 2회 때는 12~14일 사이에 발육중지란을 선별하여 제거해 낸다. 마지막으로 3회 때는 18일 째에 발육중지란과 사롱란을 제거해 발육중지에서 생기는 유해가스나 물질로부터 정상 발생 개체를 보호할 수 있다.

## 2. 병아리 관리

갓 부화된 초생추(初生雛)는 적절한 온도관리에서부터 방역 예방관리까지 여러 가지로 세심하게 신경을 써서 관리해야만 육추율을 높일 수 있다.

### (1) 초생추 관리

부화 첫날에는 35℃ 정도로 유지하다가 1주후부터는 3℃씩 낮춰서 조절해 준다. 병아리를 입식하게 되면 1~2시간 동안 안정을 취한 다음 물을 준다. 처음 1주일 동안은 24시간 비교적 어두운 점등으로 환경에 익숙하도록 한다. 병아리에게 첫 모이를 주는 시기는 병아리 체내의 난황성분이 거의 소실되었을 때가 적당한데, 보통 부화 후 48시간 정도가 적당하다고 할 수 있다.

### (2) 예방접종

부화된 병아리를 부화기에서 꺼내 첫 모이 줄 때부터 1주일간은 각별한 관리가 요구될 때이다. 보통 부화 1~2일령에 전염병 예방 차원에서 계두백신과 마레크백신을 접종하게 되며, 농장에 따라서는 그 밖의 다른 백신도 함께 접종하는 경우도 있다. 그리고, 항생제와 영양제를 혼합하여 1~2주간은 물이나 사료에 함께 주면 질병예방과 성장촉진을 위해서 매우 효과적인 것으로 보고되고 있다.

### (3) 부리자르기

부리자르기(debeaking)란 식우증(cannibalism)을 유발하고, 성계의 탈홍증을 야기시키며, 사료를 골라 먹고, 알을 쪼아먹는 등의 나쁜 습관을 제거하기 위하여 닭의 부리를 절단시키는 것을 말한다. 이 때 전기로 가열된 부리절단기를 이용하여 위 부리는 ½, 아래 부리는 ⅓정도 절단하고, 출혈이 생기면 불로 지져 지혈시킨다.

## 3. 점등관리

산란계는 장일성 동물로써 일조시간과 광도에 따라 성성숙은 물론 산란율에 지대한 영향을 받는다. 산란계에게 이러한 환경을 인위적으로 조절하여 알맞은 일조시간을 조절하여 줌으로써 산란을 유도하는 것을 점등관리(點燈管理, lighting control system)라고 한다. 일반적으로 산란간격(laying interval)은 평균 25~27시간이며, 명암에 의하여 생체 내의 생식선 활동에 영향을 미치게 된다. 이러한 명암은 결국 뇌하수체 전엽 호르몬중에서 특히 황체형성호르몬(LH) 분비에 관여하여 산란에 직접적으로 영향을 미치는 것으로 조사되었다.

이러한 점등관리 방법으로는 일반적으로 다음과 같은 두 가지가 있다.

### (1) 점감점증법

점감점증법(漸減漸增法)은 20주령시의 일조시간을 조사하여 그 시간에 3시간을 가산한 시간을 8주령시 점등을 시작할 때의 시간으로 한다. 그 후 매주 15분씩 20주령까지 점감하고, 20주령 이후부터는 반대로 매주 15분씩 점증하여 점등시간이 17시간에 도달하면 그 시간에 고정시키는 방법이다.

### (2) 점감점진법

점감점진법(漸減漸進法)은 일조시간이 긴 봄에 부화된 병아리는 자연일조시간에 맞춰 20주령까지 그대로 육성시킨다. 초산이 시작되는 약 20주령 이후부터 점등시간을 연장시켜 17시간까지 점등관리를 해주는 방법을 말한다. 때로는 가장 긴 일조시간 6월을 기준으로 하여 연중 일정한 일조시간(약 14시간)으로 점등하는 경우도 있다.

## 4. 환우관리

환우(換羽, molting)는 늦여름부터 초겨울에 걸쳐 목, 가슴, 꼬리, 날개 등의 우모(羽毛)가 빠지면서 새로 나는 털과 교체하는 것을 말한다. 환우시에는 산란계에서 일반적으로 휴산(休産)하거나 산란율이 매우 떨어진다. 부득이 하여 전군을 일제히 똑같은 시기에 강제로 환우시키는 경우도 있다. 이것을 강제환우(强制換羽, forced molting)이라 한다.

### (1) 강제환우의 목적

강제로 일제히 환우시키면 육성비가 절감되며, 생산시기의 조절이 가능하고, 산란율, 부화율 등을 향상시킬 수 있을 뿐만 아니라 환우기간을 단축시킬 수 있다.

### (2) 실시요령

강제환우를 시키면 40～70일간 휴산기간이 소요되는데, 보통 10～11월 사이에 실시하는 것이 좋다. 체중에 따라 2～3일에서 5～7일간 물과 사료를 중단하면 환우된다. 이 때 일조시간의 단축은 더 한층 환우를 촉진시킨다. 만약 환우가 되지 않도록 하기 위해서는 일조량은 일조시간과 점등시간을 합하여 18시간 정도로 하고 광도를 높여주거나, 동물성사료와 비타민제 사료를 증가시켜 급여하면 된다.

## 특수란(Specifically Designed Egg)이란 무엇인가?

특수란이란? 계란 수요자들의 기호에 맞춰 일반사료에 특수한 첨가제를 급여하여 사육된 닭에서 생산되는 계란을 말한다.

유정란, 위생란, 효소란, 영양란, 해초란, 요오드란, 오메가 3계란 등이 계란시장에서 큰 비중을 차지하고 있다. 그 밖에도 인삼란, 자연란, 한방란, 헬퍼란 등도 시판되고 있다.

소비자들이 계란을 잘먹지 않는 이유로써는 콜레스테롤이 높아 성인병을 염려하기 때문이 가장 큰 요인으로 답하고 있는데, 이러한 소비둔화 문제점을 연구하여 개발하거나, 올바른 이해가 뒤따라야 할 것으로 보인다.

**1. 보통란**(General egg)

일반사료로 보통 계사에서 사육된 닭에서 생산된 계란

**2. 자연 유정란**(Natural fertilized egg)

암・수 방사하여 신선한 풀과 사료를 먹고 자란 닭에서 생산된 계란

**3. 위생란**(Hygiene egg)

사료에 항생제를 첨가하지 않았으며, 깨끗하고 청결한 축사에서 사육되고 있는 닭에서 생산된 계란

**4. 효소란**(Enzyme egg)

사료에 발효・효소사료를 첨가하여 사육함으로써 영양소가 많도록 생산된 계란

**5. 영양란**(Nutritional egg)

사료에 항생제는 첨가하지 않고, Vitamin A, E와 Mineral selenium(Se)을 첨가하여 위생적으로 생산된 계란

**6. 오메가-3 계란**(Omega-3 egg)

사료에 불포화지방산 omega-3를 급여하여 콜레스테롤 성분을 분해시켜 주는 기능을 한다는 계란

**7. 헬퍼란**(Helperan)

위염이나 위궤양 등의 원인균인 헬리코 박터파이로리와 식중독의 원인균인 O-157 및 살모넬라균에 대한 특이면역항체를 함유한 반숙계란

**□ 일반란과 특수란의 가격과 사양방법 비교**

(기준 : 2015년)

| 계란명 | 일반란 | 자연유정란 | 위생란 | 효소란 | 영양란 |
|---|---|---|---|---|---|
| 원 / 개 | 180 | 380 | 290 | 320 | 280 |
| 사양기술과 방법 | 일반사료급여 | 암・수 방사하고 자연수정 | 무항생제급여와 청결사육 | 발효 또는 효소첨가사양 | 비타민과 미네랄 첨가 사육 |

# 제 8 절 사슴의 관리

녹용, 녹각, 녹혈, 녹육 등을 생산하는 사슴은 초식동물로써 위가 4개인 반추동물(反芻動物)이다. 주로 목초, 산야초, 나뭇잎 등의 조사료를 주로 먹여 사육하고 있다.

## (1) 암사슴 관리

암사슴은 계절번식을 하므로 가을에 발정(發情, heating)이 집중적으로 온다. 이 시기에 우량한 숫 종록을 만나 교배가 이루어지도록 해야 하나, 암사슴은 2~3회 발정이 경과되면 적절한 교배시기를 잃게 된다. 번식적령기는 만 2세 되었을 때가 좋다. 따라서 늦가을에 발정이 와 임신하게 되면 이듬해 6~7월경에 새끼사슴을 분만하게 된다. 새끼 포유사슴은 최소한 3개월령이나 4개월령에 이유시키는 것이 바람직하다.

## (2) 숫사슴 관리

숫사슴은 녹용생산을 주목적으로 사육되고 있다. 숫사슴은 번식계절에 날카로운 성질과 행동을 하게 되므로 수컷과 암컷을 분리사육 시켜야 한다. 번식을 위해서는 다만 수컷 1두에 암컷 8~12두를 합사시키면 좋다. 발정기에는 엘크의 경우 1두에 20평 내외의 독방으로 사육하는 것이 바람직하다. 합사의 경우 다수사육일수록 사료 양을 늘려줘야 개체관리가 잘 되어 녹용생산량에 지장이 없게 된다.

관리자나 낯선 사람이 침입하게 되면 갑자기 대들어 인체에 큰 피해를 입힐 수 있다. 녹용의 절각부위는 각자로부터 3~4 cm 위이며, 어릴수록 녹용 성장일수를 적게 잡아 절각하고, 성록일 경우 녹용생산 능력과 녹용의 질에 따라 녹용 성장일수를 늘려 잡을 수 있다. 3~5월에 뿔을 절각(切角, dehorning)하게 되면 성질이 온순해져 암・수 합사시켜도 좋다. 꽃사슴은 약 10 kg의 녹용을 생산하지만, 대형종인 레드디어나 엘크사슴은 20 kg 정도의 많은 녹용을 생산한다.

## (3) 절각방법

성숙한 사슴의 녹용(鹿茸, antlers)은 매일 1 cm(약 50g) 정도 자라므로 상처를 입히지 않도록 세심한 관찰과 함께 관리가 요구된다.

일반적으로 녹용은 80%가 상위등급이어야 하는데, 너무 늦게 절각하면 그 품질이 절하된다. 첫해와 2년생은 6~7월에 절각하고, 3~4년생 이후에는 4~6월 사이에 녹용상태를 판단하여 절각시기를 결정하는 것이 바람직하다.

절각을 하려면 첫 번째로 해야 할 과제가 마취와 보정이다. 마취제는 롬푼(rompun)과 석사콜린(2%)이 있다. 반전신 마취시에는 롬푼과 석시콜린을 마취총에 넣어 주입한다. 단거리에서 사정거리는 약 7 m이고, 중거리 가스총은 약 30 m가 사정거리이다. 그리고, 국소마취와 전신마취의 병용시에는 롬푼과 질카인(zylocaine)을 병용할 수 있다.

적절량으로 마취되면 빠르게 수 분내에 톱 등으로 절각작업을 마치는 것이 좋은데, 이때 절각자는 반드시 사슴의 호흡이나 심장박동 등을 관찰하여 이상유무를 확인해야 한다. 절각부위는 지혈제 등을 써서 지혈시키고, 염증이 생기지 않도록 처리해줘야 한다. 그 후 사슴사에 놓아 일정기간이 경과되면 서서히 기립하기 시작하여 원기를 회복하게 된다.

## 제 9 절 애완·관상동물의 관리

21세기는 삶의 질 향상에 대한 관심이 고조되고 있으며, 우리나라도 고령화 사회에 접어들면서 애완동물이 가지고 있는 특성인 아름다움, 재롱떨기, 애정행위 등은 정보의 폭주와 다변화되어가고 있는 현대사회에서 정서안정과 함양에 크게 기여하기에 애완·관상동물은 더욱 사랑받을 것으로 보여진다.

### 1. 애완견 관리

애완견을 키우려면 우선 건강한 강아지를 선택하여 철저한 관리를 통한 순조로운 번식과 함께 사람을 잘 따르도록 아름답게 육성시켜야 할 것이다.

#### (1) 애완견의 선택

주거환경에 적합한 개의 품종을 선택해야 한다. 처음에 애견을 기르기 위해 견종을 고를 때에는 가까운 동물병원이나 사육 경험자에게 문의하는 것이 건강하고 가정에 잘 어울리는 개를 선택할 수 있어 중요하다고 할 수 있다.

말티즈, 치와와, 요크셔 테일러 등의 애견은 작은 체구(體軀)라서 좁은 공간에서 잘 자라지만 성격이 날카로워 너무 작은아이들보다는 성인들에게 적합한 품종이라 할 수 있다. 강아지 개체를 고를 때에는 다음과 같은 점을 고려해야 할 것이다.

첫째는, 살찐 개체를 골라야 한다. 이유 후라도 영양상태가 좋고 발육상태가 양호하면 성장과정에서도 기생충 감염률이 낮을 뿐만 아니라 소화기관도 양호한 것으로 보기 때문이다.

둘째는, 활기있는 행동을 취해야 한다. 강아지가 어미 개로부터 이유하게 되면 다소 정서적으로 불안해하지만 일정기간이 지나고 나면 활기차게 뛰기도 하고, 아름답게 재롱을 부리기도 한다. 이러한 개체는 활동적인 신체상 건강한 개체로 보아야 할 것이다.

셋째는, 피모와 콧등이 윤기가 있어야 한다. 털은 거칠거나 엉성함이 없이 항상 윤기가 흘러야 한다. 건강치 못한 개체는 털에 윤기가 없다. 콧등은 항상 촉촉하게 젖어 있어 습윤상태를 유지하게 되면 외관상 건강한 개체로 인정받고 있다. 그리고, 건강한 개의 항문 주위는 변(便)이 묻어있지 않고 깨끗함을 유지하고 있다.

넷째는, 눈이 총명해야 한다. 눈꺼풀에 눈곱이 끼면서 충혈이 되고 눈물이 흐르는 등의 눈 이상 질병에 걸리면 외견상으로 쉽게 관찰할 수 있다. 이상이 있는 개체는 전염성 등을 고려하여 완전한 치유 후 분양받아야 할 것이다.

### (2) 신생견의 관리

어미가 분만하게 되면 어린 강아지를 얻게 된다. 분만 즉시 강아지는 호흡여부를 확인해야 하는데, 만약 심장은 뛰고있으나 콧구멍 및 구강 내에 이물질이 덮여 있으면 마른 수건으로 닦고 인공호흡으로 기도를 열어줘야 한다. 갓 태어난 강아지의 체중은 품종마다 상이한데, 보통 생후 10~11일 정도 지나면 출생체중의 2배가 된다. 적어도 생후 1주일까지는 세심한 관리가 요구되는 시기이다. 이 때 다른 포유동물과 같이 초유(初乳)도 반드시 먹여줘야 한다.

생후 약 10일이 경과되면 강아지는 귀와 눈이 서서히 조금씩 열리기 시작하여 외부의 빛과 소리에 조금씩 반응하게 되면서 점점 그 발달이 촉진하게 된다.

#### 1) 초유급여

포유동물처럼 강아지도 분만 후 1주일간은 반드시 초유(初乳, colostrum)를 급여해야 한다. 초유는 질병예방을 위한 면역성분이 다량으로 함유되어 있을 뿐만 아니라 비타민이나 무기물 함량도 많기 때문이다. 신생견도 다른 동물과 마찬가지로 처음에 건강하게 성장한 개체의 발육은 이유 후부터 성장하기까지의 중요한 발육지표가 된다.

제왕절개 등의 수술로 분만하는 경우는 초유를 얻기 어렵기 때문에 인공포유(人工哺乳)가 불가피하다. 인공포유를 시킬 때에는 초유 또는 분유를 준비하고, 청결한 젖병에 끓인 따뜻한 물과 분유를 반반 희석하여 흔든 후 강아지를 한 쪽으로 눕힌 상태에서 젖병을 빨도록 하는 것이 좋다.

#### 2) 이유사료

강아지는 20일정도 되면 서서히 걷는 운동을 하게 된다. 이 때가 되면 어미로부터 조금씩 젖을 뗄 준비를 해야 한다. 이 시기 전후해서 이유사료(離乳飼料, weaning meal)를 먹여 길들여야 한다. 이유사료는 보통 40일 정도만 주도록 하고, 그 이후부터는 물과 함께 건조사료를 주어도 된다.

#### 3) 발톱 깎기와 단미

발톱은 생후 1주일 정도 지나면 깎아줘야 한다. 어미젖을 포유시킬 때 양발로 유방이나 유두를 지나치게 발가락으로 내밀어 쳐 젖 분비를 촉진시키는 것으로 이해되고 있지만, 이 때 어미의 유방이나 유두에 상처를 입힐 수 있기 때문이다. 성견에서도 발가락 관리와 함께 발톱을 정기적으로 관찰하여 기생충 감염이나 염증 등을 살펴 관리해야 한다.

단미(斷尾)는 개 외모에 청결성을 유지하기 위하여 생후 3~4일경에 실시하는 경우가 있는데, 외과적으로 꼬리를 절단하는 행위이기 때문에 잔인하다는 이유와 견종의 특징을 살릴 수 없다는 이유에서 반대하는 사람과 국가도 있다.

#### 4) 강아지 맞이와 배변 길들이기

강아지를 맞이하려면 날씨가 좋은 날 스트레스 없이 맞이해야 한다. 애견은 오랫동안 사람과 같이 살면서 삶의 동반자로 생각하여 하나의 생명체인 동시에 친구로서 여겨지고 있다. 집으로 이동시킨 강아지는 물과 가벼운 먹이를 주고 사람과 친근감을 느끼도록 안전한 행동과 다정한 소리로 대화할 수 있게끔 이름을 불러주고 조금씩 손을 대어 쓰다듬어주곤 한다. 부를 이름은 성격과 외모를 보고 짧고, 부르기 좋으며, 듣기 좋은 이름을 지어야 한다. 예를 들면, 거북이와 같이 느린 동물은「느림보」, 멍멍 짖는다고 하여「멍멍이」, 8월 8일이 생일이면「팔팔이」, 모색이 전흑색이면「깜둥이」 등으로 작명하면 더욱 친근감을 느끼게 부를 수 있다.

동물의 배변(排便)은 하나의 훈련이다. 최초의 배변은 동물에서 매우 중요하므로 자기 똥이나 오줌, 또는 체취 등이 배인 비닐종이 등을 깔아주어 한 번 시도한 후 일정한 습관을 갖도록 끈기있게 계속적으로 반복시키면 길들여진다. 배변이나 배뇨 전에는 강아지가 끙끙거리면서 바닥을 치는 등의 행위를 하게 되는데, 1일 1회에서 4회까지 가능하며, 배뇨는 더욱 많기 때문에 정해진 장소와 시간에 행해지도록 세심한 길들이기가 요구된다.

### (3) 번식관리

개의 번식(繁殖)은 발정을 시작으로 임신과 분만을 잘 관리해줘야 한다. 암컷의 초발정은 7～8개월령에 오는 경우도 있다. 소형 애완견은 비교적 발정이 빠르나, 중형견은 늦은 경향이 있다. 적어도 번식에 이용하려면 소형 애완견은 10～12개월령이 되어야 임신하였을 경우 모체에 지장이 없다. 수컷은 암컷보다 약간 늦어 12～14개월령이 되었을 때 번식에 이용하는 것이 바람직하다.

### 1) 발정주기와 발정징후

발정주기(發情週期, heating cycle)는 1년에 2회로 6개월에 한 번씩 발정이오나 때로는 1년에 한 번 오는 경우도 경우도 있으므로 세심하게 관찰해야 한다. 발정이 오면 배뇨가 빈번하여지고 거동불안과 함께 다른 개와 접촉하는 등의 행태를 보이면서 외음부에 가벼운 출혈과 동시에 부풀고 윤기가 보인다.

### 2) 교배적기

발정개시 후 약 10～12일이 경과되면 출혈액이 감소되면서 투명한 분비물로 변할 때 수캐를 허용한 시기로 보아 교배의 최적기로 판단해야 한다. 약 15일이 경과되면 외음부가 수축되어 원상태로 되돌아간다. 교배는 2회를 시키는 경우가 많은데, 출혈개시일로부터 10일째에 1회 실시하고 난 후에 1일 경과 후 12일째에 또 다시 1회 실시함으로써 수태의 성공을 더욱 확실히 기대할 수 있다.

### 3) 임신기간과 임신징후

임신기간은 평균 62일정도이고, 60～65일의 범위를 갖는다. 임신을 하게 되면 타동물과 같이 식욕이 줄고, 구역질을 하며 외음부에 유백색의 분비물이 비치며, 유두가 핑크색으로 변색하게 된다. 약 40일경이 되면서 배가 조금씩 부풀어 오르면서 체중증가가 따르기 때문에 육안으로도 관찰할 수 있다.

### 4) 분만과정과 관리

임신기간이 끝나게 되면 진통의 간격이 점점 줄어들면서 호흡이 거칠어지고, 복근에 수축이 일어난다. 요막파열로 요수(尿水)가 나온 후 진통과 함께 양수(羊水)가 터져 산도를 개척하면서 첫 번째 새끼가 나오고 약 30분마다 다음 새끼를 분만하게 된다. 이 때 어미개가 탯줄을 자르고 젖은 몸을 핥아 점액이나 양수 등을 닦아 건조시키는데, 이상징후가 생기면 모견과 친밀한 관리자가 새끼 개의 탯줄을 자르고, 소독해주면서 점액을 닦아주면 좋다. 새끼 개들은 30～32℃의 적절한 온도를 유지해주면서 분만 후 1～2시간 내에 항체와 영양분을 많이 함유한 초유(初乳, colostrum)를 반드시 주도록 하여 건강한 새끼로 성장시켜야 한다.

### (4) 계절별 관리

봄철(春季)은 겨울의 보온 털을 갈이 하는 시기이다. 날씨가 따뜻하면 모근의 대사도 활발하여 브러쉬 등으로 몸체를 손질해주면 불량한 털도 함께 제거되고 털갈이도 촉진된다. 더욱이 피부병이나 질병유무도 함께 체크할 수 있다. 이 때에 내부의 회충과 같은 기생충의 구제약도 복용시키고, 광견병 등의 예방접종도 꼭 살펴주도록 한다.

여름(夏季)은 고온다습하기 쉬운 계절이므로 실내의 온도를 15～25℃로 하는 것이 활동하기에 지장이 없는 온도영역으로 조절해주는 것이 바람직하고, 다습으로 인한 음식이나 주변에 곰팡이나 세균 등의 증식에 각별히 신경을 써서 관리해줘야 한다. 특히, 개는 30℃ 이상이 되면 숨을 헐떡거리기 시작하면서 혀를 내민다. 이렇게 구강이나 혀·기도로 수분을 증발시켜 체온을 조절하여 유지하는 기능을 갖고있는 것이 특징이다. 이 때에는 통풍이 잘되는 그늘 등을 이용하여 체온상승을 막아줘야 한다. 심할 경우엔 그늘로 옮겨 찬물을 뿌려주거나 얼음주머니 등을 이용하여 오른 체온을 식혀주고, 항상 깨끗한 물을 먹을 수 있도록 해줘야 한다. 그리고, 더위와 함께 개의 몸에 외부 기생충도 살펴 벼룩이나 진드기, 개선충 등의 감염여부를 확인해야 한다.

가을(秋季)이 되면 신선한 날씨와 함께 개의 식욕도 왕성해지고, 체력도 좋아지게 된다. 식사조절에 신경을 써야 하고, 과식을 피해야 한다. 늦가을이 되면 개도 겨울준비를 해야 하는데, 긴털사이에 짧은 속털이 빽빽이 자란다. 손질과 함께 고단백과 고지방 사료를 주는 것이 바람직하다. 아울러 바이러스성 호흡기감염이 많이 발생하기 쉬운 계절이므로 예방접종을 하는 것이 좋다.

겨울(冬季)에는 개가 큰 문제없이 잘 견딘다. 그러나, 몸집이 작은 애완견은 추위에 다소 약하나 집안에서 키우므로 큰 어려움 없이 자란다. 겨울의 애완견은 운동량이 부족하므로 일조량이 많고 따뜻한 일기에는 일광욕(日光浴)과 함께 가벼운 운동을 시켜 체력을 단련시켜야 한다. 털에 물이 묻었거나 목욕 후에는 건조시켜 감기예방에 신경을 써줘야 한다. 개의 감기는 사람에게 전염되는 바이러스병이 아니므로 염려할 필요는 없지만 따뜻하게 보온해주고 따뜻한 물이나 음식을 주어 신진대사가 원활하게 해줘야 한다.

### (5) 예방접종

애완견을 전염성질병(傳染性疾病)으로부터 예방하여 건강한 개체로 키우려면 질병치료보다는 예방에 더욱 중점을 두고 관리해야 한다. 따라서 질병이 걸리기 전에 예방접종을 해주는 것은 최선의 방법인데, 개홍역, 전염성간염, 파보바이러스, 전염성기관지염, 인푸루엔자 등이 무서운 전염병이다. 그리고, 사람과 같이 전염될 수 있는 질병은 광견병, 렙토스피라 등이 있다.

일반적으로 종합백신(complex vaccine)이 이용되고 있는데, 처음 1차접종은 생후 4~6주경에 실시해주고, 2차접종은 1차접종 1개월 후인 8~10주경에 실시한 다음, 3차접종은 2차접종 1개월 후인 12~14주경에 실시하면 좋다. 그 후는 항체를 일정한 수준으로 유지하기 위하여 1년에 1회씩 추가접종을 해주면 된다.

### (6) 애완견의 손질

애완견의 손질에는 첫 목욕, 털과 피부의 손질, 눈과 귀의 손질 등을 들 수 있다. 강아지의 첫 목욕은 생후 25일 정도 지나면 따뜻한 물로 가볍게 비누칠을 하여 첫 목욕을 시켜주면 좋다. 개는 물을 싫어하므로 역시 목욕도 즐겨하지 않으므로 조심스럽게 씻기고 마른 수건 등을 이용하여 건조시켜야 체온을 유지시킬 수 있다. 애완견은 언제나 아름다움과 매력을 유지하도록 피모를 잘 유지 관리해야함은 매우 중요하다.

애완견은 일정한 간격을 두고 필요이상의 털을 제거하거나 미용상 털을 깎는 일을 트리밍(trimming)이라고 하는데, 이러한 트리밍은 애완견의 피모관리상 빼놓을 수 없는 작업이라 할 수 있다. 그리고, 애완견 몸체의 손질로써 피모를 중심으로 한 말끔한 브러싱, 청결한 입욕, 시야가 넓은 눈, 위생적인 귀, 안정된 발톱 등의 손질하기를 그루밍(grooming)이라 하는데, 때로는 특수부위 노출 등의 목적으로 그루밍하는 경우도 있다.

애견도 사람과 같이 구강 내의 악취제거와 청결을 유지하려면 양치질을 하여 이빨 손상으로부터 보호하여야 한다. 강아지의 이빨은 생후 4개월부터 6개월까지 유치(乳齒)가 영구치(永久齒)로 환치된다. 개의 총 이빨 수는 42개로 문치 12개, 송곳니 4개, 앞어금니 16개, 어금니 10개로 각각 구성되어 있으며, 다른 동물보다 비교적 많다. 따라서 양치질은 생후 3~4개월령부터 시작하여 1주일에 2~3회 정도 정기적으로 실시해주면 더욱 좋다.

## 2. 관상조류의 관리

관상용 조류는 아름다운 외모를 갖추고 울음소리 또한 고와야 한다. 게다가 흉내내기와 재주를 잘 부려 사람으로부터 깊은 관심과 흥미를 끌어야 한다. 이러한 새를 선택하려면 기르기 쉽고, 비교적 6개월령 정도 된 건강한 개체를 구입해서 가을철에는 산란을 시키는 것이 좋다.

### (1) 사료와 물 급여

새장에는 항상 물과 사료가 떨어지지 않도록 해주고, 먹다 남은 사료나 더러운 물은 버리고 청결한 것으로 급여토록 해야 한다. 채소나 과일은 번식기에 급여토록 하여 산란 촉진과 수정률을 향상시켜야 한다. 산란시기에는 알껍질 형성에 필요한 무기물 첨가 사료를 급여하여 주고, 발정기에는 영양제첨가사료를 주면 발정을 촉진시킬 수 있다. 알곡사료는 피, 조, 수수, 카나리아 씨 등이 있으며, 피(barnyard grass)는 모든 새가 즐겨 먹는다. 갓 부화된 새는 일정기간이 경과 후 물과 사료를 주며, 여기에 항생제나 영양제를 첨가하여 주면 질병예방과 성장촉진을 위해서 좋다.

### (2) 물 목욕과 새장관리

많은 새는 물 목욕을 즐겨하는 습성이 있다. 이러한 목욕은 발정을 촉진하는 것으로 보고되고 있어서 발정기에는 매일 물 목욕을 할 수 있게 해주고, 산란기는 2~3일 간격이 적당하다. 새장은 한 달에 1~2회 정도 청소하여 깨끗한 환경을 만들어줘야 한다. 너무 자주하여 불안한 느낌을 주어서는 안 된다.

### (3) 번식관리

어미새들은 알을 낳고 부화하여 새끼를 키우는 능력이 있지만, 어떤 새는 산란만 하고 다른 새가 대신 부화하여 키우는 것도 있다.

그리고, 많은 농장에서는 인공부화기를 이용하여 부화기 내의 온도·습도·전란·환기·검란 등의 부화조건을 잘 조절하여주면 자연부화보다 부화율이 향상될 수 있다.

〈표 8-2〉 여러 관상조류의 산란과 번식능력

| 종 류 | 산란수 (일) | 산란기간 | 부화여부 | 부화일수 (일) | 연간번식횟수 (회) | 평균수명 (년) |
|---|---|---|---|---|---|---|
| 십자매 | 4~8 | 연 중 | 자 육 | 14 | 4~6 | 4~7 |
| 금화조 | 4~6 | 연 중 | 인공 또는 대리모 | 14 | 4~5 | 4~7 |
| 문 조 | 5~7 | 가 을 (9~10월) | 대리모 또는 자육 | 17~19 | 3~5 | 6~10 |
| 카나리아 | 5~6 | 봄 (4~6월) | 자 육 | 13~14 | 3~5 | 5~8 |
| 잉 꼬 | 4~7 | 연 중 | 자 육 | 18~20 | 5~6 | 5~10 |
| 금 계 | 15~30 | 봄 (4~6월) | 인공 또는 자육 | 23~24 | 1~2 | 6~10 |

### (4) 관상조류의 질병관리

관상(觀賞) 새는 창자의 길이가 몸길이의 2~3배로, 10배 이상의 창자길이를 갖는 포유동물과 달리 매우 짧다. 그러므로 1회에 많이 먹기도 곤란하므로 자주 조금씩 먹어야 한다. 새는 외모상으로 보아 윤기나는 우모(羽毛)를 갖고, 약동하면서 지저귀면 건강한 새로 보면 된다. 반면에 우모에 윤기가 없고 날개를 늘어뜨리면서 졸고 있거나 사료와 물을 먹지 않으면 건강의 이상 신호로 보면 된다.

〈표 8-3〉 여러 가지 관상조류의 체온 · 맥박수 및 호흡수

| 종 류 | 체 온(℃) | 맥박수(회/분) | 호흡수(회/분) |
|---|---|---|---|
| 카나리아 | 41～42 | 560～1,000 | 96～144 |
| 비 둘 기 | 41～43 | 120～140 | 30 |
| 앵 무 새 | 41～42 | 140～200 | 36 |
| 닭 | 41～42 | 100～150 | 120 |

## 3. 햄스터·몰모트·마우스 및 랫드의 관리

### (1) 햄스터 관리

#### 1) 햄스터의 번식관리

암 햄스터(female hamster)는 2～3개월령이 지나면 생리적으로 발정이 온다. 발정이 2～3차례 경과 후 번식시키는 것이 모체에 지장이 없다. 발정기에는 생식기에 충혈되고, 하얀 분비물이 나오게 되는데, 이 때 암컷을 수컷 집에 합사시켜 관찰하여 보면 싸우거나 신경전을 보일 때는 교배할 의사가 없는 것으로 보아 다시 분리시켜야 하고, 2일정도 합사시켜 사이좋게 지내면 수정(受精)된 것으로 판단한다.

임신기간은 16～20일 정도이고, 분만할 때엔 미리 약간 어두운 장소로 옮긴 후 햄스터 집에는 톱밥 등을 깔아주면 새끼보금자리를 만들며, 한 배에 약 4～12마리의 새끼를 낳는다. 어미 햄스터는 건강회복을 위하여 식물성사료인 해바라기 씨앗, 땅콩, 신선한 야채나 과일 그리고 동물성 단백질인 삶은 계란, 우유, 치즈 등을 급여하는 것이 좋다.

#### 2) 새끼포유 및 이유관리

보통 생후 4일정도 지나면 몸에 털이 나기 시작하며, 생후 5일정도 지나면 외부의 소리에 반응을 나타나게 된다. 생후 7일정도 지나면 걷기 시작하여 약 3주정도 지나면 어미로부터 젖을 떼고, 어미가 준 먹이를 받아먹게 된다. 그 후 서서히 어미와 새끼를 분리시켜 사육하는 것이 바람직하다.

## (2) 몰모트 관리

몰모트(mormot)는 동일한 설치류(齧齒類)이지만 야행성 성질과 먹이를 축적하는 습관이 있는 햄스터와는 달리 행동면에서 매우 느리면서, 여러 마리가 군거하며 생활하는 특성을 가지고 있다.

### 1) 몰모트의 번식관리

암컷은 생후 6개월령정도 지나면 번식에 이용할 수 있다. 한 배에 2~4마리를 낳으며, 연 4회 분만한다. 발정이 오면 외부 생식기가 붉게 변하여 다소 부풀어져 있다. 행동적으로는 손으로 등을 잡을 때 등을 휘게 굽히고 다리를 펼치기도 한다. 이러한 발정은 약 50시간 지속된다.

암컷이 발정오면 수컷이 있는 케이즈에 넣어 2~3일간 합사시킨다. 거꾸로 암컷 케이즈에 수컷을 넣으면 교미가 실패하기 쉽다. 임신이 되지 않았으면 약 16일(12~20일)후 발정이 다시 오게되므로 세심한 관찰이 요구된다.

임신기간은 60~70일로 평균 68일정도이다. 젖꼭지 수는 2개이므로 많이 낳으면 특별한 포유방법을 이용해야 한다.

### 2) 새끼포유와 이유관리

몰모트는 갓 분만한 새끼에도 털이 있으며, 눈도 뜨고 있다. 분만시 새끼체중은 약 85~90 g정도로 새끼들이 토끼 등과 같이 서로 몸을 붙어서 체온을 유지하면서 포유하게 된다.

분만 후 1~2시간이 경과되면 걷기 시작하여 서서히 움직이고 어미젖 부위에 접근하면서 젖을 찾게 된다.

생후 10일이후부터는 포유와 함께 이유사료(일반먹이)를 급여하기 시작하여 2주가 되면 젖을 이유시켜도 좋으나, 보통 분양은 1개월령이 적당하다.

새끼의 자웅은 외부생식기를 보고 감별하게 되는데, 암컷은 항문에서 생식기까지의 거리가 짧다(5 mm). 수컷은 길어서 약 10 mm정도 된다.

## (3) 마우스와 랫드의 관리

### 1) 마우스의 번식관리

마우스(mouse)는 실험동물 중에서 가장 많이 사용되는 포유동물로써 성숙시 평균체중이 암컷 30 g, 수컷이 35 g정도되며, 60일령이 되었을 때 번식에 이용하면 바람직하다. 성주기(性週期)는 4~5일 정도로 매우 빠르다. 임신기간은 18~22일이고, 산자수는

6~13마리를 분만한다. 마우스의 자궁은 중복자궁으로 이루어졌을 때, 방출된 난자의 수정능력 보유시간은 약 8~10시간이다.

새끼마우스는 4~6일이면 귀가 열리기 시작하여 소리에 민감한 반응을 보이고, 12일경이 지나면 눈을 뜨기 시작하여 약 3주간 포유하고, 이유시키는 것이 좋다. 수명은 약 2~3년정도 이다.

2) 랫드의 번식관리

랫드(rat)는 실험용 흰쥐이다. 설치류이지만 마우스보다는 훨씬 커서 성숙시 평균체중이 암컷 350 g, 수컷은 500 g정도이다. 따라서, 케이즈도 마우스보다 더 큰 것으로 선택해야 한다. 80일령정도 되었을 때 번식에 이용하면 적당하다. 임신기간은 평균 22일정도이고, 성주기는 마우스와 같이 4~5일이다. 갓 분만한 새끼는 마우스와 같이 털도 없고, 귀와 눈도 막혀 있는 상태인데 서서히 털도 나고 귀와 눈도 트이기 시작한다. 기타의 변화는 마우스와 비슷하다.

〈표 8-4〉 마우스와 랫드의 정상체온, 호흡수 및 맥박수

| 항 목 | 마 우 스 | 랫 드 |
|---|---|---|
| 체 온 | 38.0~38.6℃ | 37.8~38.7℃ |
| 호 흡 수 | 84~230회/분 | 66~114회/분 |
| 맥 박 수 | 480~738회/분 | 260~450/분 |
| 혈 압 | 73~138 mmHg | 82~120 mmHg |

## 4. 관상열대 물고기의 관리

관상용 물고기는 일반적으로 3가지를 중점적으로 관리하면 큰 문제가 없이 잘 사육된다. 첫째는 수족관에서 물고기가 호흡하고 배출하여 생긴 더러운 물의 정화(淨化)이고, 둘째는 적절하게 체온을 유지하게 하는 온도관리와, 셋째로는 소화 잘되는 먹이를 주는 일이다.

### (1) 일반관리

1) 수조 및 바닥모래

수조(水槽)는 가정의 공간 넓이에 따라 적절한 크기를 선택해야 하는데, 가정용은 길이 60 cm, 넓이 30 cm 전후 스텐레스 프레임의 유리수조가 가장 적당하다. 비단잉어와 같이 큰 물고기는 길이 90~120 cm, 넓이 45 cm의 수조이면 된다.

수조바닥은 3～5 cm 두께로 작은 자갈과 모래를 깔아준다. 이와 같은 깔린 모래 사이에서 박테리아가 번식하여 수조 내의 오물을 무해(無害)한 물질로 분해시키게 된다. 자연적으로 여과기능을 하지만, 물고기가 많거나 수조가 좁으면 별도의 여과장치를 설치해야 한다. 예를 들면, 배설된 분뇨나 유기사료는 암모니아 아질산염 성분이 많은데, 이것을 질산염으로 전환시켜 수조 내에서 서식(棲息)하는 식물의 성장을 돕게 된다. 또한, 이러한 박테리아가 정상적으로 작용하려면 충분한 양의 산소가 요구되기 때문에 에어펌프(air pump)를 이용하여 공기주입(aeration)이 절대적으로 필요하다.

### 2) 물 관리

수족관의 물은 우물물이 가장 좋으나 수돗물도 좋다. 다만 수돗물은 1일정도 직사광선을 쬐었다가 사용하는데, 아래에 가라앉은 물은 버린다. 수온조절은 유리관에 부착된 히터와 자동 온도조절기를 넣어 적온을 유지시키는 것이 편리하다. 일반적으로 열대담수어의 수온은 25～28℃가 적당하며, 20～30℃ 범위에서도 사육되나, 어종(魚種)에 따라 약간의 차이가 있다.

물을 교환할 때에는 호스 등을 이용하여 바닥에 있는 더러운 물질로부터 흡입 · 제거한다. 수족관의 물을 ⅔정도 뺀 다음에 물고기를 다른 곳으로 옮긴다. 물을 다뺀 후 모래, 필터, 수족관 내부 등을 깨끗이 청소하고 다시 역순으로 설치한다. 끝으로 물을 주입하고, 수온을 알맞게 조절하여 맞춘 다음 조심스럽게 물고기를 옮겨 넣는다.

### 3) 수 초

수면을 향하여 높이 자라는 풀은 바리스네리아, 카본바, 아나카리스 등이 있고, 가지가 벌어지면서 자라는 풀에는 하이그로필라, 루도이기아 등이 있다. 이러한 풀들은 수조의 뒤쪽이나 옆면에 심어서 물고기의 배설로 수초가 필요한 영양분을 공급해 주면서 탄소동화작용에 필요한 탄산가스를 제공한다. 그리고, 수초는 물고기 생명유지에 가장 중요한 산소($O_2$)를 공급하는 중요한 기능을 한다. 아울러 간접기능으로 암컷의 산란장소와 은신처 역할도 함께 하고 있다. 최근에는 이렇게 살아 숨쉬는 풀 대신에 간편하게 간접기능만 할 수 있는 인공수초(人工水草)의 이용이 늘고 있다.

### 4) 사료급여

담수어(淡水魚)의 먹이는 실갯지렁이, 장구벌레, 물벼룩 등이 가장 좋으나, 일반적으로 사료를 주는 경우가 많다. 어린 치어(稚魚)는 치어사료나 가루먹이로 주는 것이 좋으나, 어느정도 성장 후에는 물위에 부상(浮上)되는 작은 펠렛 등을 급여하면 된다. 너무 많이 주거나 과자 등을 주어 수질오염이 되지 않도록 주의해야 한다.

먹이는 하루에 1～2회 정도 주되, 양을 적게 하여 횟수를 늘려주는 것이 소화와 성장에 유익하다.

### (2) 관상열대 물고기의 번식관리

#### 1) 구 피

난태생어(卵胎生魚)인 구피(Guppy)는 부화 후 4개월령이 되면 성성숙이 되어 약 25일 간격으로 한 배에 10～100마리의 새끼를 낳는다. 구피는 특히 염분농도를 좋아하므로 물 10ℓ당 1.5g의 소금을 넣어주면 더욱 좋다.

암・수의 교미는 비교적 쉽게 이루어져 교미시에는 수족관 밑바닥 쪽으로 내려가서 수컷이 먼저 꼬리를 펴고 과시한 후 암컷에게 접근하면서 행해진다.

#### 2) 제브라 피시

이 제브라 피시(Zebra fish)는 난태생이 아니라 난생(卵生)이라서 부화 후 3개월령에 성성숙되어 체외수정이나 인공수정으로 수정(受精)이 되어 27℃에서 1～2일만에 부화하게 된다. 1회의 산란은 200～700개의 알을 많이 산란한다. 산란된 알은 망을 치거나 격리시켜 어미가 먹어치우는 것으로부터 보호해야 할 것이다.

초보자가 치어 구입부터 산란하기까지의 사육과 번식관리가 비교적 쉽고, 잘 자라는 열대어로 인정받고 있다.

#### 3) 엔젤피시

엔젤피시(Angel fish)는 수명이 5～7년 이상이 되는 장수하고, 잘 성장하여 성성숙은 약 8개월령에 이르지만 산란기에 암・수 서로 짝짓기가 매우 까다롭기 때문에 인공부화를 많이 한다. 산란주기는 7～15일이며, 산란 후 1주일정도 지나면 완전히 부화된다.

#### 4) 금 붕 어

금붕어(Golden fish)는 15～20℃에서 가장 알맞은 수온인데, 수명은 7～8년 정도 된다. 수초 등을 넣어 두면 봄철 수온이 12～20℃가 되었을 때 산란을 하게 되는데, 우리나라는 5～7월경이 된다. 1년에 늦은 봄 1회뿐이고, 이 때 3～4회 산란하는데, 1회 산란수는 약 300～500개정도 된다.

산란기가 되면 수컷이 암컷을 쫓아다니며 수중에서 수정이 이루어진다. 산란행동은 보통 비가 그친 새벽부터 오전 중에 이루어지고, 수정된 알은 4～5일이면 부화하여 2일이 경과되면 치어는 먹이를 먹기 시작한다.

## ◆연습문제◆

1. 동물의 행동유형을 열거하고, 설명하시오.
2. 소의 보정방법을 설명하시오.
3. 돼지의 보정방법을 설명하시오.
4. 동물에서 초유(初乳)급여의 중요성을 열거하시오.
5. 육성우 비육(育成牛 肥育)이란 무엇인가? 그리고 장·단점을 열거하시오.
6. 소의 개체표시방법은 어떠한 것들이 많이 이용되는가?
7. 젖소에서 포유방법과 이유시기에 대하여 설명하시오.
8. 착유우의 건유(乾乳) 요령을 기술하시오.
9. 말의 주요 일상관리에 대하여 열거하시오.
10. 포유자돈(哺乳仔豚)의 주요 관리는 무엇이 있는가?
11. 닭에서 부화조건을 들고, 요점을 설명하시오.
12. 초생추의 관리상 주의할 점을 설명하시오.
13. 육추 중 부리자르기(debeaking)의 목적과 요령을 기술하시오.
14. 산란계의 점등관리 요령을 설명하시오.
15. 특수란(特殊卵, specific egg)이란 무엇이며, 어떠한 것들이 시판되는가?
16. 숫사슴과 암사슴의 특별관리 방법에 대하여 기술하시오.
17. 신생 애완견의 관리해야 할 사항을 들고, 약술하시오.
18. 애완견의 발정징후와 교배적기를 설명하시오.
19. 애완견의 그루밍(grooming)이란 무엇인가?
20. 관상조류의 번식관리에 대하여 기술하시오.
21. 햄스터(hamster)의 번식적령기는 언제이며, 교배요령을 기술하시오.
22. 몰모트(mormot)의 번식적령기는 언제인가? 그리고, 교배요령을 기술하시오.
23. 마우스(mouse)와 랫드(rat)의 번식적령기를 각각 들고, 교배요령을 기술하시오.
24. 관상열대어 사육시 수조의 물 관리법에 대하여 설명하시오.
25. 구피(Guppy)와 금붕어(Golden fish)의 적당한 수온은 얼마이며, 산란과 수정과정을 설명하시오.

제 9 장

# 동물의 위생과 질병편

## 제 1 절 동물위생

동물위생(動物衛生, animal health)은 인류의 건강과 복지를 위하여 건강한 동물에게서 위생적이면서 안전한 고기・젖・알 등을 생산할 수 있도록 공중보건과 동물의 생산성을 연결하여 다루는 분야를 말한다.

### 1. 환경위생

동물이 가지고 있는 능력을 최대로 발휘하기 위해서는 동물과 환경의 관계를 정확하게 이해하는 것이 무엇보다 중요하다고 할 수 있다. 외적이나 내적환경이 불량하면 세균, 바이러스 또는 기생충 등에 감염되어 면역이나 생리적 기능이 저하됨으로써 동물의 생명을 위협하게 된다. 환경위생(環境衛生, environmental hygiene)은 자연환경과 인위적 환경으로 크게 두 가지로 분류한다.

자연환경은 공기, 일광, 물, 토양, 기온, 기습 등이 있으며, 인위적 환경으로는 축사의 구조, 채광, 조명, 사료, 방목, 수송 등이 있다.

#### (1) 기온・기습 및 기류

동물의 발육과 함께 생산에는 온도, 습도, 기류 등이 크게 영향을 미치고 있다. 이러한 환경들은 동물에 따라 차이는 있지만, 일반 가축에서는 큰 차이를 찾기 어렵다.

동물의 환경온도는 일반적으로 16~19℃가 가장 이상적으로 활동하기에 적합하지만, 젖소의 환경온도는 10~15℃가 가장 적당하고, 21℃가 넘으면서 식욕저하와 함께 생산성이 떨어지며, 27℃ 이상이 되면 열 스트레스에 의해서 행동의 무기력과 산유량 감소가 현저히 나타난다. 그러나 젖소는 고온에는 약하나 저온에는 비교적 강하여 −5℃에서도 산유량에는 큰 영향을 미치지 않는 것으로 보고되고 있다.

돼지의 환경온도는 15~20℃가 적당하고, 성장 중의 비육돈은 18~22℃가 알맞은 환경온도라고 할 수 있다. 30℃이상 되면 발육과 번식이상을 초래하기 쉬우나, 반면에 너무 낮으면 사료섭취량이 많을 뿐만 아니라 증체량에도 나쁜 영향을 미친다.

산란계의 환경온도는 16~22℃가 적당하다. 25℃부터 생산성이 서서히 감소되기 시작하고, 30℃이상 되면 피부온도가 상승하고 호흡수가 많아지며, 음수량이 현저히 증가하고 사료섭취량이 떨어져 결국 난중의 감소와 함께 산란율이 저하된다. 반면에 기온이 낮은 경우 12℃에서부터 생산성이 감소되어 0℃에서는 현저히 떨어지는 것으로 나타났다.

부화직후 병아리의 사육적온은 다른 신생동물보다 가장 높은 34~35℃이지만, 송아지의 생활적온은 25℃로 다른 동물보다 약 10℃ 낮다.

습도(濕度, humidity)는 환경온도와 밀접한 상호관계를 가지고 있다. 일반적으로 동물의 활동에 알맞은 습도는 60%이나 60±20%내에서는 큰 영향이 없는 것으로 보고되고 있다. 만약 축사 내 습도가 높으면 곰팡이, 세균, 바이러스, 기생충 등의 감염으로 비위생적이면서 전염성 질병에 걸릴 위험성이 높기 때문에 적절한 온도와 함께 습도도 관리해줘야 한다. 게다가 온도가 높고 습도도 함께 높으면 동물체에게는 생리적 기능이 방해되어 호흡기 이상이나 질병이 유발되기 쉽고 피부질환 등이 발생할 수 있기 때문에 축사 내에는 바람이 잘 통하게 하여 온도와 습도를 인위적으로 적절하게 조절해줘야 한다. 최근에 이러한 인위적 조절은 축사의 위치도 중요하지만, 환경제어시스템으로 스프링클러 시스템 또는 팬(fan) 설치 등의 환경개선으로 가능해지고 있다.

기류(氣流, air movement)는 공기의 움직임을 뜻하는데, 이것은 기압의 차이에 의해서 생기는 바람을 말한다. 보통 20 cm~1 m 미만이면 사육환경으로 적당하다. 지나치게 기압이 급강하거나 급상하게 되면 동물체의 혈압이 높아지고 호흡이 빨라지는 경향이 있어서 북서풍과 같은 강한 바람과 일기가 급변할 때에는 세심한 관리가 요구된다.

〈표 9-1〉 여러 동물의 환경적온과 생산환경 한계온도

| 동물명 | 적온(℃) | | | 생산환경한계온도(℃) | |
|---|---|---|---|---|---|
| | 신생시 | 육성시(중) | 성숙시 | 저온 | 고온 |
| 젖소 | 25 | 20~22 | 10~15 | -5 | 27 |
| 육우(한우) | 25 | 20~24 | 18~22 | -5 | 30 |
| 돼지 | 33~34 | 18~22 | 15~20 | 0 | 27 |
| 산란계 | 34~35 | 22~28 | 16~22 | -1 | 30 |
| 육계 | 34~35 | 22~28 | 19~23 | 8 | 28 |

### (2) 공 기

축사 내외 모두에서 공기(air)는 동물체의 산소공급으로 호흡을 하게 하는 아주 중요한 대기환경요소이다. 공기는 산소($O_2$) 20.95%, 질소($N_2$) 78.9%, 알곤(Ar) 0.93%, 이산화탄소($CO_2$) 0.03%와 미량의 기타 성분으로 각각 조성되어 있다. 여기에는 세균이나 먼지 등도 포함된 셈이다.

공기 중에서 가장 중요한 산소($O_2$)는 유익한 성분이나 15%이하에서부터 호흡수와 맥박수가 증가하기 시작한다. 그러나 이산화탄소($CO_2$), 일산화탄소(CO), 유화수소($H_2S$), 암모니아가스($NH_3$), 메탄가스($CH_4$) 등과 같이 유해한 성분도 포함되어 있어서 축사 내에 정상치 이상으로 분포하고 있으면 가축의 생산성이 저하됨은 물론 질병까지도 유발될 수 있다.

〈표 9-2〉 동물별 산소 소비량과 탄산가스 발생량 (단위 : mℓ/kg)

| 동물명 | 산소 소비량 | 탄산가스 발생량 | 동물명 | 산소 소비량 | 탄산가스 발생량 |
|---|---|---|---|---|---|
| 소 | 253 | 241 | 돼 지 | 392 | 336 |
| 말 | 328 | 320 | 닭 | 739 | 714 |
| 양 | 342 | 341 | – | – | – |

〈표 9-2〉는 동물별 1시간당 체중 kg당 산소소비량과 탄산가스 배출량을 나타낸 것이다.

동물 중 닭의 경우 체중 1 kg당 산소 739 mℓ로 가장 많이 소비하고, 탄산가스도 714 mℓ로 가장 높게 배출하는 것으로 나타났다.

공기 중에 탄산가스($CO_2$)는 약 0.03~0.04% 존재하고 있으나, $CO_2$ 함량이 0.4%로 많아지면 두통과 현기증이 일어나고 $CO_2$ 중독증의 유발로 치사(致死)할 수도 있다. 또, 공기 중 유화수소($H_2S$)의 함량이 높으면 호흡기 질환으로 기관지염 등이 유발될 수 있으므로 환기관리를 잘해야 한다. 그리고 암모니아가스($NH_3$ gas)는 축사 내의 분뇨에서 주로 발생되는데, 축사내부의 환기불량에서 발생되는 경우가 많다. 공기 중 암모니아가스의 함량은 0.05~5%에 이르면 안(眼) 결막, 코 및 인후두 등의 점막을 자극하여 카다르 증상을 일으키고, 심하면 호흡기이상으로 질식사도 발생할 수 있다. 이러한 암모니아 농도는 일반적으로 ppm으로 측정되는데, 25 ppm에서는 가축의 생산성에 아무런 영향을 미치지 않으나, 50 ppm부터는 서서히 반응하여 75 ppm에서부터는 닭, 돼지 등에서 증체량, 채식량, 산란율 등이 저하되는 것으로 나타난다.

### (3) 토양 및 급수

토양 중에는 많은 화학제 미량원소가 함유되어 있어서 사료작물의 발육을 돕는다. 토양 상층부의 표토(表土)는 물과 공기가 접하여 있기 때문에 유기물에 의한 오염(汚染, contamination)이 되기 쉽다. 이러한 표토에서 방목이나 예취한 목초를 먹고 생활하는 동물들은 토양오염으로 인하여 생산능력도 떨어지고, 질병유발의 한 원인이 될 수도 있다. 토양 중에서 가축에게 병원성 질병을 옮겨주는 것들은 세균류(혐기성 및 방사선균), 기생충류, 원충류 등이 있는데, 이들은 방목장이나 운동장 등에서 감염이 된다. 이러한 질병을 토양병(土壤病, soil disease)이라 한다. 예를 들면, 파상풍(tetanus), 기종저(black-leg), 악성수종(malignant edema), 탄저(anthrax), 닭의 콕시듐병(fowl coccidiosis) 등을 들 수 있다.

일반적으로 침침하고 습기가 많은 토양에서는 병원성 미생물이나 기생충란이 오랫동안 생존할 수 있기 때문에 토양표층의 소독과 함께 적절한 관리가 필요하다. 병원성 미생물에 의한 질병상재지역은 생석회 등을 살포시켜 미생물이 서식하지 못하도록 하고, 일시적으로 사용하지 말고 배수와 일조관리를 함께 해준 다음, 그 후 토지를 이용하는 것이 바람직할 것이다.

가축들은 체내에 미량성분인 칼슘, 철분, 코발트, 구리 등의 결핍으로 토양 중에서 섭취하여 보충하려는 경향이 많기 때문에 위생적인 토양관리가 함께 이루어져야 건강한 가축으로 성장하게 된다.

급수(給水, water)는 동물체에서 소화・흡수 등과 같은 생리적 리듬을 유지하고 활동하는데 없어서는 안될 중요한 요소이다. 동물체의 50~70%가 수분으로 구성되어 있고, 어린 동물은 85~90%가 수분으로 구성되어 있는데, 총 수분의 10%를 잃게되면 불안, 경련, 갈증 등을 야기시켜 결국 20%이상 손실되면 폐사하게 될 수도 있다. 젖소의 경우 1일 실제 음수량은 40~50ℓ이나, 작업에 필요한 70~80ℓ의 물을 포함시키면 1마리당 1일 필요한 물의 양은 총 150ℓ가 된다.

〈표 9-3〉 동물별 음수량 (단위 : ℓ/일)

| 동 물 명 | 음 수 량 | |
|---|---|---|
| | 평 균 | 여 름 |
| 소 | 40~50 | 50~65 |
| 말 | 25~30 | 30~40 |
| 돼 지 | 10~12 | 12~30 |
| 산 란 계 | 0.18~0.22 | – |

### ◉ 음료수의 구비조건

동식물에 필요한 위생적이고 안정된 급수원이 되려면 다음과 같은 조건을 구비하면 좋다.

① 무색 투명하고 냄새가 없으며, 맛이 좋아야 한다.

② 겨울에는 따뜻하고 여름에는 찬, 적당한 온도를 가지고 있어야 한다.

③ 중성이거나 알칼리성 물이어야 한다(pH 6.0~8.0).

④ 적절하게 광물질을 함유해야 한다(납 0.1ppm, 불소 1.5ppm, 카드뮴 0.05ppm 이상이면 부적당).

⑤ 유해물질, 유독물질, 대장균 등이 검출되지 않아야 한다.

⑥ 수량이 풍부해야 한다.

## 2. 질병예방위생

예방위생(豫防衛生)이란 가축질병에 대한 역학적인 자료를 근거로 전염병이나 일반질병 발생을 예찰하거나 예방관리하는 것을 말하는데, 전염병 발생을 사전에 예방함과 동시에 발생시 그 병의 전파와 확대를 저지하여 질병을 소멸시킴으로써 가축의 건강을 유지하고, 생산성 향상과 위생적인 축산물을 얻기 위한 관리이다.

### (1) 전염병 예방

전염병(傳染病, infectious disease)에 대한 예방원칙은 질병발생의 가장 근본적인 병원체, 감염경로 그리고 감염숙주 대책을 마련하는 것이다.

① 감염원(感染源)이 되는 병원체를 제거해야 한다.

미생물의 병원체(病原體, pathogenic agent)는 세균, 바이러스, 원충 등인데, 이러한 병원체는 체내에 침투하여 감염시키면 동물의 저항성이 떨어져 생산성이 떨어지고, 질병에 걸려 적절한 치료없이는 결국 폐사할 수도 있다.

② 감염경로(感染經路)를 차단해야 한다.

상기와 같은 병원체들과 접촉을 차단함으로써 전염되고 유행되는 전달수단을 차단하여 전파경로를 막아야 할 것이다. 광견병, 부루셀라병, 탄저 등과 같이 접촉성 전염병은 접촉을 차단하면 감염을 막을 수 있고, 결핵이나 인푸루엔자 등과 같이 분비물 등에 의해서 전염되면 감염동물의 배설물을 차단하면 막을 수 있다.

③ 감염숙주(感染宿主)에 대한 대상으로 감수성이 있는 가축의 개체별 저항력을 증진시킨다.

병원체의 특이적인 면역성을 길러주고, 비특이적 저항인 화학요법에 의한 예방을 시켜야 한다. 일반적으로 감수성 동물에 대하여 70~80% 면역을 부려해 주면 유행을 저지할 수 있다.

### (2) 예방접종

동물이 어떤 병원체의 침입을 받더라도 발병(發病)되지 않도록 체내에 저항력을 얻는 것을 면역(免疫, immune)이라 한다. 이러한 면역에는 감염되어 얻는 면역과 항원을 접종해서 면역을 얻는 예방접종(vaccination)이 있다.

이러한 백신(vaccine)은 생독(生毒)과 사독(死毒)백신이 있다. 하나의 질병 예방을 위한 백신도 있으나, 여러 가지 질병을 함께 예방하기 위한 종합백신을 많이 이용하고 있다.

소의 경우 전염병으로는 탄저, 기종저, 우결핵 등을 들 수 있는데, 1년에 1회 백신을 접종하고 있으며, 돼지는 콜레라, 돈단독, 파보, 전염성 위장염과 설사증, 전염성 폐렴, 일본뇌염, 오제스키 등의 전염병을 들 수 있는데, 전염병에 따라 1년에 1회 또는 2회 백신접종을 하고, 출생 자돈이나 성돈으로 접종대상도 각각 다르다.

닭의 경우는 뉴캣슬, 계두, 마레크, 감보로, 전염성 후두기관지염 등을 들 수 있다. 접종대상도 초생추, 중추, 성계 등 각각 다르거나 시기마다 백신을 접종하는 경우도 있다.

정량의 예방백신을 접종한 후에는 다른 스트레스를 받지 않도록 특별한 안정조치를 취해야 하며, 어린 가축이나 임신 또는 포유 중인 가축에는 사용이 제한되고 있는 것이 있으므로 주의사항을 잘 준수해야 한다.

# 제 2 절 동물의 질병

동물의 질병(疾病, disease)은 일반질병과 전염병(傳染病, infectious disease)으로 크게 구분한다. 전염병에 대하여 설명하면 다음과 같다.

## 1. 인수공통전염병

인수공통전염병(人獸共通傳染病)은 사람과 동물 사이에서 함께 옮겨져 전염되는 질병을 말한다. 여기에 중요한 질병은 약 90종이 있다.

### (1) 세균성 인수공통전염병

세균성으로 전염되는 질병으로 결핵균(結核菌, tuberculosis), 살모넬라균증(salmonellosis), 탄저(炭疽, anthrax), 돈단독(豚丹毒, swine erysipelas), 브루셀라증(brucellosis), 렙토스피라증(leptospirosis), 리스테리아증(listeriosis), 페스트(pest), 비브리오증(vibriosis), 디프테리아(diphtheria) 등이 있다.

### (2) 바이러스성 인수공통전염병

바이러스성으로 전염되는 질병은 광견병(狂犬病, rabies), 일본뇌염(日本腦炎, Japanese encephalitic), 뉴캣슬병(newcastle disease), 구제역(FMD)는 2005년에 제외됨, 우두(牛痘, cow pox) 등을 들 수 있다.

### (3) 진균성 인수공통전염병

진균성전염병으로는 방사선균증(放射線菌症, actinomycosis), 크립토콕코스병(crypto coccosis), 전염성림프관염(epizootic limphangitis), 아스페르질루스증(aspergillosis)이 있다.

### (4) 원충성 인수공통전염병

원충성 전염병으로는 아메바증(amebiasis), 톡소플라스마병(toxoplasmosis) 등이 있고, 인수(人獸)가 함께 전염된다.

## 2. 법정전염병

법정 전염병(法定傳染病, legal infectious disease)이란 전염성 질병의 전파력이 급속하고 그 피해가 커서 개인으로는 예방과 박멸이 불가능하여 국가가 법률로 정하여 국가의 권력으로 질병의 만연성을 박멸하고 강구하는 질병을 말한다.

법정전염병에 걸렸거나 의심스러우면 반드시 방역당국에 신고하고, 인축의 격리, 교통차단, 이동금지, 도살처분 등을 실시해야 한다.

### (1) 제1종 법정 가축전염병

우역(牛疫, rinderpest), 우폐역(牛肺疫, contagious bovine pleuropneumonia), 구제역(口蹄疫, foot and mouth disease), 브루셀라증(brucellosis), 가성우역, 블루텅병, 돼지수포병, 아프리카 돼지열병, 돼지열병(hog cholera), 톡소플라즈마병(toxoplasmosis), 뉴캣슬병

(newcastle disease), 수포성구내염, 고병원성 AI, 꿀벌의 부저병(腐蛆病) 등이 있다.

### (2) 제2종 법정 전염병

탄저, 기종저, 돼지 일본뇌염, 돼지 오제스키병, 가금콜레라, 브루셀라병, 광견병, 추백리, 가성피저(假性皮疽, pseudofarcy), 소 해면상뇌증(BSE, 광우병), 돼지 전염성 위장염(傳染性 胃腸炎, transmissible gastroenteritis, TGE), 돈두(豚痘, swine pox), 닭 마이코프라즈마병(avian mycoplasmosis), 가성결핵(假性結核, pseudotuberculosis), 소 렙토스피라병(bovine leptospirosis), 소 백혈병(白血病, bovine leukosis), 결핵 등과 같은 전염병이다.

### (3) 제3종 법정 전염병

소유행열, 소아카바네병, 닭마이코플라스마병, 부저병, 저병원성 AI 등이 여기에 속한다.

2000년을 전후하여 우리나라는 물론 세계적으로 가장 문제가 된 가축전염병 중 구제역(口蹄疫)과 광우병(狂牛病)을 중심으로 발생원인, 증상, 예방법을 살펴보면 다음과 같다.

#### ◉ 구 제 역

구제역(口蹄疫, foot and mouth disease)은 전염력이 매우 강한 급성・열성 전염병으로 돼지・소・면양・산양 등 우제목류(偶蹄目類)에게 발생하는데, 구강점막과 제관, 제간 등에 수포성 발진이 있는 것이 특징이다.

〔발 생〕 이 병은 현재 북미주 대륙과 호주・뉴질랜드 등 대양주를 제외한 아시아, 유럽, 아프리카, 남미대륙에 상재화하여 발생하고 있다. 1997년 대만에서 돼지 구제역이 발생하여 40%의 돼지를 도살・매몰한 바 있다. 우리나라에서는 과거 종종 중국, 만주지방으로부터 침입하여 1934년까지 그 발생이 있었다는 기록이 있었으나 발생하지 않다가, 2002년 2월말경 경기도 파주에서 발생하였으며, 경기도 용인시, 충북 충주시에서 추가 발생하였다. 최근 유럽지역에서도 구제역이 발생하였다.

〔원 인〕 구제역 바이러스(FMD virus)의 감염에 의하며, 구제역 바이러스는 바이러스 중 가장 작은 피코나 바이러스(picona virus)의 라이노 바이러스(rhino virus)속에 포함된다. 침입하는 곳은 구강점막이며, 바이러스에 오염된 음료수를 통하여 감염된다. 또 비말(飛沫)이나 먼지 등의 공기전파에 의한 비강점막으로부터의 감염도 가능하다.

병의 경중은 바이러스의 균주나 동물의 감수성에 따라 차이가 있다. 동물들에 있어 발병률은 100%에 이르며, 어린 동물은 감수성이 높다. 사람에게도 드물게 감염될 수 있다.

〔증 상〕 잠복기는 보통 2~5일이나, 경우에 따라서는 1~18일 이상 길게 잠복된 예도 보고되고 있다. 돌연 체온이 40~41℃로 되고, 원기・식욕을 잃게 된다. 구강에서는 많

은 침을 흘리고 혀를 차며 입맛을 다신다. 그리고 제간부에 발진이 생겨 절름보행을 하는 경우도 있다.

〔**예방 및 치료**〕 이 병이 침입하면 감염동물과 접촉한 동물도 살처분(殺處分)하고, 모든 접촉물에 대한 소독을 철저히 하여야 한다. 소독은 소각하거나, 끓인다. 소독약으로는 가성소다, 탄산소다, 석회, 포르말린 등이 사용된다.

이 병이 상재하는 나라나 인접국에서는 백신(vaccine)이 사용된다. 백신에는 불활성 백신과 생(생)바이러스  백신이 있는데, 불활성 백신이 널리 사용되고 있다. 특이요법은 아직 없는 상태이다.

## ◉ 광 우 병

광우병(狂牛病, bovine spongiform encephalopathy ; BSE)이란 소에서 나타나는 소 해면상뇌증으로 뇌가 스폰지처럼 변형되어 뇌 신경장애를 일으키는 무서운 전염병이다.

〔**발 생**〕 이 병은 1986년 영국에서 처음 보고된 소의 질병으로, 영국은 1980년대 초반부터 젖소의 우유 생산량을 늘리기 위하여 양과 소의 사체를 소의 사료원료로 사용한 것에 기인하는데, 이 때 양에서 광우병과 같은 질병인 「스크래피(scrapie)」에 감염된 사체양을 동물성 단백질 사료로 제조한 것을 먹인 소에서 결국 이 병이 발생하였다.

〔**증 상**〕 뇌의 특정부분이 스폰지처럼 변형되고, 발병 후 초기증상은 빛과 소리와 같은 조그만 자극에도 민감하게 반응하고 쉽게 흥분하며, 불안해하고, 유량 및 체중이 감소한다. 그 후 말기에는 보행장애와 기립불능이 동반하여 폐사(斃死)에 이르게 된다.

〔**병원체**〕 이 병원체는 슬로우바이러스(slow virus 또는 prion)로서 뇌의 단백질 분자와 접촉하여 그 분자의 모양을 변형시킨다. 사람에게 나타나는 크로이트펠츠야콥병(CJD ; Creutzfeldt-Jakob Disease)이 있는데, 이것은 광우병과 유사한 증상과 조직소견을 나타낸다.

## ◉ 광 견 병

우리 주변에서 주의해야 할 광견병(狂犬病, rabies)에 대하여 알아보면, 야생동물과 집에서 기르는 애완동물이나 가축, 그리고 심지어는 사람에게까지 걸릴 수 있는 전염병이다. 그 원인은 광견병 바이러스인데, 이 바이러스는 매우 작은 개체로 특수한 전자현미경으로만 볼 수 있다. 따뜻한 피를 가진 포유동물만이 이 바이러스에 감염된다. 광견병(狂犬病)이란 이름은 이 병에 걸린 동물이 성난 것처럼 행동하기 때문에 붙여졌으며, 특히 사람이 이 바이러스에 감염됐을 경우 침을 삼킬 때 목의 경련으로 심한 통증이 생겨 침을 삼키지 못해 입에서 침을 흘리기 때문에 물을 두려워하는 듯이 보여 공수병(恐

水病)이라고도 부르고 있다. 이 병은 중추신경인 뇌와 척수를 침범하고, 2～3일간의 잠복기 동안에 발열, 두통, 근육통, 권태감 등이 나타나는데, 예방하지 않으면 거의 전부 사망하게 되는 무서운 병이다. 예방하는 가장 좋은 방법은 애완견이나 모든 개에게 생후 90일이 되었을 때와 매년 예방주사를 놓고 떠돌아다니는 개와 접촉하지 않는 것이다.

## 제 3 절 동물질병의 조기발견

동물을 사육하려면 동물의 행동과 개체의 특징을 잘 파악하여 질병(疾病, disease)이 없는 건강한 상태를 유지시켜야 경영상 최대의 능력을 발휘할 수 있다. 동물이 질병에 걸리면 생리적으로 이상이 생겨 활동이 부자연스럽고, 생리적 변화를 초래하여 병세가 더욱 악화된다. 이 때 질병을 발견하게 되면 이미 치료시기가 늦어 예방보다 몇 배 어렵게 노력해야 하기 때문에 관리자는 항상 질병치료보다는 질병예방에 중점을 두고 질병을 조기에 관찰하여 발견함으로써 질병의 진단과 치료가 용이하도록 하여야 한다.

### 1. 동물의 행동변화

정상적인 동물은 행동면에서 활동적이고 과도한 반응에 민감하게 대처하는 행동을 보이나, 이상이 있는 동물은 활동성이 없고 군거성인 동물이 홀로 떨어져 있으며, 보행하려고도 하지 않는다. 이러한 이상적인 행동변화를 보이면 동물체에 이상 신호가 있는 것으로 판단하여 적절한 조치를 취해야 한다.

### 2. 식욕 및 반추의 변화

사료를 주면 정량을 잘 먹어치우나, 병이 유발되면 식욕이 떨어져 사료를 남기고 잘 먹지 않는 식욕부진 상태를 보인다. 반추동물은 사료 섭취 후 30분이 지나면 반추를 시작하여 약 40～50분간 지속하나 반추기능이 부진하면 질병을 먼저 생각해야 한다. 질병에 걸리면 사료를 먹지 않으나 물만 많이 마시는 경우가 많다. 그리고 식욕이 없어서 동물간의 먹이경쟁도 없이 원기가 빠진 상태이다.

## 3. 눈의 변화

동물의 눈은 물체를 정확하게 보는 시력(視力)을 가지고 있다. 건강한 개체는 눈빛만 보아도 반짝이듯이 서광이 있어서 맑고 총명하게 보이는 반면에, 이상이 생기면 눈빛이 없어 보이고 안구운동이 활발치 않고 눈물을 자주 흘리고, 눈 주변에 눈곱이 많이 끼고, 때로는 충혈되는 경우도 있다.

## 4. 피부 및 피모의 변화

질병이 없이 건강한 개체는 피부와 피모에 윤기가 있어 광택이 난다. 만성질병이나 피부병에 걸리게 되면 영양상태가 불량해져 피부가 탄력이 없고 피모도 윤기가 없어 거칠며 털이 빠지는 경우도 있다. 때로는 피부가 위축되어 피부염증이나 가려움증 등의 피부병도 유발될 수 있다.

## 5. 비경 및 점막의 변화

동물체 건강의 유무는 비경(鼻鏡)을 보고 진단한다는 말이 있다. 특히 건강한 동물은 비경에 습기가 촉촉하게 젖어 있어 습윤(濕潤)상태를 유지하게 된다. 질병에 걸리게 되면 비경에 습기가 거의 없고 탄력성을 잃으며 메말라 건조한 상태이다. 그리고 코, 입, 항문, 질부 등 점막에 혈액순환 상태가 원만치 않아 충혈증상을 보이는 경우도 있으며, 퇴색된 점막변화도 있다.

## 6. 분뇨의 상태

배설물은 사료를 먹어 소화 흡수하고 남은 찌꺼기라고 할 수 있다. 이러한 배설물중 분(糞, feces)은 동물마다 약간은 다르나 비교적 뭉쳐져 일정한 덩어리로 체외로 배출되고 분색(糞色)도 깨끗한 갈황색 정도이면 정상적인 건강한 개체로 보아야 하지만 혈변, 설사변, 변비 등이 유발되면 소화기계 질병이 생긴 것으로 추정하여 조기에 진단과 치료를 서둘러야 한다. 오줌도 양이 너무 감소하거나 색깔이 진한 황색, 선홍색, 적갈색 등으로 나타나면 건강치 못한 개체로 보아야 한다.

## 7. 체온·맥박 및 호흡

사람이나 동물에서 체온(temperature), 맥박(pulse) 및 호흡(respiration)은 건강한 개체를 확인하는 기초 진단의 수단으로 활용하고 있다. 건강한 개체관리를 위해서 정상 체온 등을 반드시 숙지해서 이상이 생기면 적절한 조치와 관리를 취해야 한다.

체온은 동물체마다 정상체온이 있어 너무 높거나 낮으면 신진대사기능이나 생리적 기능이 부진하게 되므로 체온은 항상 일정하게 유지해야 한다.

〈표 9-4〉 건강한 동물의 정상체온, 맥박 및 호흡

| 동 물 명 | 체온(℃) | 맥박(회/분) | 호흡(회/분) |
|---|---|---|---|
| 소 | 38.5 | 60~ 70 | 10~30 |
| 돼 지 | 38.5~39.0 | 58~ 86 | 8~20 |
| 말 | 38.0 | 23~ 70 | 8~16 |
| 산 양 | 39.5 | 70~135 | 12~30 |
| 개 | 38.0~39.0 | 100~130 | 24~28 |
| 토 끼 | 39.3 | 123~304 | 35~42 |
| 닭 | 40.5~42.0 | 250~300 | 18~25 |

맥박도 순환계 질병이 생기면 정상맥박보다 많은 경우도 있고, 때로는 낮은 경우도 있다. 이러한 맥박수와 맥박의 강도는 건강을 진단하는 데 활용하고 있다. 맥박은 운동량과 놀람 등에 따라 많은 변화가 있으므로 안정된 상태에서 관찰하여야 한다.

호흡은 들이쉴 때 산소공급을 원활하게 하고, 내쉴 때는 탄산가스를 배출하게 되는데, 이러한 호흡은 일정하게 정해진 양이나 횟수가 깨져 너무 많이 하거나, 때로는 너무 적게 호흡을 하는 경우도 있다. 이러한 경우가 발견되면 축체를 조기에 진단하여 적절한 치료와 대책을 세워야 한다.

## ◆연습문제◆

1. 자연환경과 인위환경에 대하여 설명하시오.
2. 주요 동물의 환경적온을 서술하시오.
3. 산소소비량이 많은 동물 순위별로 열거하시오.
4. 토양병(土壤病)이란 무엇인가?
5. 주요 동물별 1일 평균 음수량은 얼마나 되는가?
6. 전염병(傳染病) 예방원칙을 서술하시오.
7. 인수(人獸) 공통전염병 중에서 세균성과 바이러스성으로 중요한 전염병을 분류하시오.
8. 법정 제2종 전염병 중에서 우리나라에서 비교적 많이 발생되는 질병을 열거하시오.
9. 최근 발생되는 구제역(口蹄疫)에서 나타난 전염원과 특이한 증상을 설명하시오.
10. 세계적으로 주목되고 있는 광우병(狂牛病)의 병원체는 무엇이며, 그 증상을 서술하시오.
11. 동물은 질병의 치료보다는 예방이 중요한데, 이러한 질병의 조기발견에 대하여 설명하시오.
12. 주요 동물의 정상체온을 기술하시오.

# 제 10 장

# 축산물 가공과 이용편

## 제1절 우유와 유제품

### 1. 우유의 정의와 유가공의 발달

우유(牛乳, milk)란 젖소가 첫 분만과 함께 유방의 유선(乳腺)에서 합성된 물질이 송아지에게 영양분을 공급하기 위하여 분비되는 액체성분을 말한다. 우유의 이용은 「젖과 꿀이 흐르는 토지」라고 하여 기원전 6,000년경의 성서에서 표현한 것으로 보아 당시에 우유와 꿀의 중요성을 강조하여 아주 귀중한 식품임을 증명하였다. 그리고 기원전 2,000년경에는 메소포타미아, 이집트, 인도, 중앙아시아에서는 우유의 보존성에 관하여 경험을 통하여 이루어진 후 가공품으로 더욱 발전시켰다.

이 당시의 버터(butter)는 식용으로보다는 모발화장품이나 의약품 연고 등에 이용하는 경향이 많았으며, 치즈(cheese)는 높은 영양식품으로의 가치를 발휘하게 되었다. 또한 기원전 400년에 독일의 히포크라테스(Hipporates)는 우유를 가리켜 「가장 완전한 식품」이라고 말하였다. 영국의 처칠(Churchill)은 「미래를 위한 가장 훌륭한 투자는 어린이에게 우유를 많이 먹이는 일이다」라고 하였다.

우리나라의 우유가공은 1962년 12월 서울 중량교에 한국 최초의 종합 유가공장인 서울우유 제1공장이 설립되어 시유(市乳), 연유(煉乳), 분유(粉乳)를 본격적으로 생산하였으며, 1975년에는 용인에 제2공장이 준공되어 가공산업이 더욱 활발히 진행되던 중 1984년 경기도 양주에 제1공장 준공이전과 함께 1989년에는 안산에 제3종합공장을 건설하였다.

1976년에는 미국의 포머스트사(Foremost 社)와 계약한 대일유업은 계약만료에 따라 빙그레(주)로 개칭하여 경기도 낙농산업에 기여해 왔다. 1973년은 매일유업이 전남 광산, 경기 평택, 경북 경산에 유가공장을 설립하여 시유, 분유, 발효유 등을 생산함으로써 낙농발전에 이바지하여 왔다. 그리고 한국야쿠르트(주)는 시흥의 제1공장을 연구소로 전환하여 발효유에 대한 연구를 활발히 수행하여 왔다.

## 2. 우유의 생산과 소비

우리나라의 연도별 착유우로부터 생산된 우유의 납유량과 소비량을 보면 〈표 10-1〉과 같다.

우리나라의 우유 납유량은 1985년에 약 1백만톤 이었던 것이 2019년 말에는 약 200만 50만톤으로 34년만에 2배가 증가하였으며, 1인당 우유소비량에서도 23.29 kg에서 81.80 kg으로 34년만에 약 3.5배가 증가된 소비추세를 보였다.

2010년과의 비교에서는 우유소비의 총량과 1인당 소비량에서는 증가추세를 보인 반면에, 유우의 총두수는 약 5% 감소 사육하였으나, 착유두수는 약간 감소현상을 보였다.

〈표 10-1〉 우유의 생산과 소비

| 연 도 | 납유량(ton) | 소 비 량(kg) | | 유우두수 | |
|---|---|---|---|---|---|
| | | 총 량 | 1인당 | 총두수 | 착유두수 |
| 1975 | 160,338 | 162,435 | 4.60 | 85,542 | 32,312 |
| 1985 | 1,005,811 | 990,549 | 23.29 | 390,135 | 179,532 |
| 1995 | 1,998,445 | 2,145,841 | 47.80 | 553,467 | 286,320 |
| 2000 | 2,252,804 | 2,806,598 | 59.20 | 543,708 | 285,609 |
| 2005 | 2,228,821 | 3,028,287 | 62.70 | 478,865 | 227,111 |
| 2010 | 2,072,694 | 3,171,341 | 64.18 | 429,547 | 203,923 |
| 2011 | 1,889,150 | 3,513,562 | 70.58 | 403,689 | 190,901 |
| 2019 | 2,049,431 | 4,227,628 | 81.80 | 407,753 | 202,992 |

자료 : 농림수산식품부, 2019. 또는 낙농진흥회, 2019.

## 3. 우유의 조성

우유의 조성분(milk composition)은 크게 수분(水分, water), 지방(脂肪, fat), 단백질(蛋白質, protein), 유당(乳糖, lactose), 회분(灰分, ash)이다. 그리고 여기에 미량성분으로 비타민, 효소, 색소, 면역물질, 세포 등이 함유되어 있다.

### (1) 우유의 단백질

우유 중에 단백질(protein)은 평균 3.3~3.4% 함유하고 있으며, 그 범위는 약 2.9~5.0%로 대단히 크다. 이 단백질은 주로 카제인(casein)과 유청단백질(乳清蛋白質, whey protein)로 구성되어 있으며, 그 함량은 각각 평균 2.8%와 0.6%정도이다. 탈지유(脫脂乳, skim milk)를 pH 4.6으로 조정하면 침전하는 부분이 있는데, 이것을 카제인이라 하고, 상등액 부분을 유청단백질이라 한다. 카제인은 인단백질(燐蛋白質, phospho- protein)로써 $\alpha s_1$, $\alpha s_2$, β, k-casein이 있으며, α-카제인이 75%로 가장 많이 함유되어 있고, 카제인 중 전기영동(electrophoresis)을 하면 이동도(migration)가 가장 빠르게 나타나는 것이 특징이다.

유청단백질은 α-lactoalbumin, β-lactoglobulin, immunoglobulin, serum albumin 등이 있다.

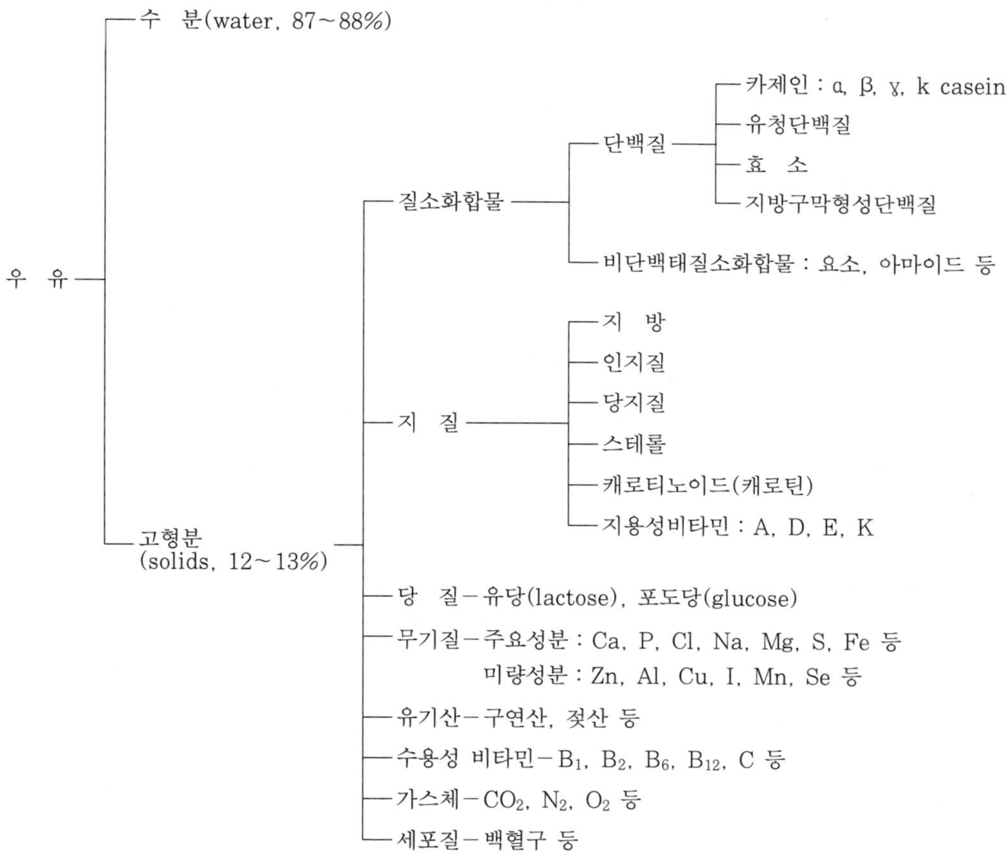


〔그림 10-1〕 우유의 조성분

### (2) 우유의 지질

우유의 평균 지방(lipid) 함량은 3.0~3.9%정도로 품종, 산차 등의 유전적 영향이나 착유시간, 계절, 사료 등의 환경적 영향에 의한 변이가 있다. 우유지질은 지방산의

glyceride, 인지질(phospholipid), 스테롤(sterol), 미량의 지용성 비타민과 유리지방산 등이 함유되어 있다. 이러한 지질은 버터지방, 유지질, 유지방 등으로 부르고 있으며, 가공시 풍미, 영양 등에 영향을 미치고, 특히 원유량과 함께 지방은 원유가격이 결정된다.

### (3) 우유의 탄수화물

우유에 함유된 탄수화물(炭水化物, carbohydrate)은 주로 유당(乳糖, lactose)으로 우유 조성분 중 약 4.9%를 차지하고 있고, 그 밖의 탄수화물로는 monosaccharide, oligo saccharide 등이 있다. 유당은 2당류(disaccharide)로써 포도당(glucose, $C_6H_{12}O_6$)과 가락토스(galactose, $C_6H_{12}O_6$)로 결합되어 있으며, 포도당은 에너지원과 가락토스는 세포의 구성물질로 중요한 기능을 함께 하고 있다. 그리고 우유를 먹을 때 단맛을 느끼는 것은 모두 유당에 의한 것으로 보고 있다.

### (4) 무 기 물

우유 중에는 무기물(無機物, mineral)이 약 0.7% 함유하고 있고, 주로 이온상태와 염류에 존재하고 있다. 이러한 우유 무기물은 Ca, P, K, Na, Mg, S, Cl 등이 있다.

그 밖의 성분으로는 단백질을 응고시키는 효소로 rennin, 유당을 분해하는 lactase, 지방을 가수분해하는 lipase 등이 있다. 그리고 지용성 비타민, 풍미물질 등이 소량으로 함유되어 있다.

## 4. 유 제 품

영양가 있는 식품으로써의 기능을 다하는 우유는 여러 가지 다양한 형태의 유제품(乳製品, dairy products)으로 제조되어 낙농식품(酪農食品, dairy food)으로 이용되고 있다. 연도별 유제품 생산 및 소비실적은 〈표 10-2〉에서 보는 바와 같다. 백색 시유의 생산은 연도가 증가함에 따라 꾸준히 약간의 증가 추세를 보였으나, 가공시유는 '90년대는 다소 증가추이를 보이다가 감소현상을 보여 일정한 생산변화를 보이지 않았다. 조제분유는 생산과 소비량이 큰 변화가 없으며, 전지분유는 최근일수록 '80년대보다 약간 감소하는 변화를 보였다. 탈지분유, 연유, 버터 등의 생산과 소비는 큰 변화없이 거의 비슷한 수준으로 유지되었으나, 치즈와 발효유는 최근일수록 생산과 소비가 점점 증가추세를 보였고, 치즈의 경우는 생산보다 소비가 매우 많은 것으로 나타났다.

## (1) 시 유

시유(市乳, marketing milk)란 목장에서 착유된 생유(生乳)로부터 냉각・저장・수송까지의 과정을 거쳐 원유검사를 하고 여과・청정・균질・살균・냉각・포장하여 시장에 출하하여 음용할 수 있는 액상우유(液狀牛乳)를 말한다. 시유의 종류는 여러 가지가 있다.

〈표 10-2〉 연도별 유제품 생산 및 소비실적 (단위 : 톤)

| 구 분 | | 1975 | 1980 | 1985 | 1990 | 1995 | 2000 | 2019 |
|---|---|---|---|---|---|---|---|---|
| 시 유 | 백색(생산) | 116,813 | 188,365 | 647,669 | 1,242,140 | 1,311,494 | 1,447,376 | 1,378,364 |
| | 가공(생산) | – | 90,691 | 92.761 | 94,312 | 248,840 | 224,132 | 323,561 |
| 조제분유 | 생 산 | 6,853 | 16,747 | 19,096 | 25,692 | 26,587 | 26,612 | 16,565 |
| | 소 비 | 6,919 | 16,146 | 18,750 | 25,535 | 25,932 | 25,290 | 12,117 |
| 전지분유 | 생 산 | 2,784 | 10,105 | 11,889 | 8,551 | 2,937 | 5,491 | 1,478 |
| | 소 비 | 2,078 | 6,532 | 11,030 | 15,177 | 2,619 | 5,780 | 6,616 |
| 탈지분유 | 생 산 | 357 | 3,377 | 6,803 | 12,261 | 13,081 | 24,257 | 9,356 |
| | 소 비 | 356 | 3,018 | 6,046 | 18,302 | 17,568 | 20,703 | 32,320 |
| 연 유 | 생 산 | 1,194 | 2,002 | 2,555 | 3,391 | 3,843 | 4,130 | 12,262 |
| | 소 비 | 1,127 | 1,183 | 2,438 | 3,448 | 3,791 | 4,169 | 6,337 |
| 버 터 | 생 산 | 270 | 1,123 | 3,238 | 5,095 | 3,403 | 4,310 | 2,757 |
| | 소 비 | 177 | 740 | 2,844 | 7,254 | 2,775 | 4,945 | 16,949 |
| 치 즈 | 생 산 | 21 | 135 | 504 | 6,815 | 12,056 | 14,981 | 37,939 |
| | 소 비 | 22 | 123 | 478 | 4,744 | 13,881 | 43,034 | 153,900 |
| 발 효 유 | 생 산 | 84,473 | 98,084 | 146,869 | 352,896 | 584,773 | 529,603 | 584,259 |
| | 소 비 | – | – | – | – | 584,441 | 526,109 | 583,757 |

자료 : 농림수산식품부, 2019. 또는 낙농진흥회, 2019.

① 백색시유(white marketing milk) : 착유소에서 착유된 원유(原乳, raw milk)를 여과, 살균 등을 거쳐 병이나 포장용기에 넣어 음용할 수 있게 만든 액상우유를 말하는데, 첨가물을 넣지 않은 것이 백색시유의 특징이다.

② 저지방유(low fat milk) : 소비자의 기호에 맞게 지방을 낮춰서 지방률을 1.5%, 2.0%, 2.5% 등으로 조절하여 포장 판매하는 액상우유를 말하고 있다.

③ 탈지유(skim milk) : 지방을 싫어하는 사람들을 위하여 원유에서 지방을 제거하여 만든 유제품을 말하는데, 지방에서 나는 맛을 느끼지 못한다는 결점을 가지고 있다.

④ 비타민 강화우유 : 우유에 비타민을 강화하여 비타민 $B_1$과 D 그리고 비타민 A, $B_6$, C 등을 첨가시켜 만든 우유를 말하는데, 일반적으로 비타민 A 우유가 많이 생산되고 있다.

〈표 10-3〉 액상유제품의 종류

| 구 분 | 유 제 품 의 종 류 |
|---|---|
| 시 유 | 살균시유 · 멸균시유 · 저지방시유 · 탈지유 등 |
| 가 공 유 | 비타민 D 강화우유 · 비타민 A 강화우유 · 환원우유 · 커피우유 · 초콜릿우유 · 과실우유 · 맥아우유 등 |

### 1) 시유의 처리

젖소에서 착유된 원유(原乳)는 다음과 같은 여러 공정과정을 거쳐 음용할 수 있는 시유(市乳)로 만들어진다.

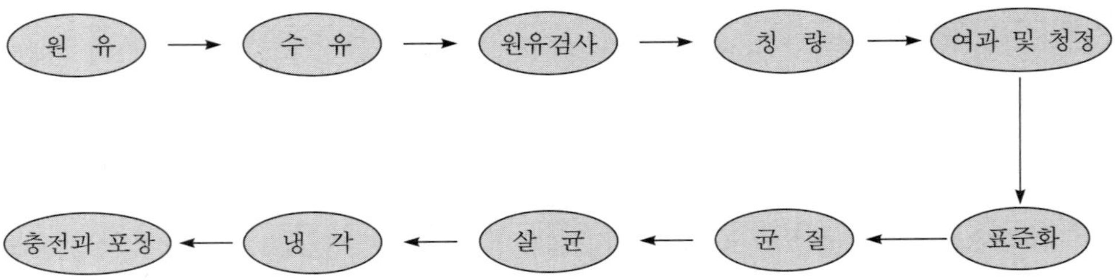


〔그림 10-2〕 우유의 처리 공정과정

① 원유 및 수유 : 낙농농가에서 착유된 우유를 원유라고 하고, 우유통이나 집유차(tank lorry)로부터 우유를 받아서 품질을 조사한 후 계량하여 시유나 유제품의 원료로 저장하기까지의 작업을 말하는데, 집유차나 생유통의 세척이나 살균처리까지도 수유과정에 포함시키고 있다.

② 원유검사 : 이 검사는 우유의 신선도와 유제품 원료로의 적부를 판정하고, 유가결정을 위한 이화학적검사, 세균검사, 조성분 함량 등을 신속하게 검사하는 것을 말하고 있다.

여기에는 외관검사, 비중검사, 주정검사, 산도검사, 지방검사, 세균수검사, 항생물질검사 등이 있다.

③ 칭량 : 원유검사에서 합격된 우유는 저울로 우유통을 계량하여야 하며, 집유차 전체를 칭량하기도 한다. 칭량이 끝난 원유는 수유탱크에서 5℃이하로 냉각시켜 교반시킨 후 저장한다.

④ 여과 및 청정 : 여과 및 청정은 원유에 함유된 불순물이나 침전물들을 제거하기 위한 공정으로 금속망이나 청정기를 이용하여 이물질을 제거시키고 있다.

⑤ 냉각 및 저장 : 여과된 원유는 4℃ 이하로 냉장 저장한다.

⑥ 표준화 : 지방을 3.2%를 기준으로 하여 원유를 조정하는 것인데, 주로 지방과 무지고형분 그리고 강화성분 등을 조절하는 것을 말한다.

⑦ 균질 : 균질(homogenization)은 1～5℃로 냉각된 원유를 저유조에 저장한 후 표준화된 원유는 55～60℃로 예열한다. 이러한 균질의 목적은 우유를 놓아두면 크림층의 얇은 막이 생겨 외관상 좋지 않을 뿐만 아니라 우유병에 붙어 손실이 생기는데, 이러한 크림층을 막기 위하여 원유의 2～5μ 이내로 지방구의 크기를 줄여 제품의 질을 높이고 소화가 잘 되게 하기 위하여 균질기(homogenizer)를 이용하여 균질을 하게 된다.

⑧ 살균과 멸균 : 살균(殺菌, pasteurization)은 원유속에 들어있는 해로운 미생물들이 시유나 유제품 속에서 활동할 수 없게끔 유해한 균을 죽임으로써 위생적이고 안전하게 만드는 것을 말하고, 멸균(滅菌, sterilization)은 원유에 함유된 모든 균을 파괴시켜 죽이는 것을 말한다.

### ◉ 우유의 살균처리법

○ 저온장시간살균법(Low temperature long time, LTLT) : 이 살균법은 저온에서 오랫동안 살균하는 것으로 61～63℃에서 30분간 살균하는 방법을 말한다. 결핵균이 죽는 61℃/30분을 최저기준으로 하고 있다. 우유의 색이나 풍미, 영양분 등에는 변화를 주지 않는다는 장점은 있으나 시간이 오래 소요된다는 단점이 있다.

○ 고온단시간살균법(High temperature short time, HTST) : 이 살균법은 고온에서 짧은 시간동안 살균하는 것으로써 72～75℃에서 15초간 살균하는 방법인데, 평판열교환기(plate heat exchanger)를 이용하여 가열과 냉각을 짧은 시간 내에 처리한다는 장점을 지니고 있다.

○ 초고온살균법(Ultra high temperature, UHT) : 수 초 동안에 높은 온도에서 순간적으로 살균하는 방법이다. 보통 132～135℃에서 2～7초 동안 살균하는 방법이다. 이 살균법은 우유의 이화학적 성질의 변화를 최소화시키고, 유해한 미생물만 살균시킬 수 있다는 장점이 있다.

⑨ 충전과 포장 : 살균된 우유는 충전하고 포장하여 위생적이고 안전한 제품으로 소비자들에게 판매되어야 한다. 포장용기는 종전에는 유리병이 많았으나 최근에는 200㎖, 500㎖, 1,000㎖의 종이 팩이 많이 이용되고 있다.

### (2) 크 림

크림(cream)이란 원유(原乳) 또는 시유(市乳)에서 정치법이나 원심분리법에 의해서 분리된 연한 황색을 띤 유지방 18.0% 이상인 것을 말하고 있다. 따라서, 크림은 버터와 함께 지방성 유제품이라고 부른다.

#### 1) 크림의 분리

크림의 분리(分離)하는 방법으로는 유지방과 탈지유와의 비중의 차이를 이용하여 원심력에 의하여 기계적으로 분리하는 원심분리법(centrifuge seperating method)이 있는데, 최근에는 원심분리법에 의하여 크림을 분리하고 있다.

#### 2) 크림의 살균·냉각 및 포장

크림의 살균과 냉각에서 살균도 시유처리와 비슷하지만 크림은 우유보다 열전도가 낮기 때문에 시판용 크림은 72~75℃/15초 또는 82~85℃/5~10분간의 살균법이 이용되고 있으며, 살균 후 크림은 유리병, 카톤, 프리스틱 용기 등에 충전하여 포장하고, 냉장한다.

### (3) 아이스크림

아이스크림(ice cream)은 유지방 약 8~12%, 무지고형분 8~15%, 설탕 15%, 안정제와 유화제 0.3%의 원료를 첨가하여 동결시킨 냉동유제품이다. 이러한 아이스크림에는 성분상의 차이에 따라서 종류가 매우 다양하다.

아이스크림을 제조할 때에는 유지방이 8~15%를 함유한 우유, 탈지유, 무당연유, 전지분유, 크림 등을 이용하고, 감미료로써는 설탕, 전분당, 액당 등이 15~30% 함유된 것을 사용하는 것이 좋다. 안정제로는 gelatin, sodium alginate, pectin, vegetable gum 등을 0.2~0.5%의 비율로 하여, 유화제는 glycerine, polyoxyethylene, lecithine, monoglyceride 등을 0.2~0.5% 비율로 배합한다.

색소는 식용 적색색소, 황색 β-carotene, annatto 등과 기타 호두, 잣, 과즙류, 밤류, 초콜릿 분말 등을 적절한 비율로 배합해야 한다. 이것을 원료의 믹스(mix)라고 한다.

원료의 믹스는 평균 68℃에서 30분간 살균하는 것이 보통이고, 살균장치는 시유와 거의 같다. 그리고 믹스의 균질은 지방구를 분쇄하여 크림의 점도를 증대시키고, 아이스크림을 부드럽게 하여주는 기능을 하고 있다. 그 후 믹스의 숙성은 냉각된 믹스를 숙성탱크에 넣어 지방을 고형화하고 안정제의 겔(gel)화를 촉진시키며, 아이스크림의 점도를 증가시키고, 부드럽게 하면서 기포성(起泡性)을 일으켜 overrun을 증대시킨다. 숙성 후에는 믹스를 동결(凍結)하는데, 이때는 믹스를 반유동체로 저장하는 데 목적이 있다고 할 수 있다.

〈표 10-4〉 아이스크림의 종류

| 종 류 | 특 성 | 비 고 |
|---|---|---|
| Plain icecream | 유지방 10% 이상으로 한가지 향료만 사용한 것 | 바닐라, 박하, 커피, 초콜릿 등 |
| Nut icecream | 유지방 8% 이상으로 프레인 아이스크림에 밤이나 호도 첨가한 것 | – |
| Fruit icecream | 유지방 8% 이상으로 3~8% 「과일+딸기, 과즙, 착색」 | 바나나, 파인애플 |
| Custard icecream | 유지방 10% 이상으로 1.4% 「난 또는 난황」 | – |
| Ice milk icecream | 유지방 3~6%로 한국이나 일본의 아이스크림 | 유지방 함량이 낮다 |
| Sherbet icecream | 유고형분 3~5%로 탈지유나 과즙에 비하여 설탕을 2배 첨가한 것 | 구연산, 주석산 0.35% |
| Water ice | 우유성분이 없는 것으로 아이스캔디나 아이스 케익과 같은 성질이다. | 설탕, 과즙, 향료 |
| Mellorine | 유지방 대신 식물성 기름 6%로 만든 것 | – |

다음으로는 충전과 포장과정을 거쳐 완전히 상품으로써 동결 보관시키게 되면 아이스크림 제조공정은 끝나게 된다.

### (4) 버 터

버터(butter)는 원유 또는 시유로부터 유지방을 분리하여 교동(攪動, churning), 연압(煉壓, working)과 같은 공정을 통하여 유지방 80% 이상으로 하고 수분 16% 이하로 만든 지방성 유제품(脂肪性 乳製品, fat dairy products)을 말한다. 이 버터는 기원전 2,000년경부터 제조된 유지방 식품으로 알려진 후 우리나라에서도 1964년에 서울우유협동조합에서 최초로 생산되었고, 최근에는 식물성 기름을 이용한 마가린(margarine) 소비가 점차 증가추세에 있다.

#### 1) 버터의 종류

버터의 종류는 식염유무, 원료크림 발효유무, 기타 등에 따라 많은 종류로 분류하고 있다.

#### 2) 버터의 제조

버터의 제조법에는 배치식(batch type)과 연속식(continuous type)이 있다. 버터를 만들려면 우선 원유를 검사하는데, 풍미에 미치는 관능검사와 함께 버터의 생산량에 영향을 미치는 지방량을 조사한다. 그 후 크림을 35℃에서 분리한다. 이 때의 지방 함량은 30~40%가 적당하다.

〈표 10-5〉 버터의 종류

| 구 분 | 종류 및 특성 |
|---|---|
| 식염의 첨가유무에 따라 | 가염버터(salted butter) : 1.5~2.0% 가염<br>무염버터(unsalted butter) : 염류를 첨가하지 않은 버터 |
| 원료크림의 발효유무에 따라 | 발효버터(ripened cream butter) : 크림을 발효시킨 버터<br>감성버터(sweet cream butter) : 신선 크림버터 |
| 기 타 | 오일버터(oil butter) : 지방 99.8%, 수분 0.1%의 버터<br>분말버터(powder butter) : 분말로 만든 버터<br>버터 스프레드(butter spread) : 스프레드의 버터 |

그 다음으로는 크림의 전 처리과정을 거치는데, 이 때의 산도는 0.10~0.14%이지만, 산도가 0.18% 이상일 때는 중탄산나트륨 등으로 중화(中和)시키고, 병원성 균이나 유해균을 죽이기 위하여 65~70℃에서 약 30분간 살균을 하던지 또는 79.4℃에서 25초간의 HTST법으로 살균한다.

살균 후에는 5℃에서 냉각하고, 보통 8~10℃에서 8시간동안 숙성(熟成)시켜 버터의 연도와 점도 등이 일정하도록 하여준다. 그 후 교동을 교반기를 통하여 40~60분간 실시한 다음에 분리된 버터밀크(butter milk)를 제거하고, 수세(水洗, washing)를 통하여 버터밀크를 닦고 버터를 정화시킨다. 그 후 0.3~1.5%의 가염(加鹽, salting)으로 미생물의 증식을 막고 풍미를 개선시키게 되는데, 이후에도 연압을 통하여 가염한 버터를 가압하여 버터덩어리로 만드는 작업이라고 말할 수 있다.

이 때 과잉수분도 제거되고 조직도 부드럽고 치밀하게 된다. 마지막 제조공정으로 충전과 포장을 하면 버터의 제조는 끝난다.

### (5) 발 효 유

발효유(醱酵乳, fermented milk)는 우유, 산양유 등을 원료로 하고, 여기에 유산균이나 효모 등을 첨가하여 발효시켜 풍미와 산미를 강화시킨 것을 말한다. 이러한 발효유에는 요구르트, 발효 버터밀크, 게피어(kefir) 등이 있다.

#### 1) 발효유의 종류

발효유는 유산균 발효유와 알코올 발효유로 크게 구분한다.

유산균 발효유는 주로 유산발효에 의한 것으로 요구르트, 인공버터밀크 등이 이에 속하며, 알코올발효유는 유산균과 특수효모를 병용하여 유산발효와 알코올발효를 시킨 것으로 kumiss, kefir 등이 여기에 속한다. 이와 같은 발효유는 장을 운동시켜 건강하게 하여주고, 식욕부진, 설사, 변비, 위염 등에 탁월한 효과가 있을 뿐만 아니라, 항암과 면역기능에도 효과가 있는 것으로 보고되고 있다. <표 10-6>은 세계의 여러 가지 발효유 제품들을 소개한 것이다.

<표 10-6> 세계의 여러 가지 발효유

| 구 분 | 발 효 유 | 원 산 지 | 주 원 료 |
|---|---|---|---|
| 유산균 발효유 | Yoghurt | 불가리아, 터키 | 우유, 탈지분유, 설탕, 과즙 |
| | Acidophilus milk | 미국, 동유럽 | 우유, 과즙 |
| | Bifidus milk | 독일 | 우유 |
| | Bulgarian milk | 불가리아 | 탈지유 |
| | Biogurt | 독일 | 우유, 탈지유 |
| | Dadhi | 인도 | 우유 |
| | Zabady | 이집트 | 수우유, 우유 |
| 알코올 발효유 | Kefir | 코카서스지방 | 우유, 산양유, 면양유, 탈지유 |
| | Kumiss | 중앙아시아, 몽고, 시베리아 | 마유, 낙타유, 노새유 |
| | Leben | 아라비아, 이집트 | 우유, 산양유, 수우유 |
| | Scuta | 칠레 | 유청 |

### 2) 발효유의 제조법

원료유는 주로 전유, 탈지유 등이 사용되고 때로는 농축유나 크림, 연유 등을 첨가하기도 한다. 원료유 중에 유지방 함량이 증가하게 되면 영양가치가 향상되고 풍미도 좋아지게 되나, 발효유 상층에 지방이 부상되므로 균질하여 조직을 연화시켜야 한다. 원료유는 82℃에서 30분이나 93℃에서 60～90분간 살균시킨다. 백색유의 경우는 초고온살균법(UHT)으로 살균처리를 하는 경우가 많다. 원료 믹스(mix)에 첨가할 bulk starter는 12% 환원탈지유에서 24시간 또는 48시간 배양하여 생균수, 산도, 효모오염 등을 검사하여 이상이 없는 *L. bulgaricus*나 *Str. thermophilus*만을 단독으로 사용하거나, 혼합 사용한다.

이 때의 스타터는 원료믹스의 2～3% 첨가하여 배양시킨다.

발효과정은 균종마다 차이는 있지만 *L. bulgaricus*는 약 35～37℃에서 6～8시간 배양하여 제품의 산도가 0.7～0.8%된 것을 0～5℃의 냉장고에서 냉각하여 산도가 0.80～0.85%로 만든다.

*Str. Lactis*는 25℃에서 14～20시간 배양하여 산도가 0.7～0.8%에 도달하게 한다. 때로는 배양시간을 단축시키기 위하여 혼합균종을 같이 병행하여 사용하는 경우도 있는데, 2～2.5시간 정도 걸린다. 이후 과정으로는 발효된 우유를 충전하고 포장 후 냉장 보관하면 된다.

## (6) 치 즈

치즈(cheese)는 원유나 시유를 유산균에 의하여 발효시키거나 렌넷이나 단백질 응고 등의 효소를 첨가하여 카제인을 응고시킨 후 유청(乳淸, whey)을 제거한 것을 말한다.

다시 말하면, 우유성분을 여러 가지 방법으로 응고시킨 후 발효와 숙성시킨 유제품을 가리키고 있다.

#### 1) 치즈의 분류

치즈는 매우 다양하여 세계에 약 1,000종 이상이 있다. 치즈의 분류는 원산지, 판매처, 제조법 등에 따라서 분류하거나 경도(硬度)에 따라 연질, 반연질, 경질, 초경질 등으로 분류하기도 한다. 또한 숙성법에 따라서 분류하여 자연치즈와 숙성치즈로 구분하며, 응고방법에 따라 렌넷치즈(rennet cheese)와 산 치즈(acid cheese)로 나누기도 한다.

#### 2) 치즈의 제조

원료유는 시유와 같이 검사를 철저히 하고, 원료유를 HTST법이나 UHT법으로 살균하고, 30~32℃에서 냉각하여 치즈 배트(cheese vat)에 넣는다. 원료유에 유산균 스타터 접종은 Str. lactis와 Str. cremoris를 혼합 접종한 것을 사용하며 산도가 0.19~0.10%로 되게 한다. 겨울철은 산도가 0.20~0.21%로 되게 한다.

Starter를 접종 후 서서히 교반하면서 산도가 0.18~0.20%될 때까지 유산 발효시킨다. 이 때 유당(乳糖)은 감소되나 산도는 상승하는 반비례 관계가 성립된다.

산도가 0.19~0.21%에 도달하면 염화칼슘(CaCl2, 10%용액)을 원료유에 0.01~0.02% 첨가하고, 이어서 렌넷(rennet)을 원료유에 0.002~0.01%를 교반하면서 균일하게 첨가한다. 4~5분간 교반 후 20~30분간 정치하면 응고된다. 응고된 커드(curd)는 커드칼(curd knife)로 절단하여 입방체의 치즈 커드입자(粒子)를 만든다. 그 후 커드에 온도를 2~5분에 1℃ 올리는 속도로 가온하여 34~35℃가 되게 하면 수분이 조절되고 유산발효가 추진되어 커드가 탄력성있는 입자가 된다.

커드를 손바닥에 쥐고 적당히 압력을 가한 후 커드를 살펴 보았을 때 적절히 탄력을 갖는 시점에서 산도를 측정하여 유청을 배출시킨다. 유청을 배출시키고 커드 덩어리를 성형틀에서 형성시킨 후 압착한다. 이 때에 가염으로 풍미향상, 과다발효방지와 이상발효 억제 등의 효과를 기대할 수 있다.

### (7) 연유와 분유

#### 1) 연 유

연유(煉乳, condensed whole milk)는 생유 또는 시유에 17% 전후의 설탕을 첨가하여 그 용적을 1/3로 농축한 것으로 당 함량이 42～45%가 되어 보존성이 뛰어나다. 연유는 크게 가당연유와 무당연유로 나눈다.

- 가당연유
  - 가당전지연유(加糖全脂煉乳, sweetened condensed whole milk)
  - 가당탈지연유(加糖脫脂煉乳, sweetened condensed skim milk)
- 무당연유
  - 무당전지연유(無糖全脂煉乳, evaporated whole milk)
  - 무당탈지연유(無糖脫脂煉乳, evaporated skim milk)

#### 2) 분　유

분유(粉乳, dried milk, milk powder)는 생유나 시유에서 수분(약 88%)을 대부분 제거하여 분말로 한 것으로 총고형분이 95%이상, 지방 25%이상, 수분 5%이하, 세균수 5만이하/g, 대장균수 음성으로 만든 것이다.

이러한 분유는 여러 가지 종류가 있는데 전지분유(全脂粉乳, whole milk powder), 탈지분유(脫脂粉乳, skim milk powder), 조제분유(調製粉乳, modified milk powder), 훼이 파우더(whey powder) 등이 있다.

## 제 2 절　고기와 육제품

### 1. 식육자원

식육(食肉, meat)은 인류가 원시생활 하면서부터 필수불가결한 식량자원 중 동물성식품으로 알려져 왔다. 식육은 근육(筋肉, muscle) 뿐만 아니라 간(liver), 심장(heart), 신장(kidney), 골(brain) 등의 가식부인 내장육도 포함시키고 있다. 일반적으로 식육자원(食肉資源, meat resources)은 소, 돼지, 닭이고, 그 밖에도 면양, 산양, 말, 오리, 칠면조 등 매우 많다.

소(cattle)는 여러 가지 목적으로 사육되지만 대부분의 나라에서 쇠고기(beef)를 생산할 목적으로 사육되고 있다. 우리나라에서도 한우는 1970년대 전만 해도 역용우(役用牛, draft cattle)로 사육하여 농사일의 일환인 경작에 이용되거나 물건 등을 운반하는 수송용 이었으나, 최근에 농업의 기계화로 한우도 육용으로 사육되고 있다. 세계적으로 쇠고기를 많이 생산하는 국가를 보면 미국이 생산량이 가장 많고, 그 다음으로는 브라질, EU국, 중국, 인도, 아르헨티나, 호주 순으로 되어 있다.

돼지고기는 중국이 가장 많이 생산하고, 그 다음으로는 EU국, 미국, 브라질, 캐나다 순이었다. 닭고기는 미국이 가장 많이 생산하고, 그 다음으로는 브라질, 중국 순이다.

쇠고기는 순수 육우품종을 약 18~24개월령까지 사육한 후 도살하여 얻은 것이 가장 많고, 젖소 암컷이나 젖소 수컷을 비육하여 쇠고기를 생산하는 경우도 점차 증가추세에 있다. 돼지고기는 순수하게 돼지고기만을 생산할 목적으로 사육되지만 체형에 따라 햄이나 고기 생산량이 많은 육용형(meat type)이 가장 많고, 삼겹살(belly)부위를 많이 생산하는 베이컨형(bacon type)이 있는데, 국가별로 소비양상이 매우 다양하다. 우리나라는 육종학적으로 요크셔나 랜드레이스종과 같은 베이컨형 돼지가 더욱 많이 사육되고 있다.

〈표 10-7〉 우리나라의 주요 축산물 소비량 (단위 : kg/1인, 정육기준)

| 연 도 | 육류총량 | 쇠고기 | 돼지고기 | 닭고기 |
|---|---|---|---|---|
| 1980 | 11.35 | 2.62 | 6.34 | 2.38 |
| 1985 | 14.40 | 2.92 | 8.41 | 3.07 |
| 1990 | 19.91 | 4.13 | 11.78 | 4.01 |
| 1995 | 27.45 | 6.72 | 14.75 | 5.98 |
| 2000 | 31.94 | 8.51 | 16.50 | 6.92 |
| 2010 | 38.76 | 8.83 | 19.25 | 10.69 |
| 2013 | 42.78 | 10.34 | 20.89 | 11.55 |
| 2018 | 53.80 | 12.70 | 27.00 | 14.10 |

자료 : 농림수산식품부, 2019. 또는 농협중앙회, 축산물가격 및 수급자료, 2019.

닭고기는 동남아시아와 중동지역에서 비교적 즐겨먹는 육류자원인데, 닭 사육 중에서 거의 절반에 가까울 정도로 육계(肉鷄, broiler)사육이 증가하는 추세이다.

〈표 10-8〉 우리나라의 연도별 육류자원 자급률과 GNI의 변화 (단위 : %)

| 구 분 | 1990 | 1995 | 1999 | 2010 | 2013 | 2019 |
|---|---|---|---|---|---|---|
| 쇠 고 기 | 53.6 | 51.4 | 61.0 | 43.16 | 50.07 | 36.2 |
| 돼지고기 | 100.6 | 96.6 | 94.2 | 79.66 | 81.28 | 62.0 |
| 닭 고 기 | 100.0 | 98.7 | 84.1 | 80.67 | 78.15 | 78.7 |
| GNI(US$) | 5,886 | 10,823 | 8,595 | 20,759 | 25,920 | 33,434 |

자료 : 농림수산식품부, 2019. 또는 농협중앙회, 축산물가격 및 수급자료, 2019.

## 2. 식육생산

식육을 생산하려면 살아있는 우량한 식육자원으로부터 위생적으로 도살(屠殺)하여 도체를 해체하여야 한다.

### (1) 도살과 도체

도살(屠殺, slaughtering)은 동물을 도살장에서 타액 방출법이나 전기충격법 등을 이용하여 기절시킨 후 방혈(防血)시켜 박피하고, 머리 · 다리 · 꼬리 등을 절단한 후 내장(內臟, internal organs)을 적출한 다음 지육(枝肉, carcass)을 생산하는 과정이다.

$$\text{도체율}(\%) = \frac{\text{생체중} - (\text{내장} + \text{머리} + \text{사지끝} + \text{혈액} + \text{털})}{\text{생체중}} \times 100 = \frac{\text{도체중}}{\text{생체중}} \times 100$$

〈표 10-9〉 소와 돼지의 부위별 성적 (단위 : %)

| 구 분 | 소 | 돼 지 | 육 계 |
|---|---|---|---|
| 지 육 | 49.0~57.0* | 69.0~74.5 | 55.0~70.0 |
| 머 리 | 3.0~ 4.0 | 5.0~ 6.0 | 2.4~ 5.0 |
| 가 죽 | 8.0~ 9.0 | 2.0~ 2.5 | 8.8~13.4 |
| 혈 액 | 3.0~ 3.5 | 2.2~ 3.0 | 3.0~ 3.6 |
| 꼬 리 | 0.2~ 0.3 | 0.01~0.02 | – |
| 사지끝 | 1.4~ 1.5 | – | 3.4~ 4.5 |
| 내 장 | 30.0~33.0 | 13.0~13.2 | 5.0~ 5.8 |

* : 지육 53.75% 중 정육 42.25%, 지방 0.97%, 뼈 8.45%, 감모량 1.97%로 구성됨.

소와 돼지는 일반적으로 등뼈 중앙에서 세로로 절단하여 좌우의 반도체(半屠體) 또는 이분체(二分體)로 분할한다. 이런 도체(지육)를 가지고 도체등급을 평가하여 등급판정과 함께 도체성적을 얻는다.

닭의 경우 도살은 역시 도살장에서 살아있는 상태에서 경동맥을 절단하여 방혈시키고 난 후 60~70℃의 물에서 탕침하고 털을 뽑고 내장, 머리, 다리를 제거하여 도체(지육)를 얻는다.

소의 경우 도체 부위별 명칭, 용도 및 비율은 다음과 같이 1번 목심에서 10번 안심까지 부위명칭을 부르고 있다.

〈표 10-10〉 우리나라 쇠고기의 종류별 구분

| 구 분 | 정의설명 | 도체표시 |
|---|---|---|
| 한우고기 | 순수한 한우에서 생산된 고기 | 적색검인 |
| 육우고기 | 육용종, 교잡종, 젖소수소 및 미경산 젖소암소에서 생산된 고기 | 녹색검인 |
| 젖소고기 | 경산 젖소암소에서 생산된 고기 | 청색검인 |

주 : 쇠고기는 소의 종류에 따라 구분하여 명칭을 부르고 있다.

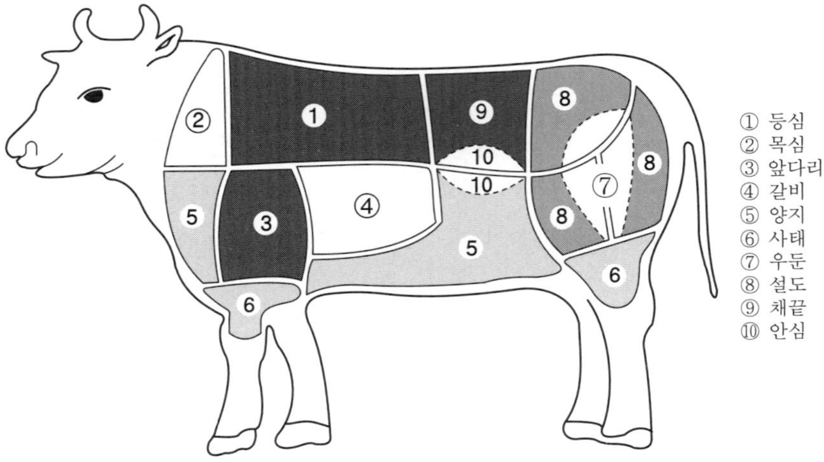


〔그림 10-3〕 소 도체의 부위별 명칭

〈표 10-11〉 소 도체의 부위별 명칭 · 용도 및 비율

| 부위명 | 생산비율 | 용 도 | 부분할 부위명 |
|---|---|---|---|
| 안 심 | 2.0 ~ 2.9 | 안심스테이크, 로스구이 | 안심살 |
| 등 심 | 10.0 ~ 13.2 | 스테이크, 로스구이 | 등심살, 꽃등심살, 살치살 |
| 우 둔 | 8.0 ~ 9.0 | 산적, 장조림, 육포, 불고기 | 우둔살, 홍두깨살 |
| 설 도 | 12.0 ~ 13.3 | 산적, 장조림, 육포 | 보섭살, 도가니살 |
| 앞다리 | 10.0 ~ 11.0 | 육회, 탕, 장조림, 불고기 | 꾸리살, 부채살, 앞다리살 |
| 채 끝 | 2.0 ~ 6.1 | 스테이크, 로스구이 | 채끝살 |
| 사 태 | 5.0 ~ 6.5 | 육회, 탕, 찜 | 아롱사태(앞사태), 뭉치사태(뒷사태) |
| 양 지 | 10.0 ~ 11.0 | 국거리, 찜 | 양지머리, 업진살, 차돌백이, 치마살 |
| 갈 비 | 14.0 ~ 20.0 | 찜, 탕, 구이 | 갈비, 마구리, 안창살, 제비추리 |

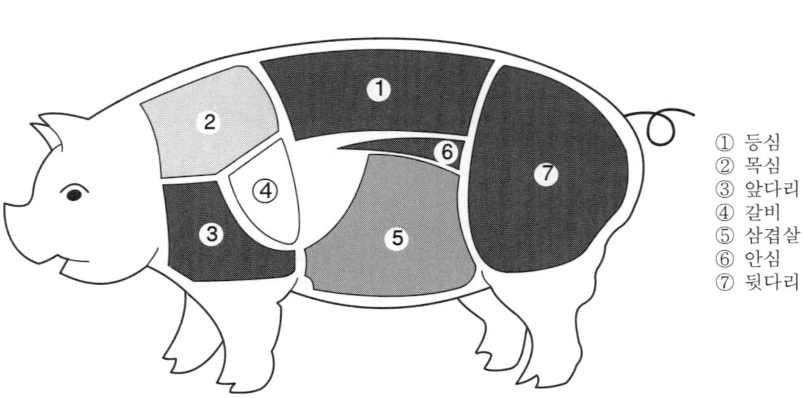


〔그림 10-4〕 돼지 도체의 부위별 명칭

〈표 10-12〉 돼지 도체의 부위별 명칭 · 용도 및 비율

| 부위명 | 생산비율 | 용 도 | 부분할 부위명 |
|---|---|---|---|
| 안 심 | 2.0 ~ 2.5 | 로스구이, 주물럭, 스테이크 | 안심살 |
| 등 심 | 12.0 ~ 13.5 | 돈까스, 잡채 | 등심살 |
| 목 심 | 10.0 ~ 11.0 | 구이, 주물럭, 보쌈 | 목심살 |
| 앞다리 | 18.0 ~ 19.0 | 불고기, 찌개, 보쌈 | 앞다리살, 사태살 |
| 뒷다리 | 30.0 ~ 35.0 | 돈까스, 장조림, 탕수육 | 볼기살, 도가니살, 사태살 |
| 삼겹살 | 15.5 ~ 16.5 | 로스구이, 베이컨 | 삼겹살, 갈매기살 |
| 갈 비 | 7.5 ~ 8.5 | 찜, 구이 | 갈비 |

### (2) 저장 및 분할

도살하여 해체된 도체(屠體, carcass)는 수세한 후 0℃ 내외의 냉각실에서 3~5℃로 냉각하여 냉장한다. 이 때의 습도는 85~90%로 유지하는 것이 좋다. 고기를 장기간 저장하려면 -30~-40℃로 급속 냉동시켜 저장하면 된다.

쇠고기는 20일과 돼지고기는 1주일정도 냉장상태로 저장할 수 있다. 이러한 도체육은 각 부위별 특성이나 용도에 맞게 적절히 분할하여 판매하거나 육가공제품의 원료로 이용한다.

## 3. 식육의 성상

### (1) 식육의 화학적 조성

식육의 화학적 조성은 축종, 성별, 연령, 부위, 영양상태 등에 따라서 다르나 일반적 성분의 평균은 수분이 70%, 단백질, 20%, 지방 9%, 회분 1%로 조성되어 있다.

〈표 10-13〉 여러 가지 육류의 화학적 조성(%)

| 식 육 명 | 수 분 | 단백질 | 지 방 | 회 분 | 칼 슘 | 인 | 철 |
|---|---|---|---|---|---|---|---|
| 쇠 고 기 | 50~70 | 16~21 | 8~35 | 0.8~1.1 | 0.003 | 0.208 | 0.0023 |
| 송 아 지 | 60~75 | 19~21.5 | 2~19 | 0.9~1.2 | 0.008 | 0.260 | 0.0012 |
| 돼지고기 | 40~72 | 14~20 | 7~50 | 0.8~1.0 | 0.010 | – | 0.0007 |
| 양 고 기 | 43~67 | 15~20 | 16~45 | 0.8~1.0 | 0.008 | 0.038 | 0.0005 |
| 닭 고 기 | 65~73 | 18~20 | 4~7 | 0.8~1.2 | 0.010 | 0.200 | 0.0007 |
| 토끼고기 | 65~75 | 19~25 | 2~5 | 0.9~1.5 | 0.022 | 0.220 | 0.0010 |

#### 1) 수 분

수분은 식육 중에 단백질과 결합하고 있는 결합수(結合水, bound water)와 자유로이

이동이 가능한 자유수(自由水, free water)로 되어 있는데, 이 수분 함량은 어린 동물일수록 수분 함량이 많고, 나이가 들수록 수분 함량이 적어지고 지방이 증가된다.

### 2) 단 백 질

단백질은 육조직 내에 함유된 근원섬유단백질(筋源纖維蛋白質, myofibrillar protein), 그리고 근원섬유간에 존재하는 근장단백질(筋漿蛋白質, sacroplasmic protein), 결합조직을 구성하고 있는 근기질단백질(筋基質蛋白質, stroma protein)이 있다. 근육단백질은 대표적으로 마이오신(myosin), 액틴(actin), 액토마이오신(actomyosin) 등이 있다.

### 3) 지 방

지방은 축적지방과 조직지방으로 구분된다. 축적지방(蓄積脂肪)은 주로 중성지질로써 비육되면 피하 및 근육조직 사이에 지방이 형성되고, 근섬유조직에 축적되면 상강육(霜降肉, marbling meat)이 형성되어 풍미가 좋아져 기호성도 증진된다.

그리고 조직지방(組織脂肪)은 인지질(phospholipid), 콜레스테롤(cholesterol), 당지질(糖脂質, glycolipid) 등으로 구성되어 있다.

쇠고기의 지방은 포화지방산(saturated fatty acid)이 많아 융점이 높은 경지방(硬脂肪, hard fat)이나, 돼지고기와 닭고기의 지방은 불포화지방산(unsaturated fat)이 많이 함유하고 있어서 융점이 낮은 연지방(軟脂肪, soft fat)으로 구성되어 있는 것이 특징이다.

〈표 10-14〉 우육·돈육 및 자양육의 주요 지방산의 분포(%)

| 지 방 산 | 우 육 | 돈 육 | 자양육 |
|---|---|---|---|
| 포화지방산 | | | |
| palmitic($C_{16}H_{32}O_2$) | 29 | 28 | 25 |
| stearic acid($C_{18}H_{36}O_2$) | 20 | 13 | 25 |
| 불포화지방산 | | | |
| palmitoleic acid($C_{16}H_{30}O_2$) | 2 | 3 | – |
| oleic acid($C_{18}H_{34}O_2$) | 42 | 46 | 39 |
| linoleic acid($C_{18}H_{32}O_2$) | 2 | 10 | 42 |
| linolenic acid($C_{18}H_{30}O_2$) | 0.5 | 0.7 | 0.5 |
| arachidonic acid($C_{20}H_{32}O_2$) | 0.1 | 2 | 1.5 |
| 콜레스테롤(cholesterol, mg/100g) | 56 | 46 | 66 |

### 4) 탄수화물

식육 중의 탄수화물의 함량은 매우 적으며, 대부분은 글리코겐(glycogen) 형태로 존재한다. 근육 내의 글리코겐 함량은 비교적 일정하게 유지되나 동물의 영양상태, 축종 등에 따라 다소 차이가 있다.

### 5) 무기물 및 비타민

근육의 무기물 함량은 보통 1% 내외로써 축종에 따라 큰 차이는 없다. 동물체의 전해물질 유지를 위하여 필요한 영양소이다. Ca, Mg, K, P, Fe, Na, Zn, Cl 등의 무기물이 근육 내에 존재하고 있다.

근육 내의 비타민은 비타민 A가 가장 적은 편이나, 비타민 B 함량은 비교적 많이 함유되어 있는데, 특히 고기부위별로도 차이는 있으나, 돼지고기에는 비타민 $B_1$ 함량이 많이 함유되어 있다.

## (2) 식육의 조직학적 성상

### 1) 근육조직

식육은 가식부위에 해당되는 근육(筋肉, muscle)으로 형태상으로나 생리상 횡문근(橫紋筋, striated muscle), 심근(心筋, carclias muscle) 그리고 평활근(平滑筋, smooth muscle)의 3종류가 있다. 횡문근은 대부분 골격에 붙어있는 강인한 힘줄(腱,

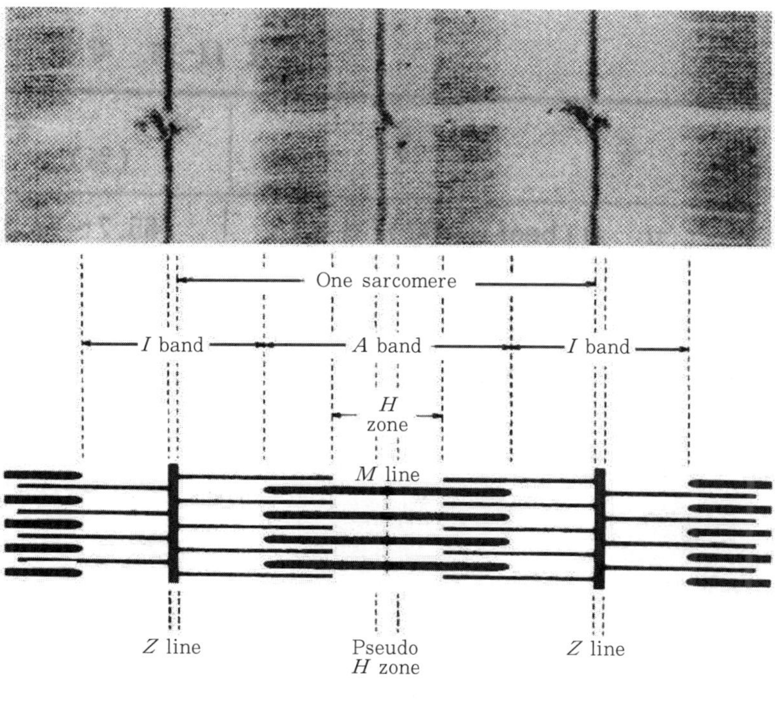


〔그림 10-5〕 근 조직의 미세구조(전자현미경상)

건)로 구성되어 있는데, 골격근이라고도 부르고, 수의적으로 운동하기 때문에 수의근(隨意筋)이라고도 한다. 특수화된 형태의 근육조직으로 심장 하나만 국한되어 있는 심근(心筋)이 있으나 평활근은 불수의근(不隨意筋)이라고도 부르는데, 소화관, 혈관, 생기관, 임파선 등의 벽에 분포하고 있는 근육을 말한다. 대부분의 가식부위에 해당되는 근육은 횡문근에 해당되는 셈이다.

이러한 근육조직은 1개의 세포에 해당하는 약 50～150개의 세장한 근섬유(筋纖維, muscle fiber)가 엷은 막에 접속되어 1차 근속(筋束)이 만들어지고, 1차 근속이 여러 개 모여서 2차 근속이 되는데, 이렇게 싸여진 근속을 근육(筋肉, muscle)이라고 부르고 있다.

이와 같은 근섬유는 actin과 myosin으로 구성되어 있는 근원섬유(筋源纖維, myofibril)로 이루어져 있는데, 그 직경은 0.5～2μm정도의 크기이다. 이러한 근원섬유를 전자현미경상으로 보면 A-band(암대, 暗帶)와 I-band(명대, 明帶)의 연속적 구성으로 되어 있는데, 암대의 중앙부위에는 H-band(H帶)가 있고, 명대의 중앙부에는 Z-선(Z line)이 있어 횡문을 형성하고 있다.

Z선부터 다음 Z선까지를 1주기(週期)라고 하며, 근절(筋節, sacromere)이라고 부른다.

### 2) 결합조직

결합조직(結合組織, connective tissue)은 근육조직 내의 각 세포, 조직, 장기 등을 결합·보호하는 역할을 하는 것으로 조섬유간, 건, 근주막, 진피, 혈관벽, 지방조직 등 간의 조직이 여기에 해당된다. 여기에는 교원섬유(膠原纖維, collagen), 탄성섬유(彈性纖維, elastic fiber), 세강섬유(細綱纖維, reticular fiber)으로 구성되어 있는데, 이들은 근육조직의 약 20%정도 차지한다.

교원섬유는 collagen이 주성분으로 결합조직의 대부분을 차지하며, 가열하면 gelatin이 되고, 수축이 함께 일어난다. 탄성섬유는 외근주막, 혈관벽 등에 분포되어 있으며, 동물이 연령이 증가될수록 이 섬유는 증가하여 고기가 질기게 된다. 세망섬유는 근육, 혈관, 신경 등에 섬세하게 분포되어 있다.

### 3) 지방조직

지방조직(脂肪組織)은 결합조직이 특이하게 분화된 것으로 지방세포로부터 형성되는 섬유성 결합조직의 일종이다. 이 조직은 일반적으로 중성지방을 저장하는 기능을 하고 있다. 이들은 피하나 장기주위에 지나치게 부착되면 지방의 과다축적이 이루어지고, 적절히 축적되면 체온유지, 장기보호 등의 역할도 함께 이루어지고 있다. 또한 내근주막에 축적이 되어질 때는 육질은 연하고 풍미가 좋은 상강육(霜降肉, marbling meat)을 형성하게 된다.

### (3) 근육의 사후변화

동물을 도살 해체한 후 냉각하고 저장하는 동안에도 많은 생화학적 변화를 가져온다. 사후경직(死後硬直), 경직해제(硬直解除), 숙성(熟成) 등의 과정을 경과하여 연화(軟化)되고, 풍미(風味)가 향상된다.

#### 1) 사후경직

근육 사후경직의 시작은 근육 내의 ATP(adenosine triphosphate)가 소실되어지는 것에 따라서 actin과 myosin이 결합해서 actomyosin의 단단한 chain을 형성하는 것에 기인되어 근육의 신장성을 잃게 되는 현상이다.

일반적으로 작은 동물과 영양 나쁜 상태의 동물, 기아상태의 동물, 도살전 취급이 불량한 동물 등은 경직을 일으키는 시간이 빠를 뿐만 아니라 경직유지 시간도 짧고, 그 경도(硬度)가 낮다.

#### 2) 사후경직의 해제

근육이 사후 ATP의 소실과 함께 경직되어 최대 경직을 나타냈다가 그대로 방치해 두면 시간이 경과함에 따라 연화되면서 보수성(保水性)도 증가하게 된다.

일반적으로 근육경직의 해제는 2～4℃에서 우육은 1주일 이상이며, 돈육은 2～3일 이상이 소요되는 것으로 되어 있다. 식육이나 가공용으로 이용되는 고기는 경직해제가 끝난 후 이용되는 것이 바람직하다.

#### 3) 자기소화 및 pH의 변화

자기소화(自己消化, autolysis)는 자기분해라고도 표현하는데, 자기소화는 조직 중에 존재하는 산소($O_2$)가 존재하기 때문에 억제되고 있다가 사후 산화과정이 정지함과 함께 해당작용이 활발하게 진행되며, 젖산(lactic acid)이 생성된다. 이러한 젖산은 효소 활성화를 위한 최적의 pH를 형성시켜 근육단백질을 펩타이드나 아미노산 등으로 분해시켜 육질을 연화하고 풍미를 증진시킨다.

생육 즉시의 pH는 근육부위에 따라서 다르나, 일반적으로 pH 7.0～7.2로 중성의 값을 나타낸다. 이와 같은 pH가 해당작용이 끝나, pH 5.4～5.5(산성한계 또는 극한)까지 낮아지게 되는데, 이 때는 미생물이나 세균의 증식이 억제되면서 고기의 저장성을 높여주나, 낮은 pH에서는 고기의 보수성은 매우 좋지 않다.

## 4. 육 제 품

육제품의 종류는 햄(ham), 베이컨(bacon), 소시지(sausage), 통조림(canning), 건조육(dried meat) 등 다양하나 햄, 베이컨, 소시지 등이 가장 많이 소비되고 있는 실정이다.

〈표 10-15〉 우리나라의 육가공품 생산량 (단위 : 톤)

| 구분 | 소시지 (sausage) | 햄 (ham) | 베이컨 (bacon) | 캔류 및 기타 (canned meat) | 기타 육 (other meat) | 어육혼합소시지 (fish-mixed sausage) |
|---|---|---|---|---|---|---|
| 1985 | 5,385 | 4,396 | 280 | 2,661 | 3,436 | 32,430 |
| 1990 | 27,698 | 23,013 | 601 | 7,179 | – | 37,589 |
| 1995 | 36,267 | 48,962 | 1,268 | 10,987 | – | 18,325 |
| 2000 | 34,562 | 55,855 | 1,483 | 18,393 | – | 20,009 |
| 2010 | 56,103 | 62,321 | 4,289 | 33,934 | – | 23,994 |
| 2018 | 77,158 | 63,158 | 10,832 | 63,723 | - | 25,558 |

자료 : 한국육가공협회, 2018. 또는 농협중앙회, 축산물가격 및 수급자료, 2018.

이와 같은 가공육제품을 만들려면 원료육(原料肉, raw meat)이 좋아야 양호한 육제품을 제조할 수 있다. 원료육은 다음과 같은 적절한 성질을 갖추어지면 더욱 좋다고 할 수 있다.

첫째, 신선한 육색(肉色, meat color)이어야 한다. 고기의 색깔을 내는 것은 육색소(肉色素)로 마이오글로빈(myoglobin)과 헤모글로빈(hemoglobin) 등이 있는데, 헤모글로빈은 혈액 내에 존재하는 경우가 많고, 마이오글로빈은 근육 내에 85～90% 함유하고 있는 혈색소이다. 근육 표면에 공기 중 산소와 접촉하면서 산화육색소(oxymyoglobin)가 형성되어 소비자가 좋아하는 붉은 색을 띠게 되나, 마이오글로빈은 글로빈 단백질의 변성, 고기 내부의 환원력 상실이나 산소 분압의 저하로 인하여 철분(Fe)이 산화되어 $Fe^{3+}$ 상태로 되어 갈색으로 변하게 되는데, 이것을 metmyoglobin 이라고 한다.

둘째, 보수성(保水性, water holding capacity)이 좋아야 한다. 보수성이란 고기를 절단, 분쇄, 가열 등의 물리적 처리를 가했을 때 수분을 잃지 않고 보유할 수 있는 성질을 말하는데, 이 보수성은 원료육의 조직감이나 수율(受率), 기호성(嗜好性)에 영향을 미칠 뿐만 아니라, 가공육에서도 생산량, 조직, 기호성 등에 많은 영향을 미치게 되므로 이것을 중요시 다루고 있다.

셋째, 유화성(乳化性)이 좋아야 한다. 유화성이란 육단백질이 지방이나 수분과 함께 친화(親和)되는 정도를 말하는데, 유화용량과 유화안정성으로 크게 분류할 수 있다. 유화 용량은 원료육 단백질의 단위 g당 유화할 수 있는 지방의 양을 말하고, 유화안정성은 형성된 유화조직을 가열처리할 때 지방과 수분이 분리되는 정도를 말하고 있다.

### (1) 햄

햄(ham)은 주로 돼지의 ham 부위를 원료로 하는데, 뼈를 제거않은 골부햄(骨付햄, bone ham), 뼈를 제거하고 만든 발골햄(拔骨햄, boneless ham), 햄 부위를 이용하지 않고 loin 부위를 이용하여 제조한 로인햄(loin ham) 등이 있다. 여기서 골부햄은 돼지 볼기살을 뼈가 들어있는 채로 만든 상품화된 것으로 레귤러햄(regular ham)이라고도 부른다.

#### ◉ 발골햄의 제조법

1) 염 지

원료육이 선정되면 예염(豫鹽, precuring)을 한다. 방혈과정이 잘 처리되었을 경우는 예열과정을 거치지 않아도 된다. 부득이 예염을 할 경우는 소금을 햄중량의 2～3%와 질산칼리($KNO_3$) 0.15～0.25%를 혼합하여 고기 표면에 고루 살포하고 비빈 후 3℃ 내외에서 1～2일간 퇴적해 둔다.

이후 본 염지(鹽漬, curing)는 발색제(($KNO_3$, $NaNO_2$), 설탕, 향신료 등을 혼합하여 만든 염지액(鹽漬液, curing solution)으로 처리한다.

이러한 염지는 방부성을 높여주고, 보수력을 향상시킬 뿐만 아니라 조직의 결착력과 함께 풍미를 증진시켜 주는 기능을 함께 하고 있다.

2) 수 침

일정기간 염지된 고기는 표면층에 염분이 많이 스며들기 때문에 이 염분을 제거하기 위한 수침(水浸, soaking)을 해야 한다.

보통 10～15℃의 수온에 고기 1 kg당 10～20분간 담그면 적절하다.

3) 발 골

염지와 수침이 끝난 후에는 뼈를 발골해야 하는데, 고기의 손상을 주지 않도록 주의하면서 정형(整形, dressing)과 함께 모든 뼈를 제거해야 한다. 이 때 지방은 1 cm 이하가 되도록 깍아내고, 근육사이의 지방 등도 함께 떠어내야 한다.

4) 포 장

발골한 고기는 특수한 대형 케이싱(fibrous casing)에 다져 넣어 포장(包裝, wrapping)한다. 이 피브러스 케이싱은 통기성이 있어 훈연도 할 수 있다. 보통 가압포장

(pressure pack machine)를 이용하여 포장하고 있다.

#### 5) 훈 연

포장이 된 후에는 훈연(燻煙, smoking)을 실시한다. 훈연은 독특한 향미와 외관을 갖게 하고 밸색을 촉진시키는 동시에 보존성(保存性)을 높여주는 중요한 기능을 하고 있다. 훈연을 하면 염기성분인 유기산과 알데하이드(aldehyde), 알코올(alcohol), 페놀(phenol) 등이 고기 속으로 들어가 고기의 색이 다갈색으로 변하게 된다.

이 염기성분은 방부성(防腐性)을 지니고 있어서 지방의 산패를 방지하여 보존성을 높여주며 건조가 되어 수분 함량도 감소된다. 훈연은 30℃에서 5~6시간 실시한 후 온도를 차츰 높여 50~55℃에서 6~10시간 훈연토록 한다. 최근에는 훈연과 함께 고기도 익히는 자동훈연기(automatic smoking house)가 이용되고 있다.

#### 6) 익히기 및 냉각

훈연이 끝난 것은 75~80℃의 물에 담가 고기의 중심부가 65℃에서 30분간 처리되도록 익힌다. 일반적으로 햄은 6시간 정도 소요되고, 이 때 살균과 함께 기생충도 모두 사멸된다.

익히기가 끝난 것은 바로 깨끗한 냉수에 넣어 냉각(cooling)시키고, 냉장실에 넣어 냉장한다.

#### 7) 포 장

냉각시킨 햄은 로일링(roiling)이나 화이브러스 케이싱(fibrus casing)을 벗기고 보존성을 높이기 위하여 셀로판(cellophane)이나 통기성이 없는 포장지로 싼다. 최근에는 진공포장기를 이용하여 포장하는 경우가 많다.

### (2) 프레스 햄

프레스 햄(press ham)이란 돈육과 여기서 생긴 작은 고기 조각 그리고 양육(羊肉, mutton)이나 계육(鷄肉, chicken meat) 등의 원료에 향신료 등을 함께 섞어 일정한 틀로 압력을 가하여 제조한 햄을 말한다.

이 햄은 원료육에 소금과 아질산염 등의 염지제를 넣어 2~4일간 염지시킨다. 최근에는 피클액(pickle solution)에 침지하여 고기속에 빨리 침투케 한다.

염지가 끝나면 염지육에 향신료, 화학조미료 등을 첨가하여 진공혼합기(vacuum mixer)를 이용하여 혼합한다. 혼합이 모두 완료되면 진공충전기로 케이싱(casing)에 충전하는데, 이 때 일정한 크기와 형태가 이루어진다. 훈연은 50℃에서 1~2시간 동안 실시하고, 가열은 70~75℃에서 고기 내부온도가 65℃가 되도록 하여 30분간 경과시킨다. 가열 후에는 약 30분가량 냉각시켜 냉장실에 저장하여 이용한다.

### (3) 베 이 컨

베이컨(bacon)은 돼지의 삼겹살을 원료로 하여 만든 것으로 갈비뼈를 빼내고 과다한 지방과 모서리육을 제거한 후 장방형으로 정형하여 만든 것이다. 그 과정을 보면 다음과 같이 제조된다.

#### 1) 염　　지

염지는 햄제조와 같이 실시한다. 염지액을 이용하거나 건염법으로 염지해도 좋다. 원료육 중량에 소금 2.5~3.0%, 질산칼리 0.15~0.25%, 아질산칼리 0.01~0.02%, 설탕 1~3%, 향신료 0.6~1.0%를 골고루 섞어 만든 염지액을 베이컨 고기의 표면에 뿌리고 비빈 다음 퇴적하여 3℃ 내외의 온도에서 5~7일간 염지한다.

#### 2) 훈　　연

훈연은 베이컨 꽂이에 끼워 가볍게 포장한 다음 30℃에서 1~2일 동안 건조시키고, 25~30℃에서 2~3일간 또는 30~40℃에서 8~12시간 훈연시킨다. 훈연이 끝나면 저온실로 옮겨 5℃ 이하에서 냉장하여 보관시킨다. 베이컨은 익히기를 하지 않았기 때문에 소비자가 직접 익혀 먹어야 하는데, 지방의 융점은 35~45℃가 되므로 이보다 낮은 온도에서 훈연하는 것이 정상이다.

### (4) 소 시 지

소시지(sausage)는 햄이나 베이컨을 제조할 때 생긴 잔육(殘肉)과 쇠고기, 양고기, 토끼고기, 닭고기 등을 염지하여 세절한 것을 주원료로 하여 조미료, 향신료, 기타 첨가물을 혼합하여 케이싱에 다져 넣은 것을 말한다.

이와 같은 소시지에는 수분함량에 따라 도메스틱 소시지(domestic sausage)와 드라이 소시지(dried sausage)로 구분하고 있다.

#### 1) 도메스틱 소시지

도메스틱 소시지는 수분 함량이 50~60% 정도로 63~65℃에서 30분간 처리한 소시지이다. 저장성이 떨어져 실온에서는 1~2일이나 냉장고에서는 1~2주일간 밖에 저장이 안된다. 도메스틱 소시지에는 또 다시 신선소시지(fresh sausage), 가열소시지(cooked sausage), 훈연소시지(smoked sausage) 등이 있다.

신선소시지는 훈연처리나 익히기를 하지 않는 소시지로써 0～1℃에 냉장하여 보관하였다가 소비자가 익혀 소비하는 경우가 있고, 때로는 급속・냉동시켜 -30℃에서 보관하였다가 해동시켜 이용하기도 한다.

가열소시지는 훈연시키지는 않고, 익히기만 하여 제조한 것으로 여기에는 간 소시지(肝 sausage) 등이 있다.

훈연소시지는 가장 일반적인 소시지로써 훈연 후에 익히기를 한 것이다. 케이싱은 통기성(通氣性)이 있는 것을 사용하여야 한다. 천연 케이싱은 가식성(可食性)이 있어서 좋지만, 통기성만 있고, 가식성이 없는 케이싱은 익히기를 한 다음 기계로 케이싱을 벗겨내고 진공포장해야 한다.

2) 드라이 소시지

이 소시지는 수분 함량이 15～35%로 낮으므로 저장성이 떨어진다. 원료육은 동일하나, 제조과정 중에 가열살균처리를 하지 않으므로 위생적인 원료육을 이용해야 한다는 것이 주의할 점이다.

## 제 3 절 계란과 난가공

계란(鷄卵, egg)은 동물성 축산식품으로 단백질, 지방, 비타민, 무기물이 고루 함유된 완전식품으로 알려져 왔다. 특히 계란지방의 소화율은 98%로 매우 높다. 생난백은 체내에서 소화율이 낮지만, 가열하면 소화율이 높아진다. 무기물로써 철(Fe)과 비타민을 모두 함유하고 있어 영양적 가치가 크다고 할 수 있다.

### 1. 계란의 구조

계란은 크게 난각(卵殼, shell), 난백(卵白, albumin) 그리고 난황(卵黃, yolk)으로 구성되어 있다. 계란은 중량에 따라 8g 씩 차이로 왕·특·대·중·소란으로 구별되고 있다.

가장 큰 왕란은 68g 이상, 특란 60~67g, 대란(52~59), 중란(44~51g)소란은 43g 이하 이다. 계란의 신선도와 내용물에 따른 품질등급은 $1^{+}$, 1, 2, 3 등급으로 나뉜다.

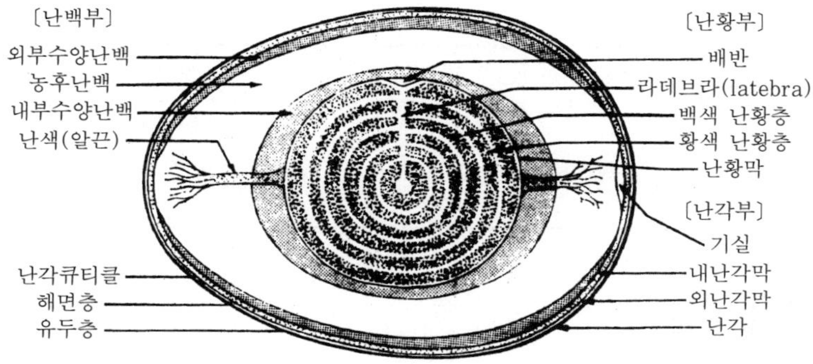


〔그림 10-6〕 계란의 구조

## (1) 난 각

난각(卵殼, egg shell)은 0.26~0.36 mm의 두께로 탄산석회($CaCO_3$)가 주성분으로 되어 있다(96.4%). 난각과 난백사이에는 난각막(卵殼膜, shell membrane)이라는 엷은 막이 형성되어 계란 내용물을 보호하고 있다. 난각표면에는 1 $cm^2$당 100~300개의 기공(氣孔, pore canal)이 있어 가스교환, 수분조절 등 계란의 호흡대사 기능을 계속하고 있기 때문에 불량환경에서는 미생물 등에 의해서 변패될 수도 있다.

난각막은 크게 예단부와 둔단부로 부르고 있다. 둔단부(鈍端部)에서는 난각과 서로 약간 분리되어 기실(氣室, air cell)을 이루고 있어 부화 중이나 저장 중에 호흡작용에 직접 관여하고 있다. 둔단부를 대각선 방향의 상위로 놓아 저장하거나 부화하는 것이 바람직하다.

## (2) 난 백

난백(卵白, albumin)은 난황을 둘러싸고 있는 3중층이다. 제일 밖의 층과 안쪽 층은 점도가 낮은 수양난백이나, 중간층은 점도가 높은 농후난백으로 각각 40%와 60%의 비율이다. 난백은 수분이 88%로 가장 많고, 고형분이 12%인데, 고형분 중 90% 이상이 단백질로 구성되어 있다.

## (3) 난 황

난황(卵黃, yolk)은 난황막에 둘러싸여 있는데, 계란 중 약 30%의 비율을 차지하고 있다. 난황표면에는 배반(胚盤)이 위치하고 있다.

〈표 10-16〉 주요 알의 난중과 구성비율

| 구 분 | 난 중(g) | 난 각(%) | 난 백(%) | 난 황(%) |
|---|---|---|---|---|
| 계 란 | 40~ 60 | 10~12 | 45~60 | 26~33 |
| 오 리 알 | 60~ 90 | 11~13 | 45~58 | 28~35 |
| 칠면조알 | 80~100 | 10~14 | 55~60 | 32~35 |

## 2. 계란의 성분

### (1) 일반성분

난백은 단백질을 주성분으로 되어 있기 때문에 난백단백질(卵白蛋白質)이라 하고, 여기에는 70%이상을 차지하는 오브알브민(ovalbumin), 철(Fe)과 결합되는 콘알부민(conalbumin), 당단백질인 오브뮤코이드(ovmucoid) 등이 있다. 난황은 단백질과 지방이 주성분이고, 기타 소량의 당질과 무기물로 구성되어 있다. 난황단백질은 지질단백질(lipoprotein)으로 lipovitellin 등을 말한다.

난황지질은 tryglyceride와 인지질(phopholipid)이고, cholesterol도 함유하고 있다. 난백의 조성은 수분 88.0%로 가장 많이 함유하고 있고, 단백질 10.4%, 지질 0.03%, 당질 0.9%, 무기물 0.7%이다.

난황은 수분이 51.0%이고, 단백질 15.3%, 지질 31.2%, 당질 0.8%, 무기물 1,7%를 함유하고 있다. 특히 난황 100 g 중에는 칼륨, 인, 철이 각각 149mg, 162mg 및 6.5mg으로 매우 많이 함유하고 있는 것이 특징이다.

〈표 10-17〉 계란의 일반성분 (단위 : %)

| 구 분 | 수 분 | 단백질 | 지 방 | 당 질 | 무기물 |
|---|---|---|---|---|---|
| 전 란 | 74.7 | 12.3 | 11.2 | 0.9 | 0.9 |
| 난 백 | 88.0 | 10.4 | 0.03 | 0.9 | 0.7 |
| 난 황 | 51.0 | 15.3 | 31.2 | 0.8 | 1.7 |

## 3. 계란의 저장

### (1) 저장 중의 변화

산란직후의 계란은 거의 무균상태에 가깝다. 외부의 미생물 등에 의해서 오염을 하게 되면 난각을 경유하여 내용물에 침투하게 되면 서서히 본래의 성질을 잃어 부패하기 시작한다.

#### 1) 농후난백의 수양화

난백의 pH가 상승함에 따라서 ovomucin의 성질이 변하여 농후난백의 점도가 저하되어 수양난백(水樣卵白)처럼 된다.

#### 2) 난황계수의 감소

달걀의 내용물이 평면상에 할란(割卵)하여 난황의 높이를 난황의 지름으로 나눈 값을 난황계수(卵黃係數, yolk index)라고 하는데, 수분이 난백으로부터 난황으로 이행되면서 난황계수가 감소되는 것으로 알려지고 있다.

#### 3) 성분조성의 변화

저장 중의 계란은 난각의 기공을 통하여 수분이 증발되므로 난중이 감소되고, 기실(氣室)이 커지고, 비중(比重)이 감소된다. 또 난백에 있는 이산화탄소($CO_2$)가 방출함과 함께 pH가 상승된다.

#### 4) 미생물에 대한 저항성의 약화

계란의 난백은 미생물의 번식을 다소 억제하지만, 난황은 미생물에 의하여 쉽게 오염을 받는다. 저장 중에 농후난백이 수양화되면 난황이 떠올라 미생물의 오염을 가속화할 수 있다.

### (2) 계란의 저장법

계란에서 난각표면에 붙어있는 오물과 부패균을 없애는 일은 위생란을 생산하는 중요한 작업이다.

#### 1) 냉 장 법

이 냉장법(冷藏法)은 일반적으로 0℃의 온도와 80～85%의 습도를 유지하여 저장하는 방법으로 가장 기본저장법이다.

#### 2) 가스냉장법

이산화탄소($CO_2$)가 들어있는 용기에 밀폐하여 냉장함으로써 냉장 중의 저장성을 증진시킬 수 있는 방법이다.

#### 3) 난각도포법

난각표면에 도포제(塗布劑)를 도포하여 기공을 막아 밀폐하는 저장법인데, 비교적 단기일간만 저장할 수 있다는 단점이 있다.

#### 4) 액란 저장법

할란하여 살균처리 함으로써 살모넬라균 등을 없애기 위하여 57～61℃에서 2～6분간 살균하고 냉장보관 하거나 동결난으로 처리하여 저장한다.

## 4. 난 제 품

난제품(卵製品)은 동결란과 건조란과 같은 1차 가공품이 있으며, 1차가공품을 원료로 하여 만든 2차 가공품도 있다.

### (1) 1차 가공란

#### 1) 동 결 란

동결란(凍結卵)은 동결전란, 동결난황, 동결난백이 있다. 이들은 살균처리한 후 －20～－30℃에서 급속 동결하여 －15℃ 내외에서 저장한다. 난황의 경우는 점도를 높이기 위하여 소금, 설탕, 글리세린 등을 5～10% 정도 첨가하여 동결하면 더욱 좋다.

#### 2) 건 조 란

건조란(乾燥卵)은 동결란과 같이 건조전란, 건조난황, 건조난백이 있는데, 건조전에 살균처리하여야 한다. 난액(卵液)을 그대로 건조하면 함유된 당류나 단백질, 인지질 등이 손상입을 수 있기 때문에 제당처리 또는 산성화처리를 하는 것이 바람직하다.

당류는 glucose oxidase로 분해 처리하고, 산성화처리는 염산 등으로 난액 pH를 5.5로 조정한 후 건조시킨다.

### (2) 2차 가공란

#### 1) 마요네즈

마요네즈(mayonaise)는 식물성유(65～90%), 난황(3～15%), 식초(4～20%), 식염(0.5～2.0%)을 원료로 하여 만든 2차 가공란 제품의 하나이다. 특히 난황이 가지고 있는 유화성(乳化性)을 이용하여 만든 영양가 높은 축산식품이다.

#### 2) 피 단

피단(皮蛋)은 소금이 섞인 강알칼리성의 진흙 등을 물로 개어 만든 페이스트(paste) 속에 계란을 파묻어 숙성시켜 만든 것이다.

최근에는 탄산소다, 식염, 생석회 등을 물로 희석시켜 만든 반죽에 쌀겨를 첨가시킨 후 이것으로 계란을 덮어씌운 다음 항아리에 숙성시키는 경우도 있다.

# 제 4 절 가죽과 모피

동물을 도살 후 피조직을 벗겨 원료가죽을 탈지하여 가공처리한 것을 가죽 또는 피혁(皮革, leather or hide)이라 한다. 그리고 모피(毛皮, fur)는 모(털)가 붙어있는 피부(skin)를 손질하여 가공한 것을 말한다. 이러한 모피는 방한용이나 고급의류 등으로 이용되고 있는 축산물이다.

## 1. 원료모피

원료모피는 원피(原皮, raw hide)라고 부르는데, 이러한 원피로는 소에서부터 면양, 산양, 토끼, 밍크, 여우 등 대단히 많다. 원피는 장식성이 있어야 하고, 보온성과 내구성도 함께 지니고 있으면 더욱 양호하게 평가를 받게 된다. 이러한 성질의 평가는 털의 밀도, 길이, 직경, 광택 등에 의해서 좌우된다.

### (1) 원피의 조직

조직학적으로 전피층(全皮層)의 10%내외는 상피층(上皮層, epidermis)으로 구성되어 있는데, 아주 엷은 층으로 피혁가공처리시에 제거된다. 상피층 밑에는 진피층(眞皮層, corium)이 있는데, 피조직의 주체로 2중층으로 구성되어 있다.

### (2) 구성 성분

상피층은 주로 단백질의 일종인 케라틴(keratin)이 주성분이고, 케라틴은 많은 아미노산으로 구성되어 있다. 그리고 진피층은 주로 코라겐(collagen), glycine, proline, oxyproline 등과 같은 많은 종류의 아미노산으로 결합된 polypeptide를 형성하고 있다. 이러한 코라겐은 조직 내에서 모여 밀착되면 하나의 코라겐 섬유(collagen fiber)가 만들어지게 된다.

〈표 10-18〉 동물별 진피의 성분조성 (단위 : %)

| 동 물 | 가용성단백질 | 조지방 | Elastin 및 reticulin | Collagen |
|---|---|---|---|---|
| 소 | 4.7 | 6.2 | 3.4 | 79.2 |
| 말 | 4.0 | 7.1 | 3.1 | 73.1 |
| 돼 지 | 0.8 | 77.3 | 1.1 | 20.3 |

### (3) 저 장 법

박피한 후 생피(生皮, green hide)는 수세하고, 생피 중의 25~35% 정도의 소금을 생피면에 뿌리거나, 포화식염수에 1일동안 담가 처리한 염피(鹽皮, salted hide)로써 저장하거나, 또는 이것을 다시 건조시켜 정형한 다음 염건피(鹽乾皮, dried salted hide)로 처리하여 저장한다.

### (4) 피혁의 특색

1) 우 피(牛皮)

가축의 피혁 중에서 가장 두껍고 견한 것이 특징이다. 섬유조직이 잘 발달되어 있고, 지방세포도 적다는 점이 좋아서 주로 제혁용 원피가 되고 있다. 송아지 가죽의 두께는 2.0~4.8 mm이고, 성우피는 3~12 mm 정도의 두께이다. 단기비육에 의한 송아지 피혁은 지방이 많이 축적됨으로써 우수한 품질의 피혁으로 인정받지 못하고 있다.

2) 면 양 피(緬羊皮)

동물 중에서 가장 얇은 편으로 약 평균 2.5 mm의 두께이다. 우피에 비하여 교원섬유는 가늘고, 지방세포가 많다는 점이 있다는, 어린 양가죽은 부드러움이 있어 의류로 각광을 받고 있다. 특히 카라쿨(karakul) 면양은 귀부인들의 외투로 많이 이용되고 있다.

3) 산 양 피(山羊皮)

산양피는 우피보다는 얇으나 면양피보다는 두껍다. 그리고 탄력성이 있고, 강한 편이다. 어린 산양피는 kid라고 하여 구두, 장갑 등에 활용되고 있다.

4) 마 피(馬皮)

피혁조직이 약간 거친감이 있으며, 부드러운 감은 없지만, 보통 구두, 벨트, 시계줄 등에 이용되고 있다.

5) 돈 피(豚皮)

돈피는 지방층이 많아 지방층을 제거하는 작업이 이루어져야 한다. 일반적으로 구두나 벨트 등에 이용되기는 하나 활용면에서 저조한 편이다.

## 2. 피혁 제조

피혁제조는 넓은 의미로 일련의 유제작업(鞣製作業)을 말한다. 다시 말하면, 유제를 사용하여 피(皮)를 혁(革)으로 만드는 물리・화학적 공정작업이다. 이러한 공정은 준비작업, 유제작업과 완성작업으로 나눌 수 있다.

### (1) 준비작업

준비작업은 피하조직, 지방, 피근(皮筋) 등의 불필요한 조직을 없애고 기계적으로나 화학적으로 필요없는 단백질을 없애고, 가죽의 성분인 콜라겐 섬유만을 남기는 작업이다.

준비작업은 수지(soaking) → 육면삭제(fleshing) → 석회지(liming) → 석마(scudding) → 탈회(deliming) → 침산(pickling) 등의 과정을 거쳐 준비작업이 끝나게 된다.

### (2) 유제작업

유제작업은 약침작업(藥侵作業)이라고도 하며, 원피의 콜라겐 섬유를 가죽섬유로 변화시켜 피(皮)를 가죽(革)으로 만드는 작업을 말한다. 약침법으로는 크롬법, 탄닌법, 명반법, 유법, 병행법 등 여러 가지가 있는데, 크롬법(chrome canning)이 많이 쓰이고 있다.

〈표 10-19〉 크롬법의 특성과 숙성

| 특성 및 결점 | 숙 성 |
|---|---|
| 크롬법은 가볍고, 단기간에 유제되고 내열성(耐熱性)이 강하며, 신장력(伸張力)이 크면서 유연함이 있다는 것이 특징인데, 가죽이 거칠 가능성이 높고, 흡수에 의한 팽창성이 클 뿐만 아니라, 방수가 늦은 결점을 가지고 있다. | 크롬액은 침지하면 피조직이 단기간에 가죽으로 되지만, 크롬액에서 꺼낸 가죽은 목마에 걸어 1일간 숙성시킨다. |

### (3) 완성작업

유제만 끝낸 가죽(革)은 상품적 가치가 없으므로 가죽의 용도에 맞추는 일을 완성작업이라고 한다. 이러한 완성작업은 가지(加脂)를 하던가, 또는 비비기(stocking)나 염색(染色) 등의 작업을 한다.

가지는 유연성을 주기 위하여 최소한의 유지(油脂)를 사용하고, 비비기는 가죽의 함수량을 26～32%로 조절한 다음 기계적으로 가죽을 비비거나 두드려 유연하게 한다. 그리고 필요에 따라서 표면에 카제인, 합성수지, 왁스 등을 발라 도장시키면 더욱 좋은 제품으로 완성된다.

## ◆연습문제◆

1. 우유의 중요성을 강조한 사람과 그 인용문장을 들고, 가치를 설명하시오.
2. 우유의 조성분을 들고, 그 함량은 얼마나 되는가?
3. 유단백질을 분류하고, 그 이용성을 서술하시오.
4. 유제품(乳製品)을 열거하고, 그 특징을 약술하시오.
5. 최근에 우리나라에서 많이 실행되는 우유의 살균법을 2개만 들고, 그 특징을 요약하시오.
6. 발효유(醱酵乳)의 기능을 설명하시오.
7. 치즈(cheese) 제조시 가염(加鹽)의 효과는 무엇인가?
8. 돼지고기 자원이 많은 국가를 열거하시오.
9. 연도별 육류자급률의 변화를 설명하시오.
10. 소 도체시 부위별 명칭을 열거하고, 그 생산비율이 높은 부위 2개만 열거하시오.
11. 돼지 도체부위별 명칭을 열거하고, 그 생산비율을 서술하시오.
12. 쇠고기의 종류별 구분은 어떻게 하는가?
13. 주요 육류의 지방 특성을 비교 설명하시오.
14. 근원섬유(筋源纖維)에서 전자현미경상 나타나는 특성을 설명하라.
15. 콜라겐(collagen)이란 무엇인가?
16. 근육의 사후변화과정을 설명하시오.
17. 육제품(肉製品)의 종류를 쓰시오.
18. 고기에서 보수력(保水力)이란 무엇인가?
19. 프레스 햄(press ham)과 소시지(sausage)의 차이점을 설명하시오.
20. 고기의 훈연(燻煙)효과를 설명하시오.
21. 계란의 구조를 그리고 주요명칭을 열거하시오.
22. 계란의 저장이나 부화시 바람직한 난좌(卵座)의 위치를 설명하시오.
23. 계란 중 난황, 난백 및 난각의 비율은 각각 얼마나 되는가?
24. 계란의 일반성분을 설명하시오.
25. 계란의 저장법을 기술하시오.
26. 마요네즈(Mayonnaise)의 제조법을 서술하시오.
27. 피혁제조법을 간단히 설명하시오.

# 제 11 장

# 축사시설 및 분뇨처리편

축산업은 농업 중에서 매우 높은 비중을 차지함에 따라 소규모의 생산규모에서 대량생산 규모의 형태로 전환되어 가고 있다. 축산물 생산비 중 사료비가 가장 큰 비중을 차지하고, 그 다음순은 노동비용으로 합리적인 시설과 체계적인 관리가 함께 이루어져야 생산성 향상과 더불어 경제성 제고가 된다고 할 수 있다. 이 장에서는 환경보전과 함께 맞물려있는 축사시설과 분뇨처리를 중심으로 다루고자 하였다.

## 제 1 절 축사의 구비와 시설

합리적인 축사를 신축하려면 효율적이고 시설의 자동화로 사양관리가 편리하고, 노동력이 절약되면서 가축이 가지고 있는 능력을 발휘할 수 있게 다음과 같은 조건을 구비해야 한다.

첫째, 채광과 통풍이 양호한 곳이어야 한다. 동물이 성장과 함께 건강을 유지하고 고유의 생산능력을 발휘하려면 적절한 빛의 강도(광도)가 요구되지만, 여름철의 고온이나 필요이상이면 열사병이나 일사병과 같은 열 스트레스 질병에 시달리기 쉽다.

둘째, 축사의 위치는 남향 또는 동남향으로 세워야 한다. 특히 돼지나 소 등은 외기(外氣)에 견디는 힘이 약하여 호흡기 질병 등이 유발될 수 있으므로 남향 또는 동남향으로 해야 한다. 복열식 축사는 남북으로 길게 하고, 동서양쪽으로 채광이 되도록 하는 것이 좋다.

셋째, 배수가 양호한 약간 높은 장소가 좋다. 배수가 불량하게 되면 습기가 항상 많으며 병원균이나 해로운 해충들의 서식처가 되기 쉽다. 모기나 파리 등은 매개체로써 전염성 병원균을 옮겨 돼지의 일본뇌염, 산양・면양의 요마비 등을 일으킬 수 있다.

축사는 항상 건조한 상태로 유지하여 채광, 통풍, 배수를 양호하게 함으로써 청결성을 유지해야 건강한 가축으로 성장할 수 있다.

넷째, 관리가 용이한 장소가 좋다. 관리의 우선은 교통이 편리함이다. 사료의 수송이 편리하고, 착유우의 경우 우유냉각은 물론 집유차의 수송관리가 용이해야 한다. 그리고 분뇨수거의 작업이 효율적으로 노동비가 적게 들 수 있는 곳이라야 좋다. 이러한 분뇨수거방법으로는 인력으로 하는 법, scraper법, barn cleaner법, slurry법 등이 있는데, 이러한 여러 가지 방법 중 지역 제반여건을 고려하여 가장 적합한 수거법을 사용해야 한다.

다섯째, 급수원이 풍부해야 한다. 동물체가 건강하게 생활하려면 급수가 대단히 중요하다. 체내 20%의 수분을 상실하면 폐사까지 이를 수 있기 때문에 안전하고 위생적인 충분한 급수원이 확보되어야 한다. 급수원은 동물의 음수량 뿐만 아니라 청소용, 축체 세척용 등을 대비하여 충분한 취수량(取水量)을 대비해야 한다.

### (1) 우사 및 시설

우사(牛舍)는 소를 어떻게 사육해야 하는 방법에 따라 크게 두 가지로 분류하고 있다. 하나는 소를 관리사에 계류시키는 계류식 우사(繫留式 牛舍)가 있고, 또 하나는 계류시키지 않고 사육하는 개방식 우사(開放式 牛舍)가 있다. 이러한 축사는 입지조건, 사육규모 등을 고려하여 시설해야 한다.

- 우사(牛舍)
  - 계류식 우사
    - 스탄치온(stanchion)
    - 체인(chain)
  - 개방식 우사
    - 개방식 우상 우사(free stall barn)
    - 개방식 무우상 우사(loose barn)
    - 야외 그늘막 우사(open corrals system)

#### 1) 계류식 우사

계류식 우사(繫留式 牛舍)는 50두 이하 사육규모의 농가에서 비교적 많이 이용되는 우사이다. 일반적으로 대미식(對尾式) 복열식으로 시설하는 경우가 많은데, 계류시에는 축사 내에 스탄치온이나 체인 등으로 하고, 낮에는 이것을 풀어 운동장이나 방목장으로 내보내어 운동이나 방목시키는 경향이 많다. 계류식 우사에는 우상(牛床)의 배열을 단열식과 복열식을 잘 선택하고, 사조(飼槽)는 저사조와 고사조 중 건축여건에 따라 잘 살펴 선택해야 한다. 그리고 분뇨구(糞尿區)는 분뇨가 우체에 튀어 올라오는 것을 방지하고 청소가 용이하도록 수거기계 등과 연계하여 시설해야 한다.

#### 2) 개방식 우사

개방식 우사(開放式 牛舍)는 우상을 설치하여 우상사이에 칸막이가 설치된 개방식 우상 우사(開放式 牛床牛舍, free stall barn)가 있는데, 젖소에게 행동의 자유스러움을 줄 수 있고, 기계화가 용이하며 노동생산성이 높다고 할 수 있다. 개방식 무우상우사(開放式 無牛床牛舍, loose barn)는 우사의 앞쪽을 개방하여 운동장 주위에 착유장, 급수장, 건초저장고, 사일로 등을 시설한 형태를 말하는데, 개방식 우상우사보다는 두당 건축면적은 많으나 건축비가 적게 들고 관리가 편리하다는 장점이 있다. 야외 그늘막우사(open corrals system)는 기온이 높고 건조한 지역에서 많이 이용되는 우사인데, 우사의 네 면을 모두 개방하여 직사광선을 피할 수 있는 그늘막 역할을 한다. 100두 정도의 규모에서 구획하여 관리하는 것이 편리하며 운동장 주변에 착유실, 급사, 급수 등에 필요한 시설을 갖추어야 한다.

그 밖에도 계류식 우사에서는 계류상태에서 착유하기 때문에 별도의 착유실을 갖춰야 할 필요가 없지만, 개방식 우사에서는 착유실을 두어 착유시설을 별도로 설치해야 한다.

- 착유실
  - 슈트형 착유실 (shute type) : 착유우상마다 1두씩 정지시켜 착유하고, 이 때 앞쪽에는 농후사료용사조(飼槽)를 설치한다.
  - 탄뎀형 착유실 (tandem type) : 100~200두규모에서 이용되는 단열 또는 복열로 2~4개의 착유상을 설치하여 착유가 끝나면 대기 중인 착유우로 교체시켜 반복 실행한다.
  - 헤링본형 착유실 (herringbone type) : 착유우는 양쪽으로 비스듬하게 서 있기 때문에 착유자의 보행거리가 짧아 착유상 양쪽에 유두컵을 설치하여 한쪽에 8두씩 16두를 동시에 착유 가능하지만, 군 관리로 해야 하므로 착유가 늦은 개체로 인하여 착유시간이 지연될 수 있다는 단점이 있다.

### (2) 돈사 및 시설

돈사(豚舍)는 수용방식에 따라 단사식(單飼式) 돈사와 군사식(群飼式) 돈사가 있다. 그리고 경영목적에 따라 비육돈사(肥育豚舍)와 번식돈사(繁殖豚舍)가 있다.

- 돈 사
  - 번식돈사
    - 분만돈사 : 분만돈의 자돈이유까지 사용
    - 임신돈사 : 공태기 및 임신돈 수용
    - 육성돈사 : 이유자돈과 육성돈 수용
    - 웅 돈 사 : 종웅돈(種雄豚) 수용
  - 비육돈사
    - 덴마크식 돈사 : 돈방은 전방 침소와 후방 배분소로 분리사용
    - 틈바닥상 돈사 : 돈방에 스랫상(slats)을 설치
    - 케이지식 돈사 : 단사식이나 군사식 케이지 사용

돈사를 신축할 때 또 하나의 고려할 사항은 분뇨(糞尿, Urine and feces)의 수거와 처리방법을 들 수 있다. 돈분뇨의 수거는 보통 재래적인 소규모에서 인력으로 하는 방법

으로 하지만, 이제 현대양돈은 전업화 규모이상의 형태로 전환되므로 Scraper나 Slurry에 의해서 기계적으로 이루어진다. 이렇게 수거된 분뇨는 고액분리에 의하거나 전분뇨(全糞尿)를 호기성 발효시켜 일정기간이 경과되어 유기물이 분해되면 다시 밭이나 사료포에 살포하여 토양(土壤, Soil)으로 환원시키는 방안을 적극 강구해야 한다.

### (3) 계사 및 시설

계사(鷄舍)는 사육목적에 따라 산란양계사, 육추사, 육계사 등으로 크게 구별하고, 내부구조에 따라 평사(平舍), 케이지사(cage 舍), 바타리사(battery 舍)로 분류하고 있다.

#### 1) 육 추 사

산란용 병아리는 자가 부화장에서 부화시켜 육추(育雛)시키는 방법과 부화된 병아리를 구입하여 육추시키는 경우가 있다. 육용계에서는 병아리를 키우기 위해 별도의 육추사가 필요하지 않다. 산란계는 발육단계에 따라 유추사(幼雛舍), 중추사(中雛舍), 대추사(大雛舍) 및 성계사(成鷄舍) 등으로 구분하여 사육하게 되는데, 일반적으로 유추와 중추를 동일한 계사에서 사육하는 경우가 많다.

#### 2) 산란계사

산란계사(産卵鷄舍) 내부는 평사, 케이지사, 배터리사로 구분한다. 평사는 사내에 급수시설, 급이시설, 산란상 등을 함께 설치하여 사육할 수 있다. 케이지사는 계사내부에 급수와 급수에 필요한 장치가 부착된 케이지를 설치하여 산란계를 사육하는 경우를 말하는데, 여기에는 단열식과 복열식이 있다. 그리고 배터리사는 좁은 공간에 우리를 몇 층으로 포개놓은 시설이므로 좁은 면적에 많이 사육하고 시설비가 적게 소요된다는 장점이 있다.

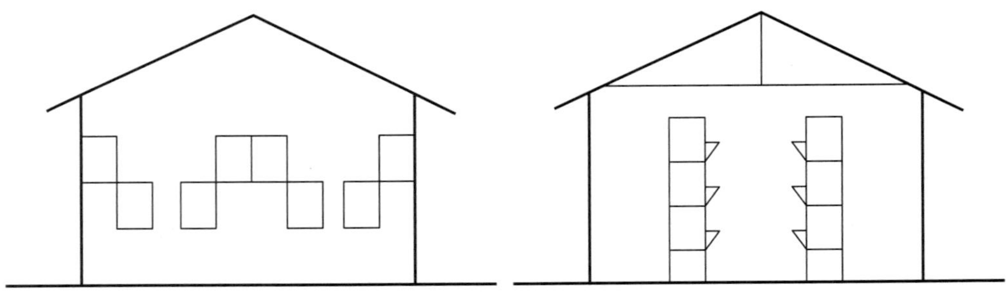

〔그림11-1〕 케이지 계사의 배열(좌)과 배터리 계사의 배열(우)
(케이지 계사는 2단 계단 복열식이고, 배터리 계사는 3단 옥내 복열식임)

#### 3) 육 계 사

육계(肉鷄, broiler)는 부화된 병아리에서 시판되기까지 약 6~8주정도 사육하게 되는데, 배터리식 사육과 평면식 사육 두 가지로 크게 구분하고 있다. 배터리식 사육은 좁은 공간에서 많이 일시적으로 사육할 수 있으나, 관리하는 데 시간이 많이 소요된다는 결점도 있다. 평면식 사육은 평면 바닥에 급이기, 급수기, 보온 육추기 등을 함께 설치하므로 효율적인 관리가 될 수 있다는 장점이 있으나, 군사(群飼)를 하게 되므로 개체관리가 어렵고 사료의 유실이 생길 뿐만 아니라 먼지 등으로 계사 내를 혼탁하게 만들어 호흡기질병이 유발될 수 있다.

# 제 2 절 가축분뇨의 환경오염과 합리적 이용

## 1. 가축분뇨의 환경오염 요소와 원인

현대사회에서는 대량생산과 유통으로 인하여 산업폐기물(產業廢棄物)이 폭발적으로 발생하고 있다. 이러한 폐기물은 대기환경은 물론 수질환경의 주요 오염원으로 되어 있다. 수질오염은 총 배출량으로 볼 때 생활하수, 산업폐수 및 축산폐수의 순으로 각각 약 50%, 43% 및 7%를 차지하고 있어서 축산폐수는 총 배출량은 비교적 적은 편이나 실제 BOD(biological oxygen demand, 생물학적 산소요구량) 부하량으로는 그 비율이 커서 (18%) 효율적 이용을 통한 적정한 관리가 되어야 할 것이다.

소는 1일 평균 50 kg의 분뇨배설물로 질소(N) 290 g, 인(P) 54 g을 연간 18.3톤의 배설량에 질소 105 kg, 인 20 kg을 배출하게 된다. 돼지는 1일 평균 5.4 kg의 분뇨배설물로 질소 37 g, 인 5.4 g을 배출하여 연간 2톤의 배설물로 13.5 kg의 질소와 5.4 kg의 인을 배출하게 된다. 산란계는 1수당 1일 평균 0.15 kg의 분뇨를 배출하여 년간 55 kg을 배설하게 된다. 그리고 산양과 면양은 1일 평균 1～1.5 kg으로 연간 440 kg정도의 분뇨를 배설하게 된다. 이와 같은 유기성분을 부숙시켜 경지에 환원시키는 분뇨의 효율적 이용방법이 요구되고 있다.

〈표 11-1〉 동물별 분뇨의 배설량

| 동 물 명 | 1일 배설량(kg) | 연간 배설량(kg) | 연간 질소/인 배출량(kg) |
|---|---|---|---|
| 소 | 50 | 18,300 | 105/20 |
| 돼 지 | 5.4 | 2,000 | 13.5/5.4 |
| 산 양 | 1～1.5 | 440 | – |
| 산 란 계 | 0.15 | 55 | – |

〈표 11-2〉 액상 가축분뇨의 성분함량

| 구 분 | 평균함량(%) | 변이폭(%) |
|---|---|---|
| 건 물 함 량 | 7.4 | 4~13.4 |
| 총질소함량 | 0.34 | 0.2~0.56 |
| 인 산 함 량 | 0.20 | 0.09~0.64 |

양축농가는 이제 전업화, 대형화와 더불어 단지화되어 가축의 대량생산은 환경오염과 맞물려 있다. 여기에서 생기는 문제를 잘 해결하면 오염이 아닌 친환경보전(親環境保全)과 더불어 경지의 지력을 향상시킬 수 있는 것이다.

가축분뇨를 완전히 부숙시키지 않고 방류하게 되면 토양은 물론 수질에 나쁜 영향을 미치게 되는데, 환경오염의 직접적 원인물질로는 분뇨 중에 함유된 질소(N)와 인(P)성분에 의하여 좌우된다. 분뇨 중 질소는 토양미생물에 질산화(nitrification)을 통하여 질산염(nitrate)을 생산시키면서 수질을 오염시키게 된다. 이러한 질산성 질소가 기준치 이상으로 검출되면 지하수에서도 인류에게 청색증이라는 수질오염에 의한 질병을 유발시키게 된다. 질산성 질소는 용해성이어서 토양에서 자유로이 이동되면서 식물체가 흡수하고, 나머지는 빗물 등에 의하여 토양의 하층으로 옮겨져 수질을 오염시키게 된다. 또한 이때 발생하는 암모니아가스($NH_3$)는 냄새 때문에 주민들의 민원사항이 되며 증발되어서는 산성비(酸性雨)의 원인이 되는 것으로 보고 있다.

또한 분뇨 중의 인산(P)은 질소나 칼리와 달리 토양에 잘 흡착되어 거의 유실하지 않는다. 일반적으로 우리나라에 분포되어있는 토양에는 인산 함량이 낮아 인산의 시용이 필요하다고 볼 수 있다. 이와 같은 인산이 과다하게 사용하게되면 지표면에 있는 인산이 빗물 등에 씻겨 하천으로 흘러 들어가 수질에 오염이 되고 만다.

결국 강이나 바다에 사는 녹조에 용존산소($O_2$)를 고갈시켜 녹조현상(부영양화)을 일으켜 생물체의 서식을 말살시킴으로써 생태계를 파괴시키고 만다. 가축분뇨는 친환경축산을 위하여 액비화, 퇴비화 및 에너지화 등으로 활용하면 환경오염이 아닌 환경보전의 효율성을 제고할 수 있다.

## 2. 가축분뇨의 액비화·퇴비화 및 에너지화

최근 우리나라에서도 액상분뇨의 형태로 분뇨를 처리하는 농가가 증가하고 있으나, 액상분뇨의 처리방법과 경지환원 기술 등이 더욱 개발되어야 한다는 목소리가 일고 있다. 유럽의 한 학자는 액상분뇨를 일컬어 「흐르는 황금」이라고 표현할 만큼 가치있는 유기질

비료(有機質肥料, organic fertilizer)이다. 현실적으로 가장 올바른 가축분뇨의 처리방법은 환경오염부담을 최소화하면서 『땅에서 나온 것을 땅으로 되돌려 준다』라는 원칙에 따라 경지에 환원을 시켜 생태계의 물질순환의 흐름 속에 넣어주는 것이다.

〔그림 11-2〕에서 보는 바와 같이 가축분뇨는 호기성과 혐기성 발효에 의한 액비화, 퇴비화, 에너지화 등의 여러가지로 활용할 수 있으나, 이 중 농가에서 가장 바람직한 방법을 소개하면 다음과 같다.

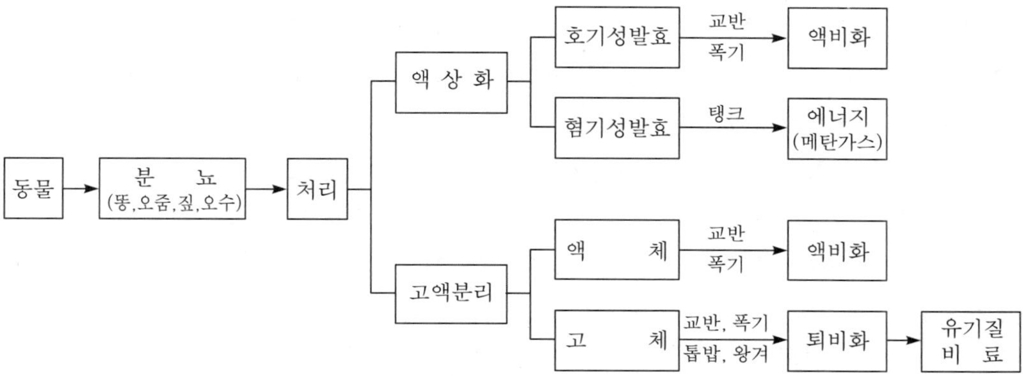


〔그림 11-2〕 가축분뇨의 효율적 처리를 위한 물질순환도

## (1) 분뇨의 호기성 발효에 의한 분해

### 1) 액 비 화

고형분을 제외시키고 남은 뇨오수(액체분)는 탱크조에 저장하고 공기를 주입함으로써 호기성 발효(aerobic fermentation)과정을 통하여 액체에 들어있는 유기물을 미생물 등에 의하여 완전히 부숙시킨 후 토양에 환원시킴으로써 지력을 유지시킴은 물론 식물체가 잘 성장하도록 하고, 성장된 식물체는 다시 동물체가 먹이로 이용하도록 하여야 할 것이다. 호기성 발효에 의한 분해에 영향을 미치는 요인들은 산소와 유기물질 이외에도 온도, 영양소 및 pH가 있는데, 호기적 분해속도는 온도의 상승함에 따라 촉진되며, 반대로 pH는 6.5~9.0일 때 가장 활발하게 분해기능을 발휘하게 된다. 이러한 호기적 발효

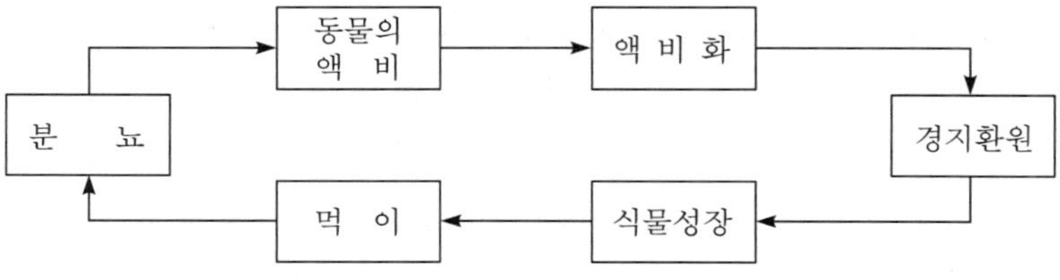


〔그림 11-3〕 동물 액비의 이용 흐름도

방법 중에는 활성오니법(活性汚泥法, activated sludge process)이 있는데, 통기조(通氣槽)에 물과 폐기물을 넣고 기계적 교반을 통해 산소를 공급하며 미생물에 의한 유기물을 발효시키는 것이다. 이 때 폐기물이 제거된 액체는 하천으로 방류시키고, 남은 오니(잔유물)는 비료 등으로 활용하면 된다.

#### 2) 퇴 비 화

액체분뇨(液體糞尿) 중에서 액체를 제외한 고형분(solids)의 퇴비화는 우선적으로 수분조절에 의한 호기성 발효이다. 이 때 수분조절에 이용되는 조절제는 톱밥, 왕겨, 목편 등으로써 톱밥이 가장 잘 수분을 흡수하여 부숙하는 것으로 되어 있으나, 공급이 어려워 그 대신에 비교적 값싼 왕겨를 많이 쓰고 있는 실정이다.

분뇨 고체분과 톱밥 또는 왕겨를 잘 교반하여 수일간격으로 에스컬레이터 식과 같은 방식으로 산소를 공급하면서 뒤섞어 준다. 이렇게 하면 몇일간을 부숙하면서 열과 탄산가스($CO_2$)가 발생한 후 호흡이 중지되는데, 이 때 외견상으로는 흑갈색으로 변화하나 완전부숙을 위하여 1차발효가 끝난 후 수분조절제 혼합퇴비를 2～3회 수분조절재로 재이용하는 것이 퇴비의 품질을 높일 수 있는 좋은 방법이다. 여기에서 만들어진 퇴비는 결국 비료가 되어 〔그림 11-3〕과 같이 활용하면 좋은 유기질 비료가 된다.

### (2) 분뇨의 혐기성 발효에 의한 분해

가축분뇨의 혐기성 발효에 의한 이용은 일반적으로 밀폐탱크 내에서 에너지(energy)화 시키는 것을 말한다. 유기성 분뇨의 혐기적 발효에 의한 분해는 탱크 내의 산소를 결핍시켜 혐기적 미생물에 의한 발효를 시킴으로써 가스화(gasification) 단계를 만드는 과정이다. 이러한 발효과정에서 탄산가스($CO_2$)와 메탄가스($CH_4$)가 발생하게 되는데, 이 메탄가스를 연료자원으로 활용하는 것이다. 메탄발효의 적정온도는 25～30℃이며, 체류일수는 10～30일간이 소요되며, pH는 7.0～7.5정도의 중성이 바람직하다. 메탄발효의 문제점은 시설비가 많이 들고, 단열과 가온에 필요한 경비가 많이 소요된다는 점이다. 따라서, 친환경 축산을 위해서는 축산폐기물(animal waste)을 어떻게 잘 처리하여 지속가능한 축산(sustainable livestock)을 활성화하고 동시에 생태계를 유지시키면서 공존하여야 하는 것이다. 축산이 환경에 미치는 악영향으로 크게 꼽는 것은, 첫째는 지표수와 지하수의 오염이다. 둘째는 동・식물의 종 다양성 감소와 상실이며, 셋째는 지구온난화이며, 넷째로는 대기의 산성화 등을 초래할 수 있다. 반면에 이러한 가축분뇨를 적절히 처리하여 경지에 환원하면 가치있는 비료자원(肥料資源, fertilizer resources)이 된다.

가축, 작물, 토양, 환경 등을 연계하여 체계적 처리 방안이 확립되어야 할 것으로 보인다. 이러한 처리시설은 개인적으로도 할 수 있으나, 막대한 시설설치비용이 들기 때문에 정부 또는 지자체의 지원으로 설치하여 전문화된 시설과 더불어 숙련된 기술자에 의해서 관리되어 효율적으로 처리되어야 할 것으로 판단된다. 결국 가축분뇨는 유기물 완전부숙을 통하여 액비화 또는 퇴비화로 경지에 환원을 시켜 지력보존과 아울러 좋은 식물체가 바람직하게 성장하도록 해야 할 것이다.

그 밖의 이용으로는 사료화(飼料化)이다. 가축이 배설한 분(糞)을 가지고 반추가축용 사료자원으로 이용하려는 노력이 세계의 관심을 끌고 있다. 가축분의 액체(液體, fluid) 부분을 제외시키면 고체(固體, solid)만 남게되는데, 여기에는 수분, 소화가 덜 된 영양분, 사료유실분 등이 포함되고 있어서 유기영양소가 될 수 있기 때문에 어떤 측면에서 보면 재활용(再活用, recycling)하는 과정이다. 이러한 가축분의 고형분은 사일리지(silage), 건초(hay) 및 펠렛화(pelleting)를 시켜 이용되고 있다.

## ◆ 연습문제 ◆

1. 축사의 구비조건에 대하여 설명하시오.
2. 우리나라에서 많이 시설하는 우사를 들고, 장점들을 열거하시오.
3. 탄뎀형 착유실(tandem milking room)의 특징을 설명하시오.
4. Scraper 와 Slury system 에 의한 분뇨수거 방법의 차이점을 설명하시오.
5. 산란계사의 케이지사와 배터리사의 특징을 비교 설명하시오.
6. 소와 돼지 1두당 1일 및 연간 분뇨배설량은 얼마나 되는가?
7. 가축분뇨의 효율적인 활용법은 어떠한 것들이 있는가?
8. 가축분뇨의 퇴비화(堆肥化) 과정 중 고형분의 수분조절은 대단히 중요한데, 그 수분 조절제를 들고, 발효법을 기술하시오.
9. 수질의 녹조현상이란 무엇인가?

제 12 장

# 동물자원의 경영편

동물자원은 시대가 변함에 따라 우리 인간에게 유용하게 쓰여지는 자원의 종류도 다르지만 전통적인 경제동물의 용도가 사회와 문화에 따라 바뀌는 것을 볼 수 있다.

경영(經營)의 어원은 독일어로 동사 『Betrieben』에서 유래하였는데, 「가축을 목장으로 몰고 간다」, 한글대사전에는 「계획을 세워 일을 다스림」으로 되어 있다. 즉 경영(經營, management)이란 「어떤 목적을 달성하기 위하여 행동하는 것」으로 정의할 수 있다. 경영학(經營學)은 제1차 세계대전이후 1920년에 비로소 학문으로 시작되어 1970년대에는 농업경영 중 축산의 비중이 커짐에 따라 축산경영학이 또 하나의 영역으로 자리를 잡게 되었다.

축산(畜産)이란 개념에는 농용동물(農用動物)의 냄새가 짙지만 시대가 변함에 따라 물질적인 가치가 더욱 중요시되면서 동물자원(動物資源)으로의 이행이 자연스럽게 진행되고 있다. 동물자원은 일반적인 가축(家畜)[1]이라고 알고있는 소, 말, 돼지, 양, 닭 외에 모피동물(毛皮動物)과 조류(鳥類)를 망라함은 물론 농가의 소득증대에 기여할 수 있는 동물 중에서 농림부장관이 정하여 고시하게 되어 있다. 국민 식생활의 변화와 더불어 여가생활이 늘어남에 따라 가축의 정의와 범위는 확대되고 동물자원의 개발은 더욱 활발히 진행되고 있다.

세계는 국제화·개방화되어 지구촌이 하나의 자유경쟁 시장으로 변모하고 있어 우리나라의 전통적인 소규모 경영으로는 경쟁하여 살아남을 수 없다. 우리는 WTO(World Trade Organization, 세계무역기구) 무한경쟁시대에 생존할 수 있는 합리적인 경영이 그 어느 때보다 절실하다.

---

[1] 우리나라 축산법의 제1장 총칙 제2조 1항에서 정의하고 있는 것과 같이, "가축"이라 함은 사육하는 소·말·산양·면양·돼지·닭 기타 농림부령이 정하는 짐승·가금 등을 말한다. 또한 축산법시행규칙 제1장 총칙 제2조에서 농림부령이 정하는 짐승·가금에는 1. 노새·당나귀·토끼·개 및 사슴, 2. 오리·거위·칠면조·메추리, 3. 꿀벌, 4. 기타 야생습성이 순화되어 사육하기에 적합하며 농가의 소득증대에 기여할 수 있는 동물로써 농림부장관이 정하여 고시하는 짐승·가금 및 관상용 조류가 있다.

# 제 1 절 동물자원 경영의 요소

동물자원경영을 통해 생산물을 얻으려면 생산자원인 토지·노동력 및 자본재와 더불어 경영능력이 필수적이다. 경영활동을 통해 우유, 고기, 계란, 모피, 꿀 등의 축산물을 생산하고 가공·판매할 뿐만 아니라, 새로운 동물자원을 발굴하여 수익을 획득하려는 노력이 경영자에 의해 추진되고 있다. 축산물을 생산하기 위해서는 필수적으로 토지(土地, land), 노동력(勞動力, labor power), 자본재(資本財, capital goods) 그리고 경영능력(經營能力, management skill) 등의 요소가 필요하다.

## 1. 토 지

토지(土地, land)는 가장 기본되는 요소로 동물자원경영에는 그 관계가 간접적이라 하여도 사료의 공급원은 토지이며, 초지(草地)나 사료작물포의 포장(圃場)뿐만 아니라 동물사(動物舍), 운동장, 제시설(諸施設)이 토지 위에서 이루어지기에 경영의 제1요소라 한다.

토지는 적재력(積載力)·가경력(可耕力)·배양력(培養力)이라는 기술적 성질을 갖고 있어 초식동물의 목초나 사료작물을 생산하고 있다.

적재력(積載力, loading ability)은 토지가 산업상의 입지로써 그 위에 생산물과 생산시설을 적재하는 기능을 말한다. 사료작물을 재배하거나 방목지, 축사·건물·작업장부지 등 광범위하게 이용된다.

토지의 가경력(可耕力, arability)은 경작(耕作)을 가능하게 하는 물리적 성질로써 토지개량사업을 통하여 유지·증진시킬 수 있다.

토지의 배양력(培養力, cultivatability)은 식물의 생장과 번식에 필요한 영양분을 공급하는 토지의 특성을 의미한다. 지력(地力) 또는 비옥도(肥沃度)라고도 하며, 토지의 화학적 성질을 의미한다. 동물의 부산물인 구비(廐肥)를 이용하여 토지의 이화학적인 성질을 개선함으로써 배양력을 향상시킬 수 있다.

또한 토지는 일종의 자본재이나 일반 자본재와는 다른 경제적 성질이 셋 있는데, 불가증성·불가동성 및 불소모성이다. 일반적으로 유동자본재는 생산에 한 번 사용하면 그 형질이 변경되거나 가치가 전부 소멸되나 토지는 그 생산력 또는 이용가치가 영원히 소멸되지 않기에 고정자본재와 같이 감가상각(減價償却, depreciation)이 필요치 않아 생산비를 계산할 때 지대(토지자본이자)만을 계산하게 된다.

## 2. 노 동 력

동물자원을 생산하는 노동은 살아있는 생명체를 대상으로 하는 데 비해 공업생산은 생명이 없는 물건을 대상으로 하기 때문에 큰 차이가 있다. 또한 동물자원의 생산에는 식물자원에 투입되는 노동과도 분명히 구별된다. 공업노동이 기계적 과정이라면 농업노동은 유기적 과정이다. 공장노동의 경우엔 근로자가 한 곳에 모여 체계적으로 작업할 수 있지만 특수한 경우를 제외하면 농장노동은 장소와 시간이 분산되어 체계적인 생산라인에 의한 작업이 어렵고 효율적인 분업을 위한 작업의 체계화도 곤란하여 노동의 효율이 상대적으로 낮고 노동성과를 얻는데도 애로가 있다. 또한 농장노동에서도 다루는 것이 식물이냐, 동물이냐에 따라서도 성격이 나뉜다. 식물은 움직일 수 없지만 동물은 스스로 움직이고 있어 투입되는 노동의 성과도 다를 수 있다.

축산노동은 동물사육에 소요되는 직접노동과 사료생산에 투입되는 간접노동으로 구분할 수 있고, 노동의 이동성·노동의 다양성·노동감독의 곤란성·노동의 계절성 및 노동의 중노동성이라는 특수한 성질을 지니고 있다.

노동력은 크게 가족(家族)이 중심이 된 가족노동력과 타인(他人)을 고용하여 이용하는 고용노동력으로 구분한다. 여기서 가족노동력(家族勞動力)은 주력(主力) 그리고 고용노동력(雇傭勞動力)은 용력(傭力)으로 처음 표시해 본다.

### (1) 가족노동력

가족노동력이란 경영주 및 그의 가족에 의해서 영위되는 것으로 경영의 노동수요와는 무관하게 존재하고 증감하며, 노동에 대한 보수는 노임으로 지출되는 것이 아니라 경영성과로써 수취되고, 소득의 원천이 된다. 가족노동력은 고용노동에 비하여 다음과 같은 장점이 있다.

① 노동성과가 자기소득과 직결되므로 항상 최선을 다한다.
② 남녀노소의 영세하고 단편적인 노동까지도 이용할 수 있다.
③ 노동능률이 높고, 동물이나 물품을 취급할 때에 최상의 주의를 한다.
④ 노동시간에 구애받지 않고 언제든지 이용할 수 있고, 노동력 공급에 융통성을 기할 수 있다.
⑤ 노동감독이 필요치 않으며 모든 일에 창의적으로 임한다.

### (2) 고용노동력

경영규모가 확대됨에 따라 노동력이 부족하면 일정액의 노임을 지불하고 타인의 노동력을 고용하여 경영관리에 투입하게 된다. 이런 고용노동력은 고용되는 기간의 단위에 따라 연고(年雇)・계절고(季節雇)・일고(日雇)와 최근에는 위탁관리(委託管理)를 도입하기도 한다.

## 3. 자 본 재

자본재(資本財, capital goods)란 경영자가 동물자원을 얻기 위하여 투입하는 토지이외의 물질적 경제재를 뜻한다. 물질적 경제재는 우리 인간에 의해 생산된 생산수단과 중간생산물로 1회 또는 일정기간 사용 후 소멸됨으로 경영활동을 지속하려면 계속 보충하여야만 한다. 인간에 의해 생산되지 않는 토지는 자본재라고 할 수 없다.

자본재는 존속기간의 장・단에 따라 고정자본재(固定資本財, fixed capital goods)와 유동자본재(流動資本財, liquid capital goods)로 나누어지며, 고정자본재는 건물・시설・대농기구・번식용 가축・종축 등과 같이 내용년수(耐用年數, useful life)가 장기간이고 여러 번 생산에 이용함으로써 그 가치가 조금씩 소멸되는 것을 말하고, 유동자본재는 사료・비료・축산약품 등과 같이 생산에 한 번 이용함으로써 그 원형이나 가치가 소멸되는 것을 말한다. 유동자본재는 다시 원료(原料)와 재료(材料)로 구분된다.

자본재는 경영목표를 달성하기 위한 생산수단으로 〈그림 12-1〉과 같이 구분하여 볼 수 있다.

- 자본재
  - 고정자본재
    - 무생고정자본재
      - 건물・시설자본재 : 축사, 사일로, 사무실, 창고 등
      - 대농기구자본재 : 경운기, 트랙터 등
      - 토지개량자본재 : 관개・배수시설, 진입로, 구획정리 등
    - 유생고정자본재
      - 동물자본재 : 착유우, 종모우, 종빈우, 종모돈, 종빈돈, 종계, 채란계 등
      - 식물자본재 : 영구초지 등
  - 유동자본재
    - 동물자본재 : 비육우, 비육돈, 육계 등
    - 원료 : 사료, 종자, 비료 등
    - 재료 : 약품, 연료, 깔짚, 농약 등

〔그림 12-1〕 자본재의 분류

### (1) 감가상각

동물자원 경영에 활용되는 건물, 농기구, 가축 등의 고정자본재는 시간이 경과함에 따라 자연적인 노후나 파손으로 말미암아 그 가치가 점차 감소하게 된다. 이를 감가(減價)라고 말하며, 경영적인 측면에서 이익과 관계없는 경제적인 비용이므로 추정 또는 유효내용년수에 감가된 상당액을 경영비(또는 생산비) 산출시 계상함과 동시에 고정자본재의 평가액을 절하(切下)시키는 것을 감가상각(減價償却, depreciation)이라고 한다.

감가상각은 내용년수 내로 고정자산의 취득원가를 매년 계속적으로 계산하여 절감(節減)하고, 생산물의 수익에 의해서 고정자산에 투하된 자본을 회수함으로써 고정자산의 감소없이 생산을 지속적으로 할 수 있다.

감가상각은 구입가격(생산가격), 내용년수 및 잔존가격을 기본요소로 하여 산출되며, 산출방법은 정액법과 정률법이 있다.

정액법(定額法)은 기존가격(구입가격, 생산가격)에서 잔존가격(殘存價格)을 차감(差減)한 잔액에 대해서 내용년수(耐用年數)로 나눈 값을 매년 감가상각비로 책정하는 방법으로, 직선법이라고도 한다. 이 방법은 간단하고 감가상각비가 매년 균등하다는 장점이 있는 반면에 고정자본재의 가치감소를 반영하지 못하는 단점이 있다.

$$D = \frac{C - S}{N}$$

D : 매년 감가상각비, C : 구입가격(생산가격), S : 폐기가격(잔존가격), N : 내용년수

예를 들면 어느 농장에서 종빈돈을 1,500,000원에 구입하였다면 감가상각비는 매년 얼마나(단, 잔존가격은 구입가격의 30%, 내용년수는 3년이다.)되는가를 계산하여 보면 아래와 같다.

$$\text{매년 감가상각비} = \frac{1,500,000 - 450,000}{3} = 350,000(\text{원})$$

정률법(定率法)은 체감잔액법과 급수법이 있는데, 체감잔액법이 복잡하고 어려운 단점이 있음에도 불구하고 가장 합리적인 방법으로, 초기에 능률이 크고 잔존가격이 큰 트랙터, 경운기 등에 적합하다고 할 수 있다. 급수법은 구입가격에서 잔존가격을 차감한 잔액에 자본재의 내용년수 누계로 나누고, 여기에 그 내용년수를 곱하여 각 연도의 감가상각비를 구하는 방법으로 연수합계법(年數合計法)이라고도 한다.

정률법을 공식으로 나타내면

$$\text{감가상각비} = \text{기말상각잔액} \times \text{감가율}$$

$$R = 1 - \sqrt[n]{\frac{S}{C}}$$

여기에서 R : 상각률, N : 내용년수, S : 잔존가격, C : 취득가격

### (2) 자본재의 평가

경영에 있어서 자본재의 평가는 필수불가결한 것인데, 평가방법으로는 취득원가법, 시가평가법, 추정평가법, 수익평가법, 저가평가법이 있다. 자본재란 넓은 의미에서는 자산의 개념에 속하는 것으로써 자본재(자산) 평가의 의의는 기말 대차대조표상의 자산재고를 평가하고, 동시에 손익계산서의 계상(計上)에 의해서 당기의 손익성과를 분석하기 위한 목적으로 기말의 수량을 조사하고 평가하는 것을 의미한다.

## 4. 경영능력

경영의 4대 요소는 모두 중요하지만 경영능력만큼 중요한 것은 없다. 적정목표를 설정하고, 적합한 경영계획과 경영관리로 경영목표를 달성하여 보람과 가치를 창출하는 것이 바로 경영능력이기 때문이다. 여기서 경영능력이란 경영기술을 포함하고 있다. 경영자는 경영의 적정목표를 설정하고 경영계획을 수립해야 한다. 합리적인 경영관리 후 경영진단 분석을 통하여 미비한 사항은 개선시킬 수 있는 능력이 갖추어져야 한다.

# 제 2 절 동물자원의 경영과 소득

경영의 목적은 학자에 따라서 이론(理論)이 다르지만 크게 두 가지로 구분된다. 그 중 하나는 경영의 목표를 순수익을 최대로 하는데 두는 것이다. 이를 요약해 보면 순수익을 중요시하는 입장은 조수입에서 가족노동력에 대한 보수를 고용노임과 같이 평가하여 이를 물적 재료비와 함께 경영비로 공제한 나머지를 순수익으로 보고 있다. 다른 하나는 소득을 중요시하는 입장인데, 이는 조수입에서 생산을 위해 소비한 물적 지출과 고용노임 지출액만 공제한 나머지를 소득으로 보고 있다. 이들 경영의 목표는 전자는 순수익(純收益, net income) 그리고 후자는 소득(所得, income)을 최대로 하는데 있다.

소 득 = 조수입 − 경영비, 그리고 순수익 = 조수입 − 생산비

이들 두 주장의 근본적인 차이는 자가노임(自家勞賃)을 수입과 비용으로 보는 데 있

다. 소득에는 순수익 부분과 함께 가족노동에 대한 보수가 포함되어 있으므로, 우리나라의 경우 과거축산업은 영세하여 소득에 목적을 둔 경영이 유력하였지만, 이제 기업가적 경영을 해야 하는 동물자원의 경영에선 전체 경제가 자본주의적인 생산관계에 의해 지배되고 있는 자본주의 경제원칙에 따를 수밖에 없기에 최대의 순수익을 얻기 위해서 합리적인 경영을 영위하여야 할 것이다.

조수입(粗收入, gross receipts)은 생산된 축산물 가운데서 가계에 이용한 부분을 제외하고 판매한 수익(收益)을 말한다.

경영비(經營費, operating cost)는 가축을 사육하면서 보통 조수입을 얻기 위하여 투입된 직접비용을 말하는데, 여기에는 가축비, 사료비, 방역치료비, 제재료비, 상각비, 수리비, 임차료, 고용노임 등을 말하고 있다.

생산비(生産費, total cost)는 생산에 소요되는 물품과 용역의 총액으로 축산에서의 생산비는 비육우 1두당 또는 달걀 10개당, 우유 1 kg당, 새끼돼지 1두당, 송아지 1두당 생산비와 같이 생산물 단위당 투입된 총비용으로 생산비는 경영에 들어간 모든 비목을 포함하며, 경영비에 자가노력비 · 자본용역비 · 토지용역비 등을 포함한다.

### (1) 경 영 비

① 사료 · 약품 · 기계 · 제재료 등 자본재에 대한 지출이다.

② 유동자본재 비용 : 새끼돼지 · 사료 · 약품 · 소농기구 등 1년 이내에 소비되거나 생산 물에 전이되는 자본재로써 이 비용은 생산량이 증가하면 비례적으로 늘어난다.

③ 고정자본재 비용 : 축사 · 농기계 · 시설물 · 착유우 등 여러 해 사용가능한 자본재로 감가상각비로 상각하며 이 비용은 생산량의 증감에 관계없이 고정적으로 지출된다.

### (2) 노 력 비

① 축산물 생산에 투입된 노동에 대한 비용이다.

② 고용노임 : 노임을 지급하고 구입한 노동력에 대한 지급비용으로 현금지급액과 식사대 등 현물지급액을 합한 것으로 장기고용노동력에 대한 임금 · 숙박비 등 포함.

③ 자가노임 : 생산에 투입된 경영주와 그 가족의 노동력에 대한 노임 평가액으로 고용노임을 기준으로 평가한다.

④ 품앗이는 자가노동에, 청부노동은 고용노동에 포함한다.

### (3) 자본용역비

① 차입자본용역비 : 차입금에 대한 이자로 경영분석에서는 물재비에 포함시킨다.

② 자기자본용역비 : 투자액에 대한 은행정도의 수익으로 비용으로 간주한다.

유동자본용역비는 유동자본재의 비용에 대한 이자이고, 고정자본용역비는 고정자본재에 대한 이자를 말한다.

〈표 12-1〉 전국 평균 한우 및 유우의 표준소득분석표 (전국평균 1두당 원)

| 비 목 별 | | | | 번식우(년/두) | 비육우(회/두) | 유우(년/두) |
|---|---|---|---|---|---|---|
| 조수입 | 주산물가액 | | | 2,874,000 | 8,553,000 | 9,871,000 |
| | 부산물가액 | | | 30,000 | 15,000 | 390,000 |
| | 기타 수입 | | | 46,000 | 12,000 | 157,000 |
| | 계 | | | 2,950,000 | 8,580,000 | 10,418,000 |
| 생산비 | 경영비 | 중간재비 | • 가 축 비 | 0 | 467,000 | 0 |
| | | | • 농후사료비 | 734,000 | 241,000 | 1,713,000 |
| | | | • 조사료비 | 442,000 | 391,000 | 1,184,000 |
| | | | • 방역치료비 | 37,000 | 7,000 | 197,000 |
| | | | • 수도광열비 | 45,000 | 10,000 | 141,000 |
| | | | • 제재료비 | 49,000 | 13,000 | 112,000 |
| | | | • 소농구비 | 3,000 | 1,000 | 6,000 |
| | | | • 대농구 상각비 | 136,000 | 28,000 | 313,000 |
| | | | • 영농시설 상각비 | 93,000 | 20,000 | 141,000 |
| | | | • 수 리 비 | 33,000 | 7,000 | 107,000 |
| | | | • 종 부 비 | 41,000 | 0 | 76,000 |
| | | | • 기타 요금 | 24,000 | 4,000 | 112,000 |
| | | 계 | | 1,637,000 | 1,189,000 | 4,042,000 |
| | | • 임 차 료 | | 7,000 | 1,000 | 8,000 |
| | | • 고용노력비 | | 19,000 | 8,000 | 208,000 |
| | | • 차입금 이자 | | 29,000 | 10,000 | 123,000 |
| | | 계 | | 55,000 | 20,000 | 339,000 |
| | 합 계 | | | 1,692,000 | 1,209,000 | 4,381,000 |
| | • 자가노력비 | | | 708,000 | 115,000 | 1,017,000 |
| | • 자본용역비 | | | 130,000 | 24,000 | 104,000 |
| | • 토지용역비 | | | 30,000 | 4,000 | 23,000 |
| 순 수 익 | | | | 303,000 | -76,000 | 2,701,000 |
| 소 득 | | | | 1,170,000 | 1,025,000 | 3,844,000 |
| 부 가 가 치 | | | | 1,225,000 | 1,045,000 | 4,183,000 |
| 소 득 율(%) | | | | 39.7 | 11.9 | 36.9 |

자료 : 통계청, 2019년 축산물생산비 조사결과, 2020.
주 : 한우 비육우는 생체 100kg 기준임.

〈표 12-2〉 돼지 및 닭의 표준소득분석표

(전체 평균 돼지, 산란계 1두(수)당 원, 닭 1수당 원)

| 비 목 별 | 비육돈(회/두) | 산란계(년) | 육계(회/10수) |
|---|---|---|---|
| 조수입 - 주산물가액 | 327,632 | 25,794 | 20,167 |
| 조수입 - 부산물가액 | 20 | 275 | 7 |
| 조수입 - 기타 수입 | 1,912 | 86 | 288 |
| 조수입 - 계 | 329,654 | 26,155 | 20,462 |
| 생산비 - 경영비 - 중간재비 - • 가 축 비 | 79,237 | 4,848 | 4,365 |
| 생산비 - 경영비 - 중간재비 - • 사 료 비 | 167,929 | 16,063 | 10,340 |
| 생산비 - 경영비 - 중간재비 - • 방역치료비 | 10,623 | 293 | 423 |
| 생산비 - 경영비 - 중간재비 - • 수도광열비 | 4,591 | 468 | 663 |
| 생산비 - 경영비 - 중간재비 - • 제재료비 | 1,752 | 1,030 | 259 |
| 생산비 - 경영비 - 중간재비 - • 소농구비 | 285 | 13 | 8 |
| 생산비 - 경영비 - 중간재비 - • 분뇨처리비 | 8,992 | 160 | 102 |
| 생산비 - 경영비 - 중간재비 - • 대농구 상각비 | 5,934 | 1,579 | 461 |
| 생산비 - 경영비 - 중간재비 - • 영농시설 상각비 | 5,035 | 314 | 390 |
| 생산비 - 경영비 - 중간재비 - • 수 리 비 | 3,001 | 127 | 103 |
| 생산비 - 경영비 - 중간재비 - • 기타 요금 | 1,463 | 103 | 87 |
| 생산비 - 경영비 - 중간재비 - 계 | 288,842 | 24,998 | 17,201 |
| 생산비 - 경영비 - • 임 차 료 | 80 | 5 | 20 |
| 생산비 - 경영비 - • 고용노력비 | 13,107 | 1,248 | 209 |
| 생산비 - 경영비 - • 차입금 이자 | 3,260 | 280 | 207 |
| 생산비 - 경영비 - 계 | 16,447 | 1,533 | 436 |
| 생산비 - 합 계 | 305,289 | 26,531 | 17,637 |
| 생산비 - • 자가노력비 | 8,847 | 932 | 809 |
| 생산비 - • 자본용역비 | 4,941 | 182 | 54 |
| 생산비 - • 토지용역비 | 1,440 | 149 | 9 |
| 순 수 익 | 6,339 | -1,823 | 1,800 |
| 소 득 | 21,567 | -561 | 2,673 |
| 부 가 가 치 | 38,014 | 972 | 3,109 |
| 소 득 률(%) | 6.5 | -21.4 | 13.1 |

자료 : 통계청, 2019년. 축산물생산비 조사결과, 2020.

### (4) 토지용역비

① 차입토지에 대한 지대 : 지급된 지대로경영분석에서는 물재비에 포함시킨다.

② 자기소유 토지에 대한 지대 : 토지자본이자로 현재의 자기토지 평가액에 이자율을 곱하여 계산하며 비용으로 간주한다.

축산을 경영함에 있어서 일정기간동안에 기록된 모든 투입량과 생산량을 정리하여 소득의 양을 분석하는 것은 대단히 중요한 영역이다. 이렇게 분석된 자료를 이용하여 차기 연도의 지표나 목표를 설정하는데 지침이 될 뿐만 아니라 이를 통하여 경영개선을 할 수 있다는 훌륭한 자료가 된다. 다음은 한우, 육우, 돼지, 닭의 표준소득을 1년간 전국을 평균하여 분석한 자료이다.

결국 축산소득은 축산조수입(조수익)에서 축산경영비를 뺀 값이고, 조수입은 축산물 및 부산물 생산량을 가격으로 환산한 값이라고 할 수 있다.

그리고 축산소득률은 축산소득을 축산조수익으로 나누고, 여기에 100을 곱한 값이다.

축산소득 = 축산조수익 − 축산경영비, 그리고 소득률 = 축산소득/축산조수익 × 100

## 제 3 절 축산경영 조직의 형태와 지표

경영진단(經營診斷, management diagnosis and analysis)이란 인체의 건강진단과 같이 경영의 실태를 조사·분석하여 진단지표에 의한 성과분석은 물론 불합리성과 비과학적인 요인을 규명하여 경영의 합리화를 위한 개선책을 강구하는 경영활동의 과정이다.

경영진단은 진단자에 따라 내부 진단자에 의한 경우와 외부의 제삼자에 의한 경우로 나누어질 수 있으나 어떠한 경우에도 경영진단자는 다음과 같은 조건을 갖추어야 한다.

첫째, 경영진단자는 경영에 대한 이론자여야 한다. 경영진단자는 동물자원학의 이론과 경영원리를 숙지하고 경영현상과 그 원인을 분명히 파악하여 경영체의 결점을 진단할 수 있는 풍부한 이론가여야 한다.

둘째, 경영진단자는 동물산업에 대한 기술자여야 한다. 제반기술을 이해하고 그 활용에 대한 능력을 가진 자를 말한다.

셋째, 경영진단자는 동물산업 발전에 대한 사명감을 가진 자여야 한다.

그리고 경영진단은 경영자가 소득을 안정적으로 증대시켜 나가기 위해 경영전체를 종합적으로 분석해서 농가별 장점과 개선점 등을 찾아내는 방법이다. 따라서 장기적인 안

목으로 합리적인 경영관리를 해나가기 위하여 경영자는 자기경영에 대한 정확한 경영진단을 통해 좋은 점은 더욱 발전시키고 잘못된 점은 스스로 개선해 나가야 한다.

축산경영은 여러 가지 조직의 형태가 있다. 일반적으로 동물사육의 종류, 경영의 목적 등에 따라 분류할 수 있는데, 동물의 종류에 따라 낙농경영(酪農經營,dairy management), 육우경영(肉牛經營, beef cattle management), 양돈경영(養豚經營, swine management), 양계경영(養鷄經營, poultry management)으로 크게 나눈다.

## 1. 낙농경영의 진단분석지표

### (1) 경산우 1두당 연간 산유량

낙농경영에 있어서 경영성과를 판단하는 지표로 가장 많이 이용되는 기술지표(技術指標)는 경산우 1두당 산유량을 들 수 있다. 경산우 1두당 산유량은 유우의 개체 또는 축군의 산유량에 의해서 경제능력을 파악하는 지표로 이용되는 것으로 연간 또는 1일 1두당 산유량을 의미한다.

$$\text{경산우 1두당 연간산유량} = \frac{\text{연간 원유생산량}}{\text{경산우 연 평균두수}}$$

$$\text{경산우 1두당 1일 산유량} = \frac{\text{경산우 1두당 연간 생산량}}{\text{305일}}$$

### (2) 유 지 율

유지율(乳脂率)은 원유 내에 들어 있는 지방함량의 비율을 말한다. 우리나라는 3.4%를 기준으로 유지율 증감에 따라 유가(乳價)가 가감되기에 유지방 함량의 증감은 원유가격에 직접적인 영향을 미친다.

### (3) 젖소의 분만간격

분만간격은 산유량에 많은 영향을 미치므로 분만 후 60~70일경에 수태하는 1년 1산이 바람직하다.

$$\text{평균분만간격} = \frac{\text{12개월}}{\text{연간 분만횟수}}$$

### (4) 경산우 1두당 사료생산면적

젖소는 초식가축으로 조사료중심의 사양이 바람직하기에 자급조사료의 생산을 위한 초지나 사료작물포의 면적이 기술지표의 하나이다.

$$\text{경산우 1두당 사료생산면적} = \frac{\text{총사료 생산면적}}{\text{경산우 사육두수}}$$

### (5) 유 사 비

유사비(乳飼費)는 구입사료비와 유대의 비율을 의미한다. 사료비는 우유생산비목 중에서 가장 높은 비율인 45～50%를 차지하고 있다.

$$\text{유사비} = \frac{\text{구입사료비}}{\text{우유판매액}}$$

### (6) 기술지표수준

낙농경영에서 현재의 기술수준과 소득달성을 위한 목표아래 바람직한 생산기술지표는 〈표 12-3〉과 같이 제시할 수 있다.

〈표 12-3〉 낙농경영의 주요 기술목표

| 구 분 | 기술지표 | 구 분 | 기술지표 |
|---|---|---|---|
| 경산우 1두당 연간 산유량 | 초산우 : 6,500 kg 이상<br>2산우 : 7,500 kg 이상<br>3산우이상 : 8,500 kg 이상 | 송아지 육성률<br>후보축 육성률<br>후보우 첫 종부월령 | 95% 이상<br>90% 이상<br>16개월(체중 350 kg 이상) |
| 유 지 율 | 3.8% 이상 | 착유일수 | 85%(305일 이상) |
| 평균 종부횟수 | 2회이내<br>(1차수정 70% 이상수태) | 건유일수 | 60일 이하 |
| 평균 분만간격 | 분만 후 13개월 이내 | 분만 후 사고비율 | 10% 이하 |
| 경산우 1두당 사료 생산면적 | 30 a | 유사비 | 35% 이하 |

## 2. 비육우경영의 진단분석지표

### (1) 비육우 1두 1일 증체량

$$\text{비육우 1두 일당 증체량} = \frac{\text{1두당 비육기간 증체량}}{\text{1두당 비육일수}}$$

### (2) 사료요구율

$$사료요구율 = \frac{사료소비량}{기간내\ 증체량}$$

1 kg의 축산물을 생산하는 데 필요한 사료요구량, 즉 사료요구율은 각 동물에 따라 다른데 젖소가 우유 1 kg을 생산하는 데 0.62 kg의 농후사료가 요구되어 가장 낮고, 물고기는 1.6 kg, 브로일러 2.4 kg, 산란계 4.6 kg, 돼지 4.9 kg, 양 8 kg, 소는 9 kg의 사료가 요구된다고 보고한 바 있다(맹원재, 1986).

### (3) 사료효율

사료효율은 가축의 생산에 대한 사료전체의 효과를 나타내는 척도로써 고기, 계란 등의 생산량과 그 생산에 소요되는 소비량과의 비율을 사료효율이라 한다.

$$사료효율 = \frac{증체량}{사료섭취량}$$

사료효율은 높을수록 좋은 반면에, 사료요구율은 낮을수록 경제적으로 양호하다는 평가를 받는다.

### (4) 기술지표수준

비육우경영에서 일당증체량은 1.0 kg 이상, 사료요구율은 8이하, 비육우 출하시 체중은 500 kg 이상, 1인당 관리두수는 100두 이상이 바람직한 것으로 평가된다.

〈표 12-4〉 비육우 경영의 주요 기술목표

| 구 분 | 기술지표 | 구 분 | 기술지표 |
|---|---|---|---|
| 비육우 1두당 일당 증체량 | 1.0 kg 이상 | 비육우 1두당 연간 지육생산량 | 230 kg 이상 |
| 사료요구율 | 8 이하 | 비육우 1두당 출하시 체중 | 600 kg 이상 |
| 사료효율 | 1/8 상 | 1인당 비육우 관리 두수 | 200두 이상 |

## 3. 양돈경영의 진단분석지표

### (1) 발 정 률

이유시킨 모돈의 경우 이렁기간 내에 발정이 재귀되는 비율을 의미하며, 후보돈의 경우 번식적령기에 달한 후보돈 중 일정기간에 발정이 오는 번식돈 두수의 비율을 말한다.

### (2) 수태율 및 재발정률

수태율은 총 종부두수 중에서 수태두수의 백분율, 재발정률이란 총 종부두수 중 재발정된 두수의 백분율을 의미한다.

### (3) 임신 중 사고율

총 사육두수 중에 임신 중 발생되는 유산이나 사산 또는 분만시 사고돈수가 차지하는 비율을 말한다.

### (4) 분 만 율

총 임신돈수 중 재발정돈과 유산, 사산 및 사고돈을 제외한 두수가 차지하는 비율을 말한다.

### (5) 연간 번식회전율

$$\text{연간 번식회전율} = \frac{\text{연간 실제분만총두수(포유개시된 복수)}}{\text{평균 유효 종빈돈 사육두수}}$$

### (6) 출하일령

비육돈의 분만일로부터 출하판매할 때까지의 소요일수를 말한다. 보통 비육돈 90～120 kg, 출하일령은 140～180일이 보통이다.

### (7) 비육돈 출하율

출하두수에 대한 이유두수의 비율을 말한다.

### (8) 평균 교미 소요일수

모돈이 자돈을 이유한 날부터 다음 교미일까지 소요되는 일수를 말한다.

### (9) 비육돈 1인당 관리두수

1인당 1,000두 내외의 수준이나 기술정도와 관리시설에 따라 크게 영향을 받는다.

### (10) 비육돈 일당증체량

비육돈의 산육능력과 비육기술을 평가하는 척도로 이용되는데, 총 증체량을 비육기간으로 나누어 계산한다.

### (11) 기술지표수준

양돈경영은 번식돈과 비육돈을 구분하여 살펴볼 수 있는데, 생산비를 최소화하고 수익성을 최대화하는 기술수준이다.

〈표 12-5〉 번식돈 경영의 주요 기술목표

| 항목 | | | 기술지표 |
|---|---|---|---|
| 관리인 1인당 | 연간자돈 | | 1,000두 이상 |
| | 번식돈 사육두수 | | 100두 이상 |
| 번 식 돈 | 1두당 연간자돈 판매두수 | | 22두 이상 |
| | 1산당 자돈 생산두수 | | 11두 이상 |
| | 1산당 자돈 판매두수 | | 9두 이상 |
| 포 육 률 | 이유두수÷포유개시두수 | | 90% 이상 |
| 육 성 률 | 판매두수÷포유개시두수 | | 90% 이상 |
| 연간 분만횟수 | 연간 분만복수÷상시 사양두수 | | 2.2회 이상 |
| 자돈손모율 | | | 10% 이내 |
| 번식돈 도태율 | 종 빈 돈 | | 33.3% |
| | 종 모 돈 | | 66.7% |
| 번식이용 개시월령체중 | 종 빈 돈 | | 7~8개월(120~130kg) |
| | 종 모 돈 | | 7~8개월(120~130kg) |
| 종부방법 | | | 자연교배 1발정 2회종부원칙 |
| 1두당 사료필요량 | 종빈돈(연간) | | 1,010 kg |
| | 종모돈(연간) | | 803 kg |
| | 종모후보돈(80~8개월령) | | 360 kg |
| | 자 돈 | 인 공 유 | 15 kg |
| | | 배합사료 | 60 kg |
| | 사료소모율 | | 2% |
| 자돈의 체중과 균일성 | 생시 자돈체중 | | 1.4 kg 이상 |
| | 이유시 자돈체중(28일령) | | 7 kg 이상 |
| | 생후 90일령 자돈체중 | | 40 kg 이상 |
| 발 정 률 | | | 90% 이상 |
| 수 태 율(종부 1회시) | | | 85% 이상 |
| 임신 중 사고율 | | | 3~5% |
| 분 만 율 | | | 90% 이상 |

〈표 12-6〉 비육돈 경영의 주요 기술목표

<table>
<tr><th colspan="3">항 목</th><th>기술지표</th></tr>
<tr><td rowspan="3">생 산 성</td><td>비육 개시시</td><td>일 령<br>체 중</td><td>90일령<br>40 kg</td></tr>
<tr><td>비육 종료시</td><td>일 령<br>체 중</td><td>190일령<br>105 kg</td></tr>
<tr><td colspan="2">1두당 1일 증체량</td><td>650 g</td></tr>
<tr><td>사료요구율</td><td colspan="2">(출하돈 1두당 사료소요량 220kg)/ (비육종료시 체중-비육개시시 체중40kg)</td><td>3.4 이하</td></tr>
<tr><td colspan="3">사 고 폐 사 율</td><td>2%</td></tr>
<tr><td colspan="3">지 육 률 (박피)</td><td>68%</td></tr>
<tr><td>상시 1두당<br>연간 지육생산량</td><td colspan="2">상시 1두당 연간 비육용 3두×(1-사고율 0.02)×(비육종료시 체중 105 kg-절식, 수송 등에 의한 감량 5 kg)×지육률 0.68</td><td>200 kg</td></tr>
<tr><td>사고 및 발병률</td><td colspan="2">사 고 율<br>발 병 률</td><td>20% 이하<br>20% 이하</td></tr>
<tr><td colspan="3">등 지 방 두 께</td><td>1.5 cm 이하</td></tr>
</table>

## 4. 양계경영의 진단분석지표

### (1) 산 란 율

산란율은 채란양계에서 매우 중요한 경제형질이다. 총 산란수를 성계 상시 사육수로 나누어 계산한다.

$$\text{산란율}(\%) = \frac{\text{총 산란갯수}}{\text{성계 상시 사육두수}} \times 100$$

### (2) 육 성 률

산란계 및 Broiler 경영에 있어 병아리를 구입하여 육성하기까지 폐사 및 도태에 의해서 육성 초기의 수수에 비하여 감소함으로 성계까지의 육성비율을 나타내는 기술지표이다.

$$\text{육성(출하)률}(\%) = \frac{\text{성계(출하) 수수}}{\text{입추 수수}} \times 100$$

### (3) 난 중

산란율에 못지 않게 난중은 중요한 경제형질인데, 평균난중은 연중 총 계란의 무게를 총 산란갯수로 나누어 계산한다. 난사비(卵飼比)는 계란 1kg 가격을 사료 1kg당 가격으로 나누어 계산한다.

$$\text{평균 난중량(g)} = \frac{\text{연중 총 채란중량}}{\text{연중 총 산란갯수}}$$

### (4) 일당증체량

브로일러의 산육능력을 나타내는 척도로써 회전율을 높이는 주요 요인이 된다.

$$\text{일당증체량(g)} = \frac{\text{총 증체량}}{\text{총 사육일수}}$$

### (5) 사료요구율

사료요구율은 일정기간에 사료섭취량을 증체량(산란량)으로 나누어 계산하는데, 요구율이 낮을수록 경제적이다. 또는 사료효율이 양호하다고 볼수 있다.

### (6) 사 고 율

사육기간에 폐사 등으로 생기는 도태수수를 말하는데, 기간 내의 폐사나 도태수수를 입추개시수수로 나누어 계산한다.

$$\text{사고율(\%)} = \frac{\text{폐사 또는 도태수수}}{\text{입추 개시수수}} \times 100$$

### (7) 기술지표수준

〈표 12-7〉 양계경영의 주요 기술목표

| 산 란 계 | 기술지표 | 육 계 | 기술지표 |
|---|---|---|---|
| 산 란 율 | 85% 이상 | 일당증체량 | 40 g 이상 |
| 육 성 률 | 98% 이상 | 사 육 일 수 | 45일 이내 |
| 난 중 | 60 g 이상 | 폐 사 율 | 2% 이내 |

# 제 4 절 동물자원의 유통

유통(流通, marketing)이란 원래 생산된 재화(물건)와 용역(서비스)이 원활히 소비되고, 소비자가 원하는 바가 무엇인지 생산에 반영되도록 중계하는 기능이다. 말하자면 생산과 소비를 연결하는 파이프라인이며 신경(통신)조직인 셈이다. 경제규모가 날로 커지고 시장경제화가 확대될수록 유통제도와 장치는 더욱 정교해지고 복잡해진다. 유통구조가 복잡하고 다양화될수록 도리어 그 근원인 생산자의 이익은 크게 잠식당할 수 있기에 유통제도와 설비는 그 근원을 돈독히 보장하고 키우는 방향으로 나아가야 한다.

과거 동물자원의 유통은 축산물만의 유통이었으나, 이제 애완(愛玩) 동물산업의 발전으로 말미암아 살아있는 생축(生畜)의 유통과 새로운 흐름인 신유통에도 관심을 기울여야 할 때이다.

## 1. 유통기능

생산물이 양축가로부터 소비자 또는 사용자에게로 이전되는 과정에서 일어나는 일련의 경제활동을 말한다. 생산물의 유통기능(marketing function)은 크게 교환기능, 물적 유통기능, 조성기능으로 나눌 수 있다.

### (1) 물적 유통기능

물적 유통기능(physical function)은 실물적(물리적) 유통 기능으로 생산물의 운송(transportation), 저장(storage), 가공(processing) 등과 같이 실제 우리의 눈으로 볼 수 있는 기능을 말한다.

### (2) 교환기능

교환기능(exchange function)은 경제적 유통기능으로, 소유 이전에 관한 기능이며 구매(buying)와 판매(selling)로 나눌 수 있다.

### (3) 조성기능

조성기능(facilitating function)은 생산물 유통의 기본적 기능인 물적 유통기능과 교환기능을 효율적으로 수행하기 위하여 보조하는 유통기능이다. 표준화, 유통금융, 위험

부담, 시장정보의 수집과 홍보 등이 여기에 속한다.

## 2. 유통비용

생산물 유통에 필요한 유통비용(流通費用, marketing cost)은 생산물이 생산자로부터 소비자에 이르는 과정에서 각 유통기관이 효용을 추가하는 모든 활동과 기능을 수행하는데 따르는 비용이다. 이 비용에는 유통기관의 유통기능 수행은 물론 유통기관의 이윤까지도 포함된다. 따라서, 유통비용은 농가수취가격과 최종의 소비자 지불가격의 차액으로 표시된다.

일반적으로 유통비용은 유통마진(marketing margin)과 같은 의미로 해석되고 있으나, 유통단계별로 상품단위당의 가격차액으로 표시되는 경우도 가끔 있다.

경제발전에 따라 시장기능의 활성화를 통한 유통과정의 단축이나 효율적인 유통기능 수행 및 기술혁신 등을 통해 유통비용을 절감시키는 것이 일반적이나 축산물을 비롯한 대부분의 농산품은 그 상품 자체가 지니는 상품적 특성으로 인해 변질부패성이 강할 뿐 아니라, 소득증대에 따른 소비자의 식품에 대한 욕구・기호・식습관 등이 고급화되고 다양하게 변화되기 때문에 이를 충족시키기 위한 가공・포장・저장・상품화・각종 서비스 등에 대한 추가적 비용이 계속 증대되고 있다. 이런 추가적 비용은 규모경제를 통한 단위당 비용절감과 유통기술 혁신 및 경영의 효율화 등을 통해 상쇄 또는 최소화시킬 수 있도록 하는 것이 중요 과제이다.

## 3. 신유통의 변화

최근 가계소득증가, 핵가족화, 여성사회참여 확대, 건강에 대한 관심증대 등으로 향후 식품소비는 고급화, 다양화, 편의성, 건강추구 경향이 강화되고 있는 실정이다. 따라서, 양적인 소비에서 질적인 소비로 변하고 있을 뿐만 아니라 식품구매시 다품종 소량구입과 일괄구매 경향이 뚜렷한 증가추세에 있다. 또한 외식 및 조리식품, 반조리식품 등의 가공식품에 대한 수요가 크게 증가하고 있는 추세이다.

특히 식자재를 대량 취급하는 전문식자재점과 외식산업이 크게 번성하고 있으며, 국내외 대기업이 운영하는 수퍼센터(대형할인점)가 소비자 욕구에 부응하여 유통혁신으로 크게 신장하는 반면에 기존 동네 수퍼 또는 재래시장은 상대적으로 위축되어지고 있다.

## 「재테크」의 기초상식

財테크란 영어로 「financial technology」인데, 재무테크놀로지의 준말로 재무관리에 관한 고도의 지식을 포함한 기술을 의미하고 있다.

현대인들과 대량소비시대에서 저소비와 저성장시대로 이행하게 되면 기업인들은 매출액 증가를 위한 영업활동만으로는 자금조달과 운영의 어려움이 따르기 때문에 영업외의 활동에 많은 관심을 기울이기 마련이다. 기업, 개인 또는 가계는 자신들의 자산을 잘 분석하여 계획적으로 관리해야 한다. 단기적으로는 자산을 어떻게 효율적으로 운영할 것인지를 생각하고, 정년 후 먼 노후생활까지 대비하여 자산운용계획을 꼼꼼히 세운다. 재테크의 원칙은 주가・금리・땅값 등을 정확하게 예측하고 거기에 맞는 목표를 세우는 일이다. 재테크 전문가들은 자산관리를 할 때 주식・예금・부동산 등에 분산하여 투자할 것을 권하고 있다. 이렇게 하는 것이 한 쪽에서 잃은 손실을 다른 한 쪽에서 투자이익을 얻을 수 있기 때문에 확실하고 안전한 방법으로 알려져 왔다.

대학을 졸업하고 사회에 처음 발걸음을 하는 초보자에게는 일상생활을 하면서 다음과 같은 사항을 꼭 알아둬야만 자산손실을 사전에 예방할 수 있다.

첫째는 「전세보증금」의 안전한 제도적 장치를 마련해야 한다. 대부분의 전세입자는 확정일자를 받아두지만 이것만으로 완전하게 보호받을 수 있는 것은 아니다. 선순위 저당권이 있을 때는 선순위 저당권자가 우선하여 먼저 보호받고 나머지 부분에서 보호받을 수 있기 때문이다. 이 경우 세입자가 완전하게 전세금을 모두 보장받으려면 주택임대차 보호법이 제정된 것으로 보아 약자인 세입자를 보호하기 위하여 마련하였으므로 까다로운 법원의 경매절차과정을 모두 밟아야 한다. 이 때에도 경매 낙찰가격이 선순위 저당권자의 액수보다 적을 때에는 보호가 어렵기 때문에 전세에 들어갈 집은 사전에 등기부등본의 이상유무를 확인하여 본 후 이사직후에 확정일자를 받아두는 것이 가장 좋은 방법이라 하겠다.

둘째는 「부동산권리」를 분석해야 한다. 부동산거래에서 유의할 점은 권리관계를 정확하게 파악하는 일이다. 부동산의 권리관계를 알려면 여러 가지 부동산관련 서류를 열람하여 확인해야 한다. 어떤 부동산을 매입하려면 먼저 등기부등본을 열람하여 거래대상인 부동산이 등기부 기재사항과 일치하는가를 잘 살펴야 한다. 그리고 대상 부동산의 공법규제사항 등은 「토지이용계획확인원」 또는 「도시계획확인원」으로 파악해야 한다. 여기에서 재개발, 도시계획 등의 기재여부를 확인할 수 있다. 그 밖에도 필요에 따라서 토지대장, 임야대장, 가옥대장, 무허가주택확인원 등을 열람하여 확인할 수 있다.

셋째는 「부동산매매」시 주요사항을 사전에 꼭 파악해야 한다. 토지의 경우에는 현장에 가서 토지의 위치 및 인접토지와의 경계확인, 도로접근, 교통의 편의성, 급수 및 배수문제, 경사, 주변 토지와의 연계성 등을 파악해야 한다. 임야는 주위 토지와의 경계가 명확하지 않기 때문에 사전에 「지적도」 등을 발급 받아서 그 지적도와 대조를 하면서 토지의 경계를 살펴보는 것이 중요하다. 그리고, 점유상태를 확인하고, 현재 그 토지가 방치되어 있는지의 여부나 경작여부 등을 잘 살펴보아야 한다. 건물은 주변 건물과의 거리, 일조권의 확인 등을 살펴보는 것이 중요하다. 그리고 임대차 관계도 반드시 확인해야 할 사항인데, 서류를 통하여 모두 확인하여 점검하는 것이 바람직하다. 특히, 임야를 축사나 목장부지로 이용하려면 임야대장과 국토이용확인원을 발급받아 「보안림, 풍치림, 사방림, 공원지대」 등의 개발제한구역인가를 면밀히 살펴 취득하는 목적과 재산상 피해가 없도록 주의해야 한다.

자산의 증식과 관리는 여러 가지 방법을 통하여 자기 여건에 맞게 분산투자의 개념으로 구상되어야 한다. 이러한 투자는 사회경험이 부족하여 생활하면서 계획성을 잃을 경우도 있는데, 위에서 말한 전세생활자의 전세금을 보호받지 못할 경우, 부동산 거래시에 부동산의 권리를 잘못 파악하였을 경우, 그리고 부동산매매시 지적도 등을 잘못 이해했을 경우에는 재테크에 큰 지장을 초래할 수 있으므로 꼼꼼히 살펴보아야 할 것이다.

## ◆연습문제◆

1. 동물자원의 경영요소를 들고, 간단히 설명하시오.
2. 고정자본재와 유동자본재의 정확한 개념을 정의하고, 여기에는 어떠한 것들이 있는지 예를 들어 몇 가지 나열하시오.
3. 축산소득과 순수익의 개념을 정확하게 정의하시오.
4. 경영비와 생산비는 각각 무엇이며, 여기에 해당되는 비목을 각각 분류하시오.
5. 현재 비육돈 1,000두 대상으로 1년간 조수입 및 생산비를 계산하여 소득을 구하고, 2001년 농촌진흥청 비육돈 표준소득분석표와 비교 분석하여 보시오.
6. 낙농경영의 진단분석지표를 설명하시오.
7. 양돈경영의 진단분석지표를 설명하시오.
8. 유통마진(流通 margin)이란 어떠한 비용을 의미하는가?

# 〈참 고 문 헌〉


1. Adams, N.J. and F. Fox. 1972. Performance and carcass characteristics of various types of cattle fed for beef. California Livestock Symposium.
2. Arave, C.W. and J.L. Albright. 1981. Cattle behavior. J. Dairy Sci. 64(6).
3. Aubrey Milunsky. 한국유전학회편역. 1993. 유전병은 숙명인가. 전파과학사.
4. Bereskin, B., A.E. Freeman and J. L. Lush. 1965. Genetic and environmental factors in dairy sire evaluation. J. Dairy Sci., 48, 347.
5. Berteam, B. and Gorrfried, B. 1992. Molecular cloning and analysis of the porcine "halothane" gene, Arch Trerz. 35 : 129~135.
6. Bhattacharya, A.N. and J.C. Taylor. 1975. Recycling animal wastes as a feedstuff : A review. J. Anim. Sci, 41(5) : 1438~1457.
7. Birch, G.G., Parker, K.J. and T.T. Worgan. 1976. Food from wastes. Applied Science Publishers. London.
8. Blood, D.C. et al. 1983. Veterinary medicine. six edition. Bailliere Tindall. London.
9. Brock, J.C. 과학세대편저. 1996. 인간과 가축의 역사. 도서출판 새날.
10. Campbell, J.R., and R.T. Marchall. 1975. The Science of Providing Milk for Man. McGraw-Hill Company. New York..
11. Dickerson, F.N., B.T. Mcdaniel. 1969. Status and potential of artificial insemination for increasing production and income over feed cost for dairyman. J. Dairy Sci. 52 : 1464.
12. Dickerson, G.E., and L.N. Hazel. 1944. Effectiveness of selection on progeny performance as a supplement to earlier culling in livestock. J. Agr. Res. 69, 459.
13. Dickerson, G.E., C.T. Blunn, A.B. Chapman, R. M. Kottman, J.L. Krider, E.J. Warwick, and J.A.J. Whatley. 1954. Evaluation of selection in developing inbred lines of swine, Mo. Agr. Expt. Sta. Res. Bul. 551.
14. Dickinson, F.N., B.T. Mcdaniel, and R.E. Mcdowell. 1969. Comparative efficiency of feed utilization during first lactation of Ayrshire, Brown Swiss and Holstein cows. J. Dairy Sci. 52 : 489.
15. Ensminger, M. E. and C.G. Olentin. 1978. Feeds & nutrition. The Ensminger Publishing Company. California.
16. FAO. Quarterly bulletin of statistics. Vol. 5(1). 2002.
17. Fox, J.D., W.G. Moody, J.D. Kemp and W. H. Henning. 1970. Physical, chemical and histological properties of low, medium and high quality hams at various intervals during curing and aging. J. Anim. Sci. 31 : 323~326.
18. Fujii, I., K. Ostu, F. Zorzto, S. de Leon, V. Khanna, J.E. Weiler, P.J. O'Breien and D.H MacLennan. 1991. Identification of a mutation in porcine ryanodine receptor associated with malignant hypothermia. Science. 253 : 448~451.
19. Gillespie, J. H. and J. E. Timoney. 1981. Hagan and Bruner's infectious disease of domestic animals. Seventh edition. Comstock Publishing Associates. Cornell University Press.

20. Gregory, Keith E., L.A. Swiger, R.M. Koch, L.J. Sumption, W.W. Rowden and J.E. Ingalls. 1965. Heterosis in preweaning traits of beef cattle. J. Anim. Sci. 24 : 21~28.
21. Han, I.K. 1992. Future development of feed industry in asia and pacific region. proc. 6th AAAP Animal science congress. Vol. 1.
22. Hargrove, G.L., J.T. Salazar and J.R. Legates. 1969. Relationship among first lactation and lifetime measurements in a dairy population. J. Dairy Sci. 52 : 651.
23. Harlow, A.A. 1960. The hog cycle and the cobweb theorem. J. of Farm Economics, Vol. 42, No. 4.
24. Houde, A., Pommier S.A. and Roy, R. 1993. Detection of ryanodine receptor mutation associated with malignant hypothermia in purebred swine population. J. Anim. Sci. 71 : 141 4~1418.
25. Hughes, I.P, Moran, C. and Nicholas, F.W. 1992. PCR genotyping of the ryanodine receptor gene for a putative causal mutation for malignant hypothermia in Australian pigs. J, Anim. Breed. Genet. 109 : 465~476.
26. Hutt., F.B. and B.A. Rasmusen. 1982. Animal Genetics. Second Edition. Johnwiley and Sons. New York.
27. Jahn, E. and P.T. Chandler. 1976. Performance and nutrient requirements of calves fed varying percentages of protein and fiber. J. Anim. Sci. 42 : 724.
28. Johansson, I and Rendel, J. 1966. Genetics and Animal breeding. W.H. Freeman and Company. San Francisco.
29. Johansson, I. 1965. Hereditary defects in farm animals. World Rev. Anim. Production. 3 : 19 ~30.
30. Lasley, J.F. 1994. Genetics of livestock improvement. Fourth Edition. London.
31. Lois Hetherington and John G. Matthews. 1992. Goats. Third Edition. Farming press. London.
32. Maynard, L.A., J.K. Loosli, H.F. Hintz and R.G. Warner. 1979. Animal nutrition(7th Ed.), McGraw-Hill Book Company. New York.
33. Miligan, J.D. and G. Christison. 1974. Effects of severe winter conditions on performance of feedlot steers. Can. J. Anim. Sci. 54 : 605.
34. Nakakima, E., Matsumoto, T., Yamada, R., Kawakami, K., Rakeda, K., Ohnishi, A. and Komatsu, M. 1996. Technical notes : Use of a PCR-single strand conformation polymorphism (PCR-SSCP) for detection of a point mutation in the swine ryanodine receptor(RYR1) gene. J. Anim, Sci. 74 : 2904~2906.
35. NRC. 1980. Mineral tolerance of domestic animals. National Academy of Sciences. Washington, D. C.
36. NRC. 1984. Nutrient requirements of domestic animals. Nutrient requirements of beef cattle(6th Ed.). National Academy Press. Washing, D.C.
37. NRC. 1984. Nutrient requirements of domestic animals. Nutrient requirements of poultry(8th Ed.) National Academy Press. Washing, D.C.
38. NRC. 1985. Nutrient requirements of domestic animals. Nutrient requirements of sheep(6th Ed.) National Academy Press. Washing, D. C.
39. Otsu, K., Khanna, V.K., Archibald, A.L. and Maclennan, D.H. 1991. Congregation of porcine malignant hypothermia and a probable causal mutation in the skeletal muscle ryanodine

receptor gene in backcross families. Genomics. 11 : 744~750.
40. Palz, W., P. Chartier and D.O. Hall. 1981. Energy from biomass. Applied Science Publishers. London.
41. Park, H.K., T. Ito and T. Fukazawa. 1975. Comparison between normal and PSE porcine muscle in the extractability of myosin B and in the theological properties of those sausages. Jap. J. Zootech. Sci. 46 : 360~366.
42. Po. C. 1980. Animal waste treatment and utilization. Council for Agricultural Planning and Development. Taipei.
43. Pommier, S.A., Houde, A., Rousseau, F. and Savoie, Y. 1992. The effect of the malignant hypothermia genotype as determined by restriction endonuclease assay on carcass characteristics of commercial crossbred pigs. Can. J. Anim. Sci. 72 : 973~976.
44. Rasnusen, B.A. and Christian L.L. 1976. H blood types in pigs as predictors of stress susceptibility. Science. 191(4230) : 947~948.
45. Salisbury, G.W., N.L. Van Demark and I.R. Lodge. 1978. Physiology of reproduction and artificial insemination of cattle. Freeman and Company, San Francisco.
46. Schaeffer, L. R. and C.R. Henderson. 1972. Effects of days dry and days open on Holstein milk production. J. Dairy Sci. 55 : 107~112.
47. Simpson, S.P. and Webb, A.J. 1989. Growth and carcass performance of British Landrace pigs heterozygous at the halothane locus. Anim. Prod. 49 : 503~509.
48. Stewart, G. and A.W. Brant. 1974. Poultry. eggs and meat as food. In H.H. Cole and M. Ronning(Ed.). Animal Agriculture. W.H. Freeman and Company. San Francisco.
49. Suess, G.G., W.J. Tyler and V. H. Brungardt. 1969. Influence of weight and nutrition upon muscle growth and intermuscular fat deposition in Holstein stress. J. Anim. Sci. 29 : 410.
50. USDA. 2002. World Livestock and poultry situation.
51. Utsumi, K., Kawamoto, T., Kim, J.H., Iritani, A., Sakai, A. and Komano, T. 1992. Sex Determination of Bovine Embryos by the Polymerize Chain Reaction Using Y-Specific Primers. J. Reprod. Dev. 38(1) : 35~43.
52. Van Vleck, L. D., L. H. Wadell and C. R. Henderson. 1961. Components of variance associated with milk and fat records of artificially sired Holstein daughters. J. Anim. Sci., 29, 8, 2.
53. Warwick E.J. and Legates J.E. 1995. Breeding and improvement of farm animals. McGrow Hill Book Company.
54. Webb, A. J. and Jordan. C.H.C. 1978. Halothane sensitivity as a field test for stress susceptibility in the pig. Anim. Prod. 26 : 157~163.
55. William, E.R., MingYu, L., Sayed, E.K, Catherine F.H.K., Lisa R.I, James, R.M. and Charles, F.L. 1993. Relative Accuracy of the Halothane Challenge test and Molecular Genetic Test in Detecting Gene for Porcine Stress Syndrome. J. Anim. Sci. 71(6) : 1395~1399.
56. 2001년도 축산물 생산비 조사보고. 2002. 농촌진흥청.
57. 강대진, 고영두, 윤상기, 조헌조, 이길왕 등. 2002. 축산학개론. 선진문화사.
58. 강민수, 강봉석, 강찬원, 김상철, 박연진 등. 1998. 애완동물. 선진문화사.
59. 강희신, 고준수, 김동암, 김현욱, 김형균 등. 1995. 낙농학요론. 선진문화사.
60. 고영두, 강한석, 김계웅, 김재황, 김진회 등. 2003. 동물자원학. 선진문화사.
61. 권동태, 권 민, 김대근, 김동성, 김서중, 김성우 등. 2001. 2001년 한국축산연감. 농수축산신문.

62. 권원달. 1993. 농산물유통론. 선진문화사.
63. 권혁추, 김계웅, 김동수, 김정대, 박홍양. 1995. 어류생물학. 정문각.
64. 김계웅, 김내수, 김정우, 김철욱, 박홍양 등. 2000. 동물유전학. 정문각.
65. 김계웅, 장현기, 박홍양. 1995. 종돈의 능력검정에 미치는 품종 및 혈통의 효과. 한국축산학회지. 37(4) : 490～496.
66. 김계웅, 조영춘, 박홍양. 1999. 돼지의 주요경제형질에 미치는 환경요인의 효과. 한국축산학회지. 41(1) : 1～10.
67. 김동암, 김병호, 김창주, 김대진, 김문철. 1995. 초지학총론. 선진문화사.
68. 김동암, 김현욱, 박영일, 송계원, 오봉국 등. 2000. 축산학개론. 향문사.
69. 김성훈, 김완배, 김정주. 1995. 농산물유통 진단과 처방. 농민신문사.
70. 김영교, 김영주, 김현욱. 1987. 우유와 유제품의 과학. 선진문화사.
71. 김창원(편저). 2001. 애완동물도감 애완동물의 모든 것. 진선출판사(주).
72. 김철욱, 조광근, 최윤재, 박외선, 권윤정 등. 1998. Porcine Ryanodine Receptor 유전자의 Mutation을 확인하기 위한 Double Tube Allele Specific Primer PCR의 이용. 한국축산학회지. 40(3) : 227～234.
73. 김철욱. 1997. RAPD-PCR기법을 이용한 돼지의 품종(Duroc, Landrace, Yorkshire) 식별 Genetic Marker 개발, 동물유전육종학회지. 1(2) 103～115.
74. 김태현, 윤두학, 최승철, 박응우, 이영창 등. 1997. 재래돼지 미토콘드리아 DNA의 유전적 다형성 분석. 한국축산학회지. 39(3) 209～214.
75. 김현호(편저). 1987. 조류사육(사육과 번식). 내외출판사.
76. 김형기. 1991. 잔디학. 선진문화사.
77. 김형화, 김철현, 이은우. 1982. 돼지사육의 적정규모와 양돈업의 육성방안. 한국농촌경제연구원.
78. 농림부. 2000. 수정란이식기법을 이용한 고능력우 대량생산기술개발. 축산기술연구소.
79. 농림부. 2003. 농림축산업주요통계.
80. 농촌진흥청 축산기술연구소. 1999. 새로운 축산기술.
81. 농촌진흥청. 1990. 특수가축사육. 농촌진흥청기술공보담당관실인쇄실.
82. 류제창, 강태숙, 김정주, 서기석, 양형조 등. 2002. 축산경영학. 선진문화사.
83. 류제창. 1980. 한국축산안정화 방안에 관한 연구-양돈경영 합리화-. 한국축산학회. 축산진흥회.
84. ———. 1985. 축산경영학의 개념정립과 학문체계에 관한 연구. 한국축산경영학회지. 창간호.
85. ———. 1991. 축산경영학. 선진문화사.
86. 맹원재, 노순창, 이광전, 김계웅, 정길생 등. 2000. 축산학개론. 선진문화사.
87. 맹원재. 1983. 볏짚의 사료적 가치증진 및 이용방안. 한국사료협회.
88. ———. 1986. 암모니아 처리에 의한 사료가치 향상에 관한 연구. 남해화학주식회사.
89. 문기한. 1993. 돼지가격 안정화모형에 관한 실증적 연구. 건국대학교 대학원. 박사학위논문.
90. 박수용. 1988. 관상열대어 사육과 번식. 오성출판사.
91. 박영일, 김한석, 김광현, 김두환 등. 1998. 양돈학. 선진문화사.
92. 박영일, 박태섭, 신영수, 이학교, 김형균, 오하식, 손창준, 한재용. 1997. PCR-RFLP기법을 이용한 PSS 돼지 검색에 관한 연구. 한국동물유전육종학회지. 1(1) : 73～80
93. 박용호, 백명기, 상병찬, 여정수, 이창수 등. 1996. 동물유전공학. 선진문화사.
94. 박종수, 김정주. 1994. 최신 축산경영학 연습-문제와 해설-. 향문사.
95. 박형기, 오홍록, 신현길, 김천제, 강종옥 등. 2000. 식육의 과학과 이용. 선진문화사.
96. 박홍양, 윤종만, 김계웅, 허형택, 권혁추 등. 1995. 어류생물학. 정문각.
97. 보건교육연구회. 1995. 임상분자생물학. 대학서림.

98. 서종혁, 김경덕, 진길부. 1998. 농산물차별화 소비자 지향형 농업의 활로.
99. 성진근, 조일호. 1999. 벤치마킹 농업경영진단과 혁신기법. 농민신문사.
100. 손시환, 신영수, 양영훈, 여정수, 이정구 등. 2002. 동물유전의 이해. 선진문화사.
101. 손재영, 김교준. 1995. 가축질병학. 선진문화사.
102. 송만강, 이문연, 이병오, 최양일, 조종호, 김인식 등. 1997. 한우 새롭게 도전하는 경영. 농민신문사.
103. 송해범, 박홍양, 홍기창, 남기홍, 김대진 등. 2000. 돈육생산학. 형설출판사.
104. 신현길, 이무하, 김구용, 임한종. 1997. 식육의 이론과 실제. 미트저널사.
105. 심영근, 이상무. 1993. 최신농업경영학개론. 재단법인 농림수산정보센터.
106. 심영근. 1978. 농업경영학개론. 선진문화사.
107. 오봉국, 김재홍, 김창근, 박영일, 백동훈 등. 2000. 가축육종학. 선진문화사.
108. 오세정, 정선부, 박근식, 강태항, 김대진 등. 1990. 가금학요론. 선진문화사.
109. 오세정. 1983. 육계사육요론. 선진문화사.
110. 유욱준. 1996. Bio Medical Research. 신기획.
111. 윤희섭. 1990. 소의 세계. 선진문화사.
112. 이기환. 2000. 우량 돼지의 선발을 위한 PSS 유전자 검색에 관한 연구. 공주대학교 석사학위논문.
113. 이대실. 1998. 분자생물학노트 제3판. KIST 생명공학연구소.
114. 이무환. 1992. 사슴. 동명사.
115. 이연근, 박진기, 민관식, 김광식, 성환후 등. 2001. 새롬이 F1의 유즙에서 EPO 생산. 한국가축번식학회. 춘계학술발표대회.
116. 이재영, 유제현, 강국희. 1989. 신제유가공학. 향문사.
117. 이정일, 이진희, 곽석준, 하영주, 정재두 등. 2003. 유화형 Sausage의 품질특성에 식물성유와 동물성유 CLA 첨가가 미치는 영향. 한국동물자원학회지. 45(2) : 283~296.
118. 임종천, 현 훈. 2000. 경제의 이해. 창문각.
119. 정길생, 강민수, 고대환, 김정우, 김정익 등. 2002. 가축번식생리학. 선진문화사.
120. 조동성. 1995. 21세기 경영 패러다임. 민음사.
121. 조석진, 이동호, 하서현, 김정호, 신해식 등. 1992. 최신축산경영학. 유한문화사.
122. 조성대. 1997. PCR을 이용한 lake trout(Salvelinus namaycush) transferrin cDNA의 구조해석에 관한 연구. 건국대학교 석사학위논문.
123. 조홍래. 1985. 단백질의 종류와 분해율이 반추위 미생물의 성장과 아미노산이용률 및 육성 비율의 증체에 미치는 영향. 건국대학교대학원 박사학위논문.
124. 차광호. 2000. 열대어. 내외출판사.
125. 최영길. 1993. 임상분자생물학 기법. 고려의학.
126. 축산물가격수급자료. 2002. 농업협동조합중앙회.
127. 축산업협동조합중앙회. 1992. 한국축산발전사. (주)삼성인쇄.
128. 한성욱, 강민수, 김재홍, 박창식, 백동훈 등. 1996. 가축의 품종. 선진문화사.
129. 한인규, 이영철, 정근규, 박홍석, 최진호 등. 2000. 가축영양학. 선진문화사.
130. 한인규. 1976. 사료자원핸드북. 한국사료협회.
131. 한인규. 1986. 저질조사료의 사료과학개선방안에 관한 연구. 한국사료영양학회지. 10(2) : 168~200.
132. 허덕, 정민국, 유철호, 신승열, 최정섭. 2000. 쇠고기 수입자유화와 한우산업발전방안. 한국농촌경제연구원.
133. 홍지형, 박금주, 전병태, 홍성철. 1998. 축산폐기물자원화. 도서출판 동화기술.

# 부　록

## -여러 동물의 분류와 그 특징-

### 1. 초식동물

라 마

코끼리

캥거루

### 2. 육식동물

늑 대

밍 크

여 우

### 3. 해상포유류 및 조류

물 개

물 범

타 조

## 1. 초식동물

초식동물(草食動物, herbivorous animal)은 풀, 나뭇잎이나 열매 등을 주로 먹고살며, 위(胃)가 4개인 동물도 있으며, 견치(송곳니)가 없는 것이 특징이라 할 수 있다.

〈표 1〉 초식동물의 생리적 특징

| 동 물 명(영명) | 동물분류 | 임신기간(일) | 산자수(두) | 평균수명(년) | 평균체중(kg) | 분포지역 |
|---|---|---|---|---|---|---|
| 고라니 (Chinese Water Deer) | 소목 사슴과 | 170~210 | 3~4 | 10~12 | 9~15 | 한국, 중국북동부 |
| 꽃사슴 (Formosan Deer) | 소목 사슴과 | 225 | 1 | 20~25 | 42~90 | 일본, 대만, 한국 |
| 노루(Roe Deer) | 소목 사슴과 | 294 | 2 | 10~12 | 15~30 | 중앙아시아, 한국 |
| 뉴트리아 (Nutria) | 쥐목 카프로미스과 | 60~90 | 5~10 | 10 | 7~9 | 남미 중남부 |
| 다람쥐 (Squirrel) | 쥐목 다람쥐과 | 40 | 4~6 | 8~10 | 0.1~0.2 | 세계전역 |
| 단봉낙타 (Dromedary Camel) | 소목 낙타과 | 390~410 | 1 | 40~50 | 300~690 | 북아프리카, 아시아남서부 |
| 들소(Bison) | 소목 소과 들소속 | 274 | 1 | 18~22 | 600~1,000 | 북미 초원지대 |
| 라마(Llama) | 소목 낙타과 | 348~368 | 1 | 15~30 | 70~140 | 남미 고산지대 |
| 레드디어(Red Deer) | 소목 사슴과 | 230~240 | 1 | 15~18 | 100~180 | 영국, 아시아, 유럽, 북아프리카 |
| 마사이기린 (Masai Giraffe) | 소목 기린과 | 420~468 | 1 | 26 | 800~1,900 | 탄자니아, 케냐 |
| 몰모트(Guinea Pig) | 쥐목 쥐과 | 60 | 3~4 | 3~4 | 0.7~0.9 | 남미 |
| 물사슴 (Indian Sambar) | 소목 사슴과 | 240 | 1 | 15~20 | 250~300 | 인도, 실론, 대만 |
| 봉고(Bongo) | 소목 소과 | 150 | 1 | 15~20 | 210~400 | 아프리카 |
| 쌍봉낙타 (Bactrian Camel) | 소목 낙타과 | 390~410 | 1 | 30~40 | 365~396 | 중앙아시아 |
| 아시아코끼리 (Asian Elephant) | 장비목 코끼리과 | 607~641 | 1 | 70 | 3,000~5,000 | 인도 등 아시아 동남부 |
| 아프리카당나귀 (African Ass) | 말목 말과 | 345 | 1 | 15~25 | 200~300 | 아프리카 |
| 아프리카코끼리 (African Elephant) | 장비목 코끼리과 | 660 | 1 | 60~70 | 5,800~7,500 | 사하라사막이남 아프리카 |
| 얼 룩 말(Zebra) | 말목 말과 | 345~390 | 1 | 15~25 | 200~300 | 아프리카 |
| 오 가 피(Okapi) | 소목 기린과 | 420~457 | 1 | 15~20 | 210~250 | 아프리카북동부 |
| 제주조랑말 (Domestic Horse) | 말목 말과 | 335 | 1 | 20~25 | 150~250 | 제주도 |
| 코 알 라(Koala) | 유대목 코알라과 | 25~35 | 1 | 16~20 | 8~11 | 오스트레일리아 남동부 |
| 하 마 (Hippopotamus) | 소목 하마과 | 227~240 | 1 | 40~50 | 3,000~4,500 | 아프리카 |
| 햄 스 터 (Hamster) | 쥐목 비단털쥐과 | 10~14 | 8~10 | 2~3 | 0.13~0.18 | 동유럽, 남아프리카 |
| 회색캥거루 (Great-gray Kangaroo) | 유대목 캥거루과 | 30~40일 육아낭 속에서 5~6개월 | 1 | 10~15 | 130~160 | 오스트레일리아, 뉴기니아 |
| 흰코뿔소 (White Rhinoceros) | 말목 코뿔소과 | 485 | 1 | 40~45 | 1,700~2,300 | 아프리카 |

## 2. 육식동물

육식동물(肉食動物, carnivorous animal)은 날카로운 이빨과 발톱이 있어 다른 약한 동물을 잡아먹으며, 특히 견치가 있는 것이 특징이다.

〈표 2〉 육식동물의 생리적 특징

| 동 물 명(영명) | 동물분류 | 임신기간 (일) | 산자수 (두) | 평균수명 (년) | 평균체중 (kg) | 분포지역 |
|---|---|---|---|---|---|---|
| 너 구 리 (Raccoon Dog) | 식육목 개과 | 59~64 | 5~7 | 7~10 | 4~10 | 유럽, 동아시아 |
| 늑 대 (Asiatic Wolf) | 식육목 개과 | 60~63 | 2~6 | 12~15 | 25~45 | 한국, 시베리아, 북미, 유럽 |
| 밍 크 (Mink) | 식육목 족제비과 | 34~70 | 4~6 | 6~12 | 0.5~1.5 | 북미, 유럽, 아시아의 북부 |
| 반 달 곰 (Moon Bear) | 식육목 곰과 | 210~240 | 1~3 | 15~20 | 70~120 | 한국, 중국, 네팔 |
| 벵골호랑이 (Indian Tiger) | 식육목 고양이과 | 105~108 | 1~3 | 15~20 | 100~260 | 인도지나반도, 밀림(아시아) |
| 북극곰/흰곰 (Polar Bear) | 식육목 곰과 | 195~265 | 1~3 | 25~30 | 150~650 | 북극권 |
| 불 곰(Manchurian Brown Bear) | 식육목 곰과 | 210~255 | 1~3 | 25~30 | 150~300 | 북미, 유럽 등 |
| 사 자 (Lion) | 식육목 고양이과 | 105~110 | 2~4 | 15~20 | 150~260 | 평원(아프리카) |
| 수 달 (Otter) | 식육목 족제비과 | 60~65 | 2~5 | 10~12 | 5~10 | 유럽, 북아프리카 아시아 |
| 스 컹 크 (Skunk) | 식육목 족제비과 | 63 | 4~10 | 7~12 | 1~3 | 아메리카전역 |
| 얼룩하이에나 (Spotted Hyena) | 식육목 하이에나과 | 110 | 2~4 | 20~25 | 60~80 | 사하라이남의 아프리카 |
| 여 우 (Fox) | 식육목 개과 | 60~63 | 3~9 | 6~12 | 5~10 | 아시아, 유럽, 북미, 북아프리카 |
| 오 소 리 (Badger) | 식육목 족제비과 | 90~365 | 2~8 | 10~15 | 10~16 | 유럽, 아시아온대지역 |
| 인도표범 (Leopard) | 식육목 고양이과 | 90 | 1~6 | 15~20 | 32~35 | 아프리카, 아시아, 시베리아 |
| 자 칼 (Jackal) | 식육목 개과 | 60~63 | 2~6 | 10~13 | 8~11 | 북아프리카, 유럽 |
| 치 타 (Cheetah) | 식육목 고양이과 | 90 | 2~4 | 10~12 | 40~75 | 아프리카, 중동, 남아시아 |
| 코 요 테 (Coyote) | 식육목 개과 | 60~63 | 2~6 | 10~15 | 9~20 | 북알래스카, 중미 |
| 팬 더 (Panda) | 식육목 아메리카너구리과 | 125~150 | 1~2 | 20~25 | 70~160 | 중국 중서부 |
| 퓨 마 (Puma) | 식육목 고양이과 | 90~96 | 1~6 | 15~20 | 70~110 | 아프리카북동부 |

## 3. 해산 포유류

일반적으로 포유류(哺乳類, mammalian)는 육상에서 주로 서식하지만, 바다 속에서도 자라는 포유류가 있다. 이러한 바다 속에서 사는 포유동물을 해산포유류(海産 哺乳類, marine mammalian)라고 한다.

〈표 3〉 해산 포유류의 생리적 특징

| 동물명(영명) | 동물분류 | 임신기간 (일) | 산자수 (두) | 평균수명 (년) | 평균체중 (kg) | 분포지역 |
|---|---|---|---|---|---|---|
| 물　개 (Fur Seal) | 기각목 바다사자과 | 342～365 | 1 | 25～30 | 43～50(♀) 180～270(♂) | 북태평양.북미연안 |
| 바다사자 (Stellers Sea Lion) | 기각목 바다사자과 | 280 | 1 | 20～25 | 270～600 | 태평양. 베링해. 캄차카. 북해도 등 |
| 바다코끼리 (Walrus) | 기각목 바다코끼리과 | 15～16개월 | 1 | 35～40 | 900～1,500 | 캐나다동부. 유라시아대륙.알래스카 |
| 범 고 래 (Killer Whale) | 고래목 참돌고래과 | - | 1 | 50～100 | 5～10톤 | 전체 해역 |
| 잔점박이물범 (Harbor Seal) | 기각목 물범과 | 10～11개월 | 1 | 15～20 | 80～150 | 북태평양.북대서양 남극해 |
| 흰긴수염고래 (Blue Whale) | 고래목 긴수염고래과 | 330～365 | 1 | 100 | 130～180톤 | 전세계 해양 |

## 4. 조　류

조류(鳥類, fowls)는 1억 5천만년전 쥬라기시대에 출현한 것을 시조로 하고 있다. 축화된 가금류(家禽類, poultry)를 비롯하여 큰 타조에서 작은 참새목까지 포함되고 있다.

〈표 4〉 조류의 생리적 특징

| 동 물 명 (영명) | 동물분류 | 부화기간 (일) | 산란수 (개) | 평균수명 (년) | 평균체중 (kg) | 분포지역 |
|---|---|---|---|---|---|---|
| 두 루 미 (Japanese Crane) | 두루미목 두루미과 | 28～36 | 1～2 | 50～60 | 10 | 남미, 남극을 제외한 세계전역 |
| 백　로 (Ardeidae) | 황새목 왜가리과 | 18～30 | 3～7 | - | 1～3 | 전세계 |
| 큰 고 니 (Whooper Swan) | 기러기목 오리과 | 35～42 | 3～7 | 5～10 | – | 남극대륙을 제외한 세계전역 |
| 타　조 (Ostrich) | 타조목 타조과 | 40～42 | 10～40 | 40 | 90～150 | 아프리카. 사막지대 |
| 홍　학 (Flamingo) | 황새목 홍학과 | 28 | 1 | 50 | 2.5～3 | 열대. 온대지역 |
| 황　새 (White stork) | 황새목 황새과 | 30～50 | 3～5 | 40 | 2～9 | 전세계 |

# 찾아보기


## (가)

가경력 ······ 303
가계선발 ······ 107
가금 ······ 49
가금류 ······ 75
가성황체 ······ 132
가소화영양소총량 ······ 187
가염 ······ 268
가족노동력 ······ 304
가토 ······ 68
각륜 ······ 124
각인법 ······ 222
갈색화우종 ······ 40
감가상각 ······ 303, 306
감률법 ······ 124
감수분열 ······ 99
감염경로 ······ 250
감염숙주 ······ 250
감염원 ······ 250
갑상선자극호르몬 ······ 138
강제환우 ······ 230
강피류 ······ 192
개방식 우사 ······ 294
개체선발 ······ 107
개체표시 ······ 115, 221
거세 ······ 220
건지 ······ 33
결합수 ······ 275
경영비 ······ 308
경영진단 ······ 311
경영학 ······ 15
계류식 우사 ······ 294
계절번식 ······ 143
고간류 ······ 203
고기형 ······ 43
고분자물질 ······ 173
곡류사료 ······ 189
곡세정관 ······ 135
공란축 ······ 159
공우성 ······ 103
공태기 ······ 144
관상물고기 ······ 93
관상열대 물고기 ······ 242
관상조류 ······ 85
광물질사료 ······ 196
광우병 ······ 254
교배법 ······ 105
교배적기 ······ 147
교배적령기 ······ 147
교원섬유 ······ 278
교환기능 ······ 319
구제역 ······ 253
구주종 ······ 74
구피 ······ 93, 244
군거성 ······ 214
균질 ······ 265
근괴사료 ······ 195
근친교배 ······ 108, 114
근친퇴화 ······ 109
금계 ······ 89
금붕어 ······ 93, 244
금화조 ······ 86
기니아 피그 ······ 91
기류 ······ 247
기작 ······ 141
꽃사슴 ······ 72

## (나)

나선형 ······ 101
낙농식품 ······ 262
낙인법 ······ 221
난각 ······ 284
난각도포법 ······ 286

난관 ········ 133
난백 ········ 284, 285
난소 ········ 132
난소호르몬 ········ 139
난용종 ········ 49
난원세포 ········ 132
난육겸용종 ········ 50, 52
난자세포 ········ 133
난태생어 ········ 244
난포낭종 ········ 156
난포자극호르몬 ········ 137
난황 ········ 284, 285
난황계수 ········ 286
낭세포 ········ 99
내인성단백질 ········ 175
노력비 ········ 308
노폐우비육 ········ 221
녹각 ········ 72
녹용 ········ 72, 232
녹혈 ········ 72
농업총생산액 ········ 20
농용동물 ········ 302
농후난백 ········ 287
농후사료 ········ 183, 189
뇌하수체 ········ 137
누두부 ········ 133
누비안 ········ 56
누진교배 ········ 109
뉴질랜드 화이트 ········ 71
뉴햄프셔 ········ 52
능력검정 ········ 118
능력심사 ········ 123


## (다)


단관 ········ 50
단백질 사료 ········ 184
단성잡종 ········ 102
단순단백질 ········ 174
단순지질 ········ 177
단위동물 ········ 166
담수어 ········ 243
당분해 ········ 172
당신생 ········ 172
대두박 ········ 193
대백종 ········ 42
더러브렛 ········ 66
도살 ········ 273
도체품질 ········ 115, 117
독립의 법칙 ········ 102
돈사 ········ 295
돌연변이 ········ 104
동기낭우 비교법 ········ 112
동물생리학 ········ 15
동물영양학 ········ 15
동물위생 ········ 246
동물유전학 ········ 15
동물육종학 ········ 15
동물자원학 ········ 14
동물질병학 ········ 15
동복자돈 ········ 116
동양종 ········ 74
동형접합체 ········ 108, 109
돼지 ········ 42
두과목초 ········ 200
듀록 ········ 44


## (라)


라아드형 ········ 43
라이소좀 ········ 175
랜드레이스 ········ 43
랫드 ········ 92, 241
레그혼 ········ 49
레드 클로버 ········ 201
레드디어 ········ 73
레스터 ········ 62
레스터종 ········ 63
렉스 ········ 70
로드 아일랜드 레드 ········ 51
리드 카나리그라스 ········ 199
리무진 ········ 37
릴랙신 ········ 140
링컨 ········ 61
링컨종 ········ 63


## (마)


마우스 ········ 92, 241

마이오글로빈 ······ 280
만주종 ······ 47
말 ······ 65
말티스 ······ 77
매산돈 ······ 48
메리노 ······ 60
멘델법칙 ······ 92
멧돼지 ······ 42
면실박 ······ 194
면양 ······ 60
면역 ······ 251
멸균 ······ 265
모낭비교법 ······ 112
모용종 ······ 54, 57, 60, 68
모육겸용종 ······ 63
모자간 행동 ······ 214
모피겸용종 ······ 71
모피용종 ······ 65, 70
목초 ······ 197
몰모트 ······ 91, 241
무기물 ······ 180
무기질 사료 ······ 184
문신법 ······ 221
문조 ······ 87
물적 유통기능 ······ 319
미노르카 ······ 50
미세조작기 ······ 158
밀봉과 ······ 74
밀봉속 ······ 74

## (바)

바이러스성 인수공통전염병 ······ 252
바타리사 ······ 296
반추동물 ······ 165
발골 ······ 271
발정 ······ 142, 232
발정전기 ······ 143
발정주기 ······ 236
발정호르몬 ······ 139
발정황체 ······ 132
발정후기 ······ 143
발효유 ······ 268
방사선 사진술 ······ 152
배 ······ 160
배란 ······ 145
배양력 ······ 303
백색 코니쉬 ······ 52
백색종 ······ 76
백흑반 ······ 32
버크셔 ······ 43
번식 ······ 131
번식장애 ······ 156
번식적령기 ······ 141
번식효율 ······ 114
법정 전염병 ······ 252
베이컨형 ······ 43
변이 ······ 105
변종 ······ 30
보수성 ······ 280
보정 ······ 215
보정틀 ······ 216
보증종모우 ······ 115
보충사료 ······ 183
복대립유전자 ······ 103
복제인간 ······ 161
복합단백질 ······ 174
복합지질 ······ 155
부돈 ······ 45
부생식선 ······ 135, 136
부신피질자극호르몬 ······ 137
부화 ······ 227
북경오리 ······ 75
분리의 법칙 ······ 102
분만 ······ 152
분유 ······ 271
불완전연관 ······ 103
불포화지방산 ······ 178
브라마 ······ 53
브라만 ······ 38
브론즈 ······ 76
비단잉어 ······ 96
비료자원 ······ 300
비유량 ······ 32
비유의 지속 ······ 155
비타민 사료 ······ 184
빈혈증 ······ 178

## (사)


사고율 ··· 318
사랑새 ··· 88
사료요구율 ··· 117, 318
사료자원학 ··· 15
사료효율 ··· 189
사양표준 ··· 181
사육두수 ··· 18
사일리지 ··· 204
삭제 ··· 223
산란계사 ··· 296
산란수 ··· 53
산란율 ··· 317
산란지수 ··· 119
산양 ··· 54
산유량 ··· 110
산타 게르투루디스 ··· 39
살균 ··· 265
삼성잡종 ··· 102
삽사리 ··· 83
상강육 ··· 279
상사성 ··· 214
상염색체 ··· 100
상피층 ··· 289
생산수명 ··· 111
생식기 ··· 131
생피 ··· 290
생화학적방법 ··· 158
샤로레 ··· 36
서포크 ··· 61
선발법 ··· 105
선발지수법 ··· 107
설치류 ··· 90
섬유질 사료 ··· 184
섭식행동 ··· 215
성비 ··· 149
성선 ··· 139
성선호르몬 ··· 139
성성숙 ··· 141
성염색체 ··· 100
성염색체검사법 ··· 158
성장호르몬 ··· 138
세강섬유 ··· 278
세균성 인수공통전염병 ··· 252
세포막 ··· 179
세포질 ··· 98
소기관 ··· 99
소화기관 ··· 164
쇼트혼 ··· 34
수단그라스 ··· 202
수세 ··· 268
수의학 ··· 15
수정란 ··· 148
수정률 ··· 120
수침 ··· 281
순종 ··· 30
순종교배 ··· 109, 118
순화 ··· 14
슈롭셔 ··· 63
슈트형 ··· 295
스포티드 ··· 46
습도 ··· 247
시상하부 ··· 137
시유 ··· 263
시츄 ··· 79
식우증 ··· 213
식육자원 ··· 271
신 ··· 82
실험동물 ··· 14, 90
십자매 ··· 85


## (아)


아랍종 ··· 65
아미노산 사료 ··· 184
아종 ··· 30
알파인 ··· 56
알팔파 ··· 200
앙고라 ··· 57, 68
애버딘 앵거스 ··· 35
애완견 ··· 77
애완동물 ··· 14
액체질소 ··· 147
앵글로아랍 ··· 67
야계 ··· 49
야초 ··· 202

야크 ··· 41
야토 ··· 68
약침작업 ··· 291
양록업 ··· 19
양성잡종 ··· 102
양수 ··· 151
양토산업 ··· 19
어분 ··· 194
에스트로겐 ··· 137
엔젤피시 ··· 94, 244
엘크 ··· 73
연령감정법 ··· 124
연유 ··· 270
열대관상어 ··· 93
열대지방 ··· 21
염건피 ··· 290
염색체 ··· 100
염지 ··· 281
염피 ··· 290
영양소 ··· 169
영양소요구량 ··· 182
오리 ··· 75
오차드그라스 ··· 197
옥시토신 ··· 138
완전사료 ··· 205
완전연관 ··· 103
외래유전자 ··· 160
외모심사 ··· 123
외부생식기 ··· 134
외진법 ··· 151
요도구선 ··· 136
요수 ··· 151
요크셔 ··· 42
요크셔 테리어 ··· 78
우모분 ··· 195
우성 ··· 101
우제목 ··· 31
웅성특이항체이용법 ··· 158
웅성호르몬 ··· 135
원심분리법 ··· 266
원종 ··· 15
원충성 인수공통전염병 ··· 252
유기질비료 ··· 298
유도지방 ··· 155
유두조 ··· 155
유사세포분열 ··· 99
유선관계 ··· 154
유선소엽 ··· 154
유선조 ··· 155
유선포계 ··· 154
유용종 ··· 54
유전 ··· 98
유전공학 ··· 158
유전력 ··· 106
유전물질 ··· 101
유전분산 ··· 106
유전자형 ··· 104
유전자형 빈도 ··· 105
유제품 ··· 262
유지량 ··· 110
유지율 ··· 110
유채 ··· 202
유통 ··· 319
유화성 ··· 280
육골분 ··· 195
육색 ··· 280
육류 수출량 ··· 25
육성률 ··· 317
육성비육 ··· 220
육식동물 ··· 77
육용종 ··· 52, 54, 58, 61, 69
육종가 ··· 112
육추사 ··· 296
윤환교배 ··· 118
융모 ··· 178
융합 ··· 159
은계 ··· 89
의빈대 ··· 146
이계교배 ··· 113, 115
이유 ··· 227
이탈리안 라이그라스 ··· 198
이탈리안종 ··· 74
이표 ··· 221
이형접합체 ··· 109
인공수정법 ··· 145
인수공통전염병 ··· 251

일당증체량 ··· 318
일본 백색종 ··· 72
일본 스피츠 ··· 81
임마혈청성 성선자극호르몬 ··· 140
임부융모성 성선자극호르몬 ··· 140
임신기간 ··· 150
임신황체 ··· 132
잉꼬 ··· 88

## (자)

자궁 ··· 133
자궁복귀기 ··· 154
자궁유 ··· 150
자본용역비 ··· 308
자본재 ··· 305
자성전핵생식 ··· 156
자아넨 ··· 54
자연교배법 ··· 145
자연선발 ··· 13
자유수 ··· 276
잠복정소 ··· 157
잡종 ··· 30
잡종교배 ··· 109, 116, 118
재래종 ··· 47
저어지 ··· 31
적재력 ··· 303
전구물질 ··· 155
전기자극법 ··· 146
전립선 ··· 136
전분가 ··· 187
전분질 사료 ··· 184
절각 ··· 232
점감점증법 ··· 230
점감점진법 ··· 230
점등관리 ··· 229
접시형 ··· 43
정관 ··· 136
정률법 ··· 306
정소 ··· 135
정소상체 ··· 136
정소소엽 ··· 135
정소호르몬 ··· 139
정자 ··· 148
젖소 ··· 31
제각 ··· 219, 223
제부 ··· 38
제브라 피시 ··· 94, 244
제주마 ··· 67
조기이유 ··· 227
조사료 ··· 183, 197
조성기능 ··· 319
종 ··· 30
종모돈 ··· 117
종빈돈 ··· 117
종빈우 ··· 111
중간유전 ··· 103
중간잡종 ··· 103
중국 재래산양 ··· 59
지방성 유제품 ··· 267
지방질 사료 ··· 184
직장검사법 ··· 152
진균성 인수공통전염병 ··· 252
진도견 ··· 83
진화 ··· 104
질 ··· 134
질소성 염기 ··· 101

## (차)

착상 ··· 148
참새목 ··· 85
채종박 ··· 194
청예작물 ··· 201
체고 ··· 60
체내수정 ··· 148
체세포 ··· 162
체스터 화이트 ··· 46
체심 ··· 34
체외수정 ··· 148
초고온살균법 ··· 269
최적선형불편예측법 ··· 113
축산자원이용학 ··· 15
취소성 ··· 50
치사유전자 ··· 104
치와와 ··· 80
친칠라 ··· 70
칠면조 ··· 75

## (카)


카나리아 ······ 87
카니올란 ······ 74
카라쿨종 ······ 65
카키 캠벨 ······ 75
캐시미어 ······ 58
캘리포니안 ······ 69
케이싱 ······ 282
케이지사 ······ 296
켄터키 블루그라스 ······ 199
코라겐 섬유 ······ 289
코리데일 ······ 63
코우친 ······ 53
코카시안 ······ 74
크롬법 ······ 291


## (타)


탄뎀형 ······ 295
탄성섬유 ······ 278
탄수화물 ······ 169
탈아미노산반응 ······ 175
태반 ······ 150
태반호르몬 ······ 140
태호저 ······ 48
토끼 ······ 68
토양병 ······ 249
토겐부르크 ······ 55
톨 페스큐 ······ 198
통계유전학 ······ 98
퇴교배 ······ 118
투명대 ······ 133
트리밍 ······ 238
티머시 ······ 198


## (파)


팽대부 ······ 133
퍼그 ······ 81
페레니얼 라이그라스 ······ 199
펩시노겐 ······ 175
평사 ······ 296
포화지방산 ······ 178
폴워스 ······ 64
표현형분산 ······ 106
푸들 ······ 80
품종 ······ 30
풍산개 ······ 84
프레미쉬 자이언트 ······ 70
프로락틴 ······ 138
프로스타글랜딘 ······ 140
프리머스록 ······ 50
필수아미노산 ······ 173


## (하)


한국 재래견 ······ 83
한국 재래산양 ······ 58
한우 ······ 40
항병성 ······ 120
항생물질 사료 ······ 184
핵 ······ 98
핵치환 ······ 159
햄스터 ······ 90
햄프셔 ······ 45
헤링본형 ······ 295
헤모글로빈 ······ 280
헤어포드 ······ 35
혈분 ······ 195
혈통선발 ······ 112
혈통심사 ······ 123
협부 ······ 133
형질전환동물 ······ 160
호기성 발효 ······ 299
홀스타인 후리지안 ······ 31
화우(和牛) ······ 40
화이트 클로버 ······ 201
환경분산 ······ 106
환경위생 ······ 246
활성오니법 ······ 300
황체낭종 ······ 156
황체형성호르몬 ······ 137, 138
황체호르몬 ······ 139
횡반 ······ 51
후대검정 ······ 107, 112, 118
후산정체 ······ 157
훈연 ······ 282
흑색화우 ······ 40

# INDEX

## (A)


Aberdeen Angus ········ 35
accessary gland ········ 136
activated sludge process ········ 300
aerobic fermentation ········ 299
air movement ········ 247
albumin ········ 285
allantoic fluid ········ 151
Alpine ········ 56
alveolar system ········ 154
amniotic fluid ········ 151
ampulla ········ 133
anemia ········ 178
Angel Fish ········ 94
Anglo-Arab ········ 67
Angora ········ 57, 68
animal cell ········ 98
animal health ········ 246
animal resources science ········ 14
antlers ········ 232
appearance diagnosis of pregnancy ········ 151
Arab ········ 65
artificial insemination ········ 145
attachment ········ 148
autosomal chromosome ········ 100


## (B)


Bengalese ········ 85
Berkshire ········ 43
blood meal ········ 195
boar ········ 117
Bos mutus ········ 41
bound water ········ 275
bovine spongiform encephalopathy(BSE) ········ 254
Brahma ········ 53
Brahman ········ 38
breed ········ 30
breeding value ········ 112
Bronze ········ 76
broodiness ········ 50
Budgerigar ········ 88


## (C)


Californian ········ 69
Canaria ········ 87
cannibalism ········ 213
capital goods ········ 305
carbohydrates ········ 169
carcass quality ········ 115
Carniolan bee ········ 74
carnivorous animal ········ 77
Cashmere ········ 58
castration ········ 220
Caucasian bee ········ 74
centrifuge seperating method ········ 266
cereal grain ········ 189
Charolais ········ 36
Chester white ········ 46
Chihuaha ········ 80
Chin ········ 82
Chinchilla ········ 70
Chinese Goat ········ 59
chromosome ········ 100
Cochin ········ 53
codominance ········ 103
collagen ········ 278
collagen fiber ········ 289
comparison of dam and daughter ········ 112
complete linkage ········ 103
complete ration ········ 205
compound protein ········ 174
concentrates ········ 183, 189

condensed whole milk ··· 270
Corriedale ··· 63
cottonseed meal ··· 194
Cowper's gland ··· 136
crossbred ··· 30
crossbreeding ··· 116
crude feeds ··· 183
cryptorchidism ··· 157
cytoplasm ··· 98

(D)

dairy cattle ··· 31
days open ··· 144
decarboxylation ··· 175
deferent duct ··· 136
dehorning ··· 219, 223, 232
depreciation ··· 306
digestive organs ··· 164
dihybrid ··· 102
domestication ··· 14
dominant ··· 101
donor ··· 159
double helical structure ··· 101
dried milk ··· 271
dried salted ··· 290
Duck ··· 75
dummy ··· 146
Duroc ··· 44

(E)

early weaning ··· 227
elastic fiber ··· 278
electrical stimulation ··· 146
Elk ··· 73
embryo ··· 160
endogenous protein ··· 175
environmental hygiene ··· 246
environmental variance ··· 106
epidermis ··· 289
epididymis ··· 136
essential amino acid ··· 173
estrogen ··· 137
estrus ··· 142
evolution ··· 104
exchange function ··· 319
experimental animal ··· 14
external genitalia ··· 134

(F)

facilitating function ··· 319
family selection ··· 107
Fancy carp ··· 96
fat dairy products ··· 267
fat feed ··· 184
feather meal ··· 195
feed efficiency(FE) ··· 189
feeding standard ··· 181
female reproductive organs ··· 131
fermented milk ··· 268
fertilizating ··· 148
fertilized egg ··· 148
fertilizer resources ··· 300
fiber feed ··· 184
fibrus casing ··· 282
fish meal ··· 194
Flemish Giant ··· 70
foot and mouth disease ··· 253
free water ··· 276

(G)

genetic engineering ··· 158
genetic materials ··· 101
genetic variance ··· 106
genotype ··· 104
genotype frequency ··· 105
gestation length ··· 150
gland cistern ··· 155
goat ··· 54
Gold fish ··· 93, 95
gonads ··· 139
grain by-products ··· 192
green hide ··· 290
gregarious behavior ··· 214
Guernsey ··· 33
guinea pig ··· 91
Guppy ··· 93

gynogenesis ········· 156

(H)

Hampshire ········· 45
Hamster ········· 90
Hanwoo ········· 40
hatching ········· 227
heating ········· 232
heating cycle ········· 236
herdmate contemporary comparison ········· 112
heredity ········· 98
Hereford ········· 35
heritability ········· 106
herringbone type ········· 295
heterozygote ········· 109
Holstein-friesian ········· 31
homogenization ········· 265
homozygote ········· 108
hoof trimming ········· 223
horn ring ········· 124
horse ········· 65
house rabbit ········· 68
humidity ········· 247
hypophysis ········· 137
hypothalamus ········· 137

( I )

identification ········· 115, 221
immune ········· 251
inbreeding ········· 108
incomplete linkage ········· 103
individual selection ········· 107
infundibulum ········· 133
intermediate hybrid ········· 103
intermediate inheritance ········· 103
isthmus ········· 133
Italian bee ········· 74

(J)

Japanese black ········· 40
Japanese brown ········· 40
Japanese Spitz ········· 81
Japanese White ········· 72
Java Sparrow ········· 87
Jersey ········· 31

(K)

Karakul ········· 65
Khaki Cambell ········· 75
Korean Native Goat ········· 58

(L)

laboratory animal ········· 90
Landrace ········· 43
Large White ········· 42
law of independence ········· 102
law of segregation ········· 102
legal infectious disease ········· 252
Leghorn ········· 49
Leicester ········· 62
lethal gene ········· 104
lighting control system ········· 229
Limousin ········· 37
Lincoln ········· 61
liquid nitrogen ········· 147
litter size ········· 116
longevity ········· 111

(M)

maintenance of lactation ········· 155
Maltese ········· 77
mammary lobules ········· 154
management diagnosis and analysis ········· 311
marbling meat ········· 279
marketing ········· 319
marketing milk ········· 263
mating system ········· 105
meat and bone meal ········· 195
mechanism ········· 141
meiosis ········· 99
Merino ········· 60
meat color ········· 280
metestrus ········· 143
milk duct ········· 154
milk powder ········· 271
milk precursors ········· 155

mineral ········· 180
mineral feed ········· 184
mineral feed additive ········· 196
Minorca ········· 50
monogastric animal ········· 166
monohybrid ········· 102
Mormot ········· 91
multiple alleles ········· 103
mutation ········· 104
natural mating system ········· 145
natural selection ········· 13

(N)

New Hampshire ········· 52
New Zealand White ········· 71
nitrogenous base ········· 101
Nubian ········· 56
nucleus ········· 98
nutrients ········· 169
nutrients requirement ········· 182

(O)

optimum age of mating ········· 147
optimum time of mating ········· 147
organelles ········· 99
organic fertilizer ········· 299
outbreeding ········· 113, 115
ovary ········· 132
oviduct ········· 133
ovulation ········· 145

(P)

parturition ········· 152
pasteurization ········· 265
pedigree selection ········· 112
Pekin Duck ········· 75
pepsinogen ········· 175
performance test ········· 118
pet animal ········· 14
phenotypic variance ········· 106
physical function ········· 319
pituitary grand ········· 137
placenta ········· 150
plasma membrane ········· 179
Plymouth Rock ········· 50
Polwarth ········· 64
polypeptide ········· 173
Poodle ········· 80
poultry ········· 49, 75
proestrus ········· 143
progeny test ········· 107, 112, 118
prostaglandin ········· 140
prostate gland ········· 136
protein feed ········· 184
Pug ········· 81
purebred ········· 30

(R)

radiography ········· 152
rapeseed meal ········· 194
rectal examination ········· 152
Red Deer ········· 73
relaxin ········· 140
reproduction ········· 131
reproductive disorder ········· 156
reproductive efficiency ········· 114
restraint ········· 215
retained placenta ········· 157
reticular fiber ········· 278
Rex ········· 70
Rhode Island Red ········· 51
root and tubers ········· 195
ruminant animal ········· 165

(S)

Saanen ········· 54
salted hide ········· 290
salting ········· 268
Santa Gertrudis ········· 39
seasonal reproduction or breeding ········· 143
selection ········· 105
sex chromosome ········· 100
sex ratio ········· 149
sexual maturity ········· 141
sheep ········· 60
shell membrane ········· 285

Shih Tzu ··· 79
Shorthorn ··· 34
Shropshire ··· 63
shute type ··· 295
Sika Deer ··· 72
simple protein ··· 174
Single Comb ··· 50
sire ··· 45
slaughtering ··· 273
soil disease ··· 249
somatic cell ··· 162
soybean meal ··· 193
species ··· 30
spermatozoon ··· 148
Spotted ··· 46
starch feed ··· 184
starch value ··· 187
statistical genetics ··· 98
sterilization ··· 265
straws ··· 203
sub-breed ··· 30
Suffork ··· 61
supplementary feeds ··· 183
swine ··· 42

(T)

tandem type ··· 295
Taihu pig ··· 48
teat cistern ··· 155
testis ··· 135
Thoroughbred ··· 66
Toggenburg ··· 55
total digestible nutrients(TDN) ··· 187
toy dog ··· 77
trihybrid ··· 102
trimming ··· 238
Turkey ··· 75

(U)

uterine involution ··· 154
uterine milk ··· 150
uterus ··· 133

(V)

vagina ··· 134
variation ··· 105
varieties ··· 30
veterinary science ··· 15
villi ··· 178

(W)

washing ··· 268
water ··· 249
water holding capacity ··· 280
weaning ··· 227
White ··· 76
White Cornish ··· 52
wild grass ··· 202
wild pig ··· 42
wild rabbit ··· 68
wild species ··· 15

(Y)

yak ··· 41
yolk ··· 285
yolk index ··· 286
Yorkshire ··· 42
Yorkshire Terrier ··· 78

(Z)

Zebra Finch ··· 86
Zebra Fish ··· 94
Zebu ··· 38

제3판
# 동 물 자 원 학 개 론

2021년 2월 10일 제3판 1쇄 발행 **값30,000원**

저　　자 김계웅 · 김학연 · 김동욱 · 김석은
김수기 · 박진기 · 안종호 · 이원영
조광현 · 조익환

발행자　　양　　희　　돌

경기도 고양시 일산서구 하이파크3로 17
發行處 **先 進 文 化 社**
〈등록 제410-2005-000040호〉
ISBN 978-89-7392- 274-1 93520

 ☏ (031)925-8237 FAX 925-8239